超级计算并行算法与应用

Supercomputing Parallel Algorithms and Applications

刘　杰　张庆阳　王庆林　朱肖雄　冷　灿　著

哈尔滨工业大学出版社

内 容 提 要

超级计算已经成为信息化、智能化时代推动现代科学研究发展的重要方法。本书内容共包括9章：第1章介绍了并行算法与应用的研究现状及其面临的挑战；第2章介绍了天河超级计算机系统；第3~9章分别介绍了作者在天河系列超级计算机系统上取得的一些研究成果，包括粒子输运离散纵标法、粒子输运蒙特卡洛方法、大地电磁有限元正演、地球动力学模拟、高通量材料计算方法、多物理场耦合的并行计算方法和城市风场并行计算方法。

撰写本书的目的是把作者多年来在天河超算系统上的并行算法研究工作进行总结归纳，融超算系统体系结构、并行算法和典型应用为一体开展论述。

本书可供从事高性能计算的研究和工程人员参考使用。

图书在版编目(CIP)数据

超级计算并行算法与应用/刘杰等著. —哈尔滨：
哈尔滨工业大学出版社,2024.5
ISBN 978 - 7 - 5767 - 1361 - 9

Ⅰ.①超⋯　Ⅱ.①刘⋯　Ⅲ.①并行算法　Ⅳ.
①TP301.6

中国版本图书馆 CIP 数据核字(2024)第 093217 号

CHAOJI JISUAN BINGXING SUANFA YU YINGYONG

策划编辑　薛　力
责任编辑　薛　力
封面设计　刘　乐
出版发行　哈尔滨工业大学出版社
社　　址　哈尔滨市南岗区复华四道街 10 号　邮编 150006
传　　真　0451 - 86414749
网　　址　http://hitpress.hit.edu.cn
印　　刷　哈尔滨博奇印刷有限公司
开　　本　787mm×1092mm　1/16　印张 22.25　插页 1　字数 583 千字
版　　次　2024 年 5 月第 1 版　2024 年 5 月第 1 次印刷
书　　号　ISBN 978 - 7 - 5767 - 1361 - 9
定　　价　148.00 元

前　言

　　超级计算已经成为信息化、智能化时代推动现代科学研究发展的重要方法,其中最复杂、最大型的一类问题称为"挑战性问题",必须依赖运算速度极快的大容量大型"超级计算机",才能在有效的时间内完成问题求解。超级计算机的广泛应用能够增强国家整体科技创新能力。超级计算能力已成为国家综合国力和信息化建设水平的重要体现,是国家创新体系的重要组成部分,是国家科研实力的重要标志之一。我国先后研制成功了"天河""神威"两大系列的超级计算机系统,先后多次排名世界第一,标志着我国超级计算机综合研制能力达到国际领先水平,其中并行算法与应用软件是发挥超级计算机性能的关键。本书作者所在的超级计算应用研究团队近年来对并行算法和应用进行了广泛深入的研究,在天河系列超级计算机系统上取得了一些研究成果,包括粒子输运离散纵标法、粒子输运蒙特卡洛方法、大地电磁有限元正演、地球动力学模拟、高通量材料计算方法、多物理场耦合的并行计算方法和城市风场的并行计算方法,设计了一系列的并行算法,开展了应用示范工作。撰写本书的目的是把作者多年来在天河系列超级计算机系统上的并行算法研究科研工作进行总结归纳,融超算系统体系结构、并行算法和典型应用为一体开展论述,为从事高性能计算的研究和工程人员提供启发与参考。

　　全书共有 9 章。第 1 章为概述,简述了超级计算、并行算法、应用软件等基本概念,总结了超级计算应用需求,介绍了超级计算机发展历程和超级计算中心部署情况,论述了并行算法与应用的研究现状和未来超级计算发展面临的挑战;第 2 章介绍了天河超级计算机系统,包括硬件系统、软件系统和应用软件;第 3 章论述了粒子输运离散纵标法在天河 2 号超级计算机系统上的异构并行算法设计,包括计算迭代源、波阵面扫描、误差计算与判断等 3 个核心计算过程的并行优化实现,给出了算法分析与实验结果。第 4 章论述了粒子输运蒙特卡洛方法在天河 2 号超级计算机系统上的异构并行算法设计,包括多级并行化、多级并行数据结构设计、数据局部性优化以及多级并行随机数发生器设计等,给出了算法分析、应用和实验结果;第 5 章论述了大地电磁有限元正演并行算法,包括三维各向同性正演并行算法和三维各向异性正演并行算法,对梯形山模型、DTM-1 模型、海底山脉模型等进行了验证,在天河群星和天河新一代超级计算机系统上进行了性能测试和示范应用;第 6 章论述了地球动力学模拟并行算法,包括分块多色排序 Gauss-Seidel 算法、多核向量化算法、DMA 双缓冲优化方法和混合精度算法等,给出了算法分析、应用和测试结果;第 7 章论述了高通量材料计算加速方法,包括基于天河新一代超级计算机系统的高通量材料计算执行引擎、任务调度方法、高通量计算框架流程等,给出了基于天河新一代超级计算机系统的百万催化材料筛选示范验证和测试结果;第8章论述了多物理场耦合的并行计算方法,包括反应堆"核-热-流动"的多物理场耦合计算方法、自适应耦合并行计算方法、分块 Gauss-Seidel 型 Picard 迭代算法、块 Gauss-Seidel 迭代算法的自适应负载均衡算法等,给出了压水堆和金属堆示范验证应用结果;第9章论述了城市风场的并行计算方法,包括异构加速算法、多级并行策略、多级流水线算法和区域分解方法等,给出了算法分析、超大城市风场应用和测试结果。

本书是在刘杰研究员的带领组织下,由科学与工程计算研究团队部分技术骨干发挥各自优势技术,分工合作完成。

当前并行算法与应用领域仍处于不断发展之中,研究和开发工作十分活跃。由于作者的能力有限,书中难免有疏漏和不足之处,敬请读者批评指正。

国防科技大学计算机学院

刘　杰

2024 年 1 月

目　　录

第1章 概 述

计算已经成为 21 世纪与理论、实验并重的三大科技创新手段之一,是国家创新体系的重要组成部分,其在基础科学研究、国防建设、国民经济发展和社会进步中具有不可替代的作用。从科学研究的角度分析,计算仿真和数据驱动已经成为与理论研究和科学实验并列的第三、第四种科学研究范式。无论是大规模的计算仿真还是海量数据的智能分析处理,都需要超级计算机作为重要的基础设施,这使得超级计算成为促进重大科学发现和创新突破的战略支撑技术,超级计算机、并行算法及应用能力成为衡量国家和地区自主创新能力和科技发展实力的重要标志。

1.1 基 本 概 念

1.1.1 超级计算

超级计算(Supercomputing)也叫高性能计算(High Performance Computing,HPC),是指利用超级计算机求解大规模科学与工程问题的综合计算能力,这一领域融合了科学建模、前沿算法、高效应用软件及超级计算机技术,涉及应用科学、数学和计算机科学等多个学科的交叉融合,是综合国力的重要体现,是国家创新体系的重要组成部分,是支撑国家科技创新的重大基础设施,用于解决国家经济建设、社会发展、科技进步、国家安全面临的重大挑战性问题。通过支撑航空航天、核模拟、气候气象、密码破译等战略领域的数值模拟,超级计算对保障国家安全、促进科技进步及推动国民经济发展有着不可替代的作用。

超级计算以微处理器、操作系统、网络设备和存储设备等为基础构件,以超级计算机系统为平台,通过数值模拟来再现、预测和发现模拟对象的运动规律和演化特性,通过数据处理来分析和揭示处理对象的内在关联、整体属性和发展态势,从而解决科学研究、工程设计和信息服务中的重大挑战性问题。作为知识创新与技术创新的核心支撑力量,超级计算相对于传统的理论研究方法,展现了其定量化和精确性的独特优势。与实验方法相比,它能够适应极端复杂的条件模拟,具有可重复性高、周期短和成本低等显著特点。因此,超级计算已经成为 21 世纪并肩于理论研究和实验研究的三大科技创新方法之一。

1.1.2 超级计算机

超级计算机指具有极快运算速度、极大存储容量、极高通信带宽的一类计算机,是实现高性能计算的物质基础,位于计算机领域的顶端,是大科学装置的代表,对保障国家安全、促进科技进步及推动国民经济发展有着不可替代的作用,成为信息时代各国竞相争夺的技术制高点。当前排名世界第一的超级计算机的性能约是普通计算机的 10 万倍。超级计算机的性能通常使用每秒运算的双精度浮点数给出,T 级超级计算机是指每秒运算万亿次双精度浮点运算(teraFLOPS)的超级计算机系统;P 级超级计算机是指每秒运算千万亿次双精度浮点运算(petaFLOPS)的超级计算机系统;E 级超级计算机是指每秒运算百亿亿次双精度浮点运算(exaFLOPS)的超级计算机系统,是目前已建成投入使用的系统;Z 级超级计算机是指每秒运算十万亿亿次双精度浮点运算(zetaFLOPS)的超级计算机系统,是未来 15 年内可能实现的系统。

"超算世界五百强排名"TOP500 统计数据表明,超级计算机已成为国家间战略竞争力的重要体现,超级计算机性能和拥有量的国别排名与这些国家的 GDP 排名基本一致,说明超算能力已成为国家综合实力的重要表现;超算排名靠前的少数几个国家拥有世界上绝大多数(超过 80%)的超级计算机和几乎所有的超算厂商,客观上形成了"超算垄断"。

超级计算机是由复杂的硬件和软件系统构成的集成体。硬件组成部分,如图 1.1 所示,涵盖了高速计算系统、高速互连网络以及网络存储系统等关键组件。其中,高速计算系统是由搭载高性能微处理器和专用加速器的高密度计算刀片构成,致力于提供极致的计算能力。高速互连网络则为计算节点之间的通信提供了高效的链路,这对于确保系统的可扩展性和优化大规模并行计算效率至关重要。网络存储系统则通过其高性能和高可靠性存储解决方案,支持了高性能科学计算和大规模数据处理的需求。软件架构,如图 1.2 所示,主要分为三个层次:系统层、应用支撑环境和应用层。系统层承担着管理硬件资源的责任,包括但不限于任务调度、资源分配、数据传输、文件存储以及安全保护等基础功能。应用支撑层则提供了一系列面向用户应用开发的支持服务,包括程序开发环境、分布式并行开发框架、可视化服务、应用服务系统以及第三方软件等,旨在为用户提供编程、编译、调试及优化等全面的程序开发和运行支持。应用层则直接面向终端用户,提供专业的应用系统,以满足不同领域的具体需求。

1.1.3　超级计算中心

超级计算中心(简称超算中心)是对超级计算机进行集中部署、管理、优化和维护并对外提供高性能计算服务、大数据存储服务、云计算服务等超级计算服务的计算中心,是对高性能计算发展技术展开研究以及对高性能计算应用技术进行探索的研究中心,是进行高性能计算相关技术的团队建设和人才培养的基地,是国家重要的计算基础设施和战略资源。随着超级计算机系统规模的不断扩大,超级计算中心的地位和作用显得越来越重要。无论是服务于前沿的科学研究,还是服务于重大工程或海量数据应用,超级计算中心所起到的作用都是其他资源无可替代的。

超算中心组成包括超算系统,以及配套的空调系统、供电配电系统、安全监控系统。超算中心部署的超算系统主要面向大规模科学与工程计算应用,即数值模拟,随着计算精度和模型复杂程度的提高,此类应用对浮点计算能力需求永无止境。为满足大规模科学与工程计算应用对浮点计算性能的极高需求,当前主流超算系统均采用大规模并行体系结构,构建高性能微处理器、专用高速互连网络、高性能 I/O 存储系统和专用高效可扩展的软件栈,可提供亿亿次至百亿亿次计算性能。

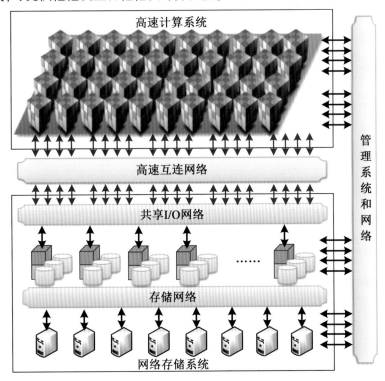

图 1.1　超级计算机硬件组成示意图

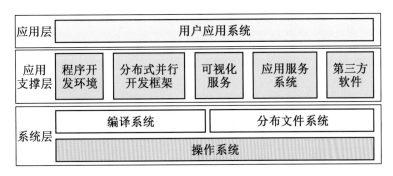

图 1.2　超级计算机软件组成示意图

　　超算中心、云计算中心、数据中心、智能计算中心的区别是软硬件不同和服务对象不同。在应用领域方面,超算中心主要服务于科学与工程计算,其核心需求是针对单个大规模应用提供极高浮点计算能力。云计算中心服务范围十分广泛,可覆盖所有需要信息技术的应用场景,遍及政府、交通、金融、教育等重点部门和行业,众多领域应用对计算、存储、网络的需求各不相同,其需求是针对众多类型中小规模应用提供通用计算能力。

数据中心可视为云计算中心的特例,主要服务于云计算应用中的数据处理密集型应用,核心需求是高效数据存储、处理和分析能力。智能计算中心主要服务于深度学习等机器学习领域应用的大规模模型训练和推理,核心需求是针对大规模神经网络训练提供单精度、半精度或更低精度计算能力。

超算中心、云计算中心、数据中心及智能计算中心各自的服务应用具有明显差异,这导致它们对于系统计算、通信与存储能力的需求也各不相同。系统的这些能力需求由其软硬件配置所决定。因此,这四种中心在软硬件架构方面呈现出显著的差异。

超算中心为提供极高的浮点计算性能,硬件方面需要构建高性能通用处理器、专用加速器或专用加速部件、专用高带宽低延迟互连网络等,软件方面需要构建定制操作系统、编译器、MPI 通信库、高性能数学库、专用科学与工程计算软件。超算中心的特点在于其采取单一任务的集中式大规模并行计算模式,该模式在系统构建和运行过程中往往伴随着较高的成本。

云计算中心为满足众多类型的大量中小规模应用的通用计算需求,综合考虑成本效益,硬件层统筹分散的廉价微处理器、以太网、普通存储阵列等硬件资源。软件是云计算系统的核心,保证了系统可用性、可扩展性和可靠性,通常采用基于 Linux 系统的 ESXi、Docker、Kubernets 等虚拟化方式,在基础设施即服务(Infrastructure as a Service, IaaS)、平台即服务(Platform as a Service, PaaS)、软件即服务(Software as a Service, SaaS)三个层次上实现硬件资源共享和弹性计算。支持分布式多任务小规模计算,构建和运行成本低。

数据中心为满足数据处理密集型应用的需求,在通用云计算中心基础上增强数据存储、处理和分析能力,硬件方面构建大规模存储系统,同时考虑此类应用计算需求低的特点,通常采用低功耗数据中心专用处理器。软件方面,部署 Hadoop 等分布式文件系统、Hive 和 Spark 等集群计算框架以及 MongoDB 等 NoSQL 数据库。

智能计算中心面向深度学习等智能计算任务对高性能低精度计算的需求,硬件方面通常采用类似超算的集中式并行计算集群架构,配备专用深度学习训练加速芯片,如 Nvidia H100、谷歌 TPU、华为晟腾等。由于智能计算过程中需要进行密集大规模的数据通信,包括大规模深度神经网络训练过程的梯度传递等,因此智能计算中心通常需要配置类似超算系统的高速互连。在软件方面智能计算中心主要集成了如 Tensorflow、Pytorch 等智能计算框架。

1.1.4 并行算法

并行算法是指能够在超级计算机系统上运行的计算方法,能够有效地发挥超算系统的并行计算性能。并行算法可以划分为同步和异步并行算法、数值和非数值并行算法、同构和异构并行算法等。并行算法是超级计算机软硬件系统设计、性能评测和应用的重要基础,是一门处于发展过程中的计算机科学、计算数学、物理等学科相结合的交叉学科。

1.1.5　并行应用软件

并行应用软件是指对科学问题、复杂工程和产品的功能、性能及行为进行仿真分析、验证确认和优化设计的并行计算软件，是由计算特性和规律的分析程序、辅助性的物理模型库、参数库、前后处理程序、开发工具和数据接口等构成的软件系统，来源于实际的工程数值模拟问题，需要建立物理模型，确定计算方法，编写应用程序，使用超级计算机系统进行计算，并进行大数据分析、挖掘与可视化显示。

1.2　超级计算应用需求

随着超级计算技术的迅猛发展以及海量数据处理、信息服务的广泛开展，越来越多的挑战性问题以及业务领域的科学研究和工程问题需要采用超级计算机来加以解决，国防和军队建设对超级计算机的需求日益增长，主要应用领域包括航空航天、天气气候、海洋科学、生命科学、核模拟、能源、化工材料、天体物理学、人工智能（Artificial Intelligence，AI）等领域。

航空航天领域主要包括高超声速飞行数值模拟、大型飞机数值模拟、先进武器模拟等；天气气候领域主要包括天气气候数值模拟、大气环境监测、全球海洋模拟等；海洋科学领域主要包括透明海洋计算、深海极地勘探、蓝色生命计算等；生命科学领域主要包括计算生物学、药物设计等；核模拟主要包括核武器数值模拟和核燃料加速嬗变模拟等；能源领域包括石油勘探、风电利用等；化工材料领域主要包括材料的多尺度模拟等；天体物理学主要包括行星流体力学、多体模拟、宇宙结构和演化规律模拟、平方千米阵列射电望远镜等；人工智能领域主要包括图像识别、语音识别、机器翻译、大模型生成、AI for Science 等应用。这些应用领域都是国家科学与工程计算中的重大应用，也是超级计算机重要的服务对象。

在战略武器设计领域，科学建模能力对于模拟爆轰动力学问题至关重要，包括但不限于支撑层裂与断裂、微喷射与混合过程，以及缺陷与损伤等武器物理现象。随着模拟的精度从二维全面升级至三维，网格数量增加了 100 倍，为了支持多种介质、几何尺寸从几十微米到几十厘米、密度相差可达 1 000 倍的爆轰动力学问题的精确模拟，所需的计算能力必须达到 E 级以上。

在核反应堆领域，核反应堆热工程序需将平面子通道计算方法提升到三维，堆芯物理程序需将模拟中子数从千万级提升到亿级。反应堆安全运行评估需进行辐射剂量场计算，全耦合中子/光子三维输运模拟，稳态/瞬态工况一体化分析需要多物理场耦合，需要 E 级以上计算能力。

在空气动力学领域，随着飞行包线的不断扩大，涉及更多复杂工况，需要快速、准确获取整套气动数据，从而提高飞行器装备设计质量，减少设计迭代次数。飞行器设计中的非定常分离流动和转捩过程模拟可采用大涡模拟方法精确计算，推算至少需 E 级以上算力才可在一周内完成计算任务。

在发动机燃烧模拟领域，模拟发动机内流、发动机全流道和飞行器机体/推进系统一体化的流场情况，涉及各种组分方程、化学非平衡效应、湍流模型、输运系数及非定常效应的计算等。对湍流模型、化学动力学模型及非定常燃烧过程的进一步研究，要大幅度提高空间分辨率和时间分辨率，增大组分方程的数量，增加化学动力学模型的复杂程度，能对其流场做细致模拟，计算区域网格点总数到百亿量级，时间迭代步数也有数量级的提高，要求计算机具有 PB 级的内存，能达千万处理器核的并行度，估计需求的运算能力可达 2E 级。

在天气气候领域，万亿次量级计算机能够开展百公里尺度气候系统模式百年的模拟；千万亿次量级计算机能够使用地球系统模式研究 10 km 分辨率、3 min 步长、千年尺度的模拟；要开展 1 km 分辨率、更短时间步长、千年尺度以上的更复杂的地球系统模式模拟则需要 E 级计算机。物理化学过程的增加，更多新的分量模式的引入将促使计算需求增加十倍量级；同化计算和集合模拟计算的应用也将促使计算需求增加十倍量级以上。

在材料模拟领域，以第一性原理为基础的量子力学、热力学、动力学、宏观力学高通量集成算法理论和计算软件广泛应用于能源材料、生物医用材料、稀土功能材料、催化材料和特种合金等支撑高端制造业和高新技术发展的典型材料模拟。其核心计算可分解成分子运动、网格映射更新、计算分子间作用力等几个主要部分，其中分子间作用力的计算占 80% 以上。在时间步内采用区域分解并行方式，呈现近似边缘通信特征，每个时间迭代步计算完成时需要更新邻近进程中的分子信息，具有良好的并行性能。并行可扩展性较好，最大并行规模可达数万，特别适合大规模并行处理，多尺度耦合计算的并行规模将会更大，未来 5~10 年能达到数千万个处理器核的并行度，需要超过 2E 级的超级计算机。

在天体物理学领域，宇宙进化仿真是天文领域中超级计算的重要应用之一，主要模拟宇宙进化过程中，在暗物质、暗能量和等离子化辐射影响下，宇宙等离子体的热力学和流体力学模型。宇宙进化仿真计算主要由多体动力学数值模拟和粒子网格的流体力学数值模拟两部分组成。宇宙结构的形成具有非线性和多维性，并且在相当长的时间内包含诸多物理过程，大规模并行数值模拟是研究宇宙进化的主要手段，其计算需求在 10 EFLOPS 左右。

在电磁场模拟领域，针对复杂电磁环境领域重大行业应用在高性能计算电磁学及多物理等方面的需求，建立涵盖器件（至纳米尺度）、平台（至数万米波长）和区域（至数千平方千米）三个层次的高性能电磁数值模拟应用软件系统，实现对工程应用中复杂电磁多物理现象的 E 级数值模拟，相对准确地预测大型舰船及其编队、飞行器编队以及新一代无线通信系统中的复杂电磁环境效应，支撑信息化平台及综合电子信息系统的电磁及多物理设计、预测与评估，显著提升它们在复杂电磁环境中的适应能力。计算能力需求高达 E 级以上。

在人工智能计算领域,智能计算对算力需求无止境,智能计算方法不断涌现,包括卷积神经网络、图神经网络、强化学习、生成网络、大模型等。人工智能与科技产业结合越来越紧密,正渗透到方方面面,包括自动驾驶、智慧医疗、智慧金融、智慧城市、科学研究等。先进的人工智能模型结构越来越复杂,参数规模越来越大,例如 GPT-3 语言模型,其参数量超过 1 750 亿,对算力的消耗达到 3.64 EFLOPS/s·d。GPT-3 问世不到一年,更大更复杂的语言模型 SwitchTransformer 问世,参数超过一万亿。根据 GIV 统计,到 2030 年,通用计算算力(FP32)需求将增长 10 倍,智能计算算力(FP16)将增长 500 倍。

1.3　超级计算机发展历程

超级计算机的性能提升遵循摩尔定律,每十年性能提升千倍,受限于物理尺寸和工艺水平,当前主流体系结构是大规模分布式存储的并行处理系统,靠提升并行度来提升性能,系统结构越来越庞大,功耗越来越高,使用难度越来越大。并行算法和软件需要随着超级计算机系统的发展而进行适配、优化和重新设计,需要考虑节点间、节点内、加速器、核间、向量部件等多级并行。

1.3.1　从 T 级到 P 级超级计算机

世界上第一台 T 级超级计算机是于 1997 年由 IBM 公司研制的 ASCI Red,该计算机首次采用大规模分布式存储并行处理体系结构,部署在美国圣地亚国家实验室。ASCI Red 的诞生,意味着以 CRAY T90、银河-1、银河-2 等为代表的大型向量机,以及以 IBM p690、银河-3 等为代表的大型对称共享多处理机逐渐退出历史舞台,向量化和共享存储技术下沉成为构建高性能微处理器的使能技术。

T 级超级计算机的显著特点是使用高速互连网络将计算节点连接起来构成一个超级计算机系统,计算节点拥有本地内存,节点间内存不共享,计算节点间必须采用通信的方式交换数据。并行编程采用消息传递接口 MPI[1] 环境,用户负责应用软件的数据划分和通信,保证计算结果的正确性,要求采用大粒度的任务级并行,具有较好的可扩展性。采用 MPI 编程的应用软件可以运行在不同厂家的超级计算机上,具有良好的可移植性,以计算流体力学等为典型代表的应用软件可以脱离具体的超级计算机自主发展,给应用软件的发展带来革命性的影响,这使得高性能计算及其应用蓬勃发展。

从 T 级到 P 级超级计算机,体系结构、处理器等支撑技术全面快速发展,高性能微处理器性能提升从频率驱动向容量驱动发展,多核处理器和加速器成为研究的热点。2006 年 6 月国际超级计算会议 ISC2006 的主题就是“Multi-core to petaFLOPS”,新型的微处理器体系结构设计思想为面向应用加速开辟了新的技术途径,采用数据流体系结构的加速器可充分开发应用程序指令级、数据级以及任务级多个层次的并行性,引起了国际上高性能计算厂商的广泛关注。例如,Cray 尝试了多种体系结构,包括 Tera MTA 通用多线程体系结构、Cray X1 通用结合向量处理体系结构、Cray XD1 通用结合 FPGA 可重构处理体系结构等,Cray 还提出了把通用处理器、向量、多线程和 FPGA 可重构融合在一个框架下的自适应计算体系结构(Adaptive Computing Architecture),实质是将多种体系结构与各自擅长的应用相结合,针对应用开展定制型计算。此外,SGI 也开发了将 FPGA 可重构计算与通用计算、多媒体虚拟现实计算融合的体系结构。SUN 研制了采用 ClearSpeed 的 CSX600 多线程阵列处理器为加速器的异构型并行计算机。

最终 IBM 于 2008 年研制成功世界上第一台 P 级超级计算机 Roadrunner。Roadrunner 采用通用微处理器与 Cell 加速器的异构体系结构方式构建,但由于使用 Cell 的专用编程环境,应用程序移植难度大,计算性能发挥不出来,因此系统运行两年后被拆除。我国第一台 P 级超级计算机是于 2010 年由国防科技大学研制的天河一号。天河一号是国际上首次采用中央处理器(Central Processing Unit, CPU)和图形处理器(Graphics Processing Unit, GPU)异构体系架构的超级计算机,实现了超算技术的超越。天河一号并行编程环境为 MPI/OpenMP[2]结合 CUDA[3],具有良好的通用性,被广泛应用于航空航天、材料计算、天气预报、气候预报和海洋环境等领域的数值模拟。此后,我国又相继研制成功了天河二号超级计算机和神威·太湖之光超级计算机,多次位列世界超算 TOP500 排行榜[4]榜首(图 1.3)。

图 1.3　中国天河二号和神威·太湖之光超级计算机

从 T 级到 P 级超级计算机发展历程可以看出关键技术的继承与变化:(1)体系结构都是大规模分布式存储并行处理系统,节点内从采用单一的通用微处理构建变为采用通用微处理器和加速器的结构;(2)通用微处理器性能提升继续遵循摩尔定律,从单核发展为多核,但微处理器主频不再增加,向量化成为提升微处理器性能的关键技术,对应的应用软件要做特殊的优化才能发挥向量化部件的计算性能;(3)具有数据流体系结构的加速器(例如 GPU)成为通用加速计算部件,这是超级计算机从 T 级到 P 级跨越的关键;(4)节点间并行编程模式都采用 MPI,保证了应用软件的移植性,MPI 已经成为消息传递并行编程的标准;(5)节点内微处理器核间并行采用共享内存编程环境 OpenMP,微处理器和加速器间协同计算采用 CUDA 或 OpenCL[5]等异构编程环境;(6)从 T 级到 P 级系统总计算核数从数千增加到数百万量级,应用软件要具有较好的可扩展性才能发挥系统的性能,并行算法和软件设计的需要充分考虑并行计算性能。

1.3.2　从 P 级到 E 级超级计算机

超级计算机性能每十年提升千倍,生命周期大概是 5~7 年,这些特点决定了要发挥超级计算机的性能,需要做长远的规划,有足够的投入,才能发展超级计算机,同时研制配套的应用软件才能充分发挥高性能计算能力。从 P 级到 E 级超级计算机,美国至少提前 10 年开始规划,各超算强国也均制定了相应的研发计划。

美国作为超级计算机世界的"老牌帝国",整体实力强劲,2010 年,美国能源部首次提出了 E 级超级计算机的研发计划,并计划于 2018 年完成系统部署;2012 年,美国能源部又对原计划进行了大幅调整,将超级计算机部署时间推迟到 2022 年;2016 年,美国能源部再次对研发计划进行了修正,提出将同时支持三台 E 级超级计算机的研制。美国目前主要采取三个方面的战略。一是加大投资,美国能源部表示,政府正在完成国家战略计算计划的目标:加速百亿亿次级计算系统的研制,增加用于建模和模拟的技术与用于数据分析计算的技术之间的连贯性,制定后摩尔定律时代的发展路径。二是全面发展,美国政府拥有数量众多的国家实验室,包括 1 500 多处研发设施,每年研发经费总额超过 1 000 亿美元。据报道,美国伊利诺伊大学的国家超级运算应用中心、橡树岭国家计算机科学研究中心等都在加紧研制"具有革命性"的下一代超级计算机。三是控制技术外流,2015 年,美国政府发布命令,禁止英特尔将其运行速度最快的计算机芯片供应给外国顶尖的超级计算机项目。

美国能源部自 2017 年后的 3 年向 6 家科技公司拨款 2.58 亿美元,协助这些公司开发下一代超级计算机,希望继续保持美国在高性能计算领域的领先地位。据报道,受到资助的 6 家公司分别是 AMD(超威半导体公司)、CRAYD(克雷公司)、惠普、IBM(国际商业机器公司)、英特尔和英伟达。2.58 亿美元的资金将在 3 年的合同期内分配,各家公司所提供的资金至少占项目总成本的 40%,总投资约达 4.3 亿美元。该项目是美国"前进道路"计划的一部分,旨在加速美国 2022 年前后部署三台 E 级(10 的 18 次方)超级计算机计划,三台 E 级超级计算机均采用通用微处理器结合 GPU 加速器的节点内异构体系结构,支持面向智能计算的半精度计算。2022 年 6 月安装在美国橡树岭国家实验室的前沿超级计算机以每秒 1.1 EFLOPS 浮点运算性能成为世界上第一台性能超过 E 级的超级计算机。

"欧洲高性能计算共同计划"于 2018 年成立,旨在投资 10 亿欧元,建立一个由世界级高性能计算和数据基础设施支撑的欧洲高性能计算以及大数据系统,该计划将从 2019 年至 2026 年实施。自该计划启动以来,已经大幅增加了对超级计算的投资,仅 2019 至 2020 年期间,该项目的公共投资就达到约 11 亿欧元。欧盟计划借助这笔资金,到 2021 年初研制出 3 台十亿亿级系统跻身全球前五名。这些机器会将欧洲现有的计算能力提升 8 倍,也将扩大欧盟中公私用户对高性能计算的使用。据欧盟委员会官网近期报道,欧盟委员会对"欧洲高性能计算共同计划"进行了升级,拟投资 80 亿欧元,发展下一代超级计算技术——主要是 E 级超级计算机以及量子计算机的研制工作,以加强欧洲数字主权,维持欧洲在超级计算以及量子计算领域的主导地位,让欧洲多领域受益,从而促进欧洲经济的恢复和发展。E 级超级计算机系统均采用通用微处理器结合加速器节点内异构体系结构,支持面向智能计算的半精度计算。

2014 年,日本文部科学省公布了日本的 E 级超级计算机研发计划——"旗舰 2020 计划",该计划将联合日本理化学研究所和富士通公司共同研发日本的 E 级超级计算机,计划 2021 年完成部署,采用片内异构众核体系结构。2020 年 6 月 23 日,富岳正式获认证,以 415 PFLOPS 计算速度成为 TOP500 排名第一的超级计算机。之后在同年 11 月 17 日发表的 TOP500 排行榜成功蝉联第一,在此次排名中,日本共有 34 台超算进入此 TOP500 排行。从 2016—2020 年的 10 届全球超级计算机排名中,日本共有 14 台次进入全球 TOP10。目前,利用超级计算机开展研发业务的日本企业多达 180 家,在诸如新药研制和新车型设计方面,超级计算机大有用武之地。

根据科技部"十三五"规划,我国 E 级超级计算机的研制分为原型机和整机系统两个阶段。在国家重点研发计划的高性能计算专项课题中,江南计算技术研究所、中科曙光及国防科技大学同时获批牵头 E 级高性能计算的原型系统研制项目,通过原型机研制将会验证 E 级计算机系统技术路线图并提出完整系统方案。原型机的研制已于 2016 年启动,2018 年进行了验收(图 1.4),根据计划我国 E 级超级计算机系统将于 2022 左右研制成功。三台原型机全部采用异构体系结构,但异构层次不同,分为片内异构、节点内异构和系统级异构,均支持面向智能计算的半精度计算。江南计算技术研究所采用片内异构众核体系结构,中科曙光采用通用微处理器结合加速器的节点内异构体系结构,国防科技大学采用通用微处理器结合加速器的系统级异构体系结构。

图 1.4　天河和神威 E 级原型系统

从 P 级到 E 级,加速器的性能提升最为显著。2011 年 40 nm 制程的 M2075 GPU,双精度峰值性能为 0.5 TFLOPS。2014 年 28 nm 制程的 K80 GPU,双精度峰值性能为 2.91 TFLOPS。2017 年 12 nm 制程的 V100 GPU,双精度峰值性能为 7.80 TFLOPS。2022 年 7 nm 新型加速器,双精度性能达到 20 TFLOPS 左右。

从 P 级到 E 级超级计算机,可以看出关键技术的继承与变化:(1)全部采用大规模分布式存储并行处理异构体系结构,区别是异构的层次不同,分为片内异构、节点内异构和系统级异构;(2)通用微处理器性能提升继续遵循摩尔定律,核数更多,采用 7 nm 工艺,微处理器主频不再增加,向量部件的宽度增加了至少一倍,达到 512 位,对应的应用软件要做特殊的优化才能发挥向量化部件的计算性能;(3)具有流体系结构的加速器性能进一步提升,达到 20 teraFLOPS 左右,支持面向智能计算的半精度计算;(4)节点间并行编程模式都采用 MPI,保证了应用软件的移植性,结合具有拓扑结构的光电混合高速互连系统技术支撑 MPI 的并行性能;(5)节点内微处理器核间并行采用共享内存编程环境 OpenMP,微处理器和加速器间协同计算采用 CUDA、OpenCL、OpenACC[6]等异构编程环境;(6)从 P 级到 E 级,系统总计算核数从百万量级增加到数千万量级,应用软件要具有较好的可扩展性才能发挥系统的性能,并行算法和软件设计需要充分考虑异构并行计算性能。

1.3.3　天河超算系统发展历程

我国超级计算机制造技术已经走在世界前列。我国涌现了国防科技大学、江南计算技术研究所、曙光集团和浪潮集团等一大批超算研发团队和领军企业,引领我国超算制造水平进入了跨越式发展的轨道。国防科技大学研制的"天河"系统八次排名世界第一。根据 2022 年 6 月份的超级计算机 TOP500 排名,我国的上榜数量达到 162 台,占比为 32.4%。

银河/天河高性能计算创新团队始终面向军队和国家重大战略需求,坚持自主创新,开创了以银河、天河系列超级计算机为代表的中国高性能计算事业,实现了从每秒亿次到十亿次、十亿亿次的连续跨越,正向着百亿亿次新台阶迈进,推动我国超级计算机研制水平从跟踪到并跑再到领先的转变,支撑了国家经济建设与科技进步。

20 世纪 70 年代末,针对数值天气预报、油藏模拟等领域对计算能力的需求,银河/天河高性能计算创新团队主动请缨,承担了我国首台亿次机的研制任务。通过参考当时国际主流的向量计算技术,银河/天河高性能计逢创新团队成功研制银河-Ⅰ、银河-Ⅱ系统,保障了数值天气预报和油藏模拟等领域的计算需求,填补了国内空白,使我国进入世界研制超级计算机的行列。

20 世纪 90 年代,团队紧跟国际技术发展趋势,成功实现了大规模并行、超级并行和深度并行计算技术。研制成功的银河-Ⅲ超级计算机是我国首台百亿次超级计算机,这标志着我国超级计算机研制水平实现了从跟踪到并跑的转变。

进入 21 世纪,为了实现单纯高性能向整体高效能的转变,银河/天河高性能计逢创新团队提出了异构协同并行计算技术。2010 年,天河一号超级计算机排名国际 TOP500 排行榜第一,首次登上世界之巅;2013 年,天河二号先后六次排名世界第一,是国际上保持冠军时间最长的系统。异构协同并行计算技术的提出引领了国际高性能计算技术发展,标志着我国超级计算机研制水平跻身世界领先行列。

为了应对科学计算、大数据处理、人工智能等多领域应用并重的百亿亿次计算需求,银河/天河高性能计算创新团队在天河新一代研制中创新提出了柔性异构体系结构技术。2018 年基于全自主芯片研制的百亿亿次关键技术验证系统被两院院士评为当年"十大科技进展",在全球范围内与美国、日本,以及欧洲国家争夺高性能计算领域战略制高点的竞争中发挥了重要的支撑作用。

1.4 超级计算中心部署情况

1.4.1 美国超算中心部署情况

美国超级计算中心的建设主要由联邦政府主导,以自然科学基金(NSF)、美国能源部(DOE)、美国国防部(DOD)等政府机构为主,支持超级计算中心的建设与运行,同时很多州政府也直接为国家、州或大学超级计算中心提供资助,共同推动面向科学与工程计算的国家层面信息基础设施的建设。美国的超算中心从投资和运行上可以分为国家级开放式超算中心和部门级半开放式超算中心两类。

(1)国家级开放式超算中心。

在自然科学基金(NSF)的推动下,美国在中部、西部、南部和东部区域均建立了面向全美开放的通用公共超级计算机机构。NSF 于 1986 年设立超级计算机中心计划(SCP)。在该计划推动下,美国建立了国家超级计算应用中心(NCSA)、圣迭戈超级计算机中心(SDSC)、匹兹堡超级计算机中心(PSC),以及得克萨斯州(以下简称得州)高级计算机中心(TACC)等一系列公共超算中心,部署了面向通用科学研究、工程技术领域的超级计算机系统,面向全美提供高性能计算服务。

NCSA 始建于 1985 年,位于美国中西部的伊利诺伊州,是美国最大的公共超级计算机机构。NCSA 提供世界领先的计算、存储以及可视化资源,向全美的教育和科学研究机构提供高性能计算服务,重点解决复杂生物系统的行为预测以及宇宙演化过程模拟等挑战性科学问题。每年大致有上千名科学家、工程师和学生使用 NCSA 的计算和数据系统进行科学研究。

SDSC 始建于 1985 年,位于美国西部加利福尼亚州,也是美国 TeraGrid 网格计划成员之一。目前主要运行 Comet、Gordon 等超级计算机系统,其中 Comet 系统峰值性能达到 2.76 PFLOPS,主要任务是向全美学术界以及工业用户提供高性能计算资源、集成软件技术以及跨学科支持与服务,通过开发和使用技术来推动科学的发展。

PSC 位于美国东部宾夕法尼亚州,在 1986 年由卡内基梅隆大学与匹兹堡共同创建。PSC 部署了世界最先进的共享存储结构的超级计算机系统,面向全美大学、政府以及工业机构的科学家与工程技术人员提供高性能计算、通信与数据处理服务,解决计算科学领域内的负载、大规模、挑战性问题。

TACC 位于美国南部得克萨斯州,是美国 NSF 超算中心计划首批成员之一。TACC 主要运行 Stampede、Maverick 等多台超级计算机系统,拥有完备的信息基础设施生态系统资源,包括世界领先的超级计算机系统、可视化、数据分析与存储系统等,为得克萨斯州和全美的科学研究人员提供完备的高级计算资源和支持服务,目标是通过应用高级计算技术,获取能够推动科学和社会的新发现。

（2）部门级半开放式超算中心。

除建设国家层面的通用公共超算中心外,美国国家实验室还面向本实验室的科学研究需求针对性地部署了世界顶级的超级计算机系统。这些计算资源除优先为本实验室的科学研究服务外,还为美国其他研究机构提供高性能计算服务,是美国国家高性能计算基础设施的重要组成部分。此外,美国军方还建立了面向不同军兵种的多个超算中心。

美国能源部劳伦斯-利弗莫尔国家实验室(LLNL)2004 年安装了 Blue Gene/L 超级计算机,主要用于处理分子动力学、三维塑性变形位错动力学等领域极具挑战性的科学仿真研究问题。2012 年部署了 IBM Sequoia 系统,峰值性能达 20 PFLOPS,主要用于美国核储备库的安全和可靠性分析计算。实验室于 2017 年部署由 IBM 研制的 Sierra 超级计算机。Sierra 超级计算机采用 IBM POWER9 + Nvidia GPU 架构,峰值性能大约为 125 PFLOPS。

2006 年,美国能源部下属的国家核安全管理局选择在洛斯阿拉莫斯国家实验室(LANL)开发超级计算机 Roadrunner,主要应用于核数值模拟。Roadrunner 共经过三个阶段实施,于 2008 年 6 月开发完成,是世界上第一台"混合异构"超级计算机,计算能力达到每秒 1 PFLOPS。

美国橡树岭国家实验室(ORNL)部署了 Summit 超级计算机系统和 Frontier 超级计算机系统,主要应用于复杂生物系统、新能源、环境科学、人工智能和新材料等领域的科学研究。ORNL 计划于 2017 年部署由 IBM 研制的 Summit 超级计算机。Summit 超级计算机系统也采用 IBM POWER9 + Nvidia GPU 架构,峰值性能大约为 150~300 PFLOPS,2022 年最新的数据是 200 PFLOPS。2022 年部署 Cray 研制的美国首台 E 级超级计算机系统 Frontier 采用 AMD EPYC 处理器和 AMD Instinct 加速器,峰值性能为 2 EFLOPS。

阿贡国家实验室(ANL)部署了 IBM Mira 超级计算机系统,主要应用于高能汽车电池设计、气候变化等科学研究。ANL 计划于 2016 年部署由 Cray 公司研制的 Theta 超级计算机,该超级计算机系统采用 Intel Xeon Phi(Knights Landing)作为加速部件,2019 年发布的峰值性能大约为 11.66 PFLOPS。同时,ANL 计划于 2018 年部署 Cray 研制的 Aurora 超级计算机,该超级计算机系统将采用新一代 Intel Xeon Phi(Knights Hill)作为加速部件,峰值性能大约为 180~450 PFLOPS。

（3）(美国)国防部封闭保密超算中心。

在国防领域建设超级计算中心并实施高性能计算资源共享方面,美军走在了世界的前列,并且取得了一定的军事效益。从 1993 年开始,美军不间断地持续实施高性能计算现代化计划(High Performance Computing Modernization Program,HPCMP),旨在通过构建、部署和维护先进的超级计算机系统和通信网络,在系统硬件、应用软件、算法、服务和人才培养等方面为美军提供全面支持,并有力促进军事相关的重大科研、工程以及战略问题研究。HPCMP 主要包括三个部分:超级计算资源中心建设、高性能国防研究与工程网络(DREN)以及高性能软件支持计划,核心部分是建设面向全军的超级计算资源中心。截至目前,该计划已建成 5 个大规模的超级计算资源中心(DoD Supercomputing Resource

Center，DSRC)以及 5 个附属资源分中心(Affiliated Resource Center，ARC)。目前，主要由高性能计算现代化计划办公室负责监管 HPCMP 计划的实施，负责设备、软件的采购等事务。

(美国)国防部超级计算资源中心面向美国国防部及美军全军的科研、工程和战略需求进行建设，部署通用超级计算机系统，提供世界领先的高端高性能计算能力、互连网络和应用软件，重点服务国防领域复杂、关键的科学和技术挑战，显著减少武器系统的设计时间、降低成本并提高设计质量，提高国防科技研究、开发、测试和评估(RDT&E)领域的创新能力和产出率，确保美国国防部在分析、设计、生产和向部队提供先进武器系统和能力方面始终保持技术领先优势。HPCMP 从陆军、海军和空军实验室与测试中心中，遴选了 5 个在超级计算方面具有丰富经验的小型高性能计算部门，并在此基础上通过升级计算、存储资源组建了 5 大超算中心。超级计算资源中心部署了大规模的通用超级计算机，全年提供超过 25 亿处理器小时的计算能力，并存储超过 50 PB 的数据资源。

HPCMP 中的 5 个超级计算资源中心包括陆军研究实验室高性能计算资源中心(ARL DSRC)、空军研究实验室高性能计算资源中心(AFRL DSRC)、陆军工程研究与发展中心高性能计算资源中心(ERDC DSRC)、海军高性能计算资源中心(Navy DSRC)以及毛伊高性能计算中心(MHPCC DSRC)。

陆军研究实验室高性能计算资源中心成立于 2013 年，位于马里兰州北部的阿伯丁试验场。该超级计算中心由美国国防部资助，提供世界先进的高性能计算能力、高速互连网以及数据分析能力，面向全军提供高性能计算服务，为武器装备的建模、性能评估以及相关复杂问题和工程应用的研究提供支持。美国国防部的科学家和工程师可使用超级计算对许多单兵装备和战车装备在实际生产之前进行建模与检测，减少昂贵、耗时，甚至危险的实物测试。该中心拥有 Jean、Kay、Excalibur、Pershing、Hercules 在内的五台超级计算机。其中，2020 年部署 Jean 和 Kay 两台新超级计算机，峰值性能约为 4 PFLOPS 和 3 PFLOPS，主要用于支持国防部许多最重要的现代化挑战，包括数字工程和其他新兴工作负载，以解决(美国)国防部(DoD)最数据密集型的计算挑战，并推动人工智能和机器学习工具的持续发展。此外，根据美国高性能计算现代化项目网站提供的信息，该中心还拥有两台小型超算系统 SCOUT 和 Centennial。自 1992 年以来，HPCMP 已经在 ARL DSRC 上投资了超过 12 亿美元，保障该中心作为 HPCMP 的主要超算中心，也是国家超级计算基础设施中顶级超级计算机站点之一。

空军研究实验室高性能资源中心位于美国俄亥俄州赖特帕特森空军基地。AFRL DSRC 侧重于服务飞行器、导弹、航天等领域的科学研究项目，其中美军 A-10A"雷电"攻击机、P-3C"猎户座"反潜巡逻机、F-22 战斗机、无人机、超音速喷气式发动机以及 NASA 返回式太空探测器的设计模拟均在 AFRL DSRC 上取得了成功。AFRL DSRC 对空军武器装备模拟、物理过程模拟、生化材料分析等领域提供广泛支持，有力推动了美军相关领域的快速发展，确保美军在 21 世纪战场上的军事优势。该中心自 1994 年先后部署了包括 Warhawk、Mustang、Thunder、Spirit、Lightning、Raptor 等在内的 44 台超级计算机。目前在 TOP500 榜单(2022 年 6 月榜单)的超级计算机仍有 3 台,分别是 Thunder、Mustang 和 Warhawk,计算性能分别约为 5 PFLOPS、4 PFLOPS 和 5 PFLOPS。该中心于 2018 年调研了"秘密"及以上级别共享式超级计算机的需求和选项,并启动了名为"国防部秘密以上级别共享高性能计算能力(Shared Above-Secret Department of Defense High Performance Computing Capability)"的超级计算项目。该项目计划先后采购三台针对"秘密"及以上密级任务的超级计算机,以及一台架构相同,必要时可在不涉密级别测试涉密应用的超级计算机。2018 年 12 月公开的 Mustang 机是其中主要用于处理不涉密计算任务的超级计算机,其他三台超级计算机主要承载涉密运算任务,专门用于保密研究工作,代号分别为 Voodoo、Shadow 和 Spectre,具体信息未公开。

海军高性能计算资源中心位于美国密西西比州斯坦尼斯航天中心,每天为海军和(美国)国防部提供全球、局部区域的高精度沿海海洋环流与海浪模拟数据,聚焦于提升海军的战场技术领先优势,同时面向美国国防部的研究人员的高性能计算需求,提供海洋及航空航天方面相关科学问题及工程问题研究支持。该中心部署了 Narwahal、Gaffney、Koehr 等多台超级计算机,总峰值计算性能约 20 PFLOPS。

陆军工程兵工程研究与发展中心高性能计算资源中心位于(美国)密西西比州的维克斯堡,始建于 1989 年,其前身为陆军超算中心,2009 年正式更名为 ERDC DSRC。该中心聚焦于为陆军工兵部队的研究与开发实验室在民用工程、环境质量与环境科学等领域的关键科学研究提供计算服务,同时面向全军提供高性能计算服务,主要侧重于计算流体力学(Computational Fluid Dynamics,CFD)、计算结构力学(Computational Structural Mechanics,CSM)以及环境质量建模(Environmental Quality Modeling,EQM)等计算技术领域。该中心自 1990 年先后部署过 37 台超级计算机。目前在 TOP500 榜单的超级计算机中(2022 年 6 月榜单)有 3 台,分别是 Onyx、Topaz、Freeman,总峰值计算性能约为 14 PFLOPS。

毛伊高性能计算中心位于美国夏威夷毛伊岛,由美国夏威夷大学负责维护管理。该中心隶属于美国空军,部署了 IBM 生产的超级计算机 Hōkūle'a、Riptide,同样为美国国防部以及其他政府部门针对复杂计算问题的研究工作提供支持。

HPCMP 在 2022 年开展了 5 台超级计算机的升级或部署任务。另外在毛伊高性能计算中心和陆军工程研究与发展中心高性能计算资源中心各有一台尚未交付的超级计算机。截至 2021 年 6 月 TOP500 的超算中公开有 11 台 TOP500 排名的超算直接服务于美国军方,截至 2022 年 6 月 TOP500 的超算中公开有 14 台 TOP500 排名的超算直接服务于美国军方,较上一年新增 3 台。

超级计算资源中心的计算、存储能力更强,附属资源中心可以通过安全、专用的 DREN 网络访问超级计算资源中心的计算存储资源,解决本部门科学研究与自身业务计算对高性能计算资源的竞争,或者满足部分科学研究对超出本部门超算中心计算能力的计算需求,促进附属资源中心的科学研究。超级计算资源中心还能够利用自身在系统规模、软硬件资源方面的优势,教育和培训工程师与科学家更高效地使用先进的计算环境,培养和锻炼更多高水平的系统管理、运维人员,从整体上促进(美国)国防部 HPC 团队的应用和管理水平,并促进与(美国)国家 HPC 团队之间的协作。

(4)美国超算中心的运维模式。

超算中心的建设与运维经费主要由政府资助。美国国家超算应用中心的建设与运维经费主要来自于美国自然科学基金、伊利诺伊州和伊利诺伊大学。圣迭戈超级计算机中心、匹兹堡超级计算机中心主要由 NSF 资助,同时接受其所在州和大学的部分资助。得克萨斯州高级计算机中心资助经费主要来自于美国自然科学基金、美国能源部等联邦政府机构。而 LLNL、LANL 等国家实验室超算中心的建设、运行与维护主要由美国能源部核安全管理委员会(NNSA)资助,ORNL 实验室和 ANL 实验室超算中心则由美国能源部科学办公室资助。

美国超算中心建设主要依托大学和科研机构建设。美国公共超算机构中,NCSA 依托于伊利诺伊大学香槟分校(UIUC)进行建设、运维,中心主任 William Gropp 博士是 UIUC 计算机科学系教授;SDSC 位于加利福尼亚州大学圣迭戈分校(UCSD),中心主任 Frank Würthwein 博士是 UCSD 的物理系教授;匹兹堡超级计算机中心由卡内基梅隆大学与匹兹堡大学共同创建,得克萨斯州高级计算机中心则位于得克萨斯大学奥斯汀分校内,部分员工同时兼任了大学的教学和科研工作。在技术层面,这些超算中心大多与其所在大学在超级计算机技术、并行算法、高性能计算应用等领域建立了密切的合作研究关系,在推动大学科学研究的同时,也有助于提高超算中心自身的技术能力和建设水平。

依托大学和科研机构建设超算中心,一方面大学和科研机构的科学研究对高性能计算具有较强的需求和较好的应用水平,能够较好地发挥超算中心对科学研究的促进作用;另一方面大学可以提供丰富的专业人才资源和技术支持,能够为超算中心的运行、管理和维护提供良好的基础,并促进超算中心自身的科学研究水平。

工作系统管理与运行维护、用户支持与服务、用户教育与培训、科学研究是美国超算中心的主要工作。美国的公共超算中心和国家实验室超算中心均非常重视用户支持、服务以及用户培训与教育工作。除了成立专门的用户支持与服务部门外,还建设了丰富的网络资源,辅助用户了解系统硬件资源、软件使用方法等,提供现场支持、电话、E-mail 等多种方式,对用户提供全方位的支持与服务。

同时各超算中心还制定了丰富的用户培训与教育课程,旨在通过不间断的努力来提高用户以及全美各科学和工程研究领域的高性能计算应用水平。国家超算应用中心除组建专门团队进行中心超级计算机系统的运行管理、维护以及用户支持外,同时还在计算与数据科学、地球与环境科学、材料与制造、物理与航天、生物信息学与健康科学等领域开展科学研究。得克萨斯州高级计算机中心除负责运行、维护该中心内部署的大量超级计算机系统外,还提供用户咨询、技术服务、用户培训,支持用户高效使用超级计算机系统资源。此外,TACC 还在高性能计算应用与算法、计算系统体系结构与设计、程序设计工具与环境、科学计算可视化等领域开展科学研究与开发。圣迭戈超级计算机中心组建了用户服务部来支持和服务用户,帮助用户开发高效的 HPC 应用程序,提高 SDSC 计算资源的使用效率。同时,SDSC 还在高性能计算、网格计算、计算生物学、计算物理学、计算化学、数据管理以及科学计算可视化等领域取得了丰富的研究成果。LANL、LLNL 及 SNL 等国家实验室的超算中心也在超级计算机体系结构、高性能计算技术以及高性能计算应用等领域开展研究工作。

1.4.2　欧洲超算中心部署情况

欧洲高级计算合作伙伴计划(PRACE)将欧洲超级计算机(HPC)分为三层:最顶层(0 级系统)是拥有 PFLOPS 峰值性能的超算系统,为欧洲超算中心,2023 年 12 月 PRACE 介绍其有 7 个 0 级系统,分别为 Joliot-Curie(法国)、JUWELS(德国)、HAWK(德国)、SuperMUC-NG(德国)、MARCONI(意大利)、MareNostrum 4(西班牙)、Piz Daint(瑞士);第二层是国家级超算中心;第三层是区域超算中心。第一层是欧洲的核心超算中心,为全欧洲的教育、研究机构和工业界提供高性能计算服务。

2019 年 6 月,欧洲高性能计算联合组织(EuroHPC JU)管理委员会选择了位于 8 个不同欧盟成员国的 8 个超算中心站点来托管新的超级计算机。托管站点位于索菲亚(保加利亚)、俄斯特拉发(捷克共和国)、卡亚尼(芬兰)、博洛尼亚(意大利)、比森(卢森堡)、米尼奥(葡萄牙)、马里博尔(斯洛文尼亚)和巴塞罗那(西班牙),这 8 个站点将托管峰值性能超过 4 PFLOPS 的超算系统,其中 3 个站点将托管峰值性能超过 150 PFLOPS 的超算系统。斯洛文尼亚"Vega"(织女星)是 2021 年 4 月推出的第 1 台 EuroHPC JU 超级计算机,该超算系统由 Atos 建造,位于斯洛文尼亚马里博尔信息科学研究所(IZUM),由 EuroHPC JU 和 IZUM 共同资助,总额为 1 720 万欧元,Vega 具有 6.9 PFLOPS 稳定性能和 10.1 PFLOPS 的峰值性能。卢森堡的超级计算机"Meluxina(梅鲁西纳)"是 2021 年 6 月推出的第 2 台 EuroHPC JU 超级计算机,位于卢森堡比森的 LuxProvide 数据中心,该超算系统由 Atos 制造,造价为 3 040 万欧元,卢森堡政府支付 2/3,其余部分由欧盟委员会承担,Meluxina 具有 10 PFLOPS 的稳定性能和 15 PFLOPS 的峰值性能。位于保加利亚的 EuroHPC JU 超级计算机"Discoverer"(发现者)是 2021 年 10 月 EuroHPC JU 计划推出的第 3 台超算系统,系统坐落于保加利亚科技园"索菲亚科技园",共投资 1 150 万欧元,Discoverer 具有 4.5 PFLOPS 的稳定性能和 6 PFLOPS 的峰值性能。位于芬兰卡尼亚的"LUMI"是 EuroHPC JU 计划推出的第 4 台超算系统,截至 2022 年中,LUMI-C 分区已投入使用,凭借 151.9 PFLOPS 的性能,在 2022 年 6 月 TOP500 榜单中排名第 3。LUMI-G 分区计划于 2022 年底投入使用,全系统投入运行,理论峰值性能将达到 550 PFLOPS,该系统完全由 AMD 硬件制成,额定功率效率为 51.63 GFLOPS/W,整个项目的经费为 2.02 亿欧元。

2022 年,EuroHPC JU 管理委员会选择了另外 5 个站点来托管新的 EuroHPC 超级计算机,包括第一台位于德国的欧洲百亿亿次级超级计算机。

2022 年 2 月,欧洲量子旗舰(Quantum Flagship)计划官网发布了《欧洲量子计算和量子模拟基础设施》白皮书,详细介绍了当前欧洲量子技术的发展状况与未来规划,并为如何实现超级计算机(HPC)与量子计算的融合发展达成共识。

(1)核心超算中心。

位于金字塔第一层次的超算中心包括德国于利希超算中心(JSC)、德国斯图加特 HLRS 超算中心、德国慕尼黑 LRZ 超算中心、西班牙巴塞罗那超算中心(BSC)、法国 TGCC 超算中心以及意大利 CINECA 超算中心。

德国于利希超算中心(JSC)是欧洲最大的超算中心,目前主要运行 JUQUEEN、JURO-PA、JUDGE 等系统,峰值计算能力超过 6 PFLOPS,面向德国和欧洲其他国家的大学、研究机构、工业机构提供高性能计算服务,旨在通过科学仿真手段解决科学与工程领域的高度复杂问题。德国斯图加特 HLRS 超算中心运行 Cray XC40 的 Hornet 系统,峰值性能达 3.7 PFLOPS,面向德国和欧洲其他国家的科学研究以及工业界用户提供高性能计算服务。德国慕尼黑 LRZ 超算中心位于慕尼黑附近的加尔兴,主要运行 SuperMUC 系统,峰值性能达 3 PFLOPS,面向德国和欧洲其他国家提供服务。西班牙巴塞罗那超算中心(BSC)目前主要运行有 MareNostrum 系统,峰值性能达 1 PFLOPS,除面向西班牙国内大学、研究机构、工业机构提供高性能计算服务外,还向欧洲其他国家的研究机构和工业用户提供计算服务。2022 年,JUWELS Booster Module 是德国最强的超算系统,峰值性能达到 70 PFLOPS。法国 TGCC 超算中心是法国最大的超算中心,主要运行 BULL 公司研制的基于 x86 处理器的 Curie 系统,峰值性能达 2 PFLOPS,面向法国和欧洲其他国家用户提供高性能计算服务。2022 年,Adastra 成为法国最强超算系统,峰值性能为 61 PFLOPS。意大利 CINECA 超算中心是意大利最大的超算中心,主要运行基于 IBM Blue Gene/Q 的 Fermi 系统,峰值性能达 2.1 PFLOPS,通过超级计算以及科学计算可视化工具服务意大利和全欧洲其他国家的科研机构。2022 年,HPC5 系统成为意大利最强超算系统,峰值性能为 51 PFLOPS。

(2)区域性超算中心。

除了 6 大核心超算中心外,英国、德国、法国、荷兰、比利时等欧洲国家还建设了多个国家级超级计算中心。这些规模相对较小的国家级超算中心构成金字塔结构的第二层,主要面向各国国内用户提供服务。例如英国最大的超算中心——爱丁堡并行计算中心(EPCC),隶属于爱丁堡大学物理与天文学学院,运行有基于 Cray XC30 的 ARCHER 和 Blue Gene/Q 系统等多台英国最高性能的超级计算机系统,主要任务是加速探索新兴计算技术在英国工业、学术和商业领域的应用。

此外,各国的地方政府这些超算中心建设的一些数量较多的区域级超算中心以及大学超算中心构成了位于金字塔底的第三层,这些超算中心聚焦于局部区域内部的高性能计算需求。例如德国的德累斯顿工业大学、汉堡大学的超算中心,挪威 Trondheim 地区挪威科技大学超算中心等。

(3)欧洲超算中心的运行模式。

核心超算中心的建设与运维经费主要由欧盟和所在国家政府机构资助。西班牙巴塞罗那超算中心(BSC),德国于利希超算中心(JSC)、德国斯图加特 HLRS 超算中心以及德国慕尼黑 LRZ 超算中心的千万亿次超级计算机的研制或采购经费一半来自装备机器的国家政府,其余来自欧盟第七框架计划和其他资金来源。欧盟 PRACE 组织根据研究基础设施计划对核心超算中心的建设与运维也提供资助。JSC 的运行经费由德国政府、欧盟和其所在地北莱茵-威斯特法伦州政府共同资助,其中德国联邦政府资助比例约占90%。HLRS 超算中心运行经费主要由德国政府、欧盟和其所在地巴登-符腾堡州政府共同资助。LRZ 超算中心运行经费主要由德国政府、欧盟和其所在地巴伐利亚州政府共同资助。BSC 超算中心的运行维护经费由欧盟、西班牙政府以及中心所在地加泰罗尼亚省共同资助。

依托大学或研究机构进行建设是欧洲超算中心的重要建设方式。斯图加特 HLRS 超算中心依托于斯图加特大学、西班牙巴塞罗那超算中心依托于加泰罗尼亚理工大学(TUC)进行建设、运行与维护,超算中心相当数量的工作人员同时兼任大学的教学、科研工作。德国于利希超算中心(JSC)同邻近的亚琛工业大学通过 JARA-HPC 计划在高性能计算领域建立了密切的联系,联合创建了德国仿真研究院(GRS),并在高性能计算体系结构、并行程序分析与优化等领域开展合作研究。爱丁堡并行计算中心(EPCC)隶属于爱丁堡大学物理与天文学学院。

系统运维、用户支持与培训以及科学研究也是欧洲超算中心的主要任务。西班牙巴塞罗那超算中心设立中心副主任具体负责中心部署的超级计算机系统的运行、管理、维护以及用户支持等工作。BSC 80%的员工进行多学科的科学研究工作,20%的员工专门负责 HPC 系统的管理、维护以及用户支持。高性能计算用户教育与培训也是 BSC 的一项重要工作。BSC 向用户提供免费的高性能计算培训课程,培训内容包括系统使用、编程语言、并行编程模型、并行算法、并行计算工具等内容,旨在通过长期不懈的培训,逐步提高应用科学家使用超级计算机系统的能力和水平。BSC 中心主任除了全面负责中心工作外,重点负责中心在高性能计算及其应用研究、计算机科学、地球科学以及生命科学等领域的研究工作,具体研究领域包括 E 级计算体系结构,以及编程模型、大气建模、气候建模及生物信息学、计算流体动力学、计算固体力学、可视化与后处理等。德国于利希超算中心(JSC)的主要工作包括超级计算机系统的运行、管理与维护,用户支持与服务,以及高性能计算相关科学研究。JSC 成立了专门的团队负责所有系统的日常运行管理与维护。JSC 非常重视用户支持与服务,成立了应用支持部门具体负责用户支持。对每一个通过评估的项目,JSC 都会指定一个专门的工作人员辅助该项目进行并行程序的开发、移植与优化。用户培训也是 JSC 的一项重要工作。JSC 每年都会制定详细的年度用户培训计划,并提前在该中心网站上发布。JSC 的培训内容非常丰富,包括基本程序设计语言、并行程序设计、数据可视化、并行程序性能分析与优化,以及中心内部各超级计算机的具体使用方法等多方面的内容,旨在持续帮助用户提高高性能计算应用水平。JSC 还在高性能计算技术、高性能计算应用、数值并行算法等多个领域开展科学研究。

用户对核心超算中心计算资源的使用申请通常需要通过独立评审。位于欧洲第一层次的核心超算中心面向全欧洲用户提供服务。用户需要提前提出所需计算资源申请,超算中心通过独立的评审委员会来评估用户申请。除包括项目的科学价值、预期成果外,是否能够高效使用大规模计算资源也是重要的评审指标。BSC 成立了专门的委员会来评估用户的计算资源使用申请。该委员会独立于 BSC 超算中心,由西班牙国内著名的科学家组成。用户使用 BSC 的计算资源需要预先申请,通常是按季度提交使用申请,由该委员会决定是否允许用户使用超算资源并决定计算资源的分配。在德国教育科研部的倡导下,德国三大国家超算中心(于利希超算中心(JSC)、斯图加特 HLRS 超算中心及慕尼黑 LRZ 超算中心)一起组成高斯超算中心(GCS),目的是在国家层面确保高性能科学计算的持续发展,并作为一个整体向德国以及欧洲的教育、科研机构提供计算服务。用户使用 JSC、HLRS、LRZ 的计算资源需要预先提出申请。科学研究项目在立项论证阶段就要对所需高性能计算资源进行预算、申请。这些超算中心均通过 GCS 执行委员独立地评估项目申请,评估标准除包括研究的科学价值、意义、预期成果外,项目能否高效利用超级计算机系统进行大规模并行计算也是一个重要的评估指标。GCS 委员会评估完成后,后续计算资源的分配、使用严格按照评估结果执行。

欧洲高性能计算联合事业组织(EuroHPC JU)由 3 个机构组成,分别为理事会、工业和科学顾问委员会以及执行董事。其中理事会由欧盟和参与国的代表组成,欧盟委员会和每个参与国在理事会中任命一名代表,每位代表可由一名专家陪同,欧盟通过欧盟委员会代表拥有 50% 的投票权,其余的表决权按照以下规则在参与国之间分配:①对于《联合承诺》的一般行政任务,参加国的表决权平均分配;②对于与制定超级计算机收购工作计划、选择主办实体以及联合事业的研究和创新活动,欧盟成员国的表决权以有效多数表决制为基础,非欧盟成员国的参与国拥有与研究和创新活动相应任务的投票权;③对于与超级计算机的采购和运行相应的任务,只有那些为千亿亿次超级计算机和百亿亿次超级计算机总体拥有成本贡献资源的参与国和欧盟才有与其贡献成比例的投票权。工业和科学顾问委员会由两个小组组成,向理事会提供独立建议,两个小组分别是研究与创新咨询小组(RIAG)和基础设施咨询小组(INFRAG),前者确定关键研究重点,后者负责为千亿亿次级和百亿亿次级超级计算机的采购和操作提供建议。执行董事为行政总裁,负责合办企业的日常管理,该职位目前由 Anders Dam Jensen 担任。

欧洲高性能计算联合事业组织将欧盟成员国以及欧洲地平线计划、数字欧洲等欧盟级资源汇集在一起,发展泛欧超级计算基础设施,并支持研究和创新活动,于 2018 年 11 月在欧盟委员会的管理下开始运作,从 2020 年开始实现自治。资金由欧洲高性能计算联合事业组织成员共同资助,2021—2027 年的预算约为 70 亿欧元,其中大部分资金来自当前欧盟的长期预算,即多年度金融框架(MFF 2021—2027),捐款为 30 亿欧元,分布如下:

①数字欧洲计划(DEP)19 亿欧元,用于支持基础设施的收购、部署、升级和运营;

②欧洲地平线计划(H-E)9 亿欧元,用于支持研究和创新活动,目的是在整个欧洲发展具有世界级竞争力和创新性的超算生态系统;

③连接欧洲设施计划(CEF-2)2 亿欧元,用于改善 HPC、量子计算以及与欧洲数据

空间和安全云基础设施的互连。

欧洲高性能计算联合事业组织有双重目标：一是开发泛欧洲超级计算基础设施，在欧盟购买和部署至少两台跻身世界前五的超级计算机，以及至少两台跻身欧洲私人及公共科学工业用户的全球前 25 名的超级计算机，这些资源将应用于 800 多个科学和工业领域；二是支持研究和创新活动，开发欧洲超级计算生态系统，刺激技术供应行业，并为包括中小企业在内的大量公共和私人用户提供超算计算资源。

欧洲高性能计算联合事业组织成员由公共集体和私人组成，截至 2022 年 7 月其公共成员包括欧盟（由欧盟委员会代表）、27 个欧盟成员国中的 26 个以及欧盟地平线 2020 计划的五个非欧盟联系国。私人成员包括欧洲高性能平台（ETP4HPC）、欧洲量子产业联盟（QuIC）和大数据价值协会（BDVA）等组织中的成员，同时在"地平线 2020"相关成员国或国家设立的任何支持研究与创新的法律实体均可申请成为联合事业组织的私人成员。

1.4.3　日本超算中心部署情况

亚洲超算中心除我国外主要以日本为代表。日本政府于 2006 年推出了 T2K Open Supercomputer Systems 项目，在东京大学、筑波大学与京都大学三所日本顶尖大学设立超级计算中心，东大情报基盘中心作为 T2K Open Supercomputer Systems 项目的重点发展项目，于 2008 年初建立了一套 140 万亿次的超级计算机。日本海洋科学技术中心拥有曾在 TOP500 中连续两年半排名第一的"地球模拟器"系统，该系统面向全世界的基础研究开放，同时地球模拟器中心已对日本工业界开放。东京工业大学 GSIC 中心部署了 Tsubame 2.0 系统，峰值性能为 2.2 PFLOPS，在 2011 年 6 月排名 TOP500 第 5 名。由日本政府投资，部署在日本神户 RIKEN 计算科学高级研究所（AICS）的 K 计算机，峰值性能达 10 PFLOPS，主要应用于地球科学、气候预测、医药、材料等领域的科学研究。日本理化研究所和制造商富士通联合研制，部署在日本理化研究所的富岳系统，在 2020 年 6 月发布的 TOP500 榜单中排名第一，峰值速度为 415 PFLOPS。富岳采用 48 核富士通芯片 A64FX，是第一台完全基于 ARM 架构的超级计算机，该系统主要用地球科学、气候预测等科学研究。

1.4.4　国内超算中心部署情况

随着国家超算中心的战略性、基础性、公益性属性充分彰显，以及超级计算技术与新一代信息技术融合创新服务能力的不断凸显，各省政府不断出台指导意见和政策，都将新一代超级计算系统的研制部署及扩容升级作为抢占经济社会发展先机的重要举措。

2008 年以来，我国超算中心步入快速发展的时期。国内越来越多省市将建设超算中心和部署新一代超级计算系统作为推动经济社会快速发展的关键措施，超级计算中心的建设数量和质量都在逐年提高，总体运营状况良好，有效地提高了我国科学研究和经济发展的整体水平。除已经建成了国家超算中心的山东省、广东省、湖南省、江苏省、四川省、陕西省外，福建省、江西省、甘肃省、山西省、吉林省、黑龙江省、上海市、北京市等省市建设了省级(或直辖市级)超算或计算中心。同时,国内其他省市也在积极布局各类超算(计算)中心或正在积极推进各类超算(计算)中心的建设。其中,浙江省正在推进浙江(长三角)新一代全功能智能超算中心建设项目;湖北省目前建设有武汉超算暨云计算(数据)中心,同时将建设国家超算武汉中心列入湖北"十四五"推进算力基础设施建设重点工程、武汉市科技创新发展"十四五"规划重大项目及省部会商项目;安徽省依托安徽大学建设了高性能计算平台,并出台政策鼓励因地制宜统筹建设合肥等超算中心;辽宁省依托东北大学建设了东北区域超算中心;云南省依托中国科学院计算机网络信息中心建设了昆明超算分中心(西南战略生物资源超级计算环境建设与应用);广西壮族自治区依托广西大学建设了国家高性能计算中心南宁分中心(广西多功能计算平台);贵州省建设了贵安超级计算中心,是中国西部信息基础设施重大工程之一;海南省投资建设了文昌国际航天城航天超算中心;青海省依托清华大学建设了高性能计算公共服务平台(三江源数据分析中心);宁夏回族自治区依托宁夏大学建设了高性能计算实验平台;新疆维吾尔自治区建设了深度学习超算中心;内蒙古自治区建设了高性能计算公共服务平台;西藏自治区建设国家超级计算广州中心林芝分中心,落户创新设计超算运营平台。

(1)国家超级计算天津中心。

国家超级计算天津中心(简称天津超算)是2009年5月批准成立的首家国家级超级计算中心,实行理事会领导下的主任负责制。理事会由天津市滨海新区、国防科技大学和天津经济技术开发区管委会及所属部门的有关领导组成。理事长由天津市滨海新区和国防科技大学主要负责同志兼任。

天津超算部署有2010年11月世界超级计算机TOP500排名第一的"天河一号"超级计算机和天河新一代原型机系统。其中,"天河一号"主机系统算力为1 PFLOPS,天河新一代主机系统建成后算力达到1 EFLOPS以上,同时构建有超算中心、云计算中心、电子政务中心、大数据和人工智能研发环境。

天津超算是我国目前应用范围最广、研发能力最强的超级计算中心,为全国的科研院所、大学、重点企业提供了广泛的高性能计算、云计算、大数据、人工智能等高端信息技术服务。

在支撑科技创新领域,天津超算服务科研、企业、政府机构用户近6 000家(包括科技创新团队2 000余个,企业3 000余家),用户已经遍布全国近三十个省、市、自治区,应用涉及生物医药、基因技术、航空航天、天气预报与气候预测、海洋环境模拟分析、航空遥感数据处理、新材料、新能源、脑科学、天文等诸多领域。"天河一号"每天满负荷运行8 000余个科研计算任务;累计支持国家科技重大专项、国家重点研发计划等重大项目超过2 000项,涉及经费超过20亿元,取得国家级、省部级奖励成果和包括 *Nature*、*Science* 在内出版成果超过2 400项。研发了一批具有自主知识产权的应用软件,取得了一批具有国际先进水平的科研成果。

(2)国家超级计算深圳中心。

国家超级计算深圳中心(简称深圳超算)于2009年获国家科技部批准成立的国家的

超算中心是由深圳市科创委负责管理的企业化管理事业单位。

深圳超算主机系统是由中国科学院计算技术研究所研制、曙光信息产业（北京）有限公司制造的曙光6000，运算速度达每秒1 271万亿次（峰值为3 000万亿次），约有3 800个计算节点，CPU约为70 000核，总内存容量约230 TB，全局存储总容量约30 PB。目前该系统二期建设已由深圳市政府立项，在光明科学城大科学装置区域专门批地建设，将建成算力超2 000 PFLOPS的超算平台。

深圳超算立足深圳，服务全国乃至东南亚地区，坚持以技术为引领、以市场为导向、以品质为追求、以服务为根本，不断提升自主创新能力，打造成为技术先进、功能齐全、服务一流的国际化超算中心。

近十年来，深圳超算累计服务三万个以上用户团队，完成各类计算任务逾千万个，完成15亿核小时计算，已成为计算机资源服务形式最丰富、资源利用率最高的国家超算中心。应用领域覆盖：结构强度、动力学、运动学、碰撞安全、流体力学的工程计算、计算物理、计算化学、地球物理学、生物、气象、医药和运筹优化等。

（3）国家超级计算长沙中心。

国家超级计算长沙中心是由国家科技部于2009年正式批准建立的第三家国家超级计算中心，采用"政府主导、军地合作、省校共建、市场运作"的运营模式，由湖南省政府负责资金投入，湖南大学负责运营管理，国防科技大学负责技术支持。

国家超级计算长沙中心拥有"天河"超级计算机、"天河·天马"人工智能计算集群等多个计算平台。该中心部署建成域名根镜像服务器活跃节点和国家顶级域名解析活跃节点，具备五网融合通信能力，支持广泛的商业软件、开源软件及自研软件。

国家超级计算长沙中心聚焦国家和地方发展战略，面向世界科技前沿、面向经济主战场、面向国家重大需求、面向人民生命健康，提供集"科技研发、技术创新、公共服务、人才培养"于一体的融合创新服务。

国家超级计算长沙中心累计服务国家重点研究计划项目、国家自然科学基金重点项目等国家级科研项目342项，省部级科研项目及企业合作项目430余项；累计为超过40个领域的近2 000家用户提供近10亿核时的高性能计算以及大数据、人工智能等服务；建设各级各类科研基地近20个；搭建面向各行业的公共服务平台近30个。

（4）国家超级计算济南中心。

国家超级计算济南中心（简称济南超算）由国家科技部批准成立，建设主体为山东省计算中心（国家超级计算中心），于2011年10月揭牌并对外提供计算服务，是从事智能计算和信息处理技术研究及计算服务的综合性研究中心，也是我国首台完全采用自主处理器研制千万亿次超级计算机"神威蓝光"的诞生地，总部位于济南市超算科技园。

济南超算建有全球首个超算科技园，总投资108亿元，总建筑面积达69万 m^2，其中已完成一期工程22万 m^2。济南超算拥有计算机硕士学位学科点，建有山东省第一所网络空间安全学院。截至2019年，济南超算共有在培研究生180余人，本科生2 300余人，在站博士后6人。

济南超算主导建设智能信息技术山东省实验室、山东省计算机网络重点实验室、超级计算与人工智能产业技术研究院、山东省人工智能研究院、未来网络研究院等，积极参与山东高等技术研究院、济南国家新一代人工智能创新发展试验区、济南国家综合性科学中心、山东"超级计算"大科学工程、"算谷"建设，持续推动青岛、烟台等分部建设。

济南超算建有国内首台完全用自主 CPU 构建的千万亿次超级计算机（2011 年），2018 年建成 E 级计算原型机，2019—2022 年在建百亿亿次超算平台、人工智能平台、工业互联网平台、大数据平台等重大基础设施。济南超算装配的神威蓝光计算机系统由国家并行计算机工程技术研究中心研制，系统采用万万亿次架构，全机装配 8 704 片由国家高性能集成电路（上海）设计中心自主研发的"申威 1600"处理器，其峰位性能达到 1.070 6 千万亿次浮点运算/秒。

济南超算秉持立足山东、辐射周边、服务全国的工作思路，积极服务于山东省"两区一圈一带"发展战略需求，近年先后承担国家科技支撑计划、国家重点研发计划、国家自然科学基金等国家级科研项目 50 余项，省部级科研项目 80 余项，省部级以上科研奖励 20 余项，授权专利 200 余项，发表高水平论文 300 余篇，累计获得科研经费 2.7 亿元，实现技术服务、技术开发、技术咨询、技术转化等"四技"活动收入 1.35 亿元，各项事业均呈现蓬勃发展的良好态势，在海洋科学、信息安全、电子政务、气候气象、工业设计、生物信息、航空航天、智慧城市及科学计算等领域已形成一系列重大应用，产生一批世界领先的科技成果，发展省内外用户单位 400 多家，提供 5 000 多批次的计算和模拟仿真服务，超级计算机资源平均利用率在 70%。

（5）国家超级计算广州中心。

国家超级计算广州中心（简称广州超算）是国家在"十二五"期间部署的重大科技创新平台，在国家科技部的支持下，由广东省人民政府、广州市人民政府、国防科技大学和中山大学共同建设，实行理事会领导下的主任负责制。广州超算是支撑国家实施创新驱动战略和服务地方产业发展的重大科技基础设施，是中山大学面向学术前沿、面向国家重大战略需求、面向区域经济社会发展的需要，开展重大科学研究、服务国家和区域经济社会发展的重要支撑平台。

广州超算业务主机——"天河二号"超级计算机系统是"十二五"国家 863 计划重大项目的标志性成果，由国防科技大学承担研制。"天河二号"一期系统峰值计算速度达到每秒 10.07 亿亿次、持续计算速度达到每秒 6.14 亿亿次、总内存容量约为 3 PB，全局存储总容量约为 19 PB。"天河二号"峰值计算速度、持续计算速度以及综合技术水平处于国际领先地位，是我国超级计算技术发展取得的重大进展。

广州超算围绕"天河二号"超级计算机推进高性能计算与大数据深度融合，精心打造科学研究、学科建设、交流合作、技术创新以及人才培养五大支撑平台，提倡"开放、合作、协同、创新"，力争取得一系列标志性成果，创建具有中国特色的世界一流超算中心。

目前广州超算用户数量已超过 2 000 家，支撑国家级课题超过 800 项，申请广东省/广州市课题超过 40 项。

(6)国家超级计算无锡中心。

国家超级计算无锡中心(简称无锡超算)经国家科技部批准成立,由国家科技部、江苏省和无锡市三方共同投资建设,是无锡市政府直属事业单位,由清华大学与无锡市政府共同建设,并委托清华大学管理运营。

无锡超算将利用该中心的优势资源,结合江苏省"十三五"规划提出着力建设具有全球影响力的产业科技创新中心和具有国际竞争力的先进制造基地的战略新定位,建成具有明确应用背景的高性能计算技术重大应用研究与支撑中心,充分展示高性能计算作为科技创新核心竞争力和强力引擎的价值,成为国内高性能计算人才聚集地和国内外重要并行应用软件研发基地,实现超算中心的可持续发展。

无锡超算拥有世界上首台峰值运算性能超过每秒十亿亿次浮点运算能力的超级计算机——"神威·太湖之光",该超级计算机是我国"十二五"国家 863 计划的重大科研成果,由国家并行计算机工程技术研究中心研制,运算系统全面采用了由国家高性能集成电路设计中心通过自主核心技术研制的国产"申威 26010"众核处理器,系统峰值性能为125.436 PFLOPS。另建设运算性能达 1 PFLOPS 的商用辅助计算系统。

无锡超算依托"神威·太湖之光"计算机系统,根植江苏,覆盖长三角,拓展全国,放眼全球,与国内外专家、应用单位等进行密切合作。面向生物医药、海洋科学、油气勘探、气候气象、金融分析、信息安全、工业设计、动漫渲染等领域提供计算和技术支持服务,承接国家、省部等重大科技或工程项目,为我国科技创新和经济发展提供平台支撑。

2016 年 11 月美国盐湖城 SC16 大会上,"神威·太湖之光"不仅在硬件方面蝉联TOP500 世界第一的殊荣,而且其基于"神威·太湖之光"系统的三项千万核心全机应用"千万核可扩展全球大气动力学隐式模拟""高分辨率海浪数值模拟""钛合金微结构演化相场模拟"入围高性能计算最高奖"戈登·贝尔"奖提名,占据该奖 2016 年度提名总数的半壁江山。其中"千万核可扩展全球大气动力学隐式模拟"最终一举拿下了"戈登·贝尔"奖,成为我国高性能计算应用发展的一个新的里程碑。

(7)国家超级计算郑州中心。

2019 年 5 月,国家超级计算郑州中心(简称郑州超算)获得国家科技部批复筹建,2020 年 10 月 31 日顺利通过科技部验收,投入使用,成为全国第 7 家批复建设的国家超级计算中心,也是科技部出台认定管理办法后批复筹建的首家国家超级计算中心。

郑州超算是郑州大学直属二级机构,由郑州大学负责建设、管理、运行和服务工作,是河南省和郑州市科技创新体系的重要组成部分,是河南省首个国家级重大科研基础设施,也是郑州大学和河南省科学研究、人才培养的重要平台。

郑州超算部署曙光公司生产的技术先进、自主可控的新一代超级计算机系统,系统理论峰值计算能力达到 100 PFLOPS,存储系统容量为 100 PB,网络系统带宽为 200 Gbit/s,网络延迟微秒级;同时配备国产安全可靠的云计算平台、高性能计算集群管理调度平台、人工智能平台以及专业的在线运维平台,提供类型多样的先进计算服务;采用绿色节能的浸没式相变液冷冷却技术,PUE 值小于 1.04。

郑州超算以应用需求为导向,立足河南、服务全国,为河南省企业、高等院校、科研机构等各类企事业单位提供强大计算服务和数据处理服务,重点围绕数字经济、社会管理、精准医学、生物育种、环境治理、高端装备、人工智能、国土资源管理等方面开展重点特色应用,着力建设成为全国具有重要影响力的战略基础设施和重大科研装置,打造高端信息人才培养和溢出的策源地,为河南省乃至中西部地区经济社会发展提供强大的科技支撑。

(8)国家超级计算昆山中心。

2020年,总投资20多亿元的国家超级计算昆山中心(简称昆山超算)建设项目顺利通过科技部组织的专家验收,成为江苏省第二个、国家第八个超级计算中心。

昆山超算集成了中国科学院相关领域的最新科研成果,与中国科学院中国科技云资源相衔接,成为共享超级计算平台,将承接长三角区域大科学装置的先进计算及科学大数据处理业务,与苏州深时数字地球研究中心、上海脑科学研究中心等开展战略合作,重点围绕人工智能、生物医药、物理化学材料、大气海洋环境等前沿科学领域开展应用计算研究与服务。

昆山超算部署设备为曙光超级计算机系统,系统建成算力约为400 PFLOPS。

2020年,昆山超算边建设边开展对外服务,累计为华中科技大学等18家单位免费提供计算资源,有力支撑了我国对病毒基因、病理、药物、预警等方面的研究。

(9)国家超级计算成都中心。

国家超级计算成都中心(简称成都超算)位于成都科学城鹿溪智谷,总投资约25亿元,总建筑面积约6万 m^2,旨在建成中国西部地区首个国家超级计算中心,于2020年9月建成投运。

成都超算部署设备为曙光超级计算机系统,系统建成算力达170 PFLOPS。

(10)国家超级计算西安中心。

国家超级计算西安中心(简称西安超算)位于西安航天基地航创路以北、航天东路以西,总建筑面积约5.8万 m^2,与先进智造平台、商用信息平台、科创空间平台共同组成泛太空国际超算(西安)中心,于2021年7月建成投运。

西安超算部署设备为曙光超级计算机系统,系统建成算力达180 PFLOPS。

1.5　并行算法与应用研究现状

来源于核模拟、航空航天、生物医药、密码分析等大型工程计算的共性计算方法可以分为两大类:一类是需要求解偏微分方程有空间几何网格离散的具有规则数据结构的计算问题,其计算依赖关系和访存模式具有数据的时间和空间局部性,计算过程中重叠访存、连续访存或者跨步访存;另一类是采用类似于蒙特卡洛随机模拟的具有非规则数据结构的计算问题,由于其计算依赖关系和访存模式的非规则性,因此非规则计算程序通常表现出极少的局部性和数据重用,具有动态非连续存储访问的特点。在超级计算机系统上实现高效工程计算,需要对这两类方法进行性能建模指导,设计对应的数据结构和并行算法框架,根据系统特点设计支撑工程计算软件的性能优化方法。

1.5.1　基于网格离散的工程计算问题并行算法

工程计算中,经常要利用离散化的网格技术和数值计算方法求解偏微分方程,并揭示相应问题的物理规律。在工程计算的数值模拟中,网格的划分合理与否直接影响模拟精度和收敛的关键因素,在某些问题中,不合适的网格分布有可能导致计算过程的不稳定或不收敛。因此,发展高效的网格生成技术,使计算网格能够满足求解器以及模拟需要,对数值计算尤为重要。但在当前的工程实践中,网格生成的过程需要网格工程人员凭借自身的实践经验来解决网格生成与优化过程中的特征识别、参数控制等关键问题,从而提高后续计算与处理工作的可靠性。其中的主要弊端包括整个过程极度依赖人力资源,尤其是网格工程师的专业经验与技术能力。由于人为判断失误与疏漏难以完全避免,手工网格生成的周期难以准确预测及控制,时间成本显著增加,因此研究网格生成自动化技术,将工程人员从复杂的网格生成过程中解放出来,能够有效缩短处理周期、降低处理成本特别是人工成本、降低对人工经验的依赖性,对提高工程计算的精度和效率有着十分重要的意义。Chen 等在文献[1,7]中,提出了基于卷积神经网络的二维翼型网格质量模型,模型以基于几何的网格特征为输入,输出翼型网格的判别质量,其结果可以用于指导后续的网格质量优化过程,从而实现自动化的网格判别–优化流程,减少网格生成开销。有必要结合前沿的人工智能技术,以提高网格前处理效率、增强数据驱动分析可靠性为目标,开展网格生成自动化技术的研究。

利用超级计算机对工程计算应用问题进行求解包含理论模型的建立、数值离散方法以及计算过程并行化等关键技术,是一个典型的交叉学科问题。对于用户来说,开发高效的工程计算并行软件难度大、复杂性高。因此,需要设计高层次的并行算法框架,将并行编程模型以 API、编程规范等形式表达出来,并提供相应的函数库、编译系统等底层支持的编程库或工具集,屏蔽底层细节,降低并行程序开发的难度,提高工程计算应用开发的效率。

在实际的工程计算中,通常会涉及结构网格和非结构网格,二者有着不同的特点。结构网格是指矩形网格或接近正交的规则网格,网格间的邻接关系是提前确定的;非结构网格是适应复杂几何外形的非规则网格,可以是任意边形。从数据结构上来看,结构网格的数据存储是有局部性规律的,数据访问可以通过特定的索引方式实现;而非结构网格的数据存储是随机不确定的,且需要维护额外的关系数组来访问邻接信息。从离散格式上来说,结构网格由于邻接关系确定,可以实现基于有限差分的包含多层邻接关系的高精度模板,而非结构网格一般基于有限体积或有限元离散,差分模板一般只局限于一层邻接关系。结构网格可以看作一种特殊的非结构网格,可以通过一些只适用于结构网格的算法进行加速优化,而非结构网格则通用性更好,可支持复杂几何外形。因此,本书拟根据不同的应用领域和计算需求,分别针对结构网格并行算法框架和非结构网格并行算法框架展开研究。

目前,针对结构网格问题的通用框架有 JASMIN[8] 和 SAMARI 框架,二者均已成功应用于武器物理、激光聚变、高新技术装备等领域,主要是针对同构系统的,不适应于现代高性能计算异构体系结构。国外也有类似的软件,如 PETSc[2] 也是针对同构系统的并行框架。当前并行计算框架由面向单一同构系统向面向多种异构系统发展,由面向单一领域问题向面向多领域问题发展,由面向大规模问题向面向超大规模高保真方向发展[3]。

JAUMIN 和 PHG 是面向非结构网格应用研制的通用编程框架,集成了高效的非结构网格数据结构及索引算法,提供屏蔽并行实现的编程结构,并成功应用于多个工程应用领域。但这类框架旨在解决自动并行问题,其扩展接口在网格数据结构层次,与主流工程计算软件相比,抽象层次较低,领域用户进行模型及算法扩展的成本仍然较高。近年来,开源 CFD 软件 OpenFOAM 应用越来越广泛,在以压力基分离式算法为核心的 OpenFOAM 基础上,Mangani 等开发了完整的全耦合算法及其求解器[4],并将该算法扩展到支持运动边界的 ALE 求解过程,实现了瞬态不可压缩湍流的模拟[5]。全耦合算法的应用范围逐渐得到扩展,近期的成果包括基于压力基全耦合模拟的黏弹性流体模拟[6]与电驱动流体模拟[8]等。总的来说,全耦合算法在非结构网格并行工程计算领域的优势逐渐得到大量案例确认,且应用范围从密度基可压缩流体模拟扩展到压力基不可压缩流体模拟,这些研究基本确认了全耦合算法可以作为工程实用的并行算法框架的基础算法来使用。但目前主流的商业软件、开源软件,以及国产自研软件均没有针对全耦合算法进行针对性设计,在算法兼容性、接口易用性、并行效率方面存在不足。因此,有必要从框架软件架构设计、全耦合并行求解算法实现技术等方面开展深入研究,为国产超级计算机上的非结构网格并行算法框架提供支撑。

1.5.2 基于网格离散的典型案例——航空航天流体力学模拟并行算法

随着计算机技术和 CFD 的发展,空气动力学数值模拟已逐步成为与风洞试验和飞行试验互为补充的飞行器设计三大手段之一。如今,在美国航空航天领域,CFD 约占气动设计工作量的 70%,而风洞试验的工作量只占 30%。尽管风洞试验到目前仍是预测各种航空航天飞行器气动力/热的重要手段,但过去利用大量风洞试验进行试凑设计的模式正在被逐步改进,风洞试验正逐步成为一种利用 CFD 进行优化设计后的验证手段。斯坦福大学著名教授 Chapman 指出:"在当今高超声速飞行器设计中,数值模拟已经成为提供流场数据的首要方式,而风洞/激波管位居其次。以美国航天飞机的气动外形和推进系统设计为例,高超声速试验的主要任务已经变为对 CFD 计算结果进行验证。"我国同样如此,国内先进飞行器系统的原理探索、原型设计均需要依赖 CFD 软件开展大规模的数值模拟,发展高可扩 CFD 并行算法已经成为国内航空航天领域的迫切需要。

国外发达国家对 CFD 软件的发展极为重视。美国不仅有 Fluent、CFX、FASTRAN 等通用商业软件,而且还有很多针对特殊应用的专用软件如 NASA 的 CFL3D、TLNS3D、O-VERFLOW、FUN3D 和 USM3D 等,并且这些软件还在持续发展中。例如,FASTRAN 是由美国 CFDRC 公司与 NASA 联合开发的专门用于航空航天领域空气动力学计算的 CFD 软件,该软件基于密度 N-S 方程、多体运动力学、有限反应速率化学动力学的耦合求解,可用于分析复杂的航空航天问题,如直升机旋翼旋转、导弹发射、座舱弹射、投弹、机动和气动弹性等问题。FASTRAN 已在美国军方获得广泛应用,例如 F-16 战斗机翼身气动弹性分析、Martin Baker MK16 座椅弹射设计、F/A18 投弹模拟以及 X34 验证机高超声速激波模拟等。NASA 采用 FASTRAN 模拟了飞行器在 9 500 ft①高空以 7 马赫飞行的多体分离问题。欧盟的 ONERA、DLR、空客、达索等公司也开发了 ELSA、NSMB、AETHER、TAU 和 RANSMB 等各具特色的 CFD 软件,并在其航空航天型号项目中广泛使用了 CFD 软件来实现型号设计所面临的各种气动问题的模拟与评估。

　　国外不仅 CFD 软件丰富,专业程度高,而且非常重视对 CFD 基础算法库的建设以及面向超级计算机系统的优化。美国 NASA 在《CFD 发展愿景 2030 研究报告》中指出,由于超级计算机硬件发展迅速,因此需要开发新的算法以挖掘、利用新的硬件能力,同时必须加强软件标准和接口研究。NASA AMES 中心一直在进行可重用的 CFD 算法库的研究,其研究内容包括通用数值算法子程序、网格快速搜索/插值子程序、流场解算结果处理子程序等。美国桑迪亚实验室的 Trilinos 项目面向 PDE 数值计算领域进行数学软件库的设计与开发,在他们给出的将 Trilinos 集成到一个新的大涡模拟 CFD 软件的例子中,通过使用 Trilinos 中改进的算法与软件工程技术,最大扩展到 Cray XE6 超级计算机的 131 072 核上,计算规模达 90 亿个非结构网格单元。德国宇航(DLR)设计了一种面向超级计算机平台的多学科流体力学计算算法库 FlowSimulator,为 CFD 并行应用程序提供了高效的开发环境,其基础算法库中定义了大量数据结构,提供了数据重分布方法,可根据需求重分布数据,针对数据结构布局进行了优化。FlowSimulator 中有很多算法库,包括 CFD 领域常用文件格式 CGNS、NetCDF 和 Tecplot 的导入导出算法,并且这些算法可并行执行,高效地处理大规模数据集。FlowSimulator 中还提供了几何操作以及基本线性代数模块等其他算法库,为 CFD 应用软件开发人员提供了一个开放的框架,用于将多种软件集成到共同环境下,以增强在大规模并行计算机上的多学科数值模拟的能力。在 CFD 软件中继承与利用现有的高性能计算软件框架与公共库是另外一个方向,例如美国 NASA Langley 研究中心 W. K. Anderson 等开发的用于飞行器、汽车等设计优化的 CFD 软件 FUN3D 中,广泛使用了 PETSc 这样一个公共的库软件,基于 PETSc 进行移植和并行化之后,代码从 14 400 行减少到 3 300 行,对 ONERA M6 机翼计算,在 ASCI Red 巨型机的 3 072 个节点上获得 95% 以上的并行效率,发挥了机器峰值性能的 22.48%。

　　实际上,国内也日益重视 CFD 技术应用及其软件开发。近年来我国也发展了若干套基于 Euler 和 Navier-Stokes 方程的 CFD 数值模拟软件,如空气动力发展研究中心基于结构网格的高超声速 CFD 软件 CHANT、亚跨超声速 CFD 软件 TRIP、气动物理分析软件平台 AeroPh、基于非结构的 CFD 软件平台 Ustar、结构/非结构混合网格 CFD 软件平台

---

① 1 ft＝30.48 cm。

PhengLei 等。此外,还有航空工业总公司的 ANSS 软件、兵器工业总公司的 WASS 软件,以及北京航空航天大学、西北工业大学、南京航空航天大学、国防科技大学等高校研发的 CFD 数值模拟软件。这些软件各具特色,集成了多种常用的计算格式、湍流模型和化学反应模型,在航空航天型号设计中发挥了重要作用。在大规模并行算法研究方面,国内 CFD 软件主要采用传统的"区域分解+MPI"的分区并行计算模式。目前国内在 CFD 的工程应用方面并行规模通常为数千万网格和数百个处理器核,而在机理研究方面则可达数十亿网格和数十万个处理器核,在"天河二号"上实现了我国大型客机 C919 的气动特性模拟,结构网格规模达 10 亿,并行规模达 10 万 CPU 处理器核。随着国内 CFD 软件的发展,对 CFD 软件框架及共性算法的需求日益强烈。

国防科技大学 CFD 方向在面向银河/天河平台 CFD 应用软件的并行化、面向体系结构的性能优化、异构协同并行技术和大规模并行计算等方面开展了大量研究工作,在 CFD 核心算法及其应用软件的大规模并行与优化方面取得了显著成绩,实现了多个大型 CFD 数值模拟程序的并行计算,使这些程序可有效扩展到银河、天河等国产超级计算机的上万到数十万个处理器上。其中所完成的超声速飞行器绕流流场并行数值计算,计算网格量达到了 1 600 万,在 256 个处理器核的银河机上并行效率达到 76.34%。一个基于微可压模型的三维空气动力学数值模拟程序在天河超级计算机的 4 096 处理器核上获得 4.1 TFLOPS 的持续性能,在"天河一号"超级计算机上实现了基于结构网格的高阶精度空气动力学模拟软件 HOSTA 的 CPU+GPU 异构协同并行计算,完成了 8 亿网格规模三段翼构型的高阶精度气动声学数值模拟。在这些工作中,深入分析了一些 CFD 常见算法的特点,针对新型体系结构做了一些并行算法设计与优化工作,但在算法模块化、可重用共性算法并实现为库软件方面尚处于起步阶段。

1.5.3 非规则访存工程计算问题并行算法

在工程计算中,有一大类问题是典型的非规则计算,如密码破译、粒子输运问题、分子动力学等,由于其计算依赖关系和访存模式的非规则性,因此非规则计算程序通常表现出极少的局部性和数据重用、动态非连续存储访问和大量细粒度并行,与传统的访存规则型应用(计算过程中连续访存或者跨步访存)体现出完全不一样的特点。因此,有必要针对几类典型的非规则访存问题展开并行算法研究,包括密码破译并行算法研究(特别是大整数分解)、蒙特卡洛(Monte Carlo, MC)并行算法研究和分子动力学并行算法研究。

首先,密码技术[9]是信息安全系统中的一项关键技术,也是一项核心技术。当前主流的密码技术中[10]主要有应用于数字签名的非对称密码算法、数据校验的哈希算法以及大块数据加密的对称密码算法三大类。RSA 算法一直是最为广泛使用的非对称加密算法。RSA 密码的核心原理在于一堆质数相乘得到一个解很容易,而一个大整数分解成一堆质数则很难,左右计算量是不对称的。要破解 RSA 密码,就要快速进行大整数分解。为充分利用超级计算机的大规模并行计算能力进行大整数分解,需要研究相应的并行算法。

粒子输运问题研究微观粒子(包括中子、电子、光子、离子等)在介质中的迁移统计规律,是一类典型的工程计算问题。例如,在核反应堆中,输运方程用于计算堆芯的中子分布;在核武器的设计中,粒子随时间、空间变化的行为需要由输运方程确定;在生物医学领域中用于放射性治疗中。解决粒子输运问题的一类重要方法是蒙特卡洛方法,该方法通过对大量的粒子的历史信息进行统计得到近似解。MC 方法因为其具有能够处理复杂几何、介质非均匀材料等能力而被广泛应用于粒子输运求解,但由于其误差的概率性,需要模拟大量的粒子,计算量很大,因此需要研究超级计算机上的蒙特卡洛并行算法。目前常见的加速方法可分为基于历史的方法和基于事件的方法。基于历史的方法中每个线程处理一个粒子的整个生命周期。例如,Heimlich[11] 等在 GeForce GTX-280 上的结果比普通 8 核 CPU 快了 14 倍;Anton V[12] 等在 Intel Xeon Phi SE10X 上实现的光子在复杂几何介质中迁移的 MC 模拟算法相对于 6 核 CPU 加速了 2 倍。但由于不同的粒子同一时间执行的事件不同,而且生命周期长度不同,造成了大量的分支发散,为此基于事件的方法也有潜力。Hamilton[13] 等将 Shift 完全移植到了 GPU 上,在 GPU 上同时实了两种加速算法,并很好地扩展到了上千个节点上。

分子动力学(Molecular Dynamics,MD)是一种典型而重要的科学计算方法。MD 模拟可以通过计算微观分子的运动轨迹来得到物质的宏观性质,从而使科学家能够对物质的宏观性能在分子层面上做出解释,并进行预测。MD 能够模拟的空间/时间尺度与算力水平的发展密切相关。MD 模拟最初只能模拟数百个原子的小体系,且不包含溶剂分子[14]。在日益发展的超级计算机帮助下,同时随着物理模型改进和算法优化,MD 模拟的时间/空间尺度都在不断地增大,模拟精度更加接近物理现实。MD 模拟通常具有巨大的计算需求,在每一个时间步上的作用力计算都是大量的计算操作,并且这种作用力计算要重复很多次。例如,对一个十万原子的体系来说,每一次作用力计算大概需要十亿次级的运算操作;原子振动的时间周期在几个飞秒,因而每个时间步长也必须在 1~2 个飞秒,进行毫秒级的 MD 模拟就需要执行万亿次时间步计算。为了加速分子动力学模拟,大规模并行计算成了必然选择,需要研究相应的并行算法。近年来,许多混合 MPI/OpenMP 模型已被成功应用到分子动力学计算领域中并取得了优于纯 MPI 模型的性能,其原因大多是混合模型的通信和内存带宽需求更小[15]。因此,混合 MPI/OpenMP 模型成为加快 MD 计算的重要途径之一。2017 年,姚文军[16] 通过分析 NAMD 软件结构,热点计算函数,以及 Charm++并行编程模型和运行,将计算任务切分,消除任务间的依赖,成功移植到神威·太湖之光上。针对神威·太湖之光超大规模系统结构特点,提出了一种新的任务与划分和负载平衡控制模型,解决了在超大规模下多机并行效率问题。同时,针对异构处理器的优化已然成为下一步分子动力学模拟程序性能提升的关键。刘欣[17]根据"天河二号"超算系统上的大规模 CPU-MIC 微异构体系结构,对 AMBER 进行并行算法设计和优化加速研究。通过将 AMBER-sander 程序进行优化,从单 CPU 上的细粒度OpenMP 并行、单节点 CPU 与 MIC 协同并行以及多节点多 MIC 卡的协同并行,成功将加速比提高 5~6 倍。深度学习近些年在科学计算领域大放异彩,为分子动力学计算的优化提供了新的思路。2017 年,Schütt 等[18]利用连续滤波器卷积层(Continuous-Filter Convolutional Layer)模拟分子中的原子的量子相互作用,并提出一种新颖的深度学习框架SchNet。该框架的设计遵循分子系统的旋转、平移和置换对称性,可以很好地确定(对势能面),以及预测分子的动力学轨迹。Zhang 等人于 2017 年和 2018 年相继提出了 DeeP-MD[19]和 DeePMD-kit[20]方法。这类方法基于"第一性原理"保留了问题的所有对称性,利用描述原子间相互作用的从头算数据训练深度神经网络模型。2020 年,Gianni De Fabritiis 团队提出了 TorchMD。TorchMD 基于 SchNet,利用 SchNet 的特征层和原子层,重新设计了训练和预测部分。通过 TorchMD[21],可以完成 Amber 全原子模拟以及蛋白质折叠的粗粒度神经网络势的预测。

为充分利用自主超级计算机系统性能,需要开展粒子输运、分子动力学等非规则访存问题数值并行算法研究,特别是结合国产 E 级超级计算机系统,开展大规模异构并行算法研究,挖掘超大规模系统的计算性能。

1.5.4　非规则访存典型案例 1——粒子输运可扩展并行算法

战略武器科学计算是国际超级计算机的主要应用领域,其非线性、多介质、多维等特点对大规模并行计算提出了严峻挑战,美国学术会议组织(ASC)计划将其列为重大关键技术之一。战略武器物理的理论研究重点是辐射、中子/γ 光子等粒子输运,它们的计算占 90% 的计算量,需要组织大规模并行计算。美国三大核武国家实验室(劳伦斯-利弗莫尔,洛斯-阿拉莫斯,桑迪亚)、中国工程物理研究院第九研究所(简称中物院九所)和其他重要的涉核研究机构长期关注核相关领域共性算法的研究。国外研制的系统战略武器数值模拟相关软件,对中国是严格封锁的。

洛斯-阿拉莫斯研制的 Sweep3D 程序是大规模中子输运计算的基准程序,其包含并行扫描算法、负能量修正、S_N 离散、菱形差分计算等基本算法模块。多年来,粒子输运问题模拟的开销在多物理场模拟的总开销中一直占据着统治地位。采用当前的离散模拟算法,对所有坐标进行完全离散形成的输运求解器,其每一步求解都需要 $10^{17} \sim 10^{21}$ 个自由度,甚至超出了 E 级计算的规模。Sweep3D 是从美国能源部的计算创新加速战略 ASCI 的真正应用程序中提取出来的,是采用离散纵标方法求解粒子输运问题的计算核心。一个求解实际问题的多群 S_N 程序,可以简单地看作在 Sweep3D 基础上进行多群迭代。在 Sweep3D 求解中,方向角采用离散纵标法直接离散,几何空间采用有限差分法来处理,散射源采用球谐函数展开,并采用源迭代方法来求解离散后的离散纵标方程。

在算法描述和算法实现上,结构网格相对简单,并行计算效率较高。相对于结构网格,非结构网格并行 S_N 扫描算法是具有本质不同的,其难度要大得多,近年来非结构网格上 S_N 并行算法成为研究的热点。Plimpton、Hendrickson、Burns 和 Mclendon 研究了非结构网格上辐射输运的并行算法(PHBM 算法),设计了三维 Cartesian 坐标系下的基于网格区域分解并行流水线 S_N 扫描算法,该算法对网格点的排序算法考虑较少,而排序算法直接影响并行算法的性能,其性能严重依赖机器的通信延迟,可以推广到柱坐标下的非结构网格上的中子输运方程的并行计算。Pautz 提出了一种非结构网格上的新的并行 S_N 扫描算法,算法采用低复杂性表排序启发式算法来决定任意网格划分上的扫描排序,该算法在处理机台数不超过 100 时,可以得到线性加速比。

在确定性粒子输运异构计算方面,Petrini 等采用片上单 MPI 进程的方式将 Sweep3D 移植到 Cell 流处理器上。在移植过程中,开发了 Cell 处理器上协处理器单元(SPE)间的线程级并行、单个 SPE 内部的流水线并行以及 128 位宽的向量级并行,并利用数据流化并行实现主处理单元(PPE)与 SPE 之间的通信隐藏。与 IBM Power5 和 AMD Opteron 处理器相比,在 Cell 流处理器上的 Sweep3D 移植分别获得了大约 4.5 倍和 5.5 倍的加速效果。Lubeck 等通过构建 Cell 流处理器上 SPE 单元之间的通信传递机制,采用片上多 MPI 进程的方法,在 Cell 上实现了以 SPU 为中心的 Sweep3D 移植。与 Petrini 等的主从实现相比,以 SPU 为中心的实现通过最大化 SPE 单元中局部存储数据的重用,实现了数据迁移开销的最小化。在相同的 Cell 流处理器上,优化后的程序性能是主从实现的 3.51 倍。

中物院九所成功研制了二维柱几何 Lagrange 网格上的非定态中子-光子输运串行程序 2DSnDFE,阳述林利用 OpenMP 对 2DSnDFE 进行了并行化,莫则尧采用流水线模式设计了并行 S_N 流水线算法,实现了中等粒度的并行计算。国防科技大学刘杰等自 2005 年起按区域分解和按群相结合的方式研究了非结构网格上粒子输运问题的并行计算方法,设计了负载平衡算法,从初步的计算结果来看,算法具有较好的并行性。

在细致的细粒度向量级并行化优化之后,三维确定性粒子输运是第一台千万亿次级超级计算机 Roadrunner 的第一个典型应用。实现中,PowerXCell 8i 的每个 SPE 单元拥有唯一的 MPI 进程号,负责固定大小为 $I×J×K$ 的子网格的扫描计算;PPE 只负责消息的传递以及如存储分配等在 SPE 上无法处理的操作;Opteron 也只负责不同 PowerXCell 8i 的 SPE 之间的通信,而不进行计算操作。在包含 3 060 个节点的 Roadrunner 全系统上的测试结果表明,与只采用 AMD Opteron 的实现相比,基于 PowerXCell 8i 中 SPE 的大规模扩展实现可以获得大约 2 倍的加速效果。性能模型预测结果表明,如果负责 PowerXCell 8i 与 AMD Opteron 之间通信的 PCIe 数据传输性能达到理想值,在大规模异构系统上的性能改善将增大到 4 倍。

美国能源部 NEAMS 计划(Nuclear Energy Advanced Modeling and Simulation program)支持的非结构、确定性中子输运程序 UNIC 研制了可扩展性算法,其弱可扩展性能够在 Blue Gene/P 163 840 核和 Cray XT5 131 072 核上获得非常好的可扩展性。劳伦斯-利弗莫尔的 Bailey 开发的全域(full-domain)碰撞扫描算法在 Sequoia 上使用 100 万 MPI 进程,获得 60% 左右的并行效率。

1.5.5　非规则访存典型案例 2——生物医药大规模并行算法

在生物大数据的有效管理和利用领域,科技强国间的竞争非常激烈。早在 20 世纪 80~90 年代,美国、欧洲国家和日本就已经分别建立世界三大生物数据中心:美国国家生物技术信息中心(NCBI)、欧洲生物信息研究所(EBI)和日本 DNA 数据库(DDBJ)。这三大生物数据中心掌握并管理着全世界的生物数据和知识资源,并处于垄断地位。美国国立卫生研究院(NIH)建立了 8 个国家级生物数据技术研究中心,旨在长期发展生物大数据分析技术,提高生物大数据利用和转化能力,并保持其领先地位。2011 年英国 Sanger 中心仅用 2 天时间就完成超级耐药肺炎克雷伯菌的全基因组测序分析,发现耐药位点,开发出用于临床排查的检测试剂盒,美国 Science 杂志给予其高度评价,这项工作的完成离不开超级计算平台和大数据分析技术。2014 年,英国宣布英国医学研究理事会(MRC)将投资 3200 万英镑资助首批 5 大项目来提高医学生物信息学的能力、产能和核心基础设施。同年,美国政府就如何充分利用生物医学大数据,启动 Big Data to Knowledge(BD2K)计划,这是继 2012 年美国国家大数据计划实施后新一轮面向生物大数据的基础研究计划。近年,美国政府两次启动生物大数据研究计划,目的是有针对性地研究生物大数据管理、分析、共享等生物领域迫切需要的核心技术,从根本上提升美国利用生物大数据的水平,以保证美国在生物大数据领域的垄断地位。

　　20 世纪 90 年代,"人类基因组计划"正式启动。计划拟定之初,已知的 DNA 序列仅有区区数十万级碱基对。随着高通量测序技术的快速发展,10 年间,人类已成功完成了人类基因组 30 亿碱基对的第一次完整测序。生命科学领域高通量测序技术使得对一个物种的转录组和基因组进行细致全貌的分析,以及在极短时间内对人类转录组和基因组进行细致研究成为可能,这不仅是对传统测序的一次革命性改变,更大大加速了生命科学领域数据的产生速度。目前全球每年产生的生物数据总量高达 EB 级。不难看出,生命科学领域正在爆发一次数据革命,生命科学某种程度上已经成为大数据科学。

　　生物大数据时代的来临对传统的实验科学产生了巨大影响。据统计,2007—2012 年,世界顶级生物学期刊 Nature Genetics 共发表 554 篇基于高通量生物实验和数据分析进行基因组科学研究的论文,占该刊同期论文发表总数的近三分之一。世界权威生命科学文献数据库 PubMed 记载,自 2000 年至今,共发表 20 677 篇有关高通量生物实验数据分析与应用研究的文献,且呈爆发性增长趋势。过去进行实验的目的是获得结论或是提出一种新的假设。而现在,通过对海量数据的分析研究来探索其中的规律,即可直接提出假设甚至得出可靠的结论。生命科学研究正逐步迈向"数据驱动"的科学发现模式。

　　未来生物大数据将在医疗、制药、能源、环境等国家战略性产业中得到广泛应用,海量生物数据的分析与应用将成为未来最大的赢家。国际著名商业咨询机构 BCC Research 的分析报告("Next generation sequencing: Emerging clinical applications and global markets")指出:"2013 年,全球新一代测序市场总额将达到 5.1 亿美元,至 2018 年,这一市场总额将增长至 76 亿美元,复合年增长率达到 71.6%。"上述数据表明,海量的生物数据蕴含着巨大的产业价值,数据已成为矿物或化学元素一样的原始材料,未来可能形成"数据探矿""数据化学"等新学科和新的研究模式。对这些数据创新性的管理与应用将为生命科学及相关产业领域带来一次前所未有的机遇。

　　国防科技大学银河应用团队在生物医药方向长期从事大规模科学与工程计算研究,

在生物信息学领域开展了卓有成效的海量生物序列并行分析算法和应用研究工作。2013 年,课题组和华大基因研究院联合在国际上首次研发成功了基于 GPU 加速的基因数据比对软件 SOAP3-dp,为基因数据比对开拓了一种新途径,提供了一种崭新的高效的解决方案,其比对效率可提高 40 倍。2014 年基于天河二号和 MIC 加速卡研发的生物基因短序列比对软件 MICA,将之前需要一天完成的基因比对分析缩短至几个小时。

我国尚未建立国家层面的生物数据资源库和生物信息算法库。我国人口数量居世界前列,生物样本资源丰富。深圳华大基因的测序量大约占国际数据量的 40%,其基因库数量级达到数十 PB(千万亿量级)。国家蛋白质科学基础设施"凤凰工程"等大型生命科学工程也着力构建生物大数据数据库和信息中心。但我国仍然只是生物样本输出大国,不是生物大数据利用强国。事实上,国际上生物数据资源一直掌握在欧美的几大数据中心,我国生物医药领域的数据大多需要向这些中心申请,同时我国产生的许多生物数据资源不得不提交到这些数据中心,导致投入大量资金与人力产生的生物数据严重流失,这已经使中国的生物数字主权受到严重威胁。因此,国内近年来非常重视生物医药数据处理算法平台的建设,中国科学院基因组研究所、中国科学院上海生命科学研究院、华大基因都建立了超级计算算法平台。从而有必要从算法层对生物医药方面的共性算法进行抽象和模块化,研制可重用共性算法库。

1.5.6　线性代数求解器并行算法

在线性代数求解方面,美国能源部的"通过先进计算促进科学发现(SciDAC)"项目正在执行的第 3 期计划中专门成立了 FASTMath(Frameworks,Algorithms, and Scalable Technologies for Mathematics)小组作为第一批启动内容重点推进,其目标是针对美国能源部自 ASCI 计划以来开发的基础共性软件包在当前和下一代超级计算机系统上面临的适应性问题,进一步发展可扩展的共性算法和使能技术,以满足复杂实际应用的需求。求解大规模稀疏线性代数方程组的解法器是科学与工程计算的核心。通常,稀疏线性解法器在很多复杂应用数值模拟中占了 90% 左右的时间,对实际数值模拟应用性能的改善起着关键作用。典型的稀疏线性代数库包括 PETSC、HYPRE、AMG、SUPERLU 和 ILUTP等。美国 Advanced Computational Testing and Simulation 计划支持了二十多个算法工具库,如并行可扩展科学计算工具箱 PETSc 等。

PETSc 包含一个功能强大的工具集以在超级计算机上数值求解偏微分方程及其相关问题。PETSc 是系列软件和库的集合,主要用于在分布式存储环境高效求解偏微分方程组,包含了索引集、向量、矩阵、分布阵列、Krylov 子空间方法、预条件子、非线性解法器、时间步进解法器等模块,同时为 TAO、ADIC/ADIFOR、Matlab、ESI 等工具提供数据接口或互操作功能,并具有很好的可扩展性能。在 PETSc 的基础上,相继开发了许多优秀的算法库,例如求解稀疏特征值问题的 SLEPc、高级优化工具箱 TAO 等。SLEPc 是西班牙 Politencia de Vallencia 大学的高性能网络设计与计算小组的成员开发的,是一个并行求解大规模稀疏矩阵特征值问题的软件库。它从软件结构到语法标准都与 PETSC 完全一致,并且提供了多个软件包接口,包括 ARPACK、BLAZPACK、PLANSO、TRLAN 等。TAO 也是美国能源部 DOE2000 支持的 20 多个 ACTS 工具箱之一,是 2001 年由 Argonne 国家实验室开发的高级优化工具箱。TAO 是在 PETSc 基础上开发的,采用面向对象的编程技术,充分利用底层工具箱所提供的支持,特点是可移植性好、性能高和可扩展性好。Hypre 是美国加利福尼亚大学和劳伦斯-利弗莫尔国家实验室(LLNL)应用科学计算中心开发的高性能预条件子,主要用于在大规模并行计算机上求解大型稀疏线性方程组。Hypre 包括结构化多重网格(SMG)和代数多重网格(AMG)等可扩展的预条件子,常用于 Krylov子空间迭代法,例如 GMRES、CG 算法等。欧洲在并行算法库的开发方面一直投入很大,甚至比计算机硬件体系方面的投入还要大。著名的稀疏线性解法器 MUMPS 是由欧洲的项目 PARASOL 研制的,项目是在 1996—1999 年由多家科研单位共同研制的,例如 CER-FACS、CNRS、IRIA 和波多尔大学等,它采用多波前大规模并行稀疏直接解法器,适用于求解对称或非对称的稀疏线性方程组,提供了多种排序接口,如 AMD、AMF、PORD、ME-TIS 和 SCOTCH 等。欧洲研制的另一款目前被广泛应用的并行算法库是 ELPA,它是专门求解大规模对称特征值问题,始于德国的 FHI-aims 项目,用 Fortran 95 编写。ELPA 主要面向分布式存储的多核高性能计算平台,可求解实或复的(广义)对称特征值问题,其扩展性要优于 Scalapack 中相应的算法。ELPA 在 BlueGene/P 的 295 000 个 CPU 核求解了一个维数为 260 000 矩阵的特征分解,具有良好的可扩展性。

PHG 是"科学与工程计算国家重点实验室"发展的一个三维并行自适应有限元软件开发平台,其核心是分布式层次网格结构。目前,PHG 处理的网格对象是三维四面体协调网络,采用 C 语言开发,基于 MPI 消息传递通信实现并行。PHG 通过面向对象的数据结构以及用户接口实现了并行网格剖分、动态负载平衡和网格局部自适应加密与放粗,在隐藏并行细节的同时为并行自适应有限元程序的开发提供了足够的灵活性。中国科学院计算机网络信息中心自主开发了并行软件包 HPSEPS,可求解大规模并行对称特征值问题,支持求解稠密和稀疏情形。HPSEPS 曾经在深腾超级计算机的上千处理器核上,通过第一性原理,将 Si 金刚石结构计算由 400 个原子提升到 2 000 个原子并给出了 1 200个原子碳纳米管和纳米量子点,获得良好的加速比。

这些算法库具有一定实用价值,但是也存在如下问题:(1)稀疏线性代数系统基本上是基于显化矩阵式计算,对基于离散网格支持有限,对基本迭代法支持有限;(2)由于已有算法库结构复杂,因此在国产超级计算机系统的性能优化有较大困难;(3)由于其使用的算法较老和数据结构不能够与新型体系结构相匹配,可扩展性和效率都较受限,因此有必要借此机会研制与国产超级计算机系统相适应的线性代数求解器。

1.5.7　深度学习并行算法

近年来,深度神经网络由于优异的算法性能,因此已经广泛应用于图像分析、语音识别、目标检测、语义分割、人脸识别和自动驾驶等领域。深度神经网络之所以能获得如此巨大的进步,其本质是模拟人脑的学习系统,通过增加网络的层数让机器从数据中学习高层特征,目前网络的深度有几百层甚至可达上千层,日趋复杂的网络模型为其应用的时效性带来了挑战。为减少深度神经网络的训练时间,基于各种高性能计算平台设计并行深度神经网络算法逐渐成为研究热点。

在深度神经网络中,为了求解代价函数,需要使用优化算法,常用的算法有梯度下降法、共轭梯度法、LBGFS 等,目前最常用的优化算法是梯度下降算法,该算法的核心是最小化目标函数,在每次迭代中,对每个变量按照目标函数在该变量梯度的相反方向更新对应的参数值。其中,参数学习率决定了函数到达最小值的迭代次数。梯度下降法有三种不同的变体:批量梯度下降法(Batch Gradient Descent, BGD)、随机梯度下降法(Stochastic Gradient Descent,SGD)、小批量梯度下降法(Mini-Batch Gradient Descent,MBGD)。对于 BGD,能够保证收敛到凸函数的全局最优值或非凸函数的局部最优值,但每次更新需在整个数据集上求解,因此速度较慢,甚至对于较大的、内存无法容纳的数据集,该方法无法被使用,同时不能以在线的形式更新模型;SGD 每次更新只对数据集中的一个样本求解梯度,运行速度大大加快,同时能够在线学习,但是相比于 BGD,SGD 易陷入局部极小值,收敛过程较为波动;MBGD 集合了上面两种方法的优势,在每次更新时,对 n 个样本构成的一批数据求解,使得收敛过程更为稳定,通常是训练神经网络的首选算法。

近年来,各种深度神经网络模型如雨后春笋般涌现出来,如 Alex Krizhevsky 在 2012年设计的包含 5 个卷积层和 3 个全连接层的 AlexNet,并将卷积网络分为两部分,在双GPU 上进行训练;2014 年 Google 研发团队设计的 22 层的 GoogLeNet;同年牛津大学的 Simonyan 和 Zisserman 设计出深度为 16~19 层的 VGG 网络;2015 年微软亚洲研究院的何凯明提出了 152 层的深度残差网络 ResNet,而最新改进后的 ResNet 网络深度可达 1 202层;2016 年生成式对抗网络 GAN 获得广泛关注。随着网络模型种类的逐渐增多,网络深度也从开始的几层到现在的成百上千层,虽然大大提高了精确率,但也使得深度神经网络的训练时间越来越长,成为其快速发展和广泛应用的一大阻碍。

虽然深度神经网络优异的性能得到了广泛的使用,在许多的应用领域取得了成功,但其日趋复杂的网络模型为其应用的时效性带来了挑战。为减少深度神经网络的训练和测试时间,针对各种应用场景,在不同架构的并行计算硬件平台上,利用合适的软件接口来设计并行深度学习计算系统并优化其性能成为研究热点。

对深度神经网络的并行化目前主要有两种方法:模型并行和数据并行。模型并行是指将网络模型分解到各个计算设备上,依靠设备间的共同协作完成训练;数据并行是指对训练数据做切分,同时采用多个模型实例,对多个分片的数据并行训练,由参数服务器来完成参数交换。在训练过程中,多个训练过程相互独立,模型的变化量需要传输给参数服务器,由参数服务器负责更新为最新的模型然后再将最新的模型分发给训练程序。多数情况下,模型并行带来的通信开销和同步开销超过数据并行,因此加速比也不及数据并行,但是对于单个计算设备内存无法容纳的大模型来说,模型并行是一个很好的选择。

随机梯度下降算法(SGD)具有使用简单、收敛速度快、效果可靠等优点,在深度神经网络算法中得到了普遍应用。在大数据背景下,深度神经网络的数据并行更多的是通过分布式随机梯度下降算法实现,对于该算法中参数更新方式的选择,目前主要有同步 SGD 和异步 SGD 两种机制。同步 SGD 需要利用所有节点上的参数信息,而慢节点所带来的同步等待使得数据并行时的加速比并不理想。异步 SGD 虽然单次训练速度快,但是其固有的随机性使得网络在训练过程中达到相同收敛点耗费的时间更长,且在训练后期可能会出现振荡现象。EricXing 等针对机器学习中比较耗时的迭代算法,提出了一种新的协议(Staleness Synchronous Parallel,SSP)来缓解同步(Bulk Synchronous Parallel,BSP)中慢节点所带来的同步等待,通过引入一个参数来约束快节点和慢节点之间迭代步伐的差值。相比于异步模式,同步等待开销一定程度上限制了网络训练速度。Priya Goyal 等提出了一种将参数批量大小值提高的分布式同步 SGD 训练方法,采用了线性缩放规则作为批量大小函数来调整学习率,在训练的开始阶段使用较小的学习率,在批量大小为 8 192 时在 Caffe2 的系统上训练 ResNet-50 网络,训练数据集使用 ImageNet,该训练在 256 块 Tesla P100 GPU(实验硬件平台为 Facebook 的 BigBasin 服务器,每个服务器安装有 8 块 GPU 卡,卡之间使用 NVLink 互连技术,服务器之间使用 50 Gbit 带宽的以太网连接)上花费 1 h 就能完成,识别精度与小批量相当。

深度神经网络的网络结构复杂、参数多、训练数据量大,这些都为并行化工作带来了挑战。近年流行的卷积神经网络有 AlexNet、VGG、GoogLeNet 和 ResNet 等。其中,AlexNet 网络为 8 层,拥有超过 6 000 万个参数,训练使用的 ImageNet 数据集有 120 万张图片。为加快训练速度和将来能使用更大的网络,Krizhevsky 等使用了两个 NVIDIA GeForce GTX 580 GPU 对其进行了模型并行。VGG 网络结构在 AlexNet 上发展而来,VGG 网络使用多个小滤波器卷积层(滤波器大小为 3×3)与激活层交替的结构来替代单个大滤波器卷积层,这样的结构能更好地提取出深层特征。VGG 网络有着比 AlexNet 更深的层数和更多的参数数量,如 VGG-19 网络有 19 层和 1 亿 3 800 万个参数,因此 VGG 网络提供了比 AlexNet 更高的精度。GoogLeNet 在卷积神经网络的基础上加入了 Inception 模块,Inception 模块将不同大小的滤波器和池化模块堆栈在一起,并使用较小尺寸的滤波器替代了大的滤波器。Inception 模块的使用使得 GoogLeNet 既能保留网络结构的稀疏性,又能利用稠密矩阵的高计算性能,还能通过不断调整自身结构以加深网络的深度。InceptionV2 加入了 BatchNormalization 技术来减少内部数据分布变化,并使用了两个 3×3 的卷积核来替代 5×5 的卷积核来减少参数数量。InceptionV3 主要的思想就是分解大尺寸卷积为多个小卷积乃至一维卷积,比如将 7×7 的卷积核分解为一维的卷积(7×1,1×7),这种分解既减少了参数数量,又减少了算法的计算量。InceptionV4 版本中将 Inception 和 ResNet 结合既加速训练又获得了性能提升。ResNet 引入了残差网络结构解决了加深网络层数时梯度消失的问题,因此 ResNet 网络深度最高达到了 1 202 层。

数据并行是在不同计算设备上用不同数据训练同一个模型。以 AlexNet 模型为例,当我们在三个计算节点上执行数据并行处理时,设置 Batchsize 为 128,输入大小为 227×227 像素的三通道(RGB)图像。由于每一个参数对应一个梯度更新值,梯度个数与参数个数相同,因此单个计算节点与参数服务器的通信量为 232 MB。参数服务器在接收到 3 个计算节点的梯度时,进行参数更新后,将新的参数发送给各个计算节点。参数服务器接收的数据量为 696 MB。AlexNet 进行一次参数更新时,共需要 1 392 MB 的数据传输量。AlexNet 在 GPU 上计算时一个 Batch 前向、反向以及参数更新时所需的时间约为两三百毫秒,而在 40 Gbit/s 的带宽下,进行一次 Batch 所需的通信时间约为 285 ms。同步参数更新机制时的通信时间与计算时间比太高限制了并行深度神经网络的可扩展性。因此,可采用半同步或异步的方式更新梯度以减少通信等待时间,还可以采用压缩权值的方法减少通信量。

1.5.8　面向自主计算芯片架构的并行性能优化方法

近年来,美国在计算芯片方面对我国实施了禁运。为解决"卡脖子"问题,国家多年来一直在布局和支持计算芯片的自主化。我国自行研制的自主计算芯片,包括飞腾、龙芯、申威系列等,为实现低能耗、应用性能、可编程性、可靠性等方面的目标,在芯片架构方面均做了很多的优化设计和创新工作。相应地,需要面向自主计算芯片架构的特点对现有的工程计算软件应用进行性能优化,才能充分发挥国产超级计算机上的计算能力。近年采用自主计算芯片的国产超级计算机多具有几个方面的特点:计算单元采用单指令多数据(SIMD)向量化以提高浮点计算性能、采用异构加速器或协处理单元和大规模并行的系统架构。本书拟分别针对这三个方面展开 SIMD 性能优化方法研究、异构环境下数据传输的性能优化方法研究和基于聚合通信的优化方法研究。

传统的 SIMD 优化技术采用基于循环的向量化技术[22-25]。其他工作包括利用基本块中的数据级并行性,结合循环展开的基于指令打包的优化技术,以及传统指令选择[26]和整数线性规划[27]的组合优化方法。Ren 等[28]指出难以实现 SIMD 向量化的主要原因是不同 SIMD 体系结构的差异太大,例如体系结构的特有功能、内存访问受限和数据类型差异。自动 SIMD 向量化是计算密集型程序充分发挥处理器性能的关键。围绕自动 SIMD 向量化目前已经开展了众多研究工作[29,30],这些研究工作包括面向硬件对齐和跨步问题的高效向量化[31-33]、外循环向量化[31-33]以及跨平台向量化[35-36]。GCC 的自动向量化模块实现了很多自动向量化技术[32,34,35],代表了目前自动向量化的最高水平。Stock 等[37]提出了专用向量 intrinsic 指令代码生成方法,结合 unrol-and-jam 和循环重排序等代码转换技术,实现了关键计算 kernel 张量压缩的高效向量化代码生成。在此工作基础上,Stock 等设计了基于机器学习模型的自动 SIMD 向量化方法[38],该自动优化方法考虑了多种 SIMD 相关的代码转换技术,包括寄存器转置、intrinsic 指令生成,该方法相比编译器自动优化性能提升了 2 倍。该方相比已有的自动优化方法[39-41],并不需要在编译时进行程序剖析(profiling),是一种纯模型驱动的方法。Trifunovic 等[42]提出了一种用于估计针对向量化进行循环重排序和循环条带化的解析型开销模型。该模型的缺点是没有考虑不同编译过程(如向量代码生成、指令选择、调度和寄存器分配)的相互影响,而且没有考虑重要优化方法对性能的影响,如 unroll-and-jam 和寄存器转置。Cavazos 等[43]提出了利用性能计数器预测编译优化效果的方法,该方法可以自动指导编译器启发式优化。但是该方法仅适用于 PathScale 编译器的传统优化方法。该方法第一次编译优化过程需要通过运行程序选取合适性能计数器作为下一步训练预测最优优化顺序的模型的输入。

另一方面,在 2020 年 11 月的全球高性能超级计算机 TOP500 排名中,前 8 名的超级计算机中有 7 个均采用异构计算架构。其中包含我国排名第 4 的神威・太湖之光和排名第 6 的天河 2A,两者均由独立自主研发的协处理器组成,分别是 SW26010 异构众核处理器和 Matrix-2000 异构协处理器。目前,高性能技术正向着 E 级发展,异构众核体系结构被认为是实现 E 级系统最可行的方式。理论上,异构架构的超级计算机能够极大地提高运算性能,但同时对软件的优化也提出了极高的要求。异构计算数据的传输优化方法通常与异构架构紧密相连,需要针对不同架构特征进行不同的优化。天河二号超级计算机于 2013—2015 年连续 6 次位居 TOP500 榜首[44,45],其每个节点由 2 个 Intel Xeon E5-2692 v2 处理器和 3 个 Intel Many Integrated Core(MIC)协处理器组成。Liu Y 等[46]在天河二号上对 HPCG[47]进行移植,通过挖洞的方式将计算任务分配给 CPU 与 MIC,通过异步传输的方式隐藏了 CPU 与 MIC 之间的数据传输。王庆林等[48]对 Sweep3D[49]进行了异构移植,采用了更为灵活的 SCIF 数据传输接口优化了 CPU 与 MIC 的数据传输,这种方法需要单独编译 MIC 端的程序,运行时将程序发送至 MIC 端,CPU 与 MIC 同时运行并进行通信,大大增加了编程的难度。神威・太湖之光超级计算机于 2016—2018 年连续 4 次位居 TOP500 榜首[50,51],由 SW2610 异构众核处理器组成,协处理器缓存通过 DMA 与主存进行数据传输。付昊桓[52]等结合 DMA 传输带宽测试结果与协处理器缓存的大小(SW2610 中,从核的本地缓存为 64 KB)设计了能充分利用带宽的数据存储格式,并应用于非线性地震模拟中,模拟了唐山大地震,并获得了 2017 年的戈登贝尔奖。李连登[53]针对 SW2610 设计了双缓冲机制优化的异构数据传输优化方法,并应用于深度学习上。Sumit 超级计算机于 2018—2019 年连续 3 次位居 TOP500 榜首[54,55],机器每个节点由 2 个 IBM POWER9 微处理器和 6 个 NVIDIA Volta GPU 组成。Das[56]等通过增强计算量降低数据传输量的方式优化了数据传输,模拟了金属位错系统,在 Summit 上获得了46 PFLOPS。Ziogas[57]等设计了量子传输模拟器的全局数据视图,根据产生的粗粒度与细粒度的数据移动特性,优化了数据传输,在 Summit 上模拟了由 10 000 多个原子组成的纳米结构。

此外,随着 E 级计算的到来,HPC 系统的节点数量最多可达到十万以上。对于通信密集型程序而言,全局的聚合通信很可能成为严峻的通信瓶颈,从而制约通信性能。阿贡国家实验室的研究人员对 Mira/Cetus 超算系统的 MPI 实际使用情况进行了追踪,涉及两年内运行的约十万个作业,提供了实际生产环境中科学计算应用对 MPI 使用特点的观察与分析:(1) 应用运行过程中花在 MPI 库中的执行时间要长于预期,相当多的应用超过一半的执行时间花在 MPI 中;(2) MPI 聚合通信的使用显著多于点到点操作,而少数的由点到点通信主导的应用则以结构化最近邻居通信模式为主,可由 MPI 邻居聚合通信取代;(3) 多线程应用需求高于预期,约 30% 的应用依赖 MPI 的多线程支持;(4) 虽然小消息(不超过 256 B)归约操作是利用最多的 MPI 通信,有将近 20% 的作业利用到大消息(超过 512 KB)归约。可见,聚合通信是 E 级应用通信优化的重点。对于节点内通信:大部分实现都是基于共享内存。通常有两种基于共享内存的方法来实现节点内的聚合通信:基于队列的方法[58]和 release-gather(RG)方法[59]。然而,无论是基于队列的方法还是 RG 方法,都需要内存屏障和多次原子操作来维护内存一致性,这将带来同步开销。对于延迟敏感的集合操作,降低同步开销是提升性能的关键。对于节点间通信:天河三号原型机的通信网络为国产 TH-Express 400g 互连网络。国防科技大学早在天河二号上就引入了基于网卡的通信卸载功能。但这只用于基本的聚合通信[60]。在 TH-Express 互连网络中,卸载引擎可以通过在网卡上执行的一系列硬件原语来构建卸载聚合通信。卸载机制降低了 CPU 和网卡之间的开销。Allreduce/Reduce/Broadcast/Alltoall 都是并行应用最常用的几个聚合通信接口。结合自主超级计算机系统特点,优化这些接口的性能对于一批工程计算的可扩展性而言有重要意义。

1.5.9　规则/非规则访存典型问题的计算性能模型

随着硬件体系结构的复杂性的提高,针对工程计算软件的性能优化遇到了很大的挑战,解决这些挑战需要性能模型的指导。性能模型的作用是预测给定程序在给定硬件平台上的性能(或者性能上下界)、分析性能瓶颈以及指导性能优化。性能模型的输入是硬件和软件的特征参数,输出是性能预测值。性能模型可以分为两类:经验(Empirical)模型(或统计模型)和解析(Analytical)模型。统计模型[61,62]基于已有的性能测试数据,利用统计方法或机器学习建立模型。统计模型是一种黑箱模型,一般被用在自动优化方法[63]中。统计模型可以相对精确地预测性能,但是无法用于分析性能瓶颈,也无法启发性能优化。解析模型对真实硬件体系结构和应用程序的合理假设,采用类似第一原理的方法描述计算 Kernel 在简化硬件模型上的执行过程。解析模型可以提供关于关键性能影响因素的洞察,主要用于定位和量化分析性能受限和性能瓶颈(bound and bottleneck analysis),然后指导性能优化。当前,对于工程计算软件中的常用核心算法,国际上已有一些相关工作。

Yotov 等[64]面向矩阵乘提出了一种模型驱动的优化引擎来获取可能达到最好性能的参数,并通过实际运行不同参数的组合得到最优性能的程序。Anderson 等[65]优化实现过程以适应 GPU 的存储系统,提出了一个可以准确预测 LU 分解性能的模型。Wang 等[66]分析大规模 Linpack 的主要时间开销,建立关于矩阵规模、网络带宽、下三角方程求解效率以及矩阵乘法效率的 Linpack 并行性能模型。

Choi 等[67]通过对 GPU 的 SIMD 线程执行模型进行抽象,提取出与输入矩阵无关的 SpMV 性能模型,结合 offline 测量和实时估计自动对参数进行调节,增强了在不同类型 GPU 平台上性能预测的可行性。Baghsorkhi 等[68]提供了一种基于编译器的 GPU 性能建模方法,该方法采用程序分析和符号评估技术来精确预测程序在 GPU 上的执行时间。Hong 和 Kim[69]提供了一种简单的 GPU 分析模型,利用该模型能够估算大多数程序在

GPU 上的并行计算时间,该模型还能够根据线程网格的规模和存储器带宽来预测并行程序运行需要的存储空间大小。Guo 等提供了一个针对 SpMV 在 GPU 上的性能建模和优化分析工具,该工具采用程序集成分析和基于配置的建模方法,结合稀疏矩阵的四种存储格式 CSR、ELL、COO 和 HYB 的数据结构特征,能够较为精确地预测 SpMV 核函数在 GPU 上的执行时间。李肯立等通过概率模型对多种压缩格式(包括 COO、CSR、ELL 和 HYB 等)下稀疏矩阵向量乘(SpMV)在 GPU 上的性能进行了分析和预测。实验结果显示,这种方法能够实现较为准确的性能预测。

目前,面向国产处理的数值计算核心算法性能建模和性能优化相关工作尚不完善和成熟,迫切需要面向国产处理器开展规则/非规则访存典型问题的计算访存性能建模与优化研究,系统地研究面向自主处理器的规则/非规则访存典型问题分析型计算访存性能,针对不同性能影响因素建立度量模型,研究模型指导的自动性能优化技术,实现自主处理器上数值计算核心算法的高效自动性能优化。

1.6 未来超级计算机发展面临的挑战

未来超级计算发展面临功耗、通信、存储、可靠性、编程等几大差距与挑战,必须通过软硬件协同设计、创新体系结构及新型使能技术才能使 E 级甚至 Z 级超级计算机的研制成为可能。

1.6.1 能耗问题挑战

各超算强国已计划研制的 E 级超级计算机,设定能耗指标为 20~30 MW,即能效比为 30~50 GFLOPS/W。如果未来仍采用硅材料及目前的体系结构,那么 Z 级系统功耗将无法接受。针对降低高性能计算系统能耗这一关键问题,国际学术界和工业界已做出大量努力。其研究工作主要集中在以下几个方面:(1)采用新的低功耗器件和部件,如高能效千核级众核处理器、近阈值电压逻辑电路、3D 封装电路、与存储器紧密耦合的处理逻辑(PIM)、硅光子通信、极短距离 SerDes、新型非易失存储器件等;(2)设计低功耗异构计算机体系结构;(3)减少数据移动软硬件手段;(4)设计能耗感知的系统调度方法;(5)采用低能耗系统与机房冷却技术等。

在能耗密度方面,天河二号系统最大运行功耗为 17.8 MW,能耗密度大约为 140 kW/机柜,能效比为 3 GFLOPS/W,如果维持能耗和规模不变,E 级系统的能效比需要提高约 20 倍,达到 50 GFLOPS/W 以上,未来工程工艺技术将面临前所未有的技术挑战。综合处理器等相关技术的发展趋势来看,预计 E 级系统的计算密度将达到 4 PFLOPS/机柜及 10 TFLOPS/节点以上,组装密度将达到 1 000 处理器/机柜以上,能耗密度将达到 30 GFLOPS/W 以上。到 2035 年,预计计算密度将达到 10 PFLOPS/机柜及 100 TFLOPS/节点以上,能耗密度达 100 GFLOPS/W 以上。

1.6.2 通信问题挑战

超级计算机性能提升主要源于单个节点计算能力增强及系统中节点数的增加。随着单个节点计算能力增强,为了更好地发挥节点计算能力,与之相匹配的节点通信带宽也要相应地增加。以天河二号为例,单个计算节点性能为 3 TFLOPS,节点通信带宽为 112 Gbit/s,节点带宽性能比为 0.037。在未来 E 级超级计算机中,单节点计算能力约为 10 TFLOPS,若要将节点带宽性能比维持在 0.04,则节点通信带宽需增加至 400 Gbit/s,远高于目前 SerDes 性能增长趋势。此外,快速增长能耗也是通信系统所需面对的重要挑战。天河二号总功耗为 17.6 MW,其中互连部分的功耗约为 13%。若采用目前最先进互连方案,为了满足未来 Z 级系统 10 万节点规模互连,需要 3 万个交换芯片和 80 多万根光纤,仅互连系统功耗就高达 20 MW,从工程实现角度是完全不可接受的,基于硅光技术全光互连取代目前光电混合互连是目前可行技术路径之一。另外,通过设计更高阶的交换芯片来实现更低直径网络拓扑也将有效降低整个互连系统功耗与通信延迟。预计到 2035 年,模块化波分复用技术(Coarse Wavelength Division Multiplexing, CWDM)将承载更多光通道,新型光子晶体、碳纳米管等新型互连材料将逐步涌现,互连线速率将增至 500 Gbit/s,芯片吞吐率将超过数百 Tbit/s,此时需要重新分配芯片晶体管资源与链路资源,设计带宽均衡扩展低成本 HPC 互连系统。

1.6.3 存储问题挑战

处理器厂商与内存厂商相互分离的产业格局,导致了内存技术与处理器技术发展的不同步。在过去 20 多年中,处理器性能以每年大约 55% 的速度快速提升,而内存性能提升速度则只有每年 10% 左右。长期累积下来,不均衡发展速度造成了当前内存存取速度(约 90 ns)严重滞后于处理器的计算速度(约 0.3 ns),内存瓶颈导致高性能处理器难以发挥出应有的功效,对日益增长的高性能计算形成了极大制约,形成了超级计算机存储墙。另外,超级计算机性能还受限于节点间的数据通信速度,目前节点间通信速度远低于本地存储访问速度,节点之间通信速度约为 2 000 ns,而本地存储访问速度一般为 90 ns。以上速度不匹配问题严重影响了并行系统计算效率,导致 CFD 等访存受限应用在目前超级计算机上实际计算效率仅在 5% 左右。传统通过提高内存时钟频率和增加存储总线宽度来提高存储带宽的方法已接近物理极限,近几年出现的 2.5D 或 3D 封装的堆叠内存技术为解决超级计算机的存储墙问题带来了曙光。此外随着光互连的发展,硅光芯片间光互连技术可以有效降芯片间的通信延迟,近期活跃的量子计算也完全有可能改变存储墙的问题。

预计到 2025 年,以 3D Xpoint 为代表的新型非易失存储器将被广泛应用于构建大容量、低功耗内存,满足大数据处理等典型应用对数据存储的需求。预计到 2035 年,新型非易失存储技术的发展将使超级计算机存储体系结构及相应的软件栈发生根本性改变,从而有效缓解超级计算机的存储墙问题。

1.6.4　可靠性问题挑战

随着超级计算机规模越来越大,软件结构越来越复杂,可靠性问题越来越成为人们关注的热点。在 10 teraFLOPS 规模下,系统的平均无故障时间(MTBF)仅为 5 h 左右。由于单个处理器故障率仍将保持相对稳定,因此系统故障率将随着系统规模扩大而增加,且与系统中包含的处理器数目成正比。当系统继续扩大至 E 级规模时,系统平均无故障时间将会小于 1 h,可靠性问题将会更为严重。此外,在实际超级计算机的使用过程中,因系统软件的漏洞或者应用程序中的错误编程而造成的计算任务失败也是造成系统不可用的重要原因之一。因此,为了更好地提高未来超级计算机的应用水平,有效的故障检测与故障诊断是未来超级计算机的关键技术之一。

同时,超级计算机系统中故障检测与诊断又是非常有挑战性的问题。首先,系统软硬件及所能获得机器数据(包括各种日志以及系统运行性能指标)的复杂性在不断增加;其次,故障的原因是非常多样的,其中硬件、软件、人为以及未知错误是主要的故障来源;最后,造成故障的过程是复杂的,复杂系统中的故障往往是由系统中隐藏的因素不断积累、相互作用的结果。未来超级计算机系统迫切需要提高故障检测与诊断能力,使系统能够快速发现问题和故障,避免问题在系统中扩散,同时诊断造成故障的根源,从而加速系统的恢复。

1.6.5　编程与执行环境问题挑战

处理器是超级计算机的核心,随着处理器由多核向众核方向发展,众核处理器将成为未来超级计算机的首选部件。从目前多核/众核处理器发展趋势看,在未来 10~15 年内将出现数百核乃至上千核的处理器,这一方面为实现更高性能超级计算机提供了便利,另一方面基于众核的 Z 级计算系统总体并发度将达到数千万量级,如此庞大并发度也给并行程序的编写、调试、性能调优带来了极大挑战。针对这些问题,学术界和工业界开展了很多研究,也启动了若干大型研究计划,目前这些研究工作已取得了一系列进展。然而从总体上看,多核/众核处理器的并行编程问题并未得到根本解决,并行编程依然困难重重,而且这一问题在未来千核级处理器上将更为突出。在并行编程模型方面,由于极大规模并行所带来的复杂性,因此编程模型必须能够表示所有异构层次的内在并行性和局部性以实现可扩展性和可移植性,提供能耗控制和可靠性管理的编程接口,同时编程范式需要充分利用分布存储机制,以减少数据移动的开销。编程环境还需要提供支持节点级自监控、自优化的编译器和软件编程框架,面向领域的编程框架和算法工具库有可能成为提高产出率的有效途径。高效运行时系统可以为上层的管理系统和应用软件运行提供必要的基础支撑。基于“众核”的运行时系统需要支持系统环境的灵活配置和高效运行,同时对大规模众核处理器平台、分层存储系统、多网通信链路等底层架构进行有效管理,尤其要利用好数据和通信的局部性,提高整个系统的运行效率。

一般认为,未来至 2035 年是 Z 级计算技术发展和成熟的时间,在此时间内 MPI+X 仍将是高性能计算系统并行编程的主流发展趋势。对于节点内编程,异构混合体系结构的广泛应用决定了异构并行编程将会在相当长一段时间内成为研究热点。异构并行编程一方面可以更好地利用体系结构内多层并行特性,另一方面也可以减少并行应用中的并行任务数,降低系统资源需求和系统能耗,从而提高全系统并行应用的可扩展性和可靠性。此外,面向领域的编程框架和算法工具库有可能成为提高产出率的有效途径。从更长远的发展趋势看,随着以量子计算机为代表的新型计算机渐渐成熟,目前计算机的软硬件形态可能都将被非冯诺依曼体系结构彻底颠覆。届时,编程模型的发展还要根据硬件体系结构的发展情况而定。

综上所述,在未来超级计算机的研发道路上,全球学术界、产业界需要面对来自软硬件各方面的诸多尚未解决的难题。与发达国家相比,目前我国在超级计算机研究方面更是还存在较大差距,主要体现在基础技术储备不足,关键核心技术难以满足未来超级计算机的研发需求等方面。我国应力争在主体技术路线以及若干关键技术和重大应用上取得突破,把握未来 10~15 年的关键时期,确保我国在高性能计算技术方面的可持续发展,更好地促进我国科学与技术各领域的创新发展,进一步提升我国工业及经济的国际竞争力。

1.7 并行算法与应用挑战

超级计算机硬件发展迅速,各种新型使能技术不断出现,给并行算法与应用设计带来巨大挑战。

1.7.1 异构计算可扩展性挑战

超级计算机系统性能的提高主要依赖于增加并行度,可扩展性挑战要求算法和应用软件的并行性开发足够宽(数十万节点)和足够深(核间、异构、SIMD、指令级)。目前,主流的并行算法和应用软件多数只支持同构系统上的 MPI 并行,虽然当前可使用的超级计算机核数达到 100 万级,但现有探讨软件通常只能使用 10 万核数以下,大部分不支持异构并行计算,采用现有的并行计算方法恐怕难以满足 E 级甚至将来 Z 级超级计算机体系结构要求。

1.7.2 计算性能挑战

计算性能低是永恒的挑战,通常应用程序只能发挥峰值性能的 5% 以下。除因多层次并行、异构节点、同步、通信、负载不平衡等因素造成计算效率低,影响计算效率的最主要因素是存储墙问题,其主要表现在以下两个方面。

(1)浮点计算与访存性能差距。浮点计算性能每年提高 59%,访存性能每年提高 26%,访存密集型并行程序性能主要受限于存储系统数据传输速度,当前计算与访存性能差距越拉越大。

(2)多级存储结构。从寄存器到非本地内存空间越来越大,但访问开销增加迅速,从

1 时钟周期增加到大于 1 500 时钟周期,多级存储结构要求并行算法和应用软件开发数据局部性,减少通信和访存时间。

1.7.3　功耗约束差距与挑战

Z 级超级计算机系统功耗有可能达到 100 MW,单位数据传输功耗是单位计算功耗的数十倍以上,计算所需功耗远小于数据访问功耗,可以通过并行应用的动态调频优化方法,减小系统能耗使用量,通过研究低功耗并行算法和软件实现功耗感知,极小化数据移动。

1.7.4　可编程性挑战

新型超级计算机体系结构对应用软件可编程性提出了更高要求,类似于 1990—1995 年由向量机到大规模并行处理机(Massively Parallel Processor, MPP)的转换,当前应用软件可编程序性面临异构性、容错性、应用复杂性、历史遗留程序继承性等挑战,需要重新思考应用软件架构设计,采用新的并行计算模型,以数据为中心将计算向数据迁移,综合考虑异构、容错和优化等方法。

第2章 天河超级计算机系统

2010 年国防科技大学研制的天河一号超算系统是我国首次排名世界第一的超级计算机系统,实现了我国超算系统研制的跨越式发展,2013 年起天河二号连续六次世界排名第一。2018 年基于全自主芯片研制的百亿亿次关键技术天河新一代验证系统研制成功,有力地支撑了我国首台 E 级系统研制。天河系列系统先后落户天津、长沙、广州三大国家级超算中心,对推动京津冀一体化建设和大湾区科技创新与产业升级起到了重要作用。下面以全自主研发的天河新一代 E 级验证系统为例来介绍天河超级计算机系统。

针对国家超算中心应用领域广、计算性能需求高等特点,天河新一代 E 级验证系统采用先进的体系结构技术,兼顾技术先进性和实用性,全面遵循国际标准和工业规范,有针对性地、高效地建设高效能、高可靠、高安全、高可扩展的超级计算机系统。天河新一代 E 级验证系统采用先进且成熟的体系结构,基于新一代自主多核微处理器、加速器和自主高性能互连网络设计;系统采用刀片高密度组装方式;系统具有计算、访存、通信和 I/O 平衡设计的特点,能很好地满足国家超算中心应用实际需求。

2.1 硬 件 系 统

天河超级计算机系统包括硬件和软件两部分。天河超级计算机硬件系统结构包括计算处理系统、服务处理系统、全局存储系统、互连通信系统等,如图 2.1 所示。

2.1.1 计算处理系统

计算处理系统是整个高性能计算机系统的核心,提供强大的计算处理能力,整个计算处理系统的 64 位双精度浮点峰值性能,包括自主计算节点和自主加速节点。自主计算节点采用飞腾-3000 高性能微处理器,用于实现通用计算、系统管理和通信;自主加速节点采用迈创-3000 高效能加速器,用于面向特定领域的应用加速计算。两类计算节点共同组成性能强大的异构体系结构计算阵列,能够满足多行业用户的各类应用需求。

计算处理系统采用刀片式设计,每个自主计算节点配置 1 颗飞腾-3000 自主处理器,128 GB 内存,1 个自主高速互连接口。飞腾-3000 包含 64 个核,8 个 DDR4 访存接口和 2 个 PCIe X17 接口,单处理器双精度浮点峰值性能不低于 2.5 TFLOPS。飞腾-3000 处理器总体结构示意图如图 2.2 所示。

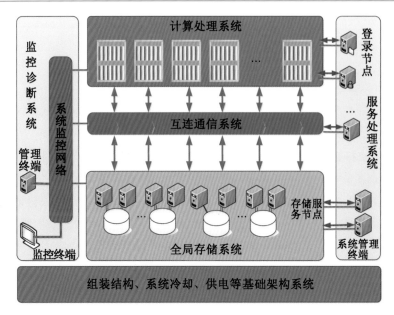

图 2.1 硬件系统结构图

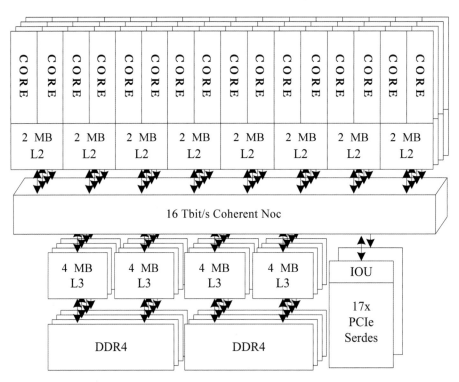

图 2.2 飞腾-3000 处理器总体结构示意图

飞腾-3000 处理器支持全芯片共享全部主存,维护 Cache 一致性。全芯片分为 4 个亲和域,每个亲和域包含 16 个处理器核、8 个 2 MB 的 L2 Cache 体、4 个 4 MB 的 L3 Cache Slice、2 个 DDR4 存储通道。亲和域采用地址亲和的方式配置,实现亲和域包含的两个访存通道的地址空间的 home 节点位于本亲和域内部,实现高效的 CC 亲和访问。

飞腾-3000 处理器的 Cache 存储层次进行了优化,L2 Cache 容量提升至 64 MB,设计了 64 MB 的 L3 Cache。全芯片分为 32 个 cluster,每个 cluster 中包含 2 个处理器核,共享 1 个 2 MB 的 L2 Cache 体,平均每个 L2 Cache 容量为 1 MB。增加了 L2 Cache 并发请求的数量,实现了阻塞访问优化,提高了 L2 Cache 存储级并行能力。L3 Cache 分为 16 个体,每个体 4 MB,支持包含模式和牺牲模式,两种模式可配置。支持将 L3 Cache 配置为 Scratch Memory,提升特定应用的性能。L3 Cache 对部分字访问和原子操作进行了优化,对 I/O 访问和锁操作的性能进行了更好的支持。

迈创-3000 异构多区域微处理器包含 16 个通用 CPU 核心、96 个加速器控制核心 (Ctrl) 和 1 536 个面向计算的加速器核心(ACC)。如图 2.3 所示,加速区域由 4 个独立的加速器簇组成,各加速器簇彼此独立运行。每个加速器簇中共有 24 个加速器控制核心、384 个加速器核心、1 个片上全局共享内存(Global Shared Memory,GSM)、1 个高带宽共享内存(High Bandwidth Shared Memory,HBSM)和 1 个片外双倍数据速率(Double Data Rate,DDR)内存空间。16 个通用 CPU 核可以访问所有加速器簇的所有 HBSM 和 DDR 空间,而加速器控制核和加速器核只能访问其簇内的 GSM、HBSM 和 DDR。通用 CPU 内核可以担任整个任务的控制工作。

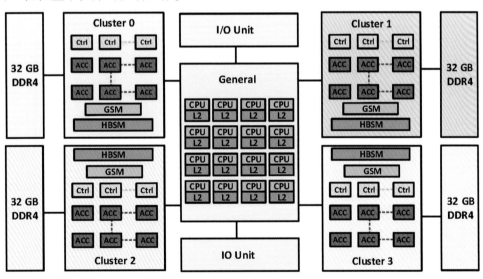

图 2.3　迈创-3000 的整体架构图

如图 2.4 所示,在每个加速域中,24 个控制核心和 384 个加速核心被组织成 24 个加速器阵列(Acceleration Array)。在每个加速器阵列中,控制核心充当计算引擎,而 16 个 ACC 由单个指令控制,工作步调一致。这种安排为数据级并行提供了极大的便利。此外,每个 ACC 中的计算单元以超长指令字的方式进行组织,这可以进一步提高计算效率。每个加速器阵列中有一个片上阵列存储器(Array Memory,AM),该存储器最多可以支持对每个 ACC 同时进行两次加载或存储操作。每个 AM 具有 864 KB 的向量存储器容量,其中 96 KB 被循环冗余校验(Cyclic Redundancy Check, CRC)占用,768 KB 可用于数据存储。

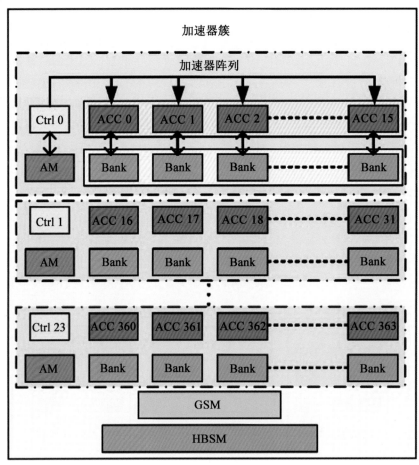

图 2.4　加速域的组织结构

2.1.2　服务处理系统

服务处理系统包含管理节点和登录节点。管理节点提供高可靠的资源管理、作业加载、数据备份和用户管理等服务,登录节点提供登录服务、编程和编译服务。

服务处理分系统提供单一系统映像的系统运行环境,支持统一登录、统一用户管理、统一目录管理,为用户提供程序开发环境和作业运行环境。提供符合国际标准的高速和100/1 000 Mbit/s 自适应以太网接口,支持采用 TCP/IP 协议外连。

管理节点采用了同构设计,具备双路对称多处理(Symmetrical Multi-Processing, SMP)架构,其中两个 CPU 通过两路 UPI 信号直接相连。每个 CPU 支持 6~8 个通道,并且内部集成了新一代的 PCIe 控制器,能够提供最多 48 个 PCIe 通道。CPU0 引出 PCIe 接口连接高速互连接口芯片,提供高速互连网络接口,实现节点间的高速互连通信,提供千兆以太网接口;通过监控诊断部件 BMU 芯片接入监控管理网络,支持对节点状态的监控、管理与维护。

　　登录节点包含一个飞腾处理器,设计 8 个内存通道,处理器通过 PCIe 接口连接高速互连接口芯片,提供高速互连网络接口,实现节点间的高速互连通信,提供千兆以太网接口;通过监控诊断部件 BMU 芯片接入监控管理网络,支持对节点状态的监控、管理与维护。

　　服务处理系统是高性能计算机系统的门户,系统管理员和用户通过服务处理系统与高性能计算机进行交互,高性能计算系统使用者视图如图 2.5 所示。从使用者的角度看,高性能计算系统是一个具有高性能计算能力和高速存储能力的高性能计算环境。用户通过终端登录系统的登录节点上,编辑和编译用户程序,并提交作业,查看运行状态和运行结果。资源管理系统负责根据作业类型和用户需求灵活地分配和组织计算节点。资源管理系统将用户作业加载到相应的计算节点上运行,作业结束后,将计算结果返回给用户。

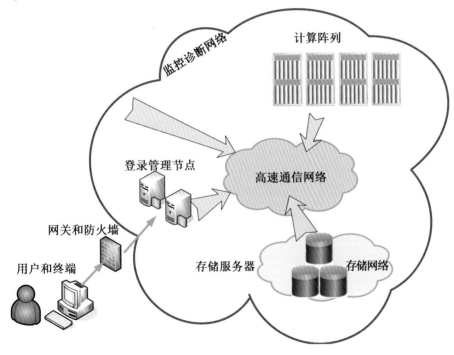

图 2.5　高性能计算系统使用者视图

2.1.3　互连通信系统

　　高速互连是影响高性能计算机实用性能和可扩展性的关键因素。随着超算系统规模的不断增长,系统对互连规模、通信带宽与延迟性能需求也在快速增加。为了解决超大规模高速互连网络中日益明显的功耗、密度、成本等挑战性问题,互连通信系统采用自主定制互连网络,基于多网络接口芯片 ZNI 和高阶路由交换芯片 ZNR 实现全系统整机互连,提供更好的实际应用性能、更好的负载均衡能力,以及更高的可靠性、可用性和可维护性(Reliability,Availability and Serviceability)。

多网络接口芯片 ZNI 提供 64 个 VP 数量,支持消息访问 MP 和远程直接内存访问 RDMA 两种传输服务,支持 PCIe4.0 主机接口,点对点最小通信延迟不超过 1.2 μs。高阶路由交换芯片 ZNR 支持交换芯片端口数量不少于 40,支持聚合交换带宽不小于 16 Tbit/s。

采取硬件加速卸载功能支持关键应用通信加速,采取多层面校验重传与自适应折射路由机制改善网络可靠性,采取互连通路协同优化设计满足快速增长规模下的网络通信带宽、延迟性能及消息发射率需求。

在传输协议层面,支持无连接模式和连接模式。在互连网络使用确定性路由的情况下,提供无连接模式,通过描述符处理引擎和网络端口进行通道绑定,实现描述符内部的报文按序传输,保证传输可靠性;在互连网络使用多路径传输或自适应路由情况下,提供有连接传输模式实现报文"乱序"并发传输,提高传输效率。

在网络层与流控协议方面,针对网络拓扑结构,结合多维多路径路由算法和确定性表驱动路由算法,设计高效的分布式多路径自适应路由算法,支持多路径进行流量负载均衡,提高节点之间平均通信带宽。在片上高阶交换网络及芯片间链路上,结合虫孔交换和虚跨步交换技术,实现高效率的端口之间数据交换。

在链路层,克服互连通信高速信号在距离、能耗上的限制,进一步提高系统集成度、降低功耗、提升可靠性。通过 CRC 校验和滑动窗口重传协议,实现高可靠传输;通过心跳协议,快速实现端口之间状态交互感知;通过多虚信道协议,实现物理信道的分割和共享,避免头阻塞效应并提高传输效率,支持基于多虚信道的网络死锁消除机制;采用基于信用的流控制协议,实现高效流水化的链路数据传输;支持网络拓扑发现与带内管理报文传输;支持链路主动随机造错和内嵌 BIST 测试功能;基于链路配置与管理协议,结合外部网管系统,提高链路的灵活性和可靠性。

在物理层,自主通信协议将专门针对超高频 SerDes 模块设计高效的物理编码子层(PCS)协议。针对目标应用环境,实现多链路并行绑定传输协议,降低传输延迟。支持并行链路的聚合、拆分和降级使用,提供更灵活可靠的物理连接方式。支持自动极性翻转与 Lane 翻转,为后期系统集成与高密度 PCB 设计提供便利。采用加解扰和向前纠错编码(FEC)技术,提高物理链路的可靠性和可用性。

高速互连网络拟采用多平面胖树拓扑结构,如图 2.6 所示(见书后插页)。每个网络接口芯片(ZNI)连接一个 CPU,一个计算板(CPM)上有 4 个 ZNI,构成一个立方体结构。立方体结构中上层的 4 个 ZNI 分别与 2 块计算机框交换板(NRM)相连,一个计算机框由 32 块 CPM 板和 2 块 NRM 板构成。多块通信机框交换板(SWM)采用胖树拓扑结构互连形成一个平面(Plane),多个平面相互独立,互为备份。计算机框内的 2 块 NRM 板分别与 2 个平面相连,实现全系统内计算节点间的互连互通。

2.1.4 全局存储系统

全局存储系统主要承担计算机系统中数据的存储、管理和并行 I/O 服务。科学计算应用具有 I/O 模式复杂多样、数据规模大、数据共享和可靠性要求高等特点,要求存储系统兼顾高并发带宽和低响应延迟,同时要求使用界面简单高效,能够实现数据的全局共享。

全局存储系统采用层次式共享存储架构,由 I/O 客户端节点阵列、I/O 加速节点阵列和全局 I/O 存储节点阵列构成(图 2.7)。系统采用 SSD 和磁盘存储介质实现电磁混合存储,以适应多种应用模式多样化的 I/O 需求,减少大规模网络条件下 I/O 数据传输的网络事务复杂度,减少存储通信与计算通信间的相互影响。

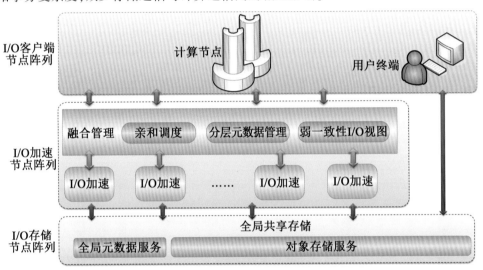

图 2.7 全局存储系统结构

存储系统从存储互连网络、单个存储设备的性能和并行文件系统的效率和扩展能力等多个方面提高系统 I/O 能力。全系统支持定制高速网络协议,计算节点、登录管理节点和外部计算机均可通过高速互连网络直接访问存储系统,共享一个单一目录视图的文件系统。

并行文件系统采用高性能计算领域广泛采用的对象存储架构,从架构上解决 I/O 能力的扩展性问题,通过集群元数据、高性能传输协议和 I/O 请求磁盘调度优化技术,支持元数据服务和 I/O 聚合带宽呈现较好的线性扩展能力,实际 I/O 应用程序呈现良好加速比,通过分层存储技术,支持层次化和分区化存储管理。

I/O 客户端节点阵列由计算节点、服务节点、可视化节点等各种 I/O 客户端节点组成。I/O 加速节点阵列由配置 SSD 快速存储介质的 I/O 加速节点(ION)组成。全局存储节点阵列由配置大容量磁盘阵列的 I/O 存储节点组成。全系统存储容量和并行 I/O 带宽可通过配置 I/O 加速节点和 I/O 存储节点的数目动态调整。

2.2　软件系统

天河超级计算机系统软件由系统操作与管理环境、并行开发环境和应用支撑环境三大软件分系统组成,如图2.8所示。

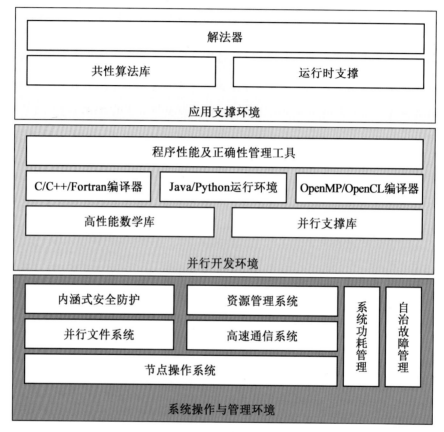

图2.8　天河超级计算机软件系统组成

系统操作与管理环境是高性能计算机整个软件栈的基础,它为高性能计算机的上层软件提供基本服务,具体包括操作系统、资源管理系统、并行文件系统及高速通信库四个部分。操作系统采用64位HPC操作系统TH-Kylin v10.1.8.3,用于管理单节点的资源并向上提供一致的系统抽象和服务;资源管理系统TH-RMS v9.5.7.12具备作业调度、资源分配、用户管理、权限控制等功能,支持统一的全系统单一映像,支持硬件状态监控、分区管理、作业调度、作业管理、并行作业加载和作业记账等功能;并行文件系统TH-GPFS v8.12.5.1实现面向大规模科学计算的全局文件共享;高速通信库TH-Express v3.0.0.0实现全系统所有计算节点间高带宽、低延迟的数据传输功能。

并行开发环境包括编译器TH-CC v10.2.0.0、高性能数学库TH-HPML v2.1.0.0、并行支撑库、程序性能及正确性管理工具等,主要面向用户应用提供编程、编译、调试、优化等程序开发和运行支撑功能,支持 C/C++和 Fortran 等标准程序设计语言、OpenMP 和 MPI 等并行编程接口;提供 OpenCL、hThreads 等多个层次的异构编程环境;提供 Java、Python 等运行环境;同时为高性能计算机提供面向不同领域的高性能数学库,支持大规模科学计算应用的高效编程。

应用支撑环境包括稠密线性代数库的研制,提供稠密线性方程组求解模块、特征值求解模块和奇异值问题求解模块;稀疏线性代数库的研制,提供 Krylov 子空间迭代、多重网格算法等;运行时支撑层的研制,提供面向向量化计算的新型数据格式,提供支持 SIMD 并行的稀疏矩阵向量乘计算 SpMV 核心模块;在科学与工程计算平台方面,包括前处理、数值求解、后处理模块的研制,支持热工水力数值模拟,提供高度集成的完整的工作流程。在数据处理平台方面,包括可视化交互式数据分析工具,可以支持面向 Hadoop、Spark 和 TensorFlow 的数据分析模型搭建、快速部署和服务化的能力;提供大规模分布式机器学习框架,利用环形通信结构,可以降低分布式训练过程中各节点间的通信开销,为分布式深度学习模型训练提供高效率的支撑。

2.2.1　系统操作与管理环境

系统操作与管理环境包括节点操作系统、资源管理系统、并行文件系统和高速通信库,负责管理硬件资源,进行基础的任务调度、资源分配、通信传输以及文件数据存储等功能。

(1)节点操作系统。

节点操作系统 TH-Kylin v10.1.8.3 负责管理计算节点,抽象底层硬件资源,为上层的其他系统软件、应用软件提供访问系统资源的接口。节点操作系统的内核版本为 4.19.46。节点操作系统提供面向自主多核、众核微处理器的整体优化,提供高性能私有运行环境和容器技术支持,为柔性体系结构提供基础软件保障。

TH-Kylin v10.1.8.3 面向飞腾-3000 处理器自主多核、众核微处理器访存特性,提供包括存储优化、作业调度优化等功能在内的整体优化方案,充分发挥自主微处理器的性能。

存储优化功能通过获取微处理器的 NUMA 存储拓扑结构,在操作系统内核中建立物理内存与微处理器核心的对应关系。当一个进程请求分配内存时,内核采用特定的分配策略,如局部核心策略就会优先在进程所在核心对应的内存中分配。局部核心分配策略是默认的分配策略,充分利用了本地内存的低延迟特点,同时也能有效降低微处理器核心之间的通信负担。操作系统还提供其他策略供用户选择。例如,用户可以指定内存带宽分配策略作为默认的分配策略,此时,内核将尽量使用微处理器的多个内存控制器来并行访存,在分配内存时会尽量均匀地在各个内存控制器上交替地分配内存。当应用程序对内存进行流式读写时,各个内存控制器的带宽累加,可以显著提升访存性能。

作业调度优化功能通过优化进程/线程的调度来保持缓存亲和性,使数据尽量长时间保留在某个微处理器核心的缓存中,而不是在多个微处理器核心的缓存中来回交换。

操作系统在进程/线程被重新调入时，尽量让其在之前运行的同一个微处理器核心上运行，从而保证缓存利用率。作业调度优化功能与存储优化功能互相影响、互相制约，有时还需做更多权衡。例如，在存储优化采用局部核心分配策略时，作业调度应当尽量保证进程/线程不迁移。但是，作业调度也不能仅仅将是否迁移作为唯一目标做出优化，因为相对于频繁访问远端内存来说，让微处理器核心空闲带来的性能损失更大。

传统高性能计算系统的运行环境多为预制的标准开发环境，用户可配置的空间以及配置权限有限，无法提供不同用户和应用间的差异化环境配置需求。同时，传统高性能计算的共享模式，即用户间互相可见的运行空间以及全部可用的计算资源，无法保证用户的隐私与隔离。最后，传统高性能计算的独占式服务模式，即作业管理系统统一分配物理节点，物理节点为作业独占式使用，无法充分调度和利用全部硬件资源。

针对上述问题，面向当前高性能计算从传统单一的科学计算变为 AI+大数据结合的多模使用方式的变革，节点操作系统提供高性能私有运行环境，实现高效高弹性的资源隔离、负载均衡、快速程序开发和部署，满足使用方式、权限管理、库维护、程序部署、弹性扩展、安全隐私等多样需求。

节点操作系统通过私有运行环境提供虚拟节点抽象，通过名字空间隔离机制，虚拟节点处于不同的名字空间中实现隔离，同时共享底层操作系统与设备驱动。

虚拟节点中的全部资源可被用户独占和定制，如用户可自由定制系统库，定制系统环境配置等。不同用户的配置和资源完全互相隔离，私有运行环境保护了用户的隐私，提供了更好的弹性和自由度。通过私有运行环境的设计，节点操作系统提供虚拟节点抽象。节点管理系统实现节点的分配和调度，以及虚拟节点和物理节点间的映射管理；QoS 系统针对系统整体负载进行资源负载均衡调度；作业管理系统负责在其管理的计算系统中加载和管理作业。

（2）资源管理系统。

资源管理系统 TH-RMS v9.5.7.12 采用层次式管理架构，管理系统中的各类资源，实现资源管理、状态监控、资源分配以及作业调度与加载，为用户使用系统中大量计算资源和管理员高效管理复杂系统提供支持。

TH-RMS 为用户提供监控与展示界面，旨在通过图形界面展示系统资源使用状况、作业分布情况、计算节点状态信息、故障报警信息等，为用户优化作业调度和更好地使用系统提供支持。监控与展示界面主要包括状态展示、统计分析、报表生成、功能控制、节点分析等功能。状态展示功能主要显示当前系统的计算资源概况、作业运行概况等信息。统计分析功能主要显示各用户提交作业情况、计算资源使用的历史情况、作业报错信息等，可根据用户需求选择时间区间显示。报表生成功能主要用于生成特定时间段的报表，如一周之内的系统运行概况、作业运行次数排名、用户提交作业数量排名等。功能控制模块主要实施系统各类控制，如加载作业、终止作业、创建用户等。节点分析功能主要用于故障分析，可按时间线显示某计算节点的状态变化，供用户参考。

用户对于作业调度策略的需求千差万别，为了尽量满足用户的各类需求，资源管理系统 TH-RMS 设计了可定制的作业调度机制。

首先,资源管理系统引入了作业优先级权重概念,可以让管理员/用户设置各个作业的优先级,达到特定的调度目的。同时,作业调度模块支持各种优化策略,能有效减少计算资源闲置,尽量让更多的作业在系统上运行。在系统规模较大的情况下,为了避免小作业总能被调度,大作业总是被饿死的情况,作业调度模块还会根据等待时间、作业大小等参数来调整优先级权重,确保所有类型的作业都有被调度的机会。

其次,资源管理系统还提供开放的接口,供管理员自行定制作业调度策略。用户可以根据本单位的特点自己编写相应代码,例如实现不同用户账号之间的优先级差异,还可以实现每个用户预留的计算资源数量,保证了系统的灵活性。同时,为了保证系统的稳定性,对于用户定制的业务逻辑,资源管理系统将在监管的状态下运行,一旦发生错误,系统将自动切换到缺省的作业调度模块上,保证系统仍然能正常运行。

系统在加载作业时,会自动遴选出一批计算节点来完成计算任务。常规的遴选办法并没有考虑节点的实时状态,这存在一定的隐患,在节点有故障、不稳定的情况下,作业可能无法顺利完成,造成资源、时间的浪费。为此,资源管理系统 TH-RMS 根据不同的故障级别对空闲节点分类,初步可分为健康、亚健康、故障三类,在作业加载时优先分配健康节点。

同时,资源管理系统自身也设计一套节点状态检查的工具,在作业加载、完成时,在不影响系统运行的情况下,定期对节点状态进行测试,测试结果异常时也上报给自治故障管理系统,形成闭环反馈,让资源管理系统与自治故障管理系统协同运行。

(3)并行文件系统。

并行文件系统 TH-GPFS 为应用程序提供数据访问功能,为用户并行应用程序提供符合 POSIX 标准的数据访问服务。应用程序直接调用 POSIX 标准的访问 API,实现读写并行文件数据的功能。并行文件系统充分利用新型存储介质,优化 I/O 路径,为用户提供更好的数据访问性能,支撑大规模并发文件访问。

从逻辑功能看,并行文件系统包括三类节点,分别是计算节点、ION 服务节点和存储服务节点。三类节点由高速通信网络连接,并行文件系统运行于这三类节点之上,并充分利用三类节点提供的高速存储和网络资源,提供对大规模并行应用的数据访问优化,满足性能、可扩展性、可靠性、易用性、易管理性等各方面要求。

依据系统总体需求,综合考虑各项技术指标要求,并行文件系统软件栈由高速可扩展缓冲层和大容量高可靠并行对象存储层构成。

随着系统规模的扩大,并行应用对数据访问的性能需求也越来越高,存储系统性能成为限制系统规模扩展的一项重要约束。存储系统在硬件设计上采用基于 NVMe 协议的新型存储设备,具备高性能、低延迟的数据访问特点。高性能计算机的 I/O 软件栈在 I/O 关键路径上充分利用新型存储介质,构建中间缓冲层,用于吸收 TB/s 量级的瞬间浪涌输出,成为解决高性能计算机 I/O 性能瓶颈的有效技术手段。

对象存储层用于存放用户需长时间保存的数据,支持统一共享访问,是用户使用的主要存储空间。对象存储层主要目标是在全局并发共享的前提下,支持大容量和具有高可靠性。大容量主要体现在对象存储文件系统可支持扩展到数百 PB 至 EB 容量,高可靠主要体现在文件系统层支持多种冗余数据方式,防止数据丢失,同时支持在线故障接管和在线自动故障修复等高可用存储服务技术。

并行文件系统引入"软件定义"思路,即无须硬件实现 RAID 功能,由底层文件系统在单存储节点内部构成对象池,对象之间可采用数据冗余校验方式,实现多种可定义可灵活配置的数据容错方式,并支持自动故障接管、HDD 坏块数据在线自修复和在线故障管理。对象池在硬件上采用高可用 JBOD 架构,构成用于规模扩展的基础存储单元。顶层并行文件系统在基础存储单元的基础上,采用可扩展并行对象存储架构设计,分别从数据服务和元数据服务两个维度进行横向扩展,构成大容量、高可靠和高可扩展的共享文件系统空间。

在实现并行文件系统数据访问功能的基础上,针对元数据访问、小文件访问、数据安全、数据可靠性等方面,进行优化设计。

采用分布式元数据技术提高系统元数据访问能力。通过 MGS 管理功能,支持多个元数据服务器同时提供服务。通过属性设定,将不同的目录分布在不同的元数据服务上。用户根据实际数据访问需求,向不同的元数据服务器发出数据访问请求。在同一个元数据服务器上,元数据访问流程保持不变。此项功能依赖于实际系统配置。

在并行应用中,有相当部分数据访问是小文件访问。将小于某个阈值大小的文件保存在 MDT 上,多个 MDT 设备提供服务,可以减少小文件访问过程中对 OST 设备的访问,减少访问延迟。

(4)高速通信库。

高速通信库 TH-Express 为内核级模块和应用软件提供节点内和节点间的数据传输接口,同时也在高速互连网络上提供了对 TCP/IP 协议的支持,满足部分网络应用软件的需求。高速通信库将充分利用处理器的体系结构特性和节点间高速互连网络特性进行优化设计,以便实现高性能的数据传输。另外,还通过采用容错设计提高网络的可用性。

公共通信接口是业界标准化的通信接口,其目标是支持多种并行编程模型和数据处理框架的运行,提高并行软件的开发效率,延长软件代码的生命周期。公共通信接口将基于用户级通信技术实现,通过互连硬件资源虚端化技术,面向多核结构提供高性能、低开销的并发用户级通信支持,以及为多种并行编程模型提供统一的通信资源分配与调度管理。

高带宽低延迟的通信是数据传输的核心功能,为满足各种应用需求,在公共通信接口的实现中,将利用互连硬件特性,基于报文传输和 RDMA 数据传输机制,基于可扩展动态流控传输协议,实现短消息传输、零拷贝长传输、事件通知和聚合操作等多种通信接口操作。此外,为保障高速互连网络实现节点间的快速零拷贝数据传输,公共通信接口将设计与实现基于惰性淘汰策略的地址变换表管理接口。为保障上层软件的高效访问和计算与通信重叠执行,所有数据传输接口均支持非阻塞传输模式。为支持拓扑感知的网络通信,公共通信接口内部需感知每个节点在拓扑中的位置和路径关系,并针对网络的状态进行节点位置的动态管理,从而在聚合操作时,上层软件可以针对性地做出优化。

一些已有的应用软件或商用软件,出于提高可移植性,基于网络 TCP/IP 协议接口实现数据传输,因此为了提供更好的兼容性,高速通信库也实现了基于高速互连网络的 TCP/IP 协议支持。

高速通信接口在数据链路层实现了协议数据的传输优化,基于 RDMA 通信机制,实现了网络报文在高速互连网络上的发送和接收,由于高速互连硬件具有数据校验能力,因此可以卸载 TCP/IP 协议栈的一些处理开销,提高网络报文传输速率。为提高系统可扩展性,降低网络报文的存储开销,传输过程中引入了流控机制,但不会影响到数据传输带宽。通过对链路状态的监测和故障恢复,根据链路的物理状态控制消息的传输速率,进而实现网络链路的拥塞控制。

2.2.2　并行开发环境

并行开发环境由编译器 TH-CC、高性能数学库 TH-HPML、并行程序支撑库、程序性能及正确性管理工具 TH-DBG、TH-Prof 等部分组成,针对国家超级计算长沙中心体系结构进行多层次优化,提供标准、高效、丰富的语言和并行编程接口,为用户开发、调优和运行程序提供支撑。

(1)编译器。

编译器 TH-CC 支持标准 C、C++和 FORTRAN 语言,支持 FORTRAN 与 C/C++语言之间的互操作,支持 OpenMP API 4.5 标准、OpenCL 1.2 标准,提供标准的 Java 及 Pyhton 编程环境。通过针对飞腾-3000 宽向量结构的优化、OpenMP API 4.5 支持、面向众核结构的线程优化、OpenCL 统一编程环境以及自适应编译优化等方面提高程序的执行效率,发挥处理器和全系统性能。

①针对宽向量结构的优化。

飞腾-3000 处理器集成了宽 SIMD 功能单元,并支持基于断言寄存器的向量处理、同时访问多个零散数据的聚合读取/散射存取机制以及针对单一向量内部数据的多种归约操作。这些先进的 SIMD 特性为自动向量化提供了更多的机会。

自动向量化必须维护原串行程序的数据依赖关系。对于给定循环,编译器 TH-CC 通过分析距离向量及方向向量来确定数据在迭代内及迭代间的依赖关系,并以此选择可用的向量长度。如果数据间的依赖距离为正且小于所支持的向量长度,那么编译器 TH-CC 则会放弃向量化,这也要求距离向量及方向向量需要静态可知。然而,众核处理器支持基于断言执行的向量处理特性,针对循环中数据依赖距离在静态不可知的情况,编译器 TH-CC 依然可以生成向量化代码,并在程序运行时动态地确定循环开采粒度及向量长度。这使得编译器 TH-CC 能更大限度地挖掘程序中的数据并行,以进一步地提升向量化程序的性能。为了确保向量化收益,编译器 TH-CC 评估由动态监测数据依赖距离所产生的开销,并在该开销过大的情况下放弃向量化。

支持断言机制的向量处理同时也为处理控制流提供了便利。根据对分支条件的判断结果并利用断言向量,编译器 TH-CC 能够精确并高效地控制对向量内部的单位数据处理,以避免产生异常或错误。编译器 TH-CC 可结合传统的 if-conversion 变换,实现对循环内分支的向量化。

不规则且非连续存储地址的数据访问在一定程度上会影响向量化的有效性,众核处理器的聚合读取及散射存取机制为其高效的向量化实现提供了基础。编译器 TH-CC 可通过对存储访问模式的识别,有的放矢地对连续存储地址数据访问、规则步进非连续存储地址数据访问以及不规则且非连续存储地址数据访问展开向量化,并结合众核处理器提供的存储访问及数据重组指令,产生最高效的向量化代码。

除了面向循环的通用向量化方法外,根据代码段的特征,编译器 TH-CC 可在用户指导命令的协助下,实现针对特殊代码段的高效优化。例如,利用飞腾-3000 处理器所提供的归约操作支持,编译器对 max/min 及加乘归约进行有效向量化。

②OpenMP API 4.5 支持和面向众核结构的线程优化。

OpenMP API 4.5 接口新增了 SIMD 构件、depend 和 taskgroup 等 TASK 从句和构件,同时提供更丰富的归约支持和环境变量设置,以满足不同领域的并行程序和不同体系结构的需求。编译器利用 SIMD 构件,协同 PARALLEL FOR 等工作共享构件,充分发挥飞腾处理器的宽向量+众核两级并行能力;实现 depend、taskgroup 等 TASK 从句和构件,支持任务的迁移,通过近端计算(Near-Data Computing,NDC)提高数据局部性,高效支持递归函调用、图搜索等非规则计算程序;利用丰富环境变量支持,实现多种粒度的线程亲和调度。

针对众核结构,编译器 TH-CC 增强面向 NUMA 结构的局部性优化、针对组共享 Cache 的优化和同步优化,提高 OpenMP 程序运行性能。

面向 NUMA 的局部性优化。结合操作系统 first-touch 机制,编译器 TH-CC 感知数据的物理存放位置,进行循环划分时,分析循环处理的主要的数组分布拓扑,依据近端计算原则,进行任务划分。

针对组共享 Cache 的优化。通用众核采用组共享的 L2 Cache,编译器 TH-CC 分析数据的访问模式,保证访问具有空间局部性数据的线程尽可能调度到同一核组上。同时,利用 Cache 共享特性,通过一个线程预取操作,将调度到同一核组的其余线程所需数据提前加载到 Cache 中。

同步优化,包括障碍同步、临界区同步以及归约操作隐含的同步。集中障碍同步性能受限于线程对同步变量的原子访问效率,为提高访问性能,需要保证障碍同步时,线程处于绑定状态。OpenMP API 4.5 支持数组归约和用户定义的归约操作,传统的基于锁的归约,在线程数较大时,性能受限。编译器 TH-CC 借鉴 MPI 归约实现,采用基于多叉树的归约,提高性能。

③OpenCL 统一编程环境。

面向迈创-3000 设计并实现 OpenCL 异构并行编程模型,支持 OpenCL 1.2 标准,为用户提供标准化、性能高、可编程性好、可移植的编程接口。面向迈创-3000 的 OpenCL

编程模型实现包含核函数编译器和运行时系统实现两部分。其中,核函数编译器是将 OpenCL 核函数(Kernel)编译为 APU 上的二进制代码,而运行时系统则实现 OpenCL 规范定义的编程接口。

从程序员角度看,一个 OpenCL 程序包含宿主机端代码和加速器端代码(Kernel)两部分。在编译 Kernel 时,需要将 OpenCL C 代码编译为面向 APU 的二进制文件。Kernel 的编写遵循 OpenCL C 规范(基于 C99 标准),但它也引入了一些特定的扩展和限制,这些都为编程过程带来了额外的挑战。

面向迈创-3000 的核函数编译器分两步实现。第一步,OpenCL C 编译器先将 OpenCL Kernel 转换成带有循环的 work-group 函数(工作组函数)。根据 OpenCL 程序所定义的索引空间,经过转换生成的程序是单个工作组函数所要执行的任务。不同的工作组函数共享相同的代码,但通过索引空间访问不同的数据。第二步,OpenCL C 编译器将工作组函数编译成 APU 上的二进制表示。该步编译是基于飞腾-3000 迈创平台上既有的 GCC 串行编译器实现。

在迈创-3000 实现 OpenCL 运行时系统时,其工作核心是实现 OpenCL 的 API。OpenCL 的编程接口主要用于管理宿主机与加速器间交互,包括创建上下文环境、管理 APU 端的程序对象与编译、管理宿主机与加速器间缓冲区及数据搬移、启动 APU 端的目标程序等。传统的 OpenCL 运行时实现依赖于宿主机与加速器间通信驱动。飞腾-3000 迈创上的 OpenCL 运行时系统是构建在现有的异构驱动工具链 hThreads 之上。

根据上文所述的 OpenCL Kernel 编译过程可知,索引空间定义了众多并行执行的任务(即工作组函数)。在 APU 端启动目标程序后,OpenCL 运行时系统需以在线模式将这些任务分配给不同的 APU 核心。当在 APU 端启动目标程序时,OpenCL 运行时系统面临着一个关键任务:必须在线实时地将这些并行任务分配给不同的 APU 核心进行处理。这一过程涉及将 OpenCL 应用程序作为输入,然后通过 OpenCL 任务队列,将 Kernel 及其对应的 NDRange(N 维范围)提交到计算设备端执行。这一提交过程由运行时系统管理,确保各项任务能够有效地被调度并执行。在计算设备端,任务的分配基于工作组(work-group)的概念,即将任务以工作组为单位分派给可用的 APU 核心。由于 OpenCL 程序通常是以数据并行的方式执行,且其执行模式相对规则,因此通常采用静态的任务划分与调度策略,以减少运行时开销,提高执行效率。

存储管理是实现 OpenCL 运行时系统的重点。不同于传统的异构平台分离的存储模式,飞腾-3000 迈创上多核 CPU 与加速器核间通过共享存储实现通信,因此不需要实施显式的数据搬移。由于 APU 核心要求访问连续的物理存储空间,因此在划分存储空间时必须将一片连续的物理空间分配给多核 CPU 和 APU 核以实现通信。考虑到 APU 上在同一时段仅能运行一道程序,在启动程序时即分配一个足够大的缓冲区。该缓冲区在用户程序运行过程中由 OpenCL 运行时系统进行动态的二次管理:开辟或释放缓冲区。在 OpenCL 程序运行结束时,由运行时系统将该缓冲区一次性释放。

（2）并行程序支撑库。

并行支撑库为节点内同构、节点内异构、节点间同构、节点间异构等不同类型并行程序的运行提供基本支撑环境，以及动态负载平衡和通信隐藏等优化支持，包括 MPI 通信库、OpenMP 运行库和异构计算库。异构计算库包括 Lib 迈创库、异构多线程库（hThreads）、OpenCL 运行库等。

①可扩展 MPI 消息通信库。

面向大规模并行计算系统，MPI 实现系统遵循最新的 MPI 3.1 标准，提供可扩展、高性能、易用的消息传递编程服务。MPI 编程模型的实现系统在通信协议优化技术、混合并行编程模型支持技术、可扩展优化技术等方面展开研究与工程实现。

采用多核和众核处理器计算加速体系结构，节点之间采用高性能互连通信网络，系统中运行的并行应用，会采用多层次的并行计算操作，来充分利用体系结构特性，因此各个并行计算任务之间的数据传输可以有多种通信操作支持手段。MPI 消息通信利用系统内各种体系结构特性，实现计算任务间最优化数据传输。

MPI 通信库清晰定义处理器核之间的 Cache 共享特性和 NUMA 访存特性，优化基于共享内存通信的数据缓冲区的分布方式，降低数据传输过程中的访存延迟，提高 Cache 利用率。同时，通过无锁的数据结构设计和访问方式，实现基于处理器原子指令操作的低开销同步方法。基于操作系统内核的支持，通过对数据缓冲区页表的访问和操作，实现节点内大数据缓冲区之间的直接传输。

MPI 通信库基于高性能互连网络 RDMA 通信机制，实现通信协议的优化。为了降低延迟，提高内存利用效率，针对不同的数据长度采用不同的数据缓冲区组织方法和通信协议。对短消息的传输以降低延迟为目标，引入适当的中间数据缓冲区和拷贝操作，并通过数据拷贝和 RDMA 传输的流水操作来提高传输性能。对长消息的传输，则采用通过零拷贝 RDMA 通信操作，提高传输带宽，降低数据拷贝对通信延迟和处理器 Cache 利用率的影响，同时基于并行应用的数据重用模式，结合注册内存信息的缓存操作，提高应用数据缓冲区的管理效率。

MPI 通信库在高性能通信协议的实现中，通过三个方面提高通信与计算重叠能力。一是充分利用节点内多核和众核处理器特性，通过专门的异步通信线程和节点内共享内存方式，实现对多个计算任务通信过程的异步推进；二是基于互连网络特性，将点点通信和聚合通信操作中的一些消息 Tag 匹配或任务间按序数据传输过程，卸载到互连网络中由互连网络硬件自主执行，从而降低计算任务间不同步或节点内操作系统噪声对通信过程的干扰；三是研究更有效的多线程支持技术，在消息传递系统内部减少线程间同步开销，提高多线程并发操作下的消息速率。

混合并行编程模型是面向未来计算的并行应用开发的主要模式，通过不同的并行编程模型混合使用，可以充分匹配系统的体系结构特性，匹配应用中不同模块的计算特性来提高开发效率，以及降低并行应用的计算任务总数和资源需求。采用高效的公共通信接口实现技术，将系统中的节点内和节点间通信机制都封装于同一个公共通信接口中，为上层不同的编程模型提供统一的数据传输编程抽象接口。不同编程模型的通信相关资源使用和操作都在公共通信接口内统一分配和调度,并发操作中的一些竞争冲突也在公共通信接口内协同解决,提高运行效率和应用的可扩展性。

MPI 通信库支持数十万进程规模的并行应用的运行,既要保证计算任务间的通信效率,又不需要预先配置过多的内存和通信资源。MPI 通信库实现了稀疏数据存储策略、检索和修改策略,以及连接状态的动态管理机制,降低超大规模并行应用的通信状态存储需求。同时,MPI 通信库基于大规模并行应用通常表现出的近邻通信的模式,对不同的通信协议做出动态的选择和资源配置,以便既能保证通信密集的计算任务间通信的性能,又能明显降低计算任务内部的通信资源需求。

②OpenMP 运行库。

OpenMP 运行库在系统线程库的基础上为 OpenMP 并行程序的运行提供支撑,主要包括基本运行时函数接口的实现以及一系列面向线程管理和调度的优化。为提高 OpenMP 程序在飞腾众核处理器上的运行性能,针对飞腾处理器体系结构特点,OpenMP 运行库重点在动态调度和负载平衡、线程嵌套并行、多模式线程管理等方面进行优化。

OpenMP 程序的线程调度方式包括静态调度、动态调度和受指导的调度。其中静态调度根据循环迭代数、参与执行的线程数在编译时确定;动态调度在运行时动态地将迭代映射到线程上执行,有利于负载平衡;受指导的调度根据剩余迭代数决定本次调度执行的迭代,所需开销介于静态调度和动态调度之间。飞腾众核微处理器线程数较多,此时负载平衡优化对并行程序的性能影响显著,因此 OpenMP 运行库需要高效实现线程的动态调度策略,以达到较好的负载平衡的效果。

飞腾众核微处理器采用众核架构设计,满载情况下线程数较多(64 或以上),线程同步开销会对并行程序性能带来比较显著的影响,从而导致程序的可扩展性受限,因此 OpenMP 运行库需要高效支持线程的嵌套并行,使得每个并行区的规模都控制在一个较小的范围之内,降低全局同步带来的开销。

线程管理主要面向空闲线程和等待线程,控制线程等待和调度的模式。线程在空闲和等待时可以指定为睡眠(sleep)或旋锁(spin)两种状态。睡眠状态不占用系统资源,但重新唤醒时有一定的性能损失;旋锁状态占用系统资源,但重新唤醒执行任务时切换很快,几乎没有延迟。在飞腾众核微处理器上,OpenMP 运行库支持多种线程管理模式,包括睡眠模式、旋锁模式及混合模式,并根据线程数和当前可用核数动态选择管理模式,在开销和性能之间进行折中。

③异构计算库。

为了高效发挥超级计算机系统的性能,并行开发环境提供了三种异构编程接口及运行时支持,分别是 Lib 迈创库异构编程接口、异构多线程库(hThreads)和节点内 OpenCL 运行库,支撑面向迈创-3000 众核处理器的异构编程。

Lib 迈创库是基于驱动构建的、最接近于底层硬件的用户层接口。Lib 迈创作用于 CPU 端,基于操作系统和驱动构建,向用户提供管理和初始化 APU 设备、分配和释放内存、管理数据一致性、加载程序和参数、点火执行、状态查询、等待 APU 运行结束等控制 APU 行为的一系列功能。相对应地，APU 端程序以已预编译的程序文件的形式出现。APU 端程序可以通过四种方式实现，不同方式支持的可编程 APU 核数不同，包括直接使用 APU 汇编指令集编码、使用 C 和针对向量操作的 intrinsic 接口或 C 内嵌汇编代码，使用可操作 APU 硬件的原语操作集（如获得核号、同步、DMA 操作等），以及调用汇编实现的专家级核心数学库。

Lib 迈创库封装了底层驱动暴露的相关底层功能，主要实现面向 APU 的底层管理和控制以及 CPU 端进程使用 APU 相关支持，包括开关核、查询 APU 温度、查询 APU PC 值、读写 APU 寄存器、复位 APU、支撑和管理 CPU 端进程地址映射、CPU 虚地址-CPU 物理地址-APU 物理地址的地址转换支持、中断处理、APU 程序加载、内存保护、CPU 进程结束的相关状态清理等。

在底层管理和控制 APU 的相关支持基础上，实现了初始化 APU 设备、连续内存分配和释放、多对一内存映射、APU 程序加载和运行、APU 核状态查询等对飞腾-3000 迈创异构编程的支持。

异构多线程库（hThreads）是构建在 Lib 迈创库基础之上的一套轻量级异构多核编程接口，具有易编程、高效率的特点。hThreads 将每个 APU 核心执行体抽象为一个线程，将多个核心抽象为一个线程组，通过 CPU 端进行统一管理。hThreads 提供类似于 CUDA 与 OpenCL 的编程方式，为 CPU 端和 APU 端分别提供接口。CPU 端接口是基于 Lib 迈创的扩展，提供存储管理、线程组的创建与销毁、CPU 与 APU 间的同步等功能。APU 端接口提供管理 APU 核间并行与同步、简洁的 DMA 访问模式、使用片上存储、使用向量计算核组等功能。

hThreads 主机端运行时系统实现主要基于 Lib 迈创。在 Lib 迈创基础上增加了设备端缓冲区的管理、设备端部分共享资源的管理、线程组管理、对 APU 端发出的中断与异常的处理等。设备端缓冲区的管理主要包括：记录程序员申请的缓冲区信息，如读写属性、CPU 端虚拟地址、大小、所属线程组、是否已经从 CPU 端 cache 刷到 DDR 中；在调用 kernel 前后，根据缓冲区属性，自动地进行 flush 操作。设备端部分共享资源的管理主要是对 APU 上的同步单元进行分配与释放。线程组管理负责记录线程组信息，包括线程组使用的 APU 核、线程组 ID、线程数量、线程组运行状态；线程组的创建、执行、销毁等，并且维护线程组信息。对 APU 端的中断与异常处理主要包括在打开设备时，注册 APU 中断服务例程；APU 端的中断详细信息保存在约定地址中，具体信息包括线程组 ID、线程 ID、核 ID、中断类型、系统调用 ID、异常编号 ID 以及数据区；根据中断类型等分别进行处理。

hThreads 设备端运行时系统实现根据飞腾-3000 迈创芯片使用手册，编写设备端 API 实现。主要包括 APU 端初始化代码、kernel 函数启动代码、中断与异常处理系统，以及各 API 实现代码。初始化代码包括打开 AM 与 VPU 时钟、配置中断与异常相关寄存器、配置向量与标量栈寄存器、注册中断与异常服务例程、初始化 AM 与 SM 存储管理信息等。Kernel 函数启动代码从约定地址读取线程组信息，执行 kernel 函数，设置退出码并向 CPU 端发出中断。中断与异常处理系统主要是编写各种中断与异常的服务例程，包括填写中断详细信息、向 CPU 发中断等。

OpenCL 是一个通用的、开放的、面向异构并行系统的编程模型。OpenCL 支持对 CPU、GPU、FPGA 等多种不同类型处理器的并行编程。通过 OpenCL 编写的代码可以不加修改地移植到这些不同类型的处理器上运行,从而为程序员提供了一种高效的跨平台异构编程范式。OpenCL 平台模型包含主机端和设备端。主机端负责初始化设备、控制和管理设备端的并行、设备端的存储管理,以及数据在主机端内存和设备端内存之间的传输;设备端负责运行 kernel 函数。OpenCL 标准定义了一套运行于主机端和设备端的异构编程 API 和用于编写 kernel 函数的语言。飞腾-3000 迈创上的 OpenCL 接口支持 OpenCL 1.2 编程规范,基于 Lib 迈创和 hThreads 实现 OpenCL 异构编程 API,并基于飞腾-3000 迈创 MCC 编译器和 LLVM 编译器实现 OpenCL kernel 函数编译器。

④高性能数学库。

系统针对飞腾-3000 和迈创-3000 提供定制深度优化的数学库 TH-HPML,面向多领域应用,帮助用户程序发挥处理器性能。所定制的数学库主要分为 4 大部分,即基础数学函数库 libm、基础线性代数子程序库 BLAS、稀疏线性代数库 SparseBLAS、快速傅里叶变换算法库 FFT。数学库在满足标准接口的前提下,同时面向应用需求,增加了若干特殊功能实现。优化的手段集中在针对体系结构优化数据结构、数据组织和数据访存等。

面向传统的科学计算的稠密线性代数 BLAS 库(DLA-BLAS)主要针对大规模稠密矩阵运算优化,研究新型的稠密矩阵存储格式和运算方式,提高在飞腾-3000 和迈创-3000 众核处理器平台上的数据空间局部性,进而提高矩阵数值算法效率。与此同时,飞腾-3000 和迈创-3000 处理器由于核众多,因此构建的超级计算机的节点数也非常巨大。采用传统的 BLAS 库,由于浮点计算舍入误差的存在和其所带来的浮点运算不满足结合律的特性,因此在计算资源不同时,会导致对于相同输入的数据每次计算得到不同的数值计算结果。DLA-BLAS 库新增了可复现功能,即可复现的 BLAS 库(Repro-BLAS),使得无论什么硬件计算资源、这些资源如何调度、输入数据如何组织,都能够给出一致的数值结果。拟根据伯克利大学开发的可复现 BLAS 库软件,基于飞腾-3000 和迈创-3000 处理器的复杂 Cache 和存储结构,设计汇编内核,并优化多线程实现。重点研究 Accumulator 的设计和优化,考虑到可复现算法利用的整数运算顺序的可交换特性,尝试引入整数计算部件辅助运算,提高效率。

系统提供飞腾-3000 和迈创-3000 上专用高效 FFT 算法库,分别从 FFT 核的生成优化和多核 FFT 的分解并行。FFT 库实现 FFT 核优化与自动生成问题,采用一个独立的经过充分优化的函数实现的中小规模的一维 FFT,分别从生成阶段、化简阶段、指令调度与寄存器优化阶段和解析阶段四个部分展开优化。为了实现 FFT 核内相邻数据的并行计算,系统采用了多 FTT 核的设计,通过模块化的方式实现高效并行方案。将高维大尺寸 FFT 分解为可直接执行的 FFT 核,采用包括降维、减少循环层数以及降低一维变换长度等方法。

libm 库主要是面向飞腾-3000 和迈创-3000 处理器研究设计的基础函数库,包括一些超越函数:指数函数、对数函数、三角函数、双曲线函数及其逆函数和其他特殊函数,如幂函数、伽玛(gamma)函数、埃里(airy)函数、误差(erf)函数等。函数实现过程中,将数学函数的取值利用函数特性,如周期特性等,转化为典型取值范围内的值;并利用多项式逼近数学函数,在经典 Taylor 多项式逼近上针对部分函数采用 Chebyshev 多项式逼近,利用其正交特性,在保证计算精度的同时要求更少的计算量。

SparseBLAS 针对飞腾多核处理器的稀疏矩阵运算库实现,丰富了稀疏类问题的应用场景。SparseBLAS 包含 72 个重要函数,使其能够满足主流需求,其中索引精度为 int32,数据精度为 float 和 double 浮点数,矩阵存储格式为 COO、CSR、CSC,矩阵使用方式为非转置。SparseBLAS 具备性能可扩展性,针对飞腾众核处理器体系结构特性,通过实现基于 OpenMP 编程模型的稀疏矩阵-向量乘(SpMV)、稀疏矩阵-矩阵乘(SpGEMM)和稀疏三角解(SpTRSV)等三个 kernel 的并行算法,以及 intrinsic 向量化来获得加速比。同时,SparseBLAS 设计实现了采样稠密矩阵-矩阵乘(SDDMM)kernel,并在典型稀疏矩阵上验证 kernel 的正确性。Sparse BLAS 的应用场景包括不完整 LU 分解预条件子双共轭梯度迭代法和代数多重网格预条件子迭代法。

⑤并行调试器 TH-DBG。

并行调试器 TH-DBG 支持断点调试、并行程序执行现场分析。断点调试器实现断点控制机制,提供断点设置、步进或单步等程序执行控制手段,以及寄存器、内存查看等程序状态检查方法,支持用户快速定位 C/C++、FORTRAN 串行程序故障。基于串行断点调试器,结合灵活高效的调试管理,提供并行断点调试器,基于逻辑进程组实现并行调试控制,支持 MPI 并行程序断点调试。

并行程序执行现场分析工具在大规模并行程序的某个任务出现错误(硬件或系统软件故障,或程序本身存在错误)时,自动采集任务进程的执行栈现场,并基于并行程序的 SPMD 特点进行聚合处理,基于调用图前缀树形成进程等价类,可显著减少需要进行断点调试的目标进程数,有效减少问题的搜索空间,辅助用户快速确定错误发生位置,提高应用程序调试效率。

⑥性能分析工具 TH-Prof。

性能分析工具 TH-Prof 支持并行应用程序性能数据的采集、分析与可视化,辅助用户高效优化程序性能。同时提供系统功耗数据的获取、分析手段,支持应用程序的功耗优化,实现性能与功耗之间的平衡优化。结合系统行为监控,实现程序特征与系统行为之间的映射,从系统行为角度分析程序性能特征。

为系统提供完整的性能分析框架,支持性能数据采集、分析与可视化。性能分析工具能够完整支持代码插桩、监控运行与性能数据分析过程,支持 C、C++、FORTRAN 等多种程序设计语言,支持 MPI、OpenMP 等并行程序编程模型。基于处理器性能监控单元(PMU)实现低开销的程序性能监控,通过利用 PMU 来统计程序执行过程中处理器内部流水线、系统总线、Cache、FPU 等部件的行为信息。提供基于程序剖析和事件跟踪的性能分析方法,支持应用程序 MPI 消息通信、I/O 操作、存储器访问及用户定义函数的性能分析。

性能分析工具 TH-Prof 通过设计开放式接口允许用户定义自己的性能评价体系和模型。在性能评价体系和模型基础上,自动进行综合性能分析,揭示性能瓶颈,将分析结果和相关的关键数据以性能分析报告的形式提交给用户。用户可以根据性能分析报告有针对性地优化程序,提高程序性能。

性能分析工具 TH-Prof 提供灵活丰富的程序性能监控 API 与运行库,允许用户根据需要在应用程序中灵活插入性能监控代码,从而实现透明的程序性能监控,增强程序优化功能。性能监控运行库 API 功能丰富,主要包括运行库初始化、PMU 事件选择、程序剖析启动与停止、事件跟踪控制、选择性程序剖析控制等,满足程序性能监控需求。

性能分析工具 TH-Prof 提供与监控系统的接口,获取程序运行过程中的系统行为特征,实现程序特征与系统行为之间的关联,支持从系统相关子系统(互连网络、存储系统等)的行为特征出发解释、分析应用程序的性能特征。

2.2.3 应用支撑环境

应用支撑环境由稠密线性代数并行算法库 YH-SOLVER、稀疏线性系统并行算法库 YH-PARANUT、并行软件容错计算运行时支撑库 YH-RUNTIME、人工智能并行算法库 YH-Torch 和大数据并行计算框架 YH-BDANALY 等部分组成,提供标准、高效的并行编程接口,为用户科学与工程计算提供高效可扩展并行算法库。应用支撑环境系统如图 2.9 所示。

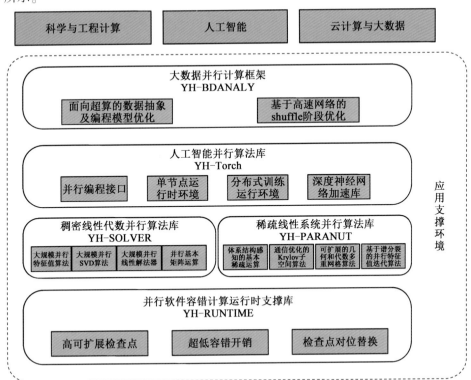

图 2.9 应用支撑环境系统

(1)稠密线性代数并行算法库 YH-SOLVER。

稠密线性代数并行算法库 YH-SOLVER 提供基本的稠密矩阵运算(包括矩阵乘法、

秩-k 更新、三角方程求解等），可计算范数、线性方程组、最小二乘问题、特征值和奇异值问题。对标国际标准算法库 ScaLAPACK 和 SLATE，YH-SOLVER 旨在挖掘系统的全部性能潜力和最大可扩展性，它底层依赖于针对飞腾-3000 和迈创-3000 深度优化的数学库 TH-HPML，同时结合系统的高速互连网络的拓扑结构，基于 MPI 和 OpenMP 等国际标准编程实现，以提高算法库的可移植性。

分而治之（Divide-and-Conquer, DC）算法是求解（稠密）矩阵特征值和奇异值问题最常用的直接算法之一。YH-SOLVER 提供带状矩阵特征值分解的分布式并行 DC 算法，并用最新的秩结构矩阵算法进行加速，并提高高效的秩结构矩阵（HSS 和 H 矩阵等）的构造和矩阵乘法。将（稠密）矩阵约化为带状矩阵的通信优化的两步约化算法，并根据飞腾-3000 和迈创-3000 处理器的体系架构深度优化其核心的计算函数，如从三对角矩阵回代得到带状矩阵特征向量的计算核。面向电子结构计算（第一性原理）应用中的系列特征值问题，YH-SOLVER 提供混合特征值算法，通过融合 DC 直接算法和谱分裂迭代算法，利用问题的结构，其性能可优于当前已知最好的算法，包括 ScaLAPACK 和 ELPA 等。

利用高度可扩展的极分解算法（Zolotarev-PD），YH-SOLVER 实现了多级并行化，从而充分发挥了大型计算机系统中众多计算节点的潜力。通过在 YH-SOLVER 中采用特征值算法或调用 ELPA 算法库，能够高效地实现大规模矩阵的 SVD 算法。相比于 ScaLA-PACK 库提供的 SVD 算法，YH-SOLVER 在性能上展现了显著的优势。此外，YH-SOLVER 采用基于任务并行的编程模式实施 Zolo-SVD 算法，进一步增强了直接 SVD 算法的扩展性。YH-SOLVER 还提供了基于 QDWH 算法的矩阵极分解算法、随机 SVD 算法及随机低秩逼近算法等多种计算 SVD 相关的高效算法。

实数/复数大规模线性方程组求解是科学计算中的重要问题。基于 3M 复数矩阵乘算法，YH-SOLVER 提供了面向飞腾-3000 和迈创-3000 处理器平台的复数线性方程组解法器，可深度挖掘系统的峰值性能。YH-SOLVER 实现了通信优化的 LU 分解算法（Communication-Avoiding LU, CALU），同时采用数据预取、通信与计算重叠、Panel 分解优化、Schur 补更新优化等 HPL 优化技术，提升解法器的通信效率，隐藏通信开销，提高解法器的可扩展性。

并行矩阵乘法是最常用的稠密矩阵运算。针对 Toeplitz、Cauchy 等结构矩阵，YH-SOLVER 利用矩阵生成元来降低通信，实现了 PSMMA 算法，其性能优于 PBLAS 中的 PDGEMM 函数。同时，YH-SOLVER 实现了 2.5D SUMMA 算法、2.5D PUMMA 算法、COS-MA 等通信优化的分布式矩阵乘法，底层调用针对飞腾-3000 和迈创-3000 处理器深度优化的 TH-BLAS 库，从而获得高性能。Ballard、Demmel 等提出了计算高矩阵的通信优化的 QR 算法（TSQR），具有更高的通信效率。基于 WY 表示，后来 Ballard 等指出 TSQR 可比 Householder-QR 快，并在巨型机上进行了测试。YH-SOLVER 也实现了类似的 TSQR 算法。

（2）并行稀疏线性系统算法库 YH-PARANUT。

并行稀疏线性系统算法库 YH-PARANUT 是面向计算流体力学 CFD、结构力学分析 SAS、电磁场计算等领域中稀疏问题的求解，提供高效的 Krylov 子空间迭代法、几何和代数多重网格预处理、区域分解预处理等稀疏迭代算法，并支持多波前和超节点 LU 分解等直接法,也可调用 MUMP、SuperLU 等开源算法库。对标国际标准算法库 PETSc,底层调用针对飞腾-3000 和迈创-3000 深度优化的稀疏 BLAS 算法库,从而充分发挥处理器性能。YH-PARANUT 同时可用于求解特征值问题,提供类似于基于 PETSc 的 SLEPc 特征值计算功能。

根据飞腾-3000 和迈创-3000 处理器的体系结构,利用多核、长向量、存储的多级存储结构,充分利用 CPU 的多级 Cache、加速器/协处理器的片上多级存储架构,提高数据的局部性和充分发挥 SIMD 向量部件的性能。对于 SpMV 计算,大量的研究表明 SELL 类的数据结构适用于多核长向量的处理器。因此,YH-PARANUT 采用了 SELL 类的存储格式及新型的存储格式,例如 CSR(r)、BCSR 等。对于稀疏矩阵-稀疏矩阵乘法 SpGEMM 运算,存在 4 种不同的算法,即行向计算、列向计算、内积形式和外积形式。不同的算法适用于不同的存储格式,因此需研制各种格式各种算法的 SpGEMM 实现 YH-PARANUT 感知体系结构并选取适当的优化。

Krylov 子空间的核心函数是(分布式)稀疏矩阵乘法。提高数据局部性和降低通信开销对于提升分布式 SpMV(PSpMV)的性能非常重要。矩阵重排序是提升数据局部性的重要方法。对于稀疏矩阵,先用矩阵重排序算法进行预处理,提升数据的局部性。Carson、Demmel 等曾提出通信优化的 Krylov 子空间算法,如 CA-BiCGStabl、CA-GMRES 等,该类算法已经被融合在 YH-PARANUT 中。

当前飞腾-3000 和迈创-3000 处理器都是众核处理器,节点内可能同时运行多个进程。同时,P 或 E 级计算机往往具有十几万个计算节点。在进行全系统测试时,将出现数十万到上百万进程规模,对高速互连网络的通信开销造成巨大压力,导致网络堵塞风险的提升。因此,节点感知和网络拓扑感知的通信算法对于降低网络堵塞和通信开销非常重要。YH-PARANUT 采用节点感知的 SpMV 算法,共分为三个阶段。第一阶段,同一节点内的各进程首先将它们需要发送的数据集中发送给一个指定的进程(可将其称为“班长”进程);第二阶段,各节点的“班长”进程负责将打包好的数据发送给其他节点的班长进程;第三阶段,接收到数据包的班长进程将进行解包操作,然后将解包后的数据分发给同一节点内的其他进程。

多重网格是求解稀疏线性系统或预处理的重要算法。多重网格由三个主要算子构成:光滑算子(Smooth)、限制算子(Restriction)和插值算子(Prolongation)。光滑算子通常采用 SymGS,YH-PARANUT 采用多种着色算法来提高可并行性,如采用两级着色算法、点多色排序、块多色排序及融合算子来提升数据的访存密度。对于代数多重网格,从细网格矩阵得到粗网格矩阵可通过三个稀疏矩阵的乘积得到,$B = R \times A \times P$,其中 R 为限制矩阵,P 为插值矩阵,A 为细网格上的矩阵。Ballard 等在 SISC 论文中指出 $A \times P$ 的计算适于采用行向 SpGEMM 算法,然而 $R \times (A \times P)$ 的计算适于采用外积形式 SpGEMM 算法。他们发现在不同阶段采用不同的计算模式,并在 Trilinos 的多重网格算法库 MueLu 中进行了数值实验,数值结果表明 SpGEMM 的加速比可达 3.7~4.7。YH-PARANUT 采用类似策略来实现网格的粗化。

在第一性原理计算时,有时需计算数十万到百万阶稀疏矩阵的大量特征对。通常特征值迭代算法往往存在收敛速度慢和可扩展性差等问题。YH-PARANUT 实现了"多层并行"的 FEAST 类算法,以及基于多项式/有理多项式的滤波算法,融合了多种求解位移线性方程组的迭代算法,$(A-\sigma_i B)x=b, i=1,\cdots,s$,其中 A、B 为稀疏矩阵。YH-PARANUT 实现了混合精度计算,在迭代的初期采用单精度进行计算,然后在即将收敛时,采用双精度进行计算。

(3)并行软件容错计算运行时支撑库 YH-RUNTIME。

并行软件容错计算运行时支撑库 YH-RUNTIME 为上层不同类型并行程序的运行提供运行时容错计算支撑环境,以及高可扩展检查点、超低容错开销和检查点对位替换等优化技术。

系统采用检查点技术实现容错功能,也就是系统容错模块周期地完成程序中间运行状态的保存。程序中间运行状态的保存可以采用操作系统内核模块实现,也可以应用程序自己保存数据。当前并行计算机都提供作业管理系统,用于完成由管理节点到计算节点上作业的提交和管理。作业一般是由计算节点上协作运行的多个计算任务组成,作业管理系统通过管理网络将计算任务提交给计算节点运行,并负责管理计算任务。每个计算节点运行多个计算任务,一个计算任务至少包括一个计算线程,计算线程完成计算功能。多个计算节点的计算任务通过通信库利用高速计算网络通信完成作业运行,通信库为每个节点上的计算任务分配了逻辑编号。所有的计算任务通过全局文件系统接口和存储网络完成到磁盘 I/O 系统的数据读写。

传统的检查点容错技术的基本过程如下:检查点发起后计算任务进入等待状态,达到全局一致的状态后,将整个应用执行的中间运行状态保存到磁盘 I/O 系统,然后计算任务继续运行;当出现系统故障时,作业退出,通过读取保存在磁盘 I/O 系统的中间运行状态,从最近的中间运行状态恢复程序运行。根据存储速度分析可知,磁盘 I/O 系统的性能是系统的瓶颈,单次检查点保存可能花费几十分钟的时间,程序运行期间要多次执行检查点文件写操作,在这期间程序无法完成有效计算。

异步检查点容错技术的主要区别是在每一个计算节点使用了内存文件系统接口,另外增加了一个帮助任务。内存文件系统的存储介质位于计算节点的局部内存上,用户接口采用文件系统的方式。在高性能计算领域,Linux 操作系统因其对多种类型的内存文件系统的支持而被广泛采用。特别是天河超级计算机采用了 tmpfs 类型的内存文件系统,该系统自 Linux 内核版本 2.4 起便得到了支持。tmpfs 文件系统不需要格式化,大小随所需要空间的变化而增加或减少。通过引入内存文件系统接口,基于内存缓存的容错方法将检查点数据首先缓存在计算节点的局部内存,然后继续计算任务;保存在内存的检查点数据通过独立启动的一个帮助任务完成从内存文件系统到并行文件系统的拷贝操作。

因为采用每个节点内存文件系统先行保存检查点,使得整个容错运行时支撑库具有高可扩展性,存储空间随着节点数的增加而增加,假如 1 个节点的 I/O 带宽是 1 GB/s,那么 1 024 个节点的 I/O 带宽则有 1 024 GB/s,整体带宽随着任务节点数线性增长,极大地缓解传统文件系统检查点带宽瓶颈的问题。

图 2.10(a) 是传统的检查点方式,每个节点运行 4 个任务,计算任务计算(COM)一段时间,多个计算任务协调进行检查点文件数据的保存(C/R),文件数据被保存到并行文件系统,用于在出错情况下恢复运行。随着计算任务数目的增加,I/O 数据量增大,检查点开销会明显增加。图 2.10(b) 是基于内存文件系统的检查点方法,每个节点除了 4 个计算任务外,增加了 1 个帮助任务,计算任务仍然每隔一段时间保存一次检查点文件数据,但是检查点保存的位置将是计算节点局部的内存文件系统(C/R1),在局部保存后程序继续运行。因为内存为易失性介质,节点故障后检查点数据会丢失,因此检查点数据仍然要保存到可靠介质上,也就是并行文件系统上。由内存文件系统到并行文件系统的拷贝将由帮助任务完成。帮助任务平常处于睡眠/查询的状态(INQ),当发现存在需要保存的检查点数据后,启动由内存文件系统到并行文件系统的检查点数据拷贝(C/R2),帮助任务和计算任务的运行是并行运行的。因为内存文件系统的数据写速度比并行文件系统的数据写速度要高几个量级,并且内存文件系统的数据操作是计算节点的局部操作,其聚合带宽随系统规模线性扩展,因此,到内存文件系统的数据写带宽是线性扩展的,完全可以扩展到百万至千万个处理器核。并行文件系统的带宽很难扩展,越来越成为系统的瓶颈,内存文件系统到并行文件系统的数据拷贝性能受到很大的影响。

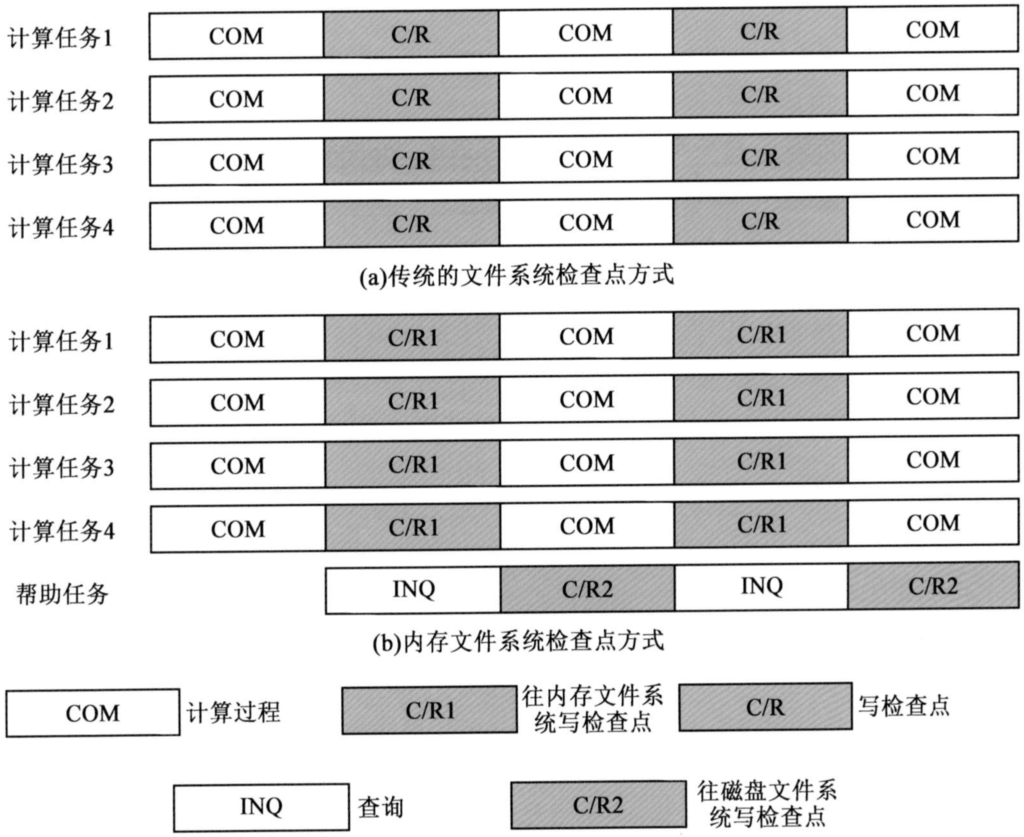

图 2.10　两种检查点开销对比

当出现计算节点故障后需要从最近的检查点恢复程序运行,因为每次恢复运行只需要读取一次检查点,恢复运行过程不会成为运行过程中的瓶颈,所以检查点恢复过程与传统检查点恢复过程相同。

内存缓存的异步检查点容错技术主要开销是内存开销。如果采用系统级检查点技术,检查点文件大小和任务运行映像大小基本相等,使用内存缓存方式至少增加一倍的物理存储空间。应用级检查点大小一般要远小于任务运行映像的大小,因此内存开销要小很多。

帮助任务引入了部分计算开销。在整个程序运行期间,帮助任务处于两种状态:查询状态和检查点拷贝状态。查询状态下帮助任务查询是否有检查点文件要由内存文件系统拷贝到并行文件系统,如果不存在就进入睡眠状态等待,然后继续查询。进入检查点拷贝状态后,帮助任务使用文件块操作将数据转移。两种状态下对处理器核资源占用都不大,帮助任务可以和计算任务共享计算资源,这是因为当前大规模系统计算核资源丰富,也可以为帮助任务单独分配处理器核,减少帮助任务对计算任务的影响。

如果存储和计算共享同一套网络,I/O 通信操作和计算通信操作可能相互影响,因为帮助任务的检查点拷贝并不需要很高的性能,可以采用一些措施控制检查点拷贝对计算造成的影响:一种方法是控制检查点拷贝使用的通信带宽,设置单位时间间隔内最大拷贝的数据量;另一种方法是控制检查点拷贝占用的时间比率,设置单位时间间隔内拷贝操作最大占用的时间;还可以控制并发拷贝操作的帮助任务总数,设置同时进行拷贝操作的最大帮助任务数目,减少对并行文件系统和网络的压力。因为帮助任务的工作不在计算的关键路径上,可以灵活设计各种优化策略。

(4)人工智能并行算法库 YH-Torch。

人工智能并行算法库 YH-Torch 提供深度学习编程接口和运行环境,支持深度学习模型的构建、训练和验证,提供深度神经网络的构建、常用数据预处理、深度神经网络训练优化算法、分布式智能计算等功能。YH-Torch 主要包括人工智能并行编程接口、智能计算单节点运行时环境、分布式训练运行环境和深度神经网络加速库等 4 个部分,如图2.11 所示。

人工智能并行编程接口采用 Python 高级语言,为用户提供卷积神经网络、循环神经网络等深度学习模型构建、数据集预处理、智能计算过程定义等功能接口,支撑用户在系统中开发深度学习训练、验证和推理等智能计算应用。Python 开发框架兼容 PyTorch 等主流基础开发框架,同时为大规模智能计算应用提供统一、简洁的分布式编程接口。

智能计算单节点运行时环境主要实现深度学习网络的计算图构造和优化、前向执行、后向传播,需要兼容系统智能计算支撑环境相关软件栈,同时,适配系统处理单元和计算集群的体系结构特点,充分发挥硬件计算系统的性能。此外,单节点运行环境需要解决自主体系结构下的神经网络张量内存管理,支持高效的前向、后向神经网络计算。

分布式训练运行环境为大规模智能计算应用提供高效的分布式运行支撑环境,实现和封装分布式数据分配和访问机制,支持数据并行等常见的分布式并行计算模式,提供分布式参数通信拓扑架构,实现高效可扩展的参数通信,提供分布式训练超参数动态调节算法,支持神经网络优化算法在大规模并行条件下的模型收敛性。

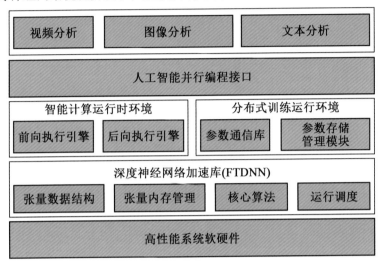

图 2.11　YH-Torch 系统结构图

深度神经网络加速库主要为加速在飞腾-3000 等自主处理器上运行的深度学习框架提供高性能基础算子,支持 Alexnet、VGG、Resnet 等常见深度学习网络的计算。深度神经网络加速库主要由张量数据结构、张量内存管理、核心算子库、运行调度库等部分构成,支持深度神经网络在自主平台上的高效前向、后向执行。

(5)大数据并行计算框架 YH-BDANALY。

基于 MapReduce 这一基础的编程模型,目前在工业界使用最为广泛的大数据处理框架如 Hadoop 和 YH-BDANALY 等都是借鉴了 MapReduce 的思想,在自主高性能计算环境下加以实现。

YH-BDANALY 为了解决 MapReduce 模型所存在的问题,通过优化的内存数据结构抽象 MDS 来处理数据。MDS 内的数据不可直接访问,而是需要对 MDS 执行特定的操作来生成新的 MDS。每个 MDS 可通过血缘关系(Lineage)回溯至父级 MDS,并最终回溯至磁盘上的数据,以此实现轻量级容错。围绕 MDS 这个数据抽象,YH-BDANALY 提出了基于有向无环图(Directed Acyclic Graph),即 DAG 的编程模型。YH-BDANALY 用户可以根据框架提供丰富的 action 和 transformation 接口来实现更为复杂的负载工作流,而不仅仅是简单使用 map 和 reduce。如图 2.12 所示,YH-BDANALY 则自动地创建由所需执行的全部操作、需要操作的数据,以及操作和数据之间关系的 DAG 图,提前对整个任务集进行分析,对任务进行更智能的协调。最终通过延迟加载(lazy-loading)操作的方式执行任务,实现了更完善的整体式优化。

YH-BDANALY 从硬件层面利用高速互连网络技术,在网络层面重点改善了 shuffle 阶段所存在的一系列问题,并在高性能集群中成功支持了 shuffle 阶段的数据交换性能优化。YH-BDANALY 充分利用了超算的特性,使用高性能的内存文件系统设备作为中间数据的存储介质,使得所有操作都能在内存上进行,并且能够在断电情况下依然保持框架容错的能力。YH-BDANALY 设计的调度器会把 shuffle 的中间数据保存到内存文件系统中以供接下来的阶段使用,通过优化内存文件系统,实现了非阻塞的 send/receive,同时设立一系列的监控器,实现了动态网络拥塞控制。

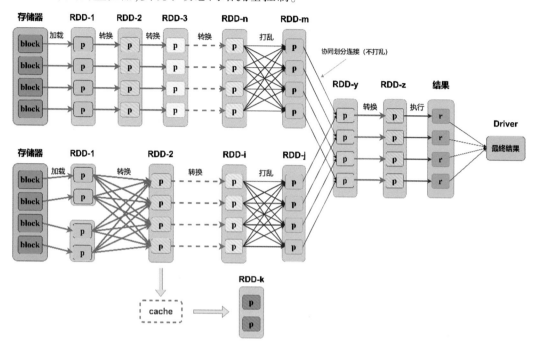

图 2.12　YH-BDANALY 中基本数据处理流程示意图

2.3　应用软件

长期以来,国防科技大学在研制天河系列超级计算机系统的同时,组建了由计算机、软件工程、力学、计算数学、人工智能等多学科交叉研究人员构成的超算应用软件研发团队,紧密依托天河超算系统,自主研发了配套的科学与工程计算平台 YH-Canglong,包括水动力学应用软件 YH-ACT、前处理工具箱 YH-Grid 和后处理工具箱 YH-View 等,构建了基于天河超算系统的 AI for Science 应用生态,在国际上首次研制了 PDE 求解的前处理、解法器和后处理全流程 AI 求解框架,开源多个网格样本数据集用于智能计算,有力支撑了核爆模拟、航空航天流体模拟、气象与水文环境研究、大规模军事信息处理、强激光武器毁伤效应研究、大规模电磁场模拟等关键行业应用开发。

2.3.1　多物理耦合仿真环境 YH-MultiP

多物理耦合仿真环境 YH-MultiP 具备集成国产流体力学求解器 YH-ACT、主流开源OpenFOAM、Calculix 等求解器实现分离耦合仿真计算能力,支持前处理、求解、后处理全流程工作流构建,可有效支撑反应堆热工水力模拟、飞行器气动热耦合模拟等典型多物理耦合问题求解。典型问题多物理耦合数据交换时间开销低于整体计算时间的 1%。

2.3.2　网格生成软件 YH-Grid

网格生成软件 YH-Grid 具有多块结构网格、非结构及附面层网格生成功能;支持几何和网格的分组可视化,支持多视角切换和旋转缩放等功能;支持网格材料属性分组设置,支持快捷全面的交互式参数设置,支持网格质量可视化检查显示;支持常规几何模型导入和创建,支持几何模型检查和修复功能;支持三角形、四边形、四面体、六面体等不同单元类型的非结构网格生成和多块结构网格生成;支持通用网格格式导出。应用于航空航天、水面船舶、水下装备水动力学分析、反应堆热工水力等。

2.3.3　可视化软件 YH-View

可视化软件 YH-View 可用于流体、结构、电磁以及生物医药等行业应用,并行规模可支持 10 240 核以上,支持国产 FT、MT 等处理器架构,包括大规模流场可视化、特征值问题、稀疏线性方程组纹理可视化以及涡等特征流体特征可视化。

2.3.4　电磁场软件 YH-Max

电磁场软件 YH-Max 包括地球物理频率域可控源电磁积分方程正演模块和计算电磁金属介质 RCS 计算模块;支持频点间并行、阻抗矩阵并行填充及方程组并行求解,并行计算支持 1 024 核以上规模。YH-MAX 软件兼容性强,可同时适配 x86 架构和国产异构,支持飞腾处理器和迈创-3000 加速器。

2.3.5　结构力学软件 YH-SAS

结构力学软件 YH-SAS 兼容国产超算系统,具备结构静力变形与应力分布仿真能力;基于有限单元法的并行数值求解,支持结构刚度矩阵的并行组装;兼容 PETSc 等第三方解法器;支持 1 024 核及以上的大规模并行计算。此外该软件支持飞腾处理器和迈创-3000 加速器。

2.3.6　水动力学软件 YH-ACT

水动力学软件 YH-ACT 可以模拟典型应用场景中的流动-传热问题,关键参数的计算结果与主流商业软件计算误差在 10%以内;并行规模可支持 1 024 核以上,支持飞腾处理器或迈创-3000 加速器。该软件支持 6 种以上 RANS 湍流模型;支持 6 种以上高精度数值离散格式;支持基于压力的压力-速度耦合算法;支持大涡模拟(Large Eddy Simulation,LES);支持预定义材料物性表及其自定义扩展。

2.3.7　空气动力学软件 YH-Aero

空气动力学软件 YH-Aero 可以模拟典型应用场景中的气动力学问题,关键参数的计算结果与主流商业软件计算误差在10%以内;并行规模可支持1 024核以上,支持飞腾处理器或迈创-3000加速器。该软件支持高可压缩流体数值模拟、多相流模拟等,可准确预测激波等高超音速问题,支持全耦合求解算法及主流湍流计算模型,包含完整的图形用户界面、具备通用的复杂三维模型仿真能力。

2.3.8　药物筛选软件 YH-IDVS

药物筛选软件 YH-IDVS 软件目前主要包括三部分,分别是化合物性质预测、智能化合物筛选和生物机理可视化。对于给定的药物分子,该软件能够快速预测若干重要性质。同时,给定药物或靶点,该软件能够预测相关联的相互作用关系。YH-IDVS 软件预测过程基于自研模型,预测性能线性可扩展,支持飞腾微处理器。YH-IDVS 软件支持给定靶标情况下的潜在药物快速智能筛选,具备药物-基因、药物-药物、药物-疾病等相互作用关系预测能力,具备生物机理解释能力。

2.3.9　粒子输运模拟软件 YH-Particle

粒子输运模拟软件 YH-Particle 求解反应堆的有效增殖因子问题和次临界倍增因子问题。YH-Particle 软件含有常用加速算法 CMR 和 CMFD,保证了仿真的计算效率和计算稳定性。该软件基于 KBA 并行算法实现了多种并行方式,包括 MPI 并行、MPI-OpenMP 并行和 CPU-迈创异构并行等,具有大规模并行能力和高可扩展性能。在天河二号升级系统上对其进行测试,大规模扩展达到101万核,对比17万核并行效率达到52%。该软件支持传统的卡片式输入方式,也支持构造几何体的建模方式,并且提供 Python API。

第 3 章 粒子输运离散纵标法

粒子输运方程也常称为玻尔兹曼传输方程,用数学方式来描述在一定介质中粒子的质量、电量、动量以及能量的守恒关系[70]。粒子输运方程的数组求解在许多不同物理与工程领域发挥着重要作用,比如天体物理学、稀薄气体动力学、电磁辐射、等离子体物理、反应堆物理以及辐射屏蔽和保护[71-74]。随着技术与应用的发展,对粒子输运方程的高精度模拟需求也不断增加。例如,在核反应堆设计领域,进行核反应堆的高精度模拟,不仅可以提高核反应堆的功率和燃烧率,减少核废料,延长核反应堆的寿命,以降低核反应堆的建设与运营成本,还可以实现对核反应堆的系统性能的高精度预测,提高核反应堆的安全性[75],因而在核电快速发展以及核完全性异常重要的今天,实现对粒子输运方程的高精度求解显得尤为迫切[76]。

由于粒子输运方程的求解与空间坐标、运动方向、能量以及时间均相关,因而其高精度求解非常耗时[77]。多年来,粒子输运问题的模拟开销在多物理场模拟的总开销中一直占据着统治地位[78]。采用当前的离散模拟算法,对所有坐标进行完全离散形成的输运求解器,其每一步求解将需要 $10^{17} \sim 10^{21}$ 个自由度[79],甚至超出了 E 级计算的规模。

在本章中,将采用天河二号超级计算机使用的 Intel MIC 协处理中并行硬件资源来提升粒子输运离散纵标程序 Sweep3D 的计算效率,而不改变求解过程中所采用的离散方法。在基于 MIC 的粒子输运三维确定性结构化网格多级并行扫描加速中,最大挑战在于提取扫描过程中不同层次的并行性,并将其有效地映射到 MIC 的并行计算资源上。解决这一挑战的基础,在于充分理解求解过程中的离散方法。因此,在本章的实现中,将基于其离散计算公式,来进行并行性的开发,以及与并行资源的映射。

3.1 离散纵标法

离散纵标法(S_N)是粒子输运方程确定性数值求解最常用的方法之一,其最早由 B. G. Carloson 等[80]用于反应堆物理中输运方程的求解。目前,学术界已提出一些性能模型[81-83]来研究不同的并行方法和参数对于粒子输运方程的离散纵标法并行求解时间的影响。利用这些性能模型分析均得出一个相似的结论,对于巨大的问题规模,单节点计算速度是整个计算的瓶颈,而非处理器之间的通信性能。因而,在粒子输运方程的离散纵标法的求解中,充分利用高性能协处理器来加速单节点的计算就显得非常有意义。

本章中考虑的粒子输运程序是 Sweep3D[84]基准程序,其采用离散纵标法求解时间独立的单群三维笛卡尔几何中的确定性中子输运问题。Sweep3D 是从美国能源部的计算创新加速战略 ASCI 的真正应用程序中提取出来的,代表采用离散纵标法求解粒子输运问题的核心。一个求解实际问题的多群 S_N 程序,可以简单地看作在 Sweep3D 基础上进行多群迭代。在 Sweep3D 求解中,方向角采用离散纵标法直接离散,几何空间采用有限差分法来处理,散射源采用球谐函数展开,并采用源迭代方法来求解离散后的离散纵标方程。

Sweep3D 求解单群定常的三维笛卡尔几何中子输运问题,如方程(3.1)所示。未知变量(r,Ω)表示空间点 r 向角方向 Ω 运行的粒子通量。σ_t 是总的横截面。σ_s 表示在位置 r 从方向 Ω' 到方向 Ω 的散射横截面。方程(3.1)的右边是包含散射源和外源在内的源项,其中 $Q_{ext}(r,\Omega)$ 表示外源。

$$\Omega \cdot \nabla(r,\Omega) + \sigma_t(r)(r,\Omega) = \int_{4\pi} \sigma_s(r,\Omega' \to \Omega)(r,\Omega')d\Omega' + Q_{ext}(r,\Omega) \quad (3.1)$$

在 Sweep3D 中,角方向 Ω 被离散成一系列求积点,XYZ 几何空间被划分为有限的 IJK 逻辑直角网格单元。将方程(3.1)的两边在给定离散角 $\Omega_m(\mu_m,\eta_m,\xi_m)$ 的邻近角度区域方向 $\Delta\Omega_m$ 积分,得到如方程(3.2)所示的平衡方程。Sweep3D 使用源迭代方法来求解该离散方程,其中散射源采用球谐函数展开处理。

$$\mu_m \frac{\partial \Phi_m}{\partial x} + \eta_m \frac{\partial \Phi_m}{\partial y} + \xi_m \frac{\partial \Phi_m}{\partial z} + \sigma_t(r) = Q_m(r) \quad (3.2)$$

从算法的角度来看,采用源迭代方法求解以上离散方程的过程分为两步:针对每个离散角通过扫描的方式求解流式算子,迭代求解散射算子。Sweep3D 实现的这两步求解过程,又称为内迭代。一个解决多群问题的真实 S_N 程序,可以简单地看作在 Sweep3D 基础上进行的按群顺序迭代求解。由于源项向下散射,使得群之间存在强耦合关系,从而需要按顺序进行群的求解。多群迭代过程也称为外迭代。真实的 ASCI S_N 程序是与时间相关的,还需要在外迭代上进行上千个时间步迭代。对于真实问题的模拟,计算量和存储量都会急剧增加。然而,其计算量增加,从本质上看就是进行更多的内迭代。

从程序实现的角度来看,内迭代主要由计算迭代源(求解散射算子)、波阵面扫描、计算通量误差并判断是否收敛等 3 个过程构成。其中,波阵面扫描是最费时的部分。波阵面扫描,即 S_N 扫描,其按如下过程进行。对于一个给定离散角,每个网格单元拥有 4 个方程(1 个平衡方程+3 个辅助方程)和 7 个未知变量(6 个面+1 个中心)。边界条件使得方程组得以自恰。通过 3 个已知的入流通量,可以求解网格单元的中心通量以及 3 个出流通量。然后,这 3 个出流通量又为相邻的 3 个下游网格单元(I、J 和 $K3$ 个方向各一个)提供入流通量。从而,在所有 3 个网格方向上均存在迭代相关,并使得整个求解以图 3.1 所示的对角波形式通过整个 IJK 几何空间。这种直接的按序求解过程,称为一次扫描。在笛卡尔几何中,不同象限的离散角扫描几何空间时,拥有不同的扫描方向;在给定象限中,所有离散角以相同的方式进行扫描。

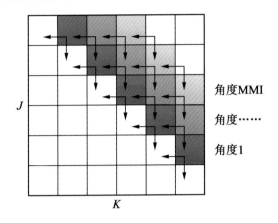

图 3.1　Sweep3D 中波阵面扫面与角度流水化

Sweep3D 中波阵面扫描的分布式实现,如算法 3.1 所示。扫描过程中,由于反射边界的限制,多个象限的扫描不能同时进行而需按序完成。在每次内部循环(第 6～19 行)开始之前,需要等待来自 I 和 J 方向的输入流。然后,采用 I 方向的条线迭代作为最内的循环(第 7～19 行)来计算通过当前网格块的通量。I 方向的条线(I-lines)迭代的计算主要包括从 P_N 矩中计算离散源项、迭代求解 S_N 方程、采用迭代求解的通量更新通量矩以及更新扩散合成加速(DSA)面流[85]等,其中 DSA 主要用来改善源迭代方法的收敛性。最后,将 I 和 J 方向的输出流传递到相邻的下游网格块中。值得注意的是,对于给定的 JK 对角线,其上的所有条线 I-lines 之间是相互独立的,不存在数据依赖关系,是波阵面扫描中并行性的主要来源。然而,同时也使得其并行性受限于 JK 对角线的长度。为了缓解这个问题,对于每个象限上的 MMI 个角在 JK 对角线上进行流水化处理,以增加波阵面扫描时可并行计算的 I-lines 的数量,如图 3.1 所示,对应着算法 3.1 中第 7 行中变量 $ndiag$ 的值增加。

鉴于 Sweep3D 的代表性以及其开源特性,人们基于 Sweep3D 进行了许多研究工作。这些研究工作大致可以分为两类:一类是 Sweep3D 的移植与加速,另一类是基于 Sweep3D 进行建模分析粒子输运的性能[81,83,86],或者采用 Sweep3D 进行工具性能的测试[87,88]。本章的工作主要与第一类相关,因而接下来只重点介绍第一类相关研究。关于 Sweep3D 的移植与加速方面,主要包括 Petrini[89] 和 Lubeck [90] 在 Cell 的研究,Barker[91] 在 Roadrunner 上的研究,以及 Gong[92,93] 在 GPU 上的研究等。

算法 3.1　Sweep3D 中分布式波阵面扫描算法

1：	for iq = 1 to 8 do	// octants
2：	for mo = 1 to mmo do	// angle pipelining loop
3：	for kk = 1 to kb do	// k-plane pipelining loop
4：	RECV East/West	// recv block I-inflows

5:	RECV North/South	// recv block J-inflows
6:	for $idiag$ = 1 to $jt + nk - 1 + mmi - 1$ do	// JK-diagonals with MMI pipelining
7:	for jkm = 1 to $ndiag$ do	// I-line grid columns
8:	for i = 1 to it do	
9:	Compute source form P_N moments	
10:	if not do $fixup$ then	
11:	for i = 1 to it do	
12:	Solve S_N equation	
13:	else	
14:	for i = 1 to it do	
15:	Solve S_N equation with fixup	
16:	for i = 1 to it do	
17:	Update flux form P_N moments	
18:	for i = 1 to it do	
19:	Update DSA face currents	
20:	SEND East/West	// send block I-inflows
21:	SEND North/South	// send block I-inflows

Petrini 等[89]采用片上单 MPI 进程的方式将 Sweep3D 移植到 Cell 流处理器上。在移植过程中,开发了 Cell 处理器上协处理器单元(SPE)间的线程级并行、单个 SPE 内部的流水线并行以及 128 位宽的向量级并行,并利用数据流化并行实现主处理单元(PPE)与 SPE 之间的通信隐藏。与 IBM Power5 和 AMD Opteron 处理器相比,在 Cell 流处理器上的 Sweep3D 移植分别获得了大约 4.5 倍和 5.5 倍的加速效果。

Lubeck 等[90]通过构建 Cell 流处理器上 SPE 之间的通信传递机制,采用片上多 MPI 进程的方法,在 Cell 上实现了以 SPE 中计算模块 SPU 为中心的 Sweep3D 移植。与 Petrini 等[89]的主从实现相比,以 SPU 为中心的实现通过最大化 SPE 单元中局部存储数据的重用,最小化了数据迁移开销。在相同的 Cell 流处理器上,优化后的程序性能是主从实现的 3.51 倍。此外,Petrini 还采用 Cell 的微体系结构性能预测模型来对优化后的 Sweep3D 实现进行性能预测与分析。

基于 Lubeck 的工作[90],Sweep3D 作为典型的大规模扩展示例程序被移植到第一个千万亿次级超级计算机 Roadrunner 上[91]。Roadrunner 的每一个节点由两个 AMD Opteron 处理器和两个 PowerXCell 8i 流处理器构成。实现中,PowerXCell 8i 的每个 SPE 单元拥有唯一的 MPI 进程号,负责固定大小为 $I×J×K$ 的子网格的扫描计算;PPE 只负责消息的传递以及如存储分配等在 SPE 上没法处理的操作;Opeteron 也只负责不同 PowerXCell 8i 的 SPE 之间的通信,不进行计算操作。在包含 3 060 个节点的 Roadrunner 全系统上的测试结果表明,相比只采用 AMD Opteron 的实现,基于 PowerXCell 8i 中 SPE 的大规模扩展实现可以获得大约 2 倍的加速效果。性能模型预测结果表明,如果负责 PowerXCell 8i 与 AMD Opteron 之间通信的 PCIe 数据传输性能达到理想值,在大规模异构系统上的性能改善将增大到 4 倍。

随着 GPU 在高性能计算中的应用,Gong 等[92] 采用 CUDA 编程模型将 Sweep3D 移植到 GPU 上。在基于 GPU 的 Sweep3D 实现中,开发了 GPU 中的大规模细粒度线程级并行,并充分利用 GPU 中不同类型的存储资源来降低存储访问时间。实验数据表明,Sweep3D 在 NVIDIA GT200 GPU 上的性能是 Intel Q6600 单核性能的 2.25 倍。基于文献 [92] 的工作,Gong 等[93] 提出了一种基于循环拆分的新实现方法。新实现方法开发了隐含在存在数据依赖的循环内部的并行性,破解了 Sweep3D 在 GPU 上的性能瓶颈,提高了 GPU 中并行计算资源的利用率。在 NVIDIA M2050 GPU 上,与原有实现方法相比,新实现方法获得了 5.64 倍的加速比;与 Intel Core Q6600 相比,加速比最高达到了 8.14 倍。

综上所述,关于 Sweep3D 在 MIC 体系结构上的并行计算未见相关研究报道,并且值得尝试在 MIC 体系结构上进行 Sweep3D 的并行化加速研究。

3.2　基于 MIC 的多级并行通量扫描算法

3.2.1　总体设计

在基于单处理器的通量扫描算法中,没有任何通信任务。为了消除 CPU 和 MIC 之间通信的影响,本章直接采用 MIC 完成所有任务,包括数据的初始化、通量的迭代计算与扫描等,而 CPU 不负责程序执行过程中的任何计算,只用于产生 MIC 上执行的二进制程序。

本章提出的基于 MIC 的粒子输运求解器的流程,如图 3.2 所示。该求解器保持了 Sweep3D 中原有的计算流程,包括计算迭代源、波阵面扫描以及通量误差的计算与判断等 3 个过程。这 3 个过程均采用 MIC 中众多并行线程同时处理,尽管这 3 个过程所具有的线程级并行性不尽相同。此外,除求解带通量修正的 S_N 方程和通量误差的计算与判断这两个过程外,其他过程均还采用 MIC 中的向量单元来开发其数据级并行性。初始化完成后,就开启源内迭代过程。当通量误差满足要求,或者迭代次数达到预先设定的值时,就结束整个内迭代过程。

下面将基于离散后的计算公式,从物理的角度来阐述整个求解器中多级并行性的开发,以及其与 MIC 中并行资源的映射。

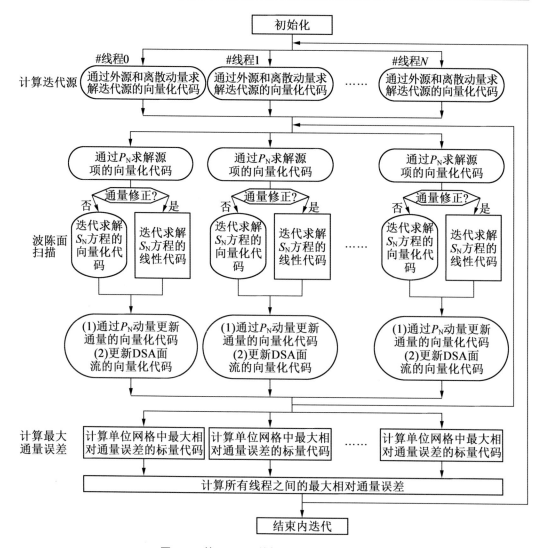

图 3.2　基于 MIC 的粒子输运求解器的流程

3.2.2　计算迭代源

采用源迭代方法求解离散方程时,首先需要计算方程的源项。对于 Sweep3D,方程的源项主要由散射源和外源构成。因此,离散方程中的迭代源等于外源与散射迭代源之和,如公式(3.3)所示。

$$S_l(\boldsymbol{r})_{ii} = \sigma_s(\boldsymbol{r})\Phi_l(\boldsymbol{r})_{i-1} + [Q_{ext}(\boldsymbol{r})]_{l==0} \qquad (3.3)$$

式中, ii 表示内迭代中第 ii 次循环迭代; Φ_l 表示通量矩; $[Q_{ext}(\boldsymbol{r})]_{l==0}$ 意味着外源仅对 $l==0$ 有效,并且与相空间的粒子分布无关。在当前迭代中的散射源由上次迭代获得的通量矩和离散横截面的求积产生。当第一次迭代开始的时候,散射源可以初始化为任意源,即通量矩可以初始化为任意非负值。

在迭代源求解中,所有网格单元的计算之间没有任何相关性。因此,本章提出了基于 MIC 的多级并行迭代源计算,如算法 3.2 所示。在该算法中,采用 OpenMP 指导语句 parallel_for 将所有可并行计算的网格分配到 MIC 上的并行硬件线程上。由于所有网格单元的计算均不相关,任务分配的粒度可以是一个网格单元、一个 I-line 网格柱或者一个 K 板网格块等。如果选择单个网格单元,则会造成 OpenMP 调度的开销过大,同时也会造成向量级并行性开发的困难;如果选择一个 K 板网格块,则可能会由于 K 板网格块的数目太小,无法保证所有硬件线程都能分配到任务,从而造成计算资源的浪费。因此,在计算迭代源的线程级并行中,选择 I-line 网格柱作为任务分配与调度的最小粒度,采用嵌套的 OpenMP 指导语句(第 1、4 行)来将所有 I-line 网格柱分散到尽可能多的硬件线程上。

对于单个线程的计算来说,采用向量单元同时进行 I-line 中 8 个网格单元的计算,并调用向量引语函数来实现,如第 9~15 行。

算法 3.2 当 P_N 离散阶数为 0 时,基于 MIC 的多级并行迭代源求解算法(对应于图 3.2 中的 Cal-Iterative-Src)

input: $\sigma_s(\boldsymbol{r})$, $\Phi_l(\boldsymbol{r})_{i-1}$, $[Q_{ext}(\boldsymbol{r})]_{l==0}$

output: $S_l(\boldsymbol{r})_i$, $\Phi_l(\boldsymbol{r})_i$

1: #pragma omp parallel for private(i,j,k)

2:    shared$(kt,jt,it,\text{Src},\text{Srcx},\text{Sigs},\text{Flux},\text{Pflux})$

3: for $k = 0$; $k < kt$; k++ do

4:    #pragma omp parallel

5:    for $j = 0$; $j < jt$; j++ do

6:      _m512d $v0,v1,v2,v3$

7:      $v0 = $ _mm512_set1_pd$(0.0E + 00)$

8:      for $i = 0$; $i < it$; $i = i + 8$ do

       // Load

9:        $v1 \leftarrow \text{Srcx}(k,j,i \rightarrow i+7)$

10:       $v2 \leftarrow \text{Sigs}(1,k,j,i \rightarrow i+7)$

11:       $v3 \leftarrow \text{Flux}(1,k,j,i \rightarrow i+7)$

       // Calculate

12:       $v1 = $ _mm512_fmadd_pd$(v2,v3,v1)$

       // Store

13:       $v1 \rightarrow \&\text{Src}(1,k,j,i)$

14:       $v3 \rightarrow \&\text{Pflux}(k,j,i)$

15:       $v0 \rightarrow \&\text{Flux}(1,k,j,i)$

3.2.3 波阵面扫描

在波阵面扫描中,由于波阵面之间存在数据相关,因而无法同时进行多个波阵面的计算。但是,对于单个波阵面来说,其内部的所有 I-line 网格柱均是相互独立的。从而,单个波阵面的并行度是其内所有 JK 对角线上的 I-lines 网格柱的数量,并且随着粒子传输而不断变化。在图 3.1 中,最小的 JK 对角线上只有 1 条 I-lines 网格柱,而最长的 JK 对角线上 I-lines 网格柱的数量等于 J 或者 K 维的问题规模。在 MIC 中,拥有大量的并行硬件线程。要充分利用这些硬件线程,就必须开发足够的并行性。因此,流水化处理每个象限中的 MMI 个角度,增加可以并行处理的 I-line 网格柱就显得非常重要。例如,在图 3.1 中,I 和 K 维的问题规模均为 6,没有流水化处理时,可并行处理 5 个 I-line 网格柱,对应于算法 3.1 中 $idiag$ 变量的值等于 5。当流水化处理 3 个角度时,变量 $idiag$ 的值就增加到了 12。

在基于 MIC 的 Sweep3D 实现中,MMI 设定为每个象限中离散角的数量,以最大化并行性。依然采用 OpenMP 的 parallel_for 指导语句来将所有的 I-line 网格柱的扫描计算分配到 MIC 上的硬件线程中,如算法 3.3 所示。随着波阵面的移动,可并行计算的 I-line 网格柱的数量在不断发生变化。因而,在测试最佳性能时,采用 OpenMP 中的 scatter 绑定方式将所有 OpenMP 线程尽可能分配到不同的 MIC 硬件核上,最大化硬核心计算资源的利用。此外,由于线程调度和存储访问的巨大开销,本章采用 MIC 中的向量单元而非硬件线程来开发每个 I-line 网格柱内部扫描计算的并行性,同时改善数据局部性以降低访存开销。

算法 3.3　基于 MIC 的波阵面线程级并行扫描算法

1： #pragma omp parallel for private(i)

2： for jkm = 1 to $ndiag$ do　　　　　　　　// I-line grid columns

3：　　for $i \leftarrow 1$ to it do

4：　　　　Compute source form P_N moments

5：　　if not do fixup then

6：　　　　for $i \leftarrow 1$ to it do

7：　　　　　　Solve S_N equation

8：　　else

9：　　　　for $i \leftarrow 1$ to it do

10：　　　　　Solve S_N equation with fixups

11：　　for $i \leftarrow 1$ to it do

12：　　　　Update flux form P_N moments

13：　　for $i \leftarrow 1$ to it do

14：　　　　Update DSA face currents

（1）从 P_N 矩中计算源以及更新粒子通量矩。

由于散射源采用球谐函数处理，因而需要从 P_N 动量中计算离散方程的离散源。对于一个给定的离散角，在迭代求解离散的 S_N 方程之前，从 P_N 动量中计算源项，如公式（3.4）所示。完成 S_N 方程在 I-line 上的迭代求解之后，需要从 P_N 动量中更新粒子通量矩。粒子通量矩等于迭代 S_N 方程中所求的中心通量与 P_N 动量的乘积，并在所有离散角上进行归约，如方程（3.5）所示。当 $l=0$，所求结果为标通量。

$$PHI_i = \sum_{l=0}^{NM-1} S_l(\boldsymbol{r})P_l, \quad i = 1,\cdots,it \tag{3.4}$$

$$\Phi_l(\boldsymbol{r}) = \Phi_l(\boldsymbol{r}) + P_l W_m \Psi_m(\boldsymbol{r}) \tag{3.5}$$

式中，NM 表示 P_N 动量的数目；it 表示 I 方向的网格单元数目，其大小由模拟的几何规模来决定；W_m 表示当前离散角的权重。

对于给定的 l，在以上两个过程的求解中，每个 I-line 网格柱的 it 个网格单元之间没有任何相关性。因而，可以采用 MIC 中向量单元同时进行 8 个网格单元的计算。从程序实现来看，依然像算法 3.2 中第 6~15 行所示一样，采用循环展开和向量引语函数来实现向量级并行。

（2）迭代求解 S_N 方程。

Sweep3D 在每个网格单元上求解单群、时间独立的 S_N 方程组。该方程组由离散后的平衡方程（3.6）与三个菱形差分辅助方程（3.7）构成，其中方程（3.6）由方程（3.2）结合菱形差分辅助方程转化而来。在前面部分中，已经采用 P_N 矩求得源项 PHI_i。因而，对于 I-line 网格栏中单个网格单元来说，只要已知其输入通量 $\Phi_N(\boldsymbol{r},\Omega_m)_{I,J,K}^-$，便可求出该单元网格的中心通量以及 3 个方向的输出通量。这就意味着，对于固定的 J 和 K 坐标，当其上游的 J、K 方向完成扫描后，就可以沿着单独的 I 方向进行扫描。因而，对于单个 I-line 网格柱上的网格单元来说，其 S_N 方程组求解存在相互依赖关系。此外，在方程（3.6）中，只要输入通量 $\Phi_N(\boldsymbol{r},\Omega_m)_{I,J,K}^-$ 不为负时，中心通量 $\Phi_N(\boldsymbol{r},\Phi_m)$ 也不可能是负的，但是通过方程（3.7）获得的输出通量则可能为负值。

$$\Phi_n(\boldsymbol{r},\Omega_m) = \frac{1.0}{D_i}\left[PHI_i + C_i \cdot \Phi_n(I_i,\Omega_m)^- + C_j \cdot \Phi_n(J_i,\Omega_m)^- + C_k \cdot \Phi_n(K_i,\Omega_m)^-\right]$$

$$\tag{3.6}$$

$$\Phi_n(\boldsymbol{r},\Omega_m)_{I/J/K}^+ = 2\Phi_n(\boldsymbol{r},\Omega_m) - \Phi_n(\boldsymbol{r},\Omega_m)_{I/J/K}^- \tag{3.7}$$

式中，$\Phi_n(I_i,\Omega_m)^-$、$\Phi_n(J_i,\Omega_m)^-$ 和 $\Phi_n(k_i,\Omega_m)^-$ 分别表示网格单元 (i,j,k) 在 I、J 和 K 方向的输入通量；$\Phi_n(\boldsymbol{r},\Omega_m)_{IJK}^+$ 分别表示该网格单元在 3 个方向上的输出通量；$\Phi_n(\boldsymbol{r},\Omega_m)$ 表示该单元对于当前离散角的中心通量；D_i、C_i、C_j、C_k 表示相对差分参数。

如果出现负通量时不进行负通量修正，则其在 I 方向的网格柱上的简化迭代求解过程，如算法 3.4 所示。其中，矩阵 $\boldsymbol{B}$ 和 $\boldsymbol{C}$ 存储 $\Phi_N(\boldsymbol{r},\Omega_m)_{J/K}^{-/+}$，矩阵 phi 同时存储 $\Phi_N(\boldsymbol{r},\Omega_m)$ 和 PHI_i，以减少存储空间的使用并提高数据局部性。$phiir$ 存储 (i,j,k) 单元在 I 方向的输入和输出通量，从而其成为 I 方向扫描过程中的相关数据。

算法 3.4 在不进行通量修正时,简化的 S_N 方程迭代求解(对应于算法 3.1 中第 10~12 行)

input: $PHI, \Phi_n(\boldsymbol{r}, \Omega_m)^-_{I/J/K}$

output: $\Phi_n(\boldsymbol{r}, \Omega_m), \Phi_n(\boldsymbol{r}, \Omega_m)^+_{I/J/K}$

1: if not do_fixup then

2:     for $i = 0$; $i < it$; $i{+}{+}$ do

3:         $phi[i] \leftarrow \dfrac{1.0}{D}(phi[i] + C_i \times phiir + C_i \times B[i] + C_k \times C[i])$

4:         $phiir = 2.0 \times phi[i] - phiir$

5:         $B[i] = 2.0 \times phi[i] - B[i]$

6:         $C[i] = 2.0 \times phi[i] - C[i]$

尽管 I 向扫描过程中存在数据相关,本章仍然采用循环展开和循环划分的方式来实现该过程的并行化,如算法 3.5 所示。在该算法中,将与变量 $phiir$ 相关的计算(第 6~8 行)都分离出来,从而余下两部分(第 3~5 行和第 9~11 行)均可以分别进行并行化处理。循环展开的因子设为 8,以保持扫描过程中较好的数据局部性。与算法 3.1 中的串行实现相比,只多了一个数据取操作和两个数据存操作,然而可实现大部分运算操作的并行化处理,有效降低运算时间。算法 3.5 中第 9~11 行采用向量引语函数的实现,如算法 3.6 中第 14~18 行所示。

算法 3.5 在不进行通量修正时,简化的 S_N 方程向量化迭代求解

input: $PHI, \Phi_n(\boldsymbol{r}, \Omega_m)^-_{I/J/K}$

output: $\Phi_n(\boldsymbol{r}, \Omega_m), \Phi_n(\boldsymbol{r}, \Omega_m)^+_{I/J/K}$

1: if ! do_fixup then

2:     for $i = 0$; $i < it$; $i = i + 8$ do

3:         for $l = 0$; $l < 8$; $l{+}{+}$ do in parallel

4:             $phi[i+l] \leftarrow \dfrac{1.0}{D}(phi[i+l] + C_j \times B[i+l] + C_k \times C[i+l])$

5:             $C_i \leftarrow \dfrac{C_i}{D}$

6:         for $l = 0$; $l < 8$; $l{+}{+}$ do

7:             $phi[i+l] \leftarrow phi[i+l] + C_i \times phiir$

8:             $phiir = 2.0 \times phi[i+l] - phiir$

9:         for $l = 0$; $l < 8$; $l{+}{+}$ do in parallel

10:        $B[i+l] = 2.0 \times phi[i+l] - B[i+l]$

11:        $C[i+l] = 2.0 \times phi[i+l] - C[i+l]$

当负通量沿着迭代求解方向传输时,可能产生更多的负通量,从而触发模拟结果的波动。此时,需要进行负通量的修正。在 Sweep3D 中,采用置零方法来修正负通量。带通量修正的 S_N 方程迭代求解,与不带通量修正时类似,只是多了负通量修正的过程。通量修正的过程充满了判读与分支,因而很难挖掘数据级并行。故仍然采用串行方式实现带通量修正的 S_N 方程迭代求解。

算法 3.6　在不进行通量修正时,采用向量引语函数实现简化的 S_N 方程向量化迭代求解

input：$PHI, \Phi_n(\boldsymbol{r}, \Omega_m)^{-}_{I/J/K}$

output：$\Phi_n(\boldsymbol{r}, \Omega_m), \Phi_n(\boldsymbol{r}, \Omega_m)^{+}_{I/J/K}$

1： _m512d $v0, v1, v2, v3$

2： if not do_fixup then

3：　$v0 = \_mm512\_set1\_pd(2.0E + 00)$

4：　for $i = 0$; $i < it$; $i = i + 8$ do

5：　　……

6：　　$\_v1 = \_mm512\_load\_pd((\text{void} *)\&B[i])$

7：　　$\_v2 = \_mm512\_load\_pd((\text{void} *)\&C[i])$

8：　　$\_mm\_prefetch(\&B[i + 16], \_mm\_HINT\_T0)$

9：　　$\_mm\_prefetch(\&C[i + 16], \_mm\_HINT\_T0)$

10：　　……

11：　　for $l = 0$; $l < 8$; $l++$ do

12：　　　$phi[i+1] \leftarrow phi[i+1] + C_i \, phiir$

13：　　　$phiir = 2.0 \, phi[i+1] - phiir$

14：　　$\_v3 = \_mm512\_load\_pd((\text{void} *)\&phi[i])$

15：　　$\_v1 = \_mm512\_fmsub\_pd(\_v0, \_v3, \_v1)$

16：　　$\_mm512\_store\_pd((\text{void} *)\&B[i], \_v1)$

17：　　$\_v2 = \_mm512\_fmsub\_pd(\_v0, \_v3, \_v2)$

18：　　$\_mm512\_store\_pd((\text{void} *)\&C[i], \_v2)$

---

(3)更新 DSA 面流。

Sweep3D 中采用 DSA 方法来加速迭代过程的收敛,在每次扫描后,需进行 DSA 面流的更新,如公式(3.8)所示。其中, $\boldsymbol{\Phi}_N(\boldsymbol{r}, \Omega_m)^{+}_{I/J/K}$ 表示前面部分求解的 3 个方向的输出流。对于每个单元来说,需要更新 3 个方向的 DSA 面流。在每个方向的更新过程中,将涉及 3 个浮点取操作和 1 个浮点乘加操作。从而,在 I-line 网格柱上的所有网格单元的 3 个方向的更新过程之间没有相关性,并且给定方向的所有网格单元之间的更新操作也没有依赖关系。

$$\text{Face}(\boldsymbol{r},\boldsymbol{\Omega}_m)_{I/J/K} = \text{Face}(\boldsymbol{r},\boldsymbol{\Omega}_m)_{I/J/K} + QW_m \cdot \boldsymbol{\Phi}_n(\boldsymbol{r},\boldsymbol{\Omega}_m)^+_{I/J/K} \qquad (3.8)$$

式中,QW_m 表示与当前离散角方向相关的积分集合。

在基于 MIC 的实现过程中,采用循环拆分方法将原有循环(对应于算法 3.1 中第 18~19 行)分为 3 个独立的子循环,分别进行 3 个方向的 DSA 面流更新,从而极大地改善数据的空间局部性,降低访存开销。对于每个子循环,依然采用前面第 3.3.2 节所采用的循环展开和向量引语函数来实现向量级并行。

3.2.4　误差计算与判断

对于平衡的粒子输运方程,粒子通量最终会达到稳定的分布。在内迭代中,最大的相对通量误差由两次连续的迭代计算得来的标通量确定。在 Sweep3D 中,采用公式(3.9)来计算整个几何空间的所有网格单元中最大的相对通量误差。

$$\text{Error}_{max} = \max \left| \frac{\boldsymbol{\Phi}(\boldsymbol{r})_{ii} - \boldsymbol{\Phi}(\boldsymbol{r})_{ii-1}}{\boldsymbol{\Phi}(\boldsymbol{r})_{ii}} \right| \qquad (3.9)$$

式中,ii 表示内迭代中第 ii 次循环迭代。

对于每个单元来说,该过程涉及一个减法和一个除法等运算操作。从而,在算法实现中,需要一个分支来对除数是否为零进行判断。因而,即使对于所有单元的计算均没有相关性,也仅采用 OpenMP 指导语句 parallel_for 来进行线程级并行标量计算,并采用 OpenMP 的归约原语 max 来计算所有线程中的最大相对通量误差。

3.3　实　验　结　果

3.3.1　测试平台与问题模型

实验平台由一块 Intel Xeon E5-2660 CPU、一块 Intel MIC 协处理器以及一个 NVIDA GPU 协处理器构成。Intel MIC 协处理器由 57 个核构成,上面运行着 Intel MIC 软件栈。原始的 Sweep3D 程序采用 Fortran 实现,采用 Intel Fortran 编译器编译。在向量化实现过程中,Intel 编译器仅支持 C/C++ 类型的向量引语函数调用,因而采用 C 语言来实现上一节的并行化设计。故本章基于 MIC 的 Sweep3D 实现是 C 和 Fortran 混编的程序,采用 Intel C 和 Fortran 编译器混合编译。为了进行 MIC 与 GPU 之间的性能比较,本章还实现了文献[93]提出的基于 GPU 的 Sweep3D,并采用 NVCC 编译器编译。在 3 个代码中,均采用双精度浮点数实现。并且,编译过程中都采用三级优化(-O3)。Sweep3D 实验平台的详细配置,见表 3.1。

在本章实验测试过程中,模拟单群、时间独立的粒子输运问题,并且考虑 DSA 计算。边界条件为真空边界,即区域外输入通量均为零。同时,区域的中心 1/3 立方网格点内拥有一单位源。另外,散射源采用 P_1 离散,包含 4 个散射矩。本章基于 MIC 的并行化实现只是采用 MIC 来加速问题的求解,并没有改变相关求解方法和过程,从而实验精度与

Sweep3D 原设计保持一致。为方便进行性能比较,测试中的收敛条件设为迭代次数控制,均只进行 4 次迭代。每个 Sweep3D 实例运行 10 次,取 10 次中最短的运行时间来表示该实例的测试性能。

表 3.1　Sweep3D 实验平台的详细配置

CPU	Intel Xeon E5-2660, 8 cores, 2.2 GHz
MIC	57 cores, 4 threads/core, 1.1 GHz, 5G GDDR5
GPU	Tesla K20C, 2496 CUDA Cores, 0.71 GHz, Capability 3.5, 5G memory
操作系统	Linux Red Hat 4.4.5-6
Intel Compiler	Intel v13.0.0, ifort, icc, OpenMP v3.1
NVCC Compiler	GCC v4.4.6, NVCC v6.0.1

3.3.2　不同并行优化下的性能

在性能测试中,OpenMP 线程与 MIC 上的硬核之间的绑定关系设置为 scatter 类型。从而,OpenMP 线程能够被分配到 MIC 上尽可能多的硬核上,改善 MIC 中硬核之间的负载平衡,提高并行计算资源的利用率,以获取最好的性能。

不进行负通量修正时,不同并行优化下的性能比较,如图 3.3 所示。横坐标是问题规模大小,表示几何空间中的网格单元数。由于 Sweep3D 中使用的总内存需求量随着几何空间网格单元数的增大而增加,因而最大的问题规模设置为 320^3。在此问题规模下,总内存需求量大约为 4 021 MB。纵坐标表示不同并行优化下的执行时间,主要包括只采用线程级并行的优化(Multi-thread)和在线程级并行基础上完成的向量级优化(Multi-thread+Vectorization)两个阶段。当问题规模为 128^3 时,与只采用线程级并行的情况相比,向量化使得执行时间下降 29%。当问题规模增加到 256^3 时,运行时间的降低为 50%。当测试更大规模的问题时,向量化依然可以使得运行时间降低维持在 44% 左右。因此,在不进行负通量修正的情况下,在 MIC 上进行向量化对于 Sweep3D 的性能改善非常重要。尽管如此,通过向量化所获得的性能提升远小于 MIC 中单个向量单元同时处理的操作数量。其主要原因在于 Sweep3D 中浮点操作与存储访问的比率较小,使得性能主要依赖于 MIC 的存储性能。换句话说,在没有通量修正的情况下,算法的性能主要依赖于 MIC 中的片外存储带宽。

图 3.4 显示了在进行负通量修正情况下,不同并行优化下基于 MIC 的 Sweep3D 实现的性能比较。当问题规模为 128^3 时,向量优化使得时间减少了 10%。当问题规模增大以后,运行时间降低的比例达到了 25%。与前面不进行通量修正条件下向量化所带来的运行时间降低相比,采用负通量修正时运行时间降低的比例小很多。主要有两个方面的原因:一方面是带通量修正的 S_N 迭代求解过程充满判断与分支,没有采用向量化处理;另

一方面是与不进行通量修正的 S_N 迭代求解过程相比,带通量修正的 S_N 迭代求解在总运行时间中所占比例更高。因而,在 MIC 上实现带通量修正的离散纵标法的高性能计算中,与向量级并行相比,线程级并行性的开发显得更加重要。

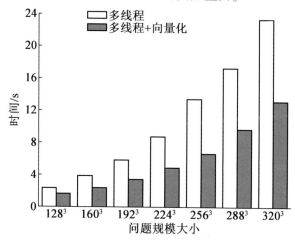

图 3.3　不进行负通量修正时,不同并行优化下基于 MIC 的 Sweep3D 实现性能比较

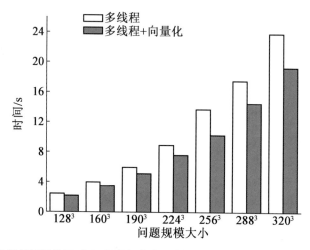

图 3.4　进行负通量修正时,不同并行优化下基于 MIC 的 Sweep3D 实现性能比较

　　为了比较不同并行优化下的理论性能与测试性能,本章构建了 MIC 体系结构的 Roofline 模型[94],如图 3.5 所示。Roofline 模型不仅能够预测一个算法在一个给定硬件系统上所能获得的最大性能,也能比较一个给定算法在不同硬件系统上的性能。在 Roofline 模型中,主要涉及 3 个参数:峰值浮点性能(GFLOPS/s)、峰值存储带宽(GBytes/s)以及操作密度(FLOPS/Byte)。峰值性能和峰值存储带宽由硬件系统本身决定。在图 3.5 中,两条横线显示了在 MIC 上进行不同优化所能获得的峰值浮点性能,主要通过目标 MIC 协处理的硬件参数计算获得;斜线表示一个算法由于存储带宽的限制而能够获得的最大性能。通过采用 STREAM 测试集[95]中 STREAM-BIG-C 测试,获得 MIC 的峰值存储带宽为 80.62 Gbytes/s。操作密度(OI)表示 Cache 和主存之间每字节通信所进行的浮

点操作数量。在 Sweep3D 中,波阵面扫描进程常占据 90% 以上总的运行时间。因而,在比较理论性能和实验测试性能的时候,只考虑波阵面扫描进程。在不进行通量修正的情况下,对于任何问题规模和任何源迭代步,子进程的操作密度都是常数;而在修正负通量的情况下,操作密度随着 S_N 方程迭代求解中负通量修正次数的增加而增加,从而不同的源迭代循环中,操作密度不同。

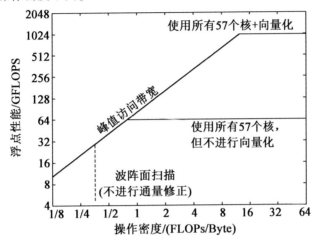

图 3.5　MIC 体系结构的 Roofline 模型

在不同并行优化下,基于 MIC 的 Sweep3D 实现的实测性能与理论性能之间的比较,见表 3.2。在没有通量修正的情况下,波阵面扫描过程的操作密度大概为 0.358 3 FLOPs/Byte。在通量修正条件下,所有 4 次迭代中,最大和最小操作密度分别为 0.361 6 FLOPs/Byte 和 0.381 1 FLOPs/Byte。从图 3.5 可知,在低操作密度情况下,理论性能等于存储带宽与操作密度的乘积。实测性能通过测量基于 MIC 的 Sweep3D 中波阵面扫描的执行时间转换而来。当不进行通量修正时,理论性能是 28.89 GFLOPS,而最大实测性能为 21.04 GFLOPS。当进行通量修正时,在相同的优化下,理论性能随着操作密度的增加而增加。对于实测性能来说,具有最大操作密度的实测性能却小于具有最小操作密度的实测性能,其主要原因在于通量修正进一步恶化了 MIC 中不同核之间的负载不平衡,从而导致修正次数多、操作密度大的迭代实测性能更低。在通量修正情况下,最小理论性能是 29.15 GFLOPS;采用并行优化后,其最大实测性能是 14.94 GFLOPS。总的来说,所有的实测性能均比理论性能低,最大效率为 72.8%。实测性能与理论性能之间的不同,主要是由两个因素引发的。一个因素是沿着波阵面扫描方向不断变化的线程级并行性导致了硬件线程之间的负载不平衡,以及所开发的向量级并行性不足以填充 MIC 中单个核的向量流水线。另一个因素是 Roofline 模型本身的不完美,其仅仅只是一种观测。实际上,通过 STREAM 测试获得的峰值存储带宽受线程数量影响,而线程数量依赖于不断变化的线程级并行性。另外,众多 OpenMP 线程的调度和同步开销不小,且随着 OpenMP 线程数快速增长。尽管如此,Roofline 模型并没有将这些因素考虑在内,从而利用该模型所获得的理论性能偏高。

表 3.2　基于 MIC 的 Sweep3D 实现在不同并行优化下的实测性能(Expt.)与预测性能(Pred.)的比较

Flux fixup	Off		On			
OI(FLOPs/Byte)	0.358 3		0.316(min)		0.381 1(max)	
Performance	Pred.	Expt.	Pred.	Expt.	Pred.	Expt.
Multi-thread	28.89	11.96	29.15	12.47	30.72	11.60
Multi-thread+Vectorization		21.04		14.94		13.35

3.3.3　可扩展性测试

随着半导体工艺技术的进步,单芯片上集成的晶体管数量越来越多。晶体管数量的增加使得单芯片上可集成的核数也越来越多。以 MIC 体系结构为例,其原形系统 KNF 由 32 核构成;第一代产品 KNC 由 50 多个核构成,最高可到 62 个核;第二代产品 KNL,其所能支持的核数量将达到 72 个[96]。因此,有必要研究在 MIC 上的并行加速实现随着 MIC 体系结构上核数变化的扩展性。

在可扩展性测试中,为了有效测量性能随着核数量的变化情况,通过 OpenMP 绑定方式设定,将 OpenMP 线程绑定到了 MIC 中特定的硬件核上。通常来说,有两种扩展性测试方式:强可扩展测试和弱可扩展测试。强可扩展测试主要指在固定问题规模下,采用更多的核来更快地获取计算结果。弱可扩展测试则意味着,当 Sweep3D 运行在更多核上时,扩大问题规模,以保持单个核的计算量不变。

(1)强扩展性测试。

在不进行通量修正时,问题规模设置为 256^3 的 Sweep3D 在 MIC 中不同数量核上运行时的时间与加速比,如图 3.6 所示。图 3.6 中横坐标表示所采用硬件线程的数量,其等于所采用的核心数乘以每个核所支持的硬件线程数。在 MIC 中,每个核支持 4 个硬件线程。为了实现单个核中 4 个硬件线程的利用,需分配 4 个 OpenMP 线程到一个核上。本章测试中采用的 MIC 协处理器由 57 个核构成,一共支持 228 个硬件线程。当 Sweep3D 运行在所有核上时,一共需要设置 228 个 OpenMP 线程。左边纵坐标表示运行时间,右边纵坐标表示性能加速比,等于运行在一个核上时的执行时间与运行在多个核上时的执行时间之比。只采用一个核时,Sweep3D 的运行时间为 170.08 s。采用两个核时,运行时间减少到了 86.23 s。从而,从一个核到两个核的性能加速比是 1.97 倍。当核数增加到了 32 时,运行时间进一步降低到了 8.61 s,此时加速比增加到了 19.76 倍。当运行在所有核上,运行时间为 6.64 s,加速比为 25.6 倍。因而,可以推测出,执行时间可随 MIC 中核数增加而进一步降低。

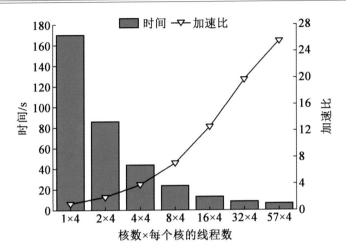

图 3.6　不进行负通量修正时，Sweep3D 运行在 MIC 中不同数量核上时的执行时间与加速比

　　图 3.7 显示了问题规模为 256^3 时，进行负通量修正的 Sweep3D 在 MIC 中不同数量核上运行的时间与加速比。如 3.4.2 节所述，线程级并行性开发是提高带通量修正的 Sweep3D 性能的关键。因而，与不进行通量修正相比，当采用更多的核或者硬件线程时，可以获得更大的加速比。从 1 个核增加到 32 个核时，加速比为 22.78 倍。当核的数量增加到 57 时，加速比达到了 34.59 倍。

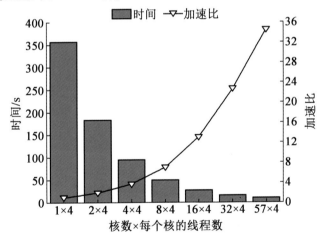

图 3.7　进行负通量修正时，Sweep3D 运行在 MIC 中不同数量核上时的执行时间与加速比

　　图 3.8 显示了从 1 个核扩展到 57 个核的 Sweep3D 强扩展加速比随问题规模的变化情况。在不进行通量修正时，强扩展加速度先随问题规模增加而增加。当问题规模为 256^3，获得 25.61 倍的最大强扩展加速比。当问题规模继续增大时，加速比不再增加，甚至表现出稍许的下降。不进行负通量修正的模拟受限于峰值存储带宽，从而 MIC 中的核心并不能有效利用更大问题规模下 Sweep3D 所提供的更多并行性。因而，不进行负通量修正时的最大强扩展效率仅为 45%。当修正负通量时，强扩展加速比随问题规模变大而持续增加。问题规模上升到 320^3 时，强扩展加速比到了 35.90 倍，此时的强扩展效率为

63%。尽管如此,在所有情况下,Sweep3D 在 MIC 上的强扩展效率并不高。这主要是由 Sweep3D 中波阵面扫描特性所决定。如图 3.1 所示,随着扫描的推进,波阵面扫描中可并行 I-line 网格柱的数目从 1 开始增加,到达最大值后,又慢慢减少到 1。多个核同时进行计算时,核之间就存在负载不平衡。当采用更多核计算时,将进一步加剧不平衡度,从而核的利用效率随着核数增加而降低。从而,强扩展效率没法达到很高的值。

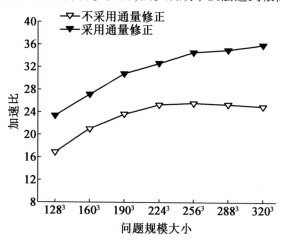

图 3.8　Sweep3D 在 MIC 上的强扩展加速比随问题规模的变化情况

(2) 弱扩展性测试。

当运行在 MIC 中不同数量的核上,并且问题规模随核数线性增加时,Sweep3D 的执行时间见表 3.3。在测试中,I 和 J 维的大小固定为 256,K 维的大小则与所用 MIC 核心数保持线性关系。当核数小于或者等于 16 时,运行时间几乎不随着核数的变化而变化。当核数超过 16 时,运行时间开始大幅改变。其主要原因在于在超过 16 个核时,Sweep3D 波阵面扫描过程中不断变化的并行度所触发的核间负载不平衡开始恶化,从而运算时间快速增加。在不进行通量修正的条件下,运算时间从 1 个核时的 7.25 s 增加到了 57 个核时的 11.59 s,弱扩展效率大约为 63%。当进行负通量修正时,规模最小时的执行时间是 14.66 s,最后增加到了 17.59 s,相应的弱扩展效率大约为 83%。

表 3.3　问题规模随所用 MIC 核心数线性增加时 Sweep3D 的执行时间

核数×每个核所支持的硬件线程数	问题规模大小	运行时间/s	
		不采用通量修正	采用通量修正
1×4	256×256×8	7.25	14.66
2×4	256×256×16	7.08	14.60
4×4	256×256×32	7.28	14.27
8×4	256×256×64	7.23	14.33
16×4	256×256×128	7.75	14.90

续表 3.3

核数×每个核所支持的硬件线程数	问题规模大小	运行时间/s	
		不采用通量修正	采用通量修正
32×4	256×256×256	8.61	15.67
57×4	256×256×456	11.59	17.59

总的来说,本章基于 MIC 的 Sweep3D 实现具有较好的可扩展性。当运行在具有更多核的 MIC 协处理器上时,不管是否进行通量修正,本章的实现均可以获得较好的性能。

3.3.4　MIC 和 GPU 实现的性能比较

在不同问题规模下,与 CPU 上的并行实现相比,基于 MIC 的 Sweep3D 实现的性能加速比,如图 3.9 所示。在问题规模较小时,性能加速比随问题规模的增大而增加;在问题规模大于 256^3 时,性能加速比在一定值附近波动。对于不进行负通量修正的情况,问题规模增加到 256^3 时,由于数据表现出较好的局部性, 获得了 2.03 倍的最大加速比。对于进行负通量修正的情况,问题规模为 320^3 时, 实现了 1.50 倍的最大性能加速。

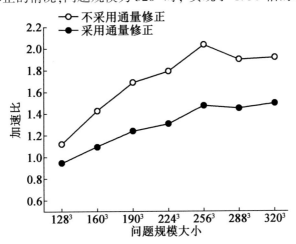

图 3.9　在不同问题规模下,Sweep3D 在 MIC 与 CPU 上实现之间的性能比较

在不同问题规模下,与 GPU 实现相比,基于 MIC 的 Sweep3D 实现的性能加速比,如图 3.10 所示。本章测试中采用的 MIC 协处理器与 GPU 协处理之间的双精度浮点峰值性能比,大约为 0.85∶1.00。从图 3.10 中发现,不管是否采用通量修正,加速比均随问题规模扩展而不断增加。

在不进行负通量修正的情况下,问题规模小于 288^3 时,MIC 的性能均不如 GPU。问题规模为 128^3 时,MIC 与 GPU 之间的性能比仅为 0.58。问题规模增大到 192^3 时,MIC 与 GPU 之间的性能比才大致等于两者峰值性能之比。这种现象的主要原因在于问题规模小时,波阵面扫描过程中的线程级并行性不足,导致没法发挥 MIC 中众多核心的并行计算能力。MIC 体系结构中的硬核与 GPU 中的流多核类似。本章测试中采用的 MIC 协处理器一共有 57 个核,而 GPU 协处理器仅有 13 个流多核。在问题规模较小时,MIC 中核的利用率远低于 GPU 中流多核的利用率,从而 MIC 实现的性能不如 GPU。当问题规模大于或者等于 288^3 时,MIC 与 GPU 实现达到了相同的性能。

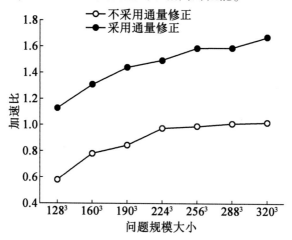

图 3.10　在不同问题规模下,Sweep3D 在 MIC 与 GPU 上实现之间的性能比较

在进行负通量修正的情况下,在所有问题规模下,MIC 实现的性能均优于 GPU。当问题规模为 128^3 时,MIC 与 GPU 之间的性能加速比为 1.13。当问题规模增大到 320^3 时,MIC 实现的性能达到了 GPU 实现的 1.67 倍。GPU 协处理器的流多核由简单的计算核构成,而 MIC 中的核属于通用核。因而,MIC 比 GPU 更擅长于处理判断与分支语句。如 3.3.3 节所述,S_N 迭代求解进行通量修正时,充满了大量判断与分支,很难开发数据级并行。因而,在进行通量修正的情况下,与 GPU 相比,MIC 实现可以获得更高的性能加速比。

3.4　本章小结

本章采用 MIC 的 NATIVE 模式实现了三维结构网格下离散纵标差分方法的多级并行求解。在采用源迭代方法求解粒子输运方程离散成的离散纵标差分方程时,由于网格之间的数据依赖,整个求解就像一个个波阵面扫描过整个几何网格空间。基于 MIC 的实现展现了如何在这种波阵面扫描中开发多级并行性来充分利用并行硬件线程、向量单元等多级并行计算资源。我们利用基于 MIC 的实现在一块包含 57 核的 MIC 协处理器上模拟真空边界的定常粒子输运模型,并进行了 3 个方面性能分析。第 1 方面,比较了不同并行优化下的性能,并构建波阵面扫描在 MIC 体系结构上的 Roofline 模型来对不同并行优化的性能进行评价,实测性能最大达到了理论性能的 72.8%。第 2 方面,研究了基于 MIC 的实现随着 MIC 中核数变化的强弱扩展性,最大强扩展效率为 63%,最大弱扩展效率为 83%,证明了本章的实现能够在具有更多核的 MIC 协处理器取得好的性能。第 3 方面,详细比较了 MIC 与 GPU 实现的性能。在不进行负通量修正时,MIC 与 GPU 性能相同;在进行负通量修正的情况下,与 GPU 相比,MIC 获得了 1.67 倍的加速效果。

第4章　粒子输运蒙特卡洛方法

癌症已经成为人类十大死因之一。目前全球癌症病例增长较快,据国际癌症研究中心(IARC)预测,每年新增癌症病例将由 2012 年的 1 400 万人,逐年递增至 2035 年的 2 400 万人[97]。放射性治疗是目前癌症治疗中最常用的有效方法[98],其主要利用高能粒子或者射线对癌细胞进行破坏,阻止其继续生长。放射性治疗中所使用的辐射源包括 X 射线、伽马射线、电子、中子等。放射性治疗的终极目标是杀死尽可能多的癌细胞,而对健康的人体组织和器官造成最小的伤害。因而,在放射性治疗的规划阶段,准确的剂量计算就显得尤为重要。

剂量计算是放射治疗中的关键步骤之一,其主要指计算高能粒子或者射线照射到人体组织中能量沉积的空间分布[99]。剂量分布是衡量治疗方案是否合理的主要标准。在放射治疗中,剂量计算需要满足精度和时间两个方面的标准。相关研究显示,剂量计算的准确性提高 1%,癌症的治愈率便可提高 2%[100]。在时间方面,由于剂量计算需要进行多次优化迭代,只有能够在 1 min 内完成单次计算的剂量计算模型才可应用于临床实践[99]。

目前,用于放射性辐射治疗中剂量计算的方法有笔形束算法[101]、叠加-卷积算法[102]以及蒙特卡洛方法[103]等。笔形束算法通过叠加连续射束分成的所有细小束在介质中的剂量沉积来获得单点的总剂量。叠加-卷积算法将计算获得的单位质量总能量与不同密度的同构介质中的能量沉积核进行卷积,以获得剂量分布。蒙特卡洛方法又称为随机抽样方法或者统计试验方法,基于机器生成的随机数,从控制物理过程的概率分布中采样合适的物理量,实现对粒子在介质中传输过程的模拟,最终通过对大量粒子的模拟,获得剂量在整个介质中的分布。在所有剂量计算方法中,蒙特卡洛方法是最精确的,理论上可以精确计算几乎所有环境下的剂量分布。

在本章中,将采用天河二号超级计算机使用的 Intel MIC 协处理中并行硬件资源来提升粒子顺延蒙特卡洛模拟程序 DPM 的计算效率,而不改变 DPM 中的所有物理过程。从蒙特卡洛(Monte Carlo,MC)方法的模拟过程可知,其具有天然的可并行性。除了在模拟开始之前的初始化和模拟结束时的数据收集操作外,模拟过程相对独立,可采用 MC 方法对每个粒子进行独立的模拟跟踪,相互之间原则上不存在任何数据依赖。但是,要尽可能地发挥 MIC 的性能,需要从 MC 模拟中提取多级并行性,从而面临巨大挑战。从算法设计的角度出发,在 MIC 上实现光子与电子耦合快速蒙特卡洛输运剂量模拟加速的挑战主要来自 3 个方面:(1)如何设计线程级与向量级混合并行算法,以充分利用 MIC 体系结构中的多种并行处理资源;(2)如何消除访存冲突和多级并行之间的数据相关;(3)如何针对 MIC 的存储结构对算法实现进行优化。解决以上三大挑战,均需完整理解 DPM 程序对光子和电子耦合输运的逻辑过程和控制流程以及 MIC 体系结构。在本章中,通过构建与 MIC 体系结构中硬件线程相匹配的软件线程以及尽可能地扩大向量级并行的处理范围来实现对 MIC 体系结构中的并行资源的充分利用;为了消除访存冲突和多级并行之间的数据相关,设计了针对多级并行化的新型数据结构;对于算法的存储优化主要涉及优化数据存储结构,改善数据局部性,以提高性能。

4.1 粒子输运的蒙特卡洛模拟

当前,蒙特卡洛方法已经被广泛地应用于粒子输运的模拟中。由于粒子输运问题的重要性,各个发达国家都研制了成熟的通用蒙特卡洛程序,如美国洛斯阿拉莫斯国家实验室研制的 MCNP 程序[104]、欧洲核子中心(CERN)和日本高能物理中心(KEK)主导研制的 GEANT4[105] 等。这些通用蒙特卡洛程序,对粒子输运过程中的所有情况都进行了考虑,采用了当前最好的传输算法和横截面,可以实现粒子在大范围的能量和材料中传输[103],从而其可精确模拟放射性治疗过程中的剂量分布。但是,他们是针对所有应用类型而设计的,并没有针对临床应用做特殊的优化。尽管采用了各种降低方差的技术,这些通用蒙特卡洛程序对于放射治疗中的剂量计算来说都显得太慢。

在过去数十来年中,学术界为了解决通用蒙特卡洛程序对于剂量计算速度太慢的问题,研制了一批快速蒙特卡洛程序,来进一步改善模拟效率,降低计算时间,如基于体元的蒙特卡洛方法(Voxel-based Monte Carlo, VMC/VMC++)[106],叠加蒙特卡洛方法(Superposition Monte Carlo, SMC)[107],剂量规划方法(Dose Planning Method, DPM)[108]。在 MC 模拟中,时间与所模拟的粒子数几乎呈线性关系,而要获得所要求的精度,就必须进行大量粒子历史的模拟。因而,尽管这些快速蒙特卡洛程序的性能相比通用蒙特卡洛程序的性能有了很大的提高,但其速度对于临床应用中的剂量模拟来说还是不够有效[109]。随着半导体技术的发展,出现了各种具有更高峰值性能的众核协处理器。充分利用新型高性能众核协处理器来加速这些快速 MC 程序的模拟,对于推进快速蒙特卡洛程序在临床实践中的应用,具有非常重要的意义。

本章中所涉及的快速 MC 程序 DPM 是由密西根大学 2000 年研制的用于光子和电子耦合快速 MC 剂量计算的开源程序,其发布的开源版本是 DPM 1.1。为了改善模拟性能,DPM 针对辐射治疗中涉及的粒子特定能量范围进行了特殊优化,并引入了大量创新。在电子输运的模拟中,采用了浓缩历史方法,并采用多次散射理论进行弹性散射的模拟,而只对能量损失大于截断能量的非弹性散射和轫致辐射进行详细的模拟。此外,还采用持续慢化近似(CSDA)来处理低于截断能量的能量损失。对于光子模拟,采用 δ 散射方法,以改善跨越体元的光子输运模拟效率。尽管在 DPM 程序中,采用了多种近似处理方法,其模拟结果仍然与那些高精度的通用 MC 程序产生的剂量分布保持很好的吻合。

鉴于 DPM 的开源特性和所提算法的优越性,出现了大量基于 DPM 程序进行的相关研究。这些研究主要分为两类:(1)扩展 DPM 程序的功能,使其能够更进一步接近临床实用,例如东北大学刘艳梅等[110]实现了 DPM 对面向任意介质的剂量计算模型的建模、相关输入文件的转换以及计算结果的可视化;Li 等[111]采用 C++语言在图形化环境下重写 DPM 程序,实现了输入参数调整和计算结果显示的图形化交互窗口;(2)对 DPM 程序实现并行化加速,更进一步提高其计算速度。本章不对 DPM 程序本身的功能进行调整,只是采用 MIC 众核体系结构来加速 DPM 程序的模拟,下面主要介绍关于 DPM 的并行化加速研究。

Tyagi 等[112]采用 MPI 方法在多节点分布式存储体系结构上实现了 DPM 的并行化,其中调用了可扩展并行伪随机数生成库(SPRNG)中的并行随机数生成器。在由 24 个单核 CPU 组成的计算簇上,获得了 23.07 倍的性能加速,其扩展效率为 96.1%;在拥有 32 个单核 CPU 的计算簇上,扩展效率则为 86.4%。章骏等[113]也采用 MPI 方法实现了 DPM 程序的并行化,但其随机数的生成借鉴了 MCNP 程序中的方法,即给模拟的每个粒子分配固定数目的随机数,其好处在于可保证串行模拟与并行模拟的结构完全一致。

Weng 等[99,114]采用 SSE(Streaming SIMD Extensions)技术加速 DPM 程序的模拟。当时的 SSE 一次可同时处理 4 个单精度浮点数操作。在实现中,通过同时模拟 4 个电子的部分传输过程实现向量化加速。与原始 DPM 程序相比,其源电子的模拟效率获得了 1.5 倍左右的提升。尽管如此,其效率提升主要来源于两个方面,一是电子传输过程的部分向量化,二是采用单精度浮点代替原始 DPM 程序中的双精度浮点进行传输模拟。由于向量化过程中只实现了电子输运的向量化,因而其源光子的模拟效率改善稍低于源电子。

Jia 等[99]第一次采用 GPU 来加速 DPM 程序的模拟,其采用 CUDA 编程模型将所模拟的所有粒子平均分配到 GPU 中众多的硬件并行资源上,实现了众多粒子的同时模拟。其随机数生成器依然采用原始 DPM 中默认的 RANECU[115],不同的 CUDA 线程采用由一个 CPU 随机数生成器产生的不同随机数来进行随机数的初始化。在模拟过程中,每个 CUDA 线程采用相应的随机数种子,从而不同线程所使用的随机数序列在统计上是相互独立的。与 2.7G Intel Xeon CPU 相比,该实现在 NVIDIA Tesla C1060 GPU 上获得了 6.6 倍的加速。随后,Jia[116]等又对 GPU 上的实现进行了进一步的优化,其优化主要集中在 4 个方面:(1)分离电子和光子的模拟,减少程序执行过程中的线程分支;(2)采用分批次模拟,以优化相关统计参数的计算;(3)采用 NVIDIA 公司提供的随机数生成库 CURAND[117]替代原始随机数生成器;(4)采用线性插值方法代替原 DPM 中计算横截面数据时的 3 次插值方法,降低存储访问量和计算量。与 2.27G Intel Xeon CPU 相比,优化实现在 NVIDIA Tesla C2050 GPU 上最高获得了 87.02 倍的加速。

为了增强程序在不同平台之间的可移植性,Tian 等[118]采用 OpenCL 编程模型来实现光子与电子耦合快速 MC 模拟。与前面基于 CUDA 的 GPU 实现相比,该实现的性能稍逊色一点。尽管如此,该实现的最大优势在于其可以运行在不同厂商的 GPU 以及多核 CPU 平台上。

Peter 等[119]将 DPM 移植到共享存储的多核 CPU 上,其随机数生成采用 Intel MKL 中实现的梅森(Mersenne Twister, MT)伪随机数生成器[120],采用 OpenMP 来实现线程级并行性的开发,采用 Intel Cilk Plus 来实现数据级并行。与运行在 Intel Xeon E5-2650 CPU 的原始 DPM 实现相比,该多核实现在两块 Intel Xeon E5-2699 v3 18-core CPUs 上获得了接近 37 倍的加速。

此外,在利用 MIC 体系结构来加速 MC 模拟方面也有大量相关研究,如文献[121-126]等。

Ahn 等[122]在 60 核的 MIC 协处理器上测试了 GEANT4 程序的多线程版本 GEANT4-MT 的性能。其测试结果显示,在保持单线程模拟的任务量不变时,随着线程数量的增加,可以观察到加速比接近与线程数量呈线性关系。Souris 等[123,124]在 MIC 协处理器上实现了针对质子放射性治疗的快速 MC 模拟。在模拟速度方面,Souris 的实现大约是 GEANT4 的 90 倍。

Xu 等[123]实现了在 MIC 体系结构上运行的 MC 模拟程序 ARCHER$_{MIC}$。该模拟程序可以实现光子传输、电子传输以及中子传输的模拟。在该模拟程序中,随机数生成器采用 Xorshift[127]。与运行在 Intel Xeon X5650 CPU 上多线程实现 ARCHER$_{CPU}$ 相比,运行在 Intel Xeon Phi 5110p 上的 ARCHER$_{MIC}$ 可以获得 2 倍的加速。

Gorshkov 等[126]在 MIC 体系结构上实现了光子传输的 MC 模拟,其实现方法主要涉及多线程的利用以及存储访问的优化。与 Intel Xeon X5680 CPU 上的单线程实现相比,其实现在 Intel Xeon Phi SE10X 协处理器上获得了 11 倍的速度提升。

Cui 等[123]将通用 MC 程序 MCNP 移植到了 MIC 体系结构上。通过设计合适的并行访问数据结构和任务平衡调度算法,其实现获得了 5.6 倍的性能加速。

综上所述,关于 DPM 在 MIC 体系结构上的并行计算未见相关研究报道,本章是学术界第一个尝试在 MIC 体系结构上进行 DPM 多级并行化加速的研究。

4.2　基于 MIC 的多级并行快速 MC 模拟算法

4.2.1　总体设计流程

基于 MIC 的光子与电子耦合 MC 输运多级并行加速模拟的流程,如图 4.1 所示。整个耦合输运加速模拟程序(简称 MV-DPM)仍然保持 DPM 的整体架构,其输入输出仍然采用原来的接口。与前面基于 MIC 的非结构化网格多级并行扫描算法一样,CPU 主要用于数据的初始化、程序流程的控制以及统计数据处理与输出,MIC 则负责完成几乎所有的模拟计算。

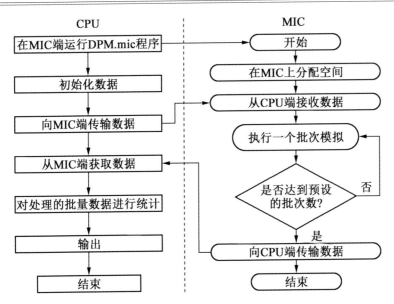

图 4.1　基于 MIC 的光子与电子耦合 MC 输运多级并行加速模拟流程

模拟开始的时候,CPU 首先将 MIC 上运行的程序(DPM. mic)发送到 MIC 端,并且采用一定的配置参数启动运行。至此,CPU 和 MIC 两端的程序并行进行后续的操作。CPU 端开始初始化所有必要的数据,例如体元化的几何体、材料参数、横截面数据以及所有随机数种子;MIC 端则开始内存空间的分配。然后,将 CPU 端初始化的数据全部传输到 MIC 端。初始化完成之后,采用分批计算法开始光子与电子的耦合模拟。采用分批计算的主要目的在于方便计算剂量分布的统计误差。在每批次模拟中,对每个粒子的历史进行模拟,并且记录下对每个体元的剂量沉积。当所有批次模拟完成以后,将相关的统计数据从 MIC 传输到 CPU 中。然后 CPU 对获得的统计数据进行处理,输出最终的剂量分布和统计不确定度。采用分批法计算时,统计不确定的计算公式为

$$\sigma_D = \sqrt{\frac{\sum\limits_{i=1}^{N_b}(D_i - \overline{D})^2}{N_b(N_b-1)}} = \sqrt{\frac{N_b\sum\limits_{i=1}^{N_b}D_i^2 - \left(\sum\limits_{i=1}^{N_b}D_i\right)^2}{N_b^2(N_b-1)}} \tag{4.1}$$

式中,N_b 表示预先设定的批次数量;D_i 表示第 i 个批次计算的剂量;$\overline{D}$ 是所有 N_b 个批次计算的剂量平均值;D_i^2 表示第 i 个批次计算剂量的平方。因此,在分批次模拟过程中,只需记录 D_i 和 D_i^2 两个变量即可。

此外,在基于 MIC 的光子与电子耦合 MC 输运加速模拟中,采用单精度浮点数据类型来代替原始 DPM 程序中的双精度浮点。其主要原因是:(1)单精度浮点数据类型已经能够满足辐射治疗中的 MC 模拟精度需求,不会触发显著的误差[109,128];(2)与双精度浮点类型相比,单精度可以获得显著的性能提升,特别是在存储受限的系统中。

4.2.2　多级并行数据结构

在并行执行过程中,存在 3 种数据相关情况:读后写、写后读以及写后写。数据相关

将导致存储冲突,在不支持 Cache 一致性的系统中将直接导致程序的错误运行。即使在支持 Cache 一致性的系统中,数据相关将极大地增加一致性维护开销以及存储开销。一般解决并行访存冲突的最直接的方法是将相应的数据进行扩展。数据扩展的常用方式有两种:结构体数组 AOS(Array of Struct)和数组结构体 SOA(Struct of Array)。以记录粒子状态属性的结构体 Dpmpart 为例:

结构 4.1　记录粒子状态属性的结构体 Dpmpart

1:　typedef struct
2:　　{
4:　　　float vx, vy, vz;
5:　　　float x, y, z;
6:　　　int $xvox$, $yvox$, $zvox$, $absvox$;
7:　　}Dpmpart;

结构 4.2　AOS 结构

DpmpartAOS[N]

其中 N 表示数据扩展的份数。

结构 4.3　SOA 结构

1:　typedef struct
2:　　{
3:　　　float energy[N];
4:　　　float vx[N], vy[N], vz[N];
5:　　　float x[N], y[N], z[N];
6:　　　int $xvox$[N], $yvox$[N], $zvox$[N], $absvox$[N];
7:　　}SOA;

　　两种数据扩展方式各有优势,其中 AOS 结构可以保证单份数据扩展内最大的数据局部性,有利于发挥 Cache 的功能,在基于 CPU 的多线程应用开发中经常使用;SOA 结构则可满足存储合并访问的需求,在面向 GPU、向量单元等的高性能计算中可以获得较高的计算效率。

　　在 MV-DPM 设计中,存在线程级和向量级两个层次并行。不同层次的并行,其数据访问特征具有显著的差异。

　　在线程级并行中,要求单线程内具有最大的数据局部性,采用 AOS 结构比较合理。在基于 Cache 的系统中,数据通常是以缓存行的形式加载到 Cache 中。从而,如果采用 SOA 结构,当多个相邻线程不在同一个物理核上时,每次数据的写操作均需要一致性协议进行 Cache 行一致性的维护。其实,还有一种方法可以保持单线程内数据的最大局部性,即在线程内申明私有变量来存储数据。然而,由于 MIC 中采用的存储系统是面向带宽优化的 GDDR5,其分配内存空间的速度较慢。因而,不宜采用这种在线程内申请私有变量的方法,而需要在分批计算之前开始分配所有数据结构的存储空间。

　　向量级并行要求同时访问的多个数据连续存储,以实现合并访问,降低访存开销。因而,采用 SOA 结构比较合理。

　　针对以上两级并行的需求,对于 MV-DPM 中读写的变量,重新定义新的结构类型,如下:

结构 4.4　面向向量与线程两级并行的数据结构

1：　typedef struct
2：　{
3：　　float energy[LoV];
4：　　float vx[LoV], vy[LoV], vz[LoV];
5：　　float x[LoV], y[LoV], z[LoV];
6：　　int $xvox$[LoV], $yvox$[LoV], $zvox$[LoV], $absvox$[LoV];
7：　} Vpart;
8：　typedef struct
9：　{
10：　Vpart LVpart;
11：　Vjmp LVjmp
12：　Dpmesc LDpmesc;
13：　……
14：　int Sup[N];
15：　} Tdpmprv;
16：　__declspec(align(64)) Tdpmprv Gprv[N_{th}];

　　其中,Vjmp 和 Dpmesc 为预先定义的数据结构;LoV、N 和 N_{th} 均为预先定义的常量;LoV 表示向量级并行的宽度;N_{th} 表示线程级并行的线程数量;N 表示补充数据 Sup 的宽度。增加 Sup 的目的在于使得结构体 Tdpmprv 的存储空间大小为 64 字节的整数倍。通过第 16 行的数据对齐空间申明,可以保证来自不同线程的读写数据位于不同的 cache 行中。总的来说,新的结构融合了 SOA 结构和 AOS 结构的特性,即可满足线程级并行的需求,

也可满足向量级并行的需求,同时最小化数据一致性维护开销。对于只读变量,则维持原有的数据结构。

4.2.3 线程级并行化

MIC 拥有数量众多的运算核心,每个核心支持 4 个硬件线程。因而,基于 MIC 的并行算法或者应用,线程级并行设计是其在 MIC 上实现高性能计算的基础。在 MV-DPM 实现中,采用 OpenMP 编程模型来实现线程级并行。在每批次模拟中,OpenMP 线程的数量等于 MIC 中可以用于计算的所有并行硬件线程的数目,以实现 MIC 中计算核心的最大化利用。每批次的计算模拟主要由粒子历史的模拟和剂量的累加两个步骤构成,如算法 4.1 所示。

在 4.2.2 节中提出的多级并行数据结构已经消除了访存冲突,并且在分批次计算模拟之前已经分配好对应的存储空间。因此,针对粒子历史的模拟,本章提出了如算法 4.1 中第 2~7 行所示的线程级并行实现。所有的 OpenMP 线程相互独立地并行进行粒子历史的模拟。在每个线程的模拟中,首先调用 OpenMP 的系统函数 omp_get_thread_num( ) 来获取当前线程的线程标识符(Tid),从而可使用该 Tid 去访问分配给该线程的私有数据。然后,计算该线程所需模拟的粒子数目 N_{pert}。为了保持所有并行线程之间的负载平衡,每批次所模拟的粒子被平均分配到每个 OpenMP 线程中。随后,便可开始各自 N_{pert} 个粒子历史的模拟。

算法 4.1   基于 MIC 的 MV-DPM 线程级并行算法

input: N_{th}(No. of parallel OpenMP threads), N_b(No. of batches)

1:    for b = 1 to N_b do
2:        for all OpenMP threads do in parallel
3:            Get Tid (Thread ID)
4:            Calc N_{pert}(No. of source particles per thread)
5:            sim_history( )
6:    Paccumlate_dose( )

当给定批次的所有 OpenMP 线程计算完成之后,需要将当前所有线程计算获得的剂量进行累加,以获取当前批次计算的剂量值 D_i,并且将相关的计数器进行清零操作。同时,根据统计不确定的计算公式(4.1),还需计算当前批次剂量的平方值 D_i^2。尽管累加操作可以采用多线程实现,但由于数据之间的相关性以及数据规模大小有限等原因,直接对累加操作进行线程级并行将无法充分利用现有的并行资源。通过对累加过程的仔细分析发现,针对不同体元的剂量累加是相互独立的,没有任何相互依赖关系。对于划分为 N_{vox} 个体元的体模来说,其并行剂量累积算法如算法 4.2 所示。其中,首先将所有

N_{vox} 体元划分成 $\dfrac{N_{\text{vox}}}{512}$ 个模块(假设 N_{vox} 能被 512 整除),模块划分的目的在于下一节中进行

向量级并行的开发;然后采用 OpenMP 指导语句 parallel_for 将 $\dfrac{N_{\text{vox}}}{512}$ 个模块平均分配到所

有并行的线程中进行剂量累积以及相关操作的并行计算,如第 1~2 行所示。

算法 4.2 MV-DPM 中多级并行剂量累积算法 Paccumlate_dose( )

input: N_{vox}(No. of Voxel), N_{th}

1： #pragma omp parallel for private(i, j, k, ii, kk)

2： for $k = 0$ to $\dfrac{N_{\text{vox}}}{512} - 1$ do

3： $kk = k * 512$

4：   for $j = 0$ to $N_{\text{th}} - 1$ do

     //Vectorization

5：   for $i = 0$ to 511 do in parallel

6： $ii = kk + i$

7： $dtmp[ii] = dtmp[ii] + (Gprv[j].LDpmesc).dtmp[ii]$

8： $(Gprv[j].LDpmesc).dtmp[ii] = 0.0$

     // Vectorization

9：   for $i = 0$ to 511 do in parallel

10： $ii = kk + i$

11： $dose[ii] = dose[ii] + dtmp[ii]$

12： $dose2[ii] = dose2[ii] + dtmp[ii] * dtmp[ii]$

13： $dtmp[ii] = 0.0;$

4.2.4 数据局部性优化

程序执行过程中,经常会重复使用它最近用过的指令和数据,这就是局部性原理,包括时间局部性和空间局部性两类。现代通用处理器的 Cache 结构就是基于程序的局部性原理而引入的。当 Cache 的大小可以容纳程序执行过程中使用的全部指令和数据时,不同数据结构所呈现出的不同局部性可能对于性能不会产生较大影响。然而,现实情况中,Cache 的容量对于程序的存储需求来说往往太小。例如,在 MIC 体系结构,L2 Cache 的总大小可能超过 30 MBtye,但每个核只占有 512 KByte 的统一 L2 Cache,并且由一个核中四个硬件线程所共享。因而,局部性较差的数据结构,将对 MIC 计算性能的发挥造成影响,例如 DPM 原程序中用于存储插值参数的只读结构体,其结构如下:

结构 4.5 Msarray 结构体

```
1:  typedef struct
2:  {
3:      float a[n];
4:      float b[n];
5:      float c[n];
6:      float d[n];
7:  } Msarray;
```

对于能量 $e \in [e_i, e_{i+1}]$，横截面数据通过公式 $\sigma(e) = a_i + b_i e + c_i e^2 + d_i e^3$ 计算获得。对于每个线程，每一次插值计算，需要从 Msarray 中 4 个数组分别读取一个数据。当 n 较大时，所读取的 4 个数据将来自不同的缓冲行，从而意味着每次插值可能需要访问 4 次存储器，增加了程序的运行时间。从计算公式可知，每次插值，总是需要 4 个数据，并且用于获取 4 个数据的索引值是相同的。基于该特征，重新定义如下结构体 S2array 代替 Msarray：

结构 4.6 S2array 结构体

```
1:  typedef struct
2:  {
3:      // a2d[i*n]=a[i],…,a2d[i*4+3]=d[i](i=0,…,n-1)
4:      float b[n];
5:  } S2array;
```

结构体 S2array 通过将每次插值所需的 4 个插值系数存储在连续的位置，提高了数据的空间局部性，有效降低可能的存储器访问次数，实现性能的提升。假设内存空间是按 64 字节对齐分配的，两种不同的数据结构在 Cache 中的存储模型如图 4.2 所示。新的数据结构 S2array 使得每次插值的源 Cache 行从原来的 4 变为 1。其他数据，如用来存储二级粒子的粒子栈，也采用相同的方法进行局部性优化。

4.2.5　向量级并行化

MIC 体系结构中每个核拥有 512 位宽的向量单元，能同时处理 16 个单精度或者 8 个双精度浮点操作。因而，充分利用这些向量单元，可以使得计算性能获得极大提升。根据向量运算的特征，向量单元要求其同时处理的 16 个或者 8 个操作必须是相同的。然而，MC 输运模拟具有天然的随机性。虽然多个粒子的模拟相互独立，可并行地进行处理，但由于其具有随机性，每个粒子所经历的模拟过程可能完全不一样。因此，在 MC 输运模拟中,开发向量级并行显得非常复杂而困难。

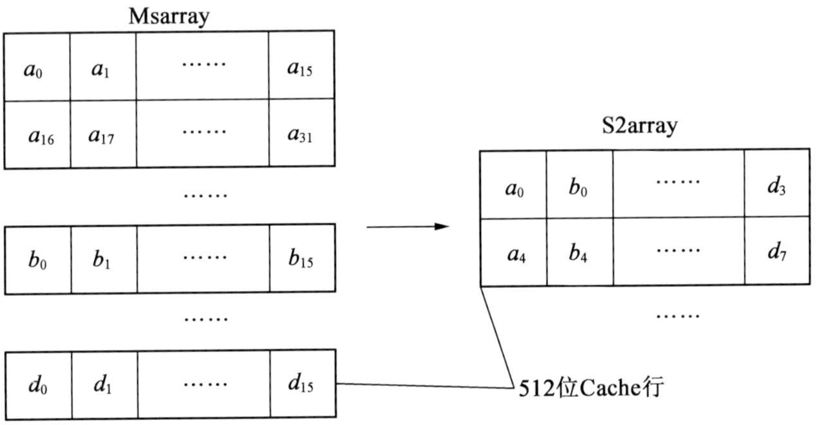

图 4.2　不同结构的数据在 Cache 中的存储模型

　　针对光子和电子耦合输运的 MC 模拟,实现向量级并行的第一步就是将光子与电子的输运模拟过程分离,如算法 4.3 所示。其中,申请了两个二级粒子栈 p-stack 和 e-stack分别用来存储耦合输运过程中所产生的二级中子和二级电子。当源粒子是电子(或者中子)的时候,按照二级电子(或者中子)、源电子(或者中子)的顺序进行模拟,而存储二级中子(或者电子)。当存储的二级中子(或者电子)的数量超过预先设置的值 L_{th} 时,则开始中子(或者电子)的模拟。通过分离模拟,既可以在一段时间内模拟相同类型的粒子,同时也可以改善程序的局部性。第 4 行所示的未完成模拟的电子主要指二级电子;而第6 行所示的未完成模拟的电子可能既包括源电子也包括二级电子(源粒子类型是电子时),也可能只包含二级电子(源粒子类型是光子时)。由于 16 个光子在输运过程中进行相同操作的比例较低,同时鉴于向量化本身有一定的时间开销。因此,在光子与电子耦合 MC 输运算法中,只采用向量单元来完成电子的输运模拟,如第 5 行所示,而仍然采用标量操作来完成光子的输运模拟,如第 3 行所示。

算法 4.3　MV-DPM 中基于向量化的光子与电子耦合 MC 输运算法 Vsim_history( )

---

input:Source particle type, T_{id}, N_{pert}, Threshold Length (L_{th}), p-stack (The secondary photon stack), e-stack (The secondary electron stack)

1:　if Source particle type is photon then

2:　　for $i = 1$ to N_{pert} do

　　　// Simulate the ith photon and the secondary photons with serial code, and store the secondary electrons in e-stack

3:　　　Sim_phot_serial( )

4：   if No. of un-simulated electrons $> L_{th}$ then

       // Call the vectorization simulation of electron transport

5：   Sim_elec_vec( )

6： while No. of un-simulated electrons $\geqslant$ 16 do

7：   Sim_elec_vec( )

       // Simulate all the secondary photons in p-stack with serial code

8：   while p-stack is not empty do

9：   Sim_phot_serial( )

       //Simulate the remaining particles with serial code

10： Sim_history( )

 根据 Amdahal 定律可知,通过向量化获得的性能提升受限于向量化部分所占的比例。因此,在向量化过程中,应尽量扩大向量化的范围。然而,由于向量化本身的开销以及向量化过程向量单元的非充分利用,扩大向量化范围也可能导致性能的降低。

 通过比较向量化电子输运过程中各部分运算可能带来的性能提升与向量化本身的开销,提出了电子输运的向量化模拟算法,如算法 4.4 所示。在模拟开始之前,采用串行代码将 16 个电子加载到存储向量化过程中粒子状态的栈 v-array 中(第 1 行),这些电子可能是源电子,也可能是 e-stack 中的二级电子。根据向量单元的利用率,可以将电子输运的向量化模拟划分为四个步骤。第一步是采用向量化代码对 v-array 中新加载电子的输运特征进行初始化,包括散射强度、碰撞距离等(第 4 行)。第二步是采用向量化代码对 v-array 中 16 个电子进行一次传输,并且计算 CSDA 能量(第 5 行)。第三步是采用向量化代码对 v-array 中发生多次弹性散射事件的电子进行模拟(第 6 行)。第四步(第 7~11 行)是采用串行代码依次对 v-array 中 16 个电子进行检测,查看是否发生硬碰撞以及是否模拟结束,如果发生硬碰撞,就先进行硬碰撞的模拟,并且将所产生的二级粒子存储在 e-stack 或者 p-stack 中;如果电子从体元中逃脱,或者其能量低于截断能量,意味着该电子模拟结束,然后从源电子或者 e-stack 中取出新电子加载到 v-array 中。为充分利用存储的局部性以及减少二级粒子的存储需求,加载粒子时优先处理 e-stack 中的电子。只要 v-array 中 16 个电子全有效,并且 p-stack 中存储二级中子数不大于 L_{th},就反复执行以上四步;当条件不满足时,就采用串行代码对 v-array 中有效电子进行逐一模拟(第 12 行)。在电子输运的以上向量化模拟算法中,所有向量化步骤均采用 SIMD 引语函数来实现。

算法 4.4　MV-DPM 中电子输运的向量化模拟算法 Sim_elec_vec( )

input：p-stack，e-stack，L_{th}，v-array（arrays storing particles data）

// Load 16 new Elecs to v-array from source or e-stack with serial code

1：　for i = 1 to 16 do

2：　　Load_into_varray_serial(i)

3：　while（16 Elecs in v-array are valid）and（No. of Phots in p-stack ≤ L_{th}）do

　　// S1：initialize scattering strength（fuelel）and distance to collisions（fuelmo，fuelbr）for just-loaded Elecs with vectorized code

4：　　Init_new_elec_vec( )

　　// S2：transport 16 Elecs once and calculate their CSDA energies with vectorized code

5：　　Trans_csda_vec( )

　　// S3：handle elastic scattering event for some or all of the 16 Elecs with vectorized code

6：　　Handle_multi_scattering_vec( )

　　// S4：examine all 16 Elecs one by one

7：　　for i = 1 to 16 do

8：　　　if A hard interaction has occurred then

　　　// Handle the interaction and put the generated Elec or Phot into e-stack or p-stack

9：　　　　Handle_hard_event_serial( )

10：　　　if（Escape from the universe）or（energy < cut-off）then

　　　// Dump the ith Elec and load a new Elec from e-stack or source

11：　　　　Load_into_varray_serial(i)

　　　// Simulate the remaining Elecs in V-stack with serial code

12：　Sim_history( )

4.2.6　多级并行随机数发生器

伪随机生成器（PRNG）是任何 MC 方法的基础与核心,其品质直接影响 MC 方法的精确度。基于 MIC 的多级并行 MC 加速模拟需要高品质、长周期并且产生速度快的多级并行 PRNG。串行随机数生成方法较多,产生的伪随机数序列品质也较好,但由于受到计算机内部寄存器位宽的限制,其周期有限。为获得长周期的随机数,可采用多个随机数组合产生新的随机数,从而扩大伪随机数的周期,如 DPM 中默认的 RANECU[115],其由两个 32 位的乘线性同余随机数生成器（Multiplicative Linear Congruential Generators, MLCGs）seed1$_i$ 和 seed2$_i$（$i = 0, 1, \cdots$）组合而成,其周期长度大约为 2.3×10^{18},计算公式如下：

$$seed1_i = (a1 \times seed1_{i-1}) \bmod (m1)$$
$$seed2_i = (a2 \times seed2_{i-1}) \bmod (m2)$$
$$seed_i = (seed1i - seed2_i) \bmod (m1-1)$$

$$(4.2)$$

随机数并行化的方法主要包括参数配置法、跳变法和分段法。参数配置法是指对各子序列的随机数生成器配置不同的参数,从而形成的各子序列随机数生成器相互独立,可并行处理。跳变法是指并行化后产生的各子序列依次从原随机序列中获取随机数,从而各子序列中两个相邻的随机数在原随机序列中的间隔为并行度。分段法是指将原序列划分为互不重叠的多个子段,多个子段则可以同时产生随机数。以上 3 种方法均可使得并行化之后的各子序列之间没有重叠,互不相关。考虑到设计的复杂性和可并行性,本章采用分段法来设计多级并行随机数生成器。

分段法最关键在于获取每个子序列的随机数种子。根据 MLCG 随机数的特征,给定一个初始化的随机数种子 S_0,第 i 个随机数可以直接根据公式计算获得,而不需要计算中间任何值。根据 MV-DPM 的计算需求,将 RANECU 划分成多个相同的子序列,每个子序列的长度为 1×10^{14}。由于每个子序列的长度较长,直接采用公式计算每个子序列的随机数种子是不切实际的。在实际应用中,在 CPU 上采用文献[129]提出的脚本 seedsMLCG 来进行子序列的划分。

基于所划分的子序列,提出了多级并行随机数生成器 MV-RANECU,如算法 4.5 所示。其中,Uscale 为预先计算的常数,从而输出的随机数 out 为 0 到 1 之间的值;第 2~6 之间的向量级并行采用向量引语函数实现。

算法 4.5 MV-DPM 中多级并行随机数生成器 MV-RANECU

input:N_{th}, random seeds for all sub-random sequences

// Thread-level parallelization

1:   for k = 0 to N_{th}- 1 do in parallel

    // Vector-level parallelization

2:     for i = 0 to 15 do in parallel

      // $seed1$ and $seed2$ means $((Gprv[k].LSeed).s1(i)$ and $(Gprv[k].LSeed).s1(i))$

3:     $seed1 \leftarrow (a1 \times seed1) \bmod (m1)$

4:     $seed2 \leftarrow (a2 \times seed2) \bmod (m2)$

5:     $tmp \leftarrow (seed1 - seed2) \bmod (m1 - 1)$

6:     $out \leftarrow tmp \times Uscale$

4.3　实　验　结　果

4.3.1　测试平台与设置

实验平台由一块 Intel Xeon E5-2670 CPU 和一块 Intel 57 核 MIC 协处理器构成。原始的 DPM 程序采用 Fortran 语言实现。在向量化实现过程中,Intel 编译器仅支持 C/C++ 类型的引语函数,因而采用 C 语言来实现上一节的并行化设计。原始的 DPM 程序由 Intel Fortran 编译器编译,本章所实现的 MV-DPM 则采用 Intel Fortran 和 C 编译器混合编译。在编译的过程中,均采用了编译器的 3 次优化选项-O3。Intel 编译器和 OpenMP 编译器模型的版本分别为 13.0.0 和 3.1。

在测试中,模拟单能粒子束照射到立方体模的表面中心后的剂量分布。所使用的立方体模大小为 30.5 cm×30.5 cm×30.0 cm,其中体元大小为 0.5×0.5×0.2。沿着 Z 轴方向,该体模由水、肺、骨以及水等 4 层构成,4 层的深度分别为 3 cm、3 cm、3 cm 和 21 cm。粒子束的射野大小为 5.0 cm×5.0 cm,单能光子束的能量为 6 MeV,单能电子束的能量为 20 MeV。此外,光子和电子的截断能量分别设置为 50 keV 和 200 keV。

4.3.2　精度对比结果

图 4.3 显示了能量为 20 MeV 的单能电子束照射到水-肺-骨-水模体中时,基于 CPU 的 DPM 和基于 MIC 的 MV-DPM 两个程序分别模拟 $2×10^7$ 个电子历史后所获得的剂量分布比较,包含模体中心的深度剂量曲线比较(图 4.3(a))和不同深度的横向剂量曲线比较(图 4.3(b))。从图中可以发现,两个程序模拟结果非常吻合。两个结果的平均相对不确定度均为 0.26%。在所有计算的体元上,两个程序模拟得出的结果的最大差异不超过最大剂量值的 1.02%。

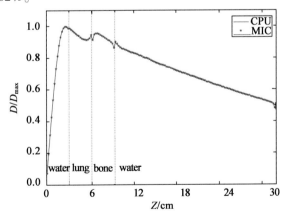

(a)模体中心深度剂量曲线比较

图 4.3　能量为 20 MeV 的单能电子束照射到水-肺-骨-水模体中,DPM(CPU)和 MV-DPM(MIC)计算的剂量分布比较

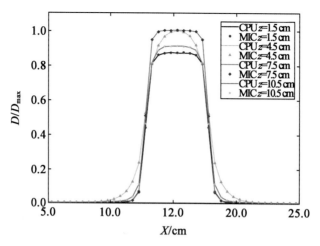

(b)不同深度的横向剂量分布比较

图 **4.3**(续)

　　图 4.4 是能量为 6 MeV 的单能光子束照射模体时,DPM 和 MV-DPM 两个程序分别模拟 $1×10^9$ 个电子历史后所得到的剂量分布比较。两个结果的平均相对不确定均为 0.16%,而两个程序计算结果之间的差异保持在最大剂量值的 0.80% 以内。总的来说,基于 MIC 的 MV-DPM 程序得出的剂量分布与 DPM 程序计算结果高度吻合。

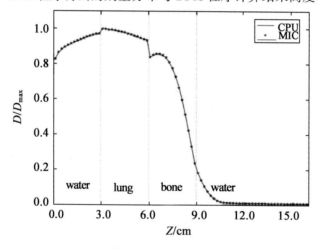

(a)模体中心深度剂量曲线比较

图 **4.4**　能量为 **6 MeV** 的单能光子束照射到水–肺–骨–水模体中,**DPM**(**CPU**)和 **MV–DPM**(**MIC**)计算的剂量分布比较

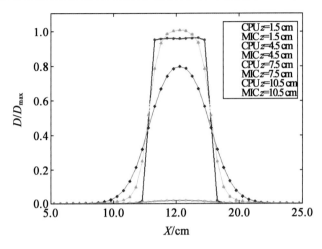

(b) 不同深度的横向剂量分布比较

图 4.4(续)

4.3.3　不同优化实现的性能比较

为了深入理解不同优化方法对于基于 MIC 的快速 MC 模拟性能的影响,本章测试了基于 MIC 的不同优化阶段实现模拟不同数量源粒子时的运行时间,并分别与 CPU 上的原始 DPM 实现进行了比较。MV-DPM 主要包括线程级并行、数据局部性优化以及向量级并行 3 个优化阶段。基本阶段指基于 MIC 的线程级并行化实现,下一阶段的优化依赖于上一阶段的实现。

图 4.5 显示了模拟电子时,MV-DPM 的不同优化阶段实现与 CPU 上的原始 DPM 实现之间的性能比较。其中,纵坐标是加速比,表示模拟相同数量的粒子时 CPU 上的 DPM 运行时间和 MIC 上实现的运行时间之比,而没有考虑平均相对不确定度;横坐标代表所模拟的电子历史数,最少是 5×10^5,最多是 1.28×10^8。随着所模拟的电子历史数增加,不同优化阶段的加速比均先不断增加,然后在一定值附近波动。Stage 1 表示在 MIC 上只采用线程级并行的快速 MC 模拟实现。Stage 2 表示在 Stage 1 基础上进行的数据局部性优化。Stage 3 表示在 Stage 2 基础上完成的向量级并行实现。当模拟 1.28×10^8 个源电子时,在 MIC 上只采用线程级并行的实现与 CPU 之间的加速比仅为 10.04 倍。数据局部性优化使得加速比增加到了 10.93 倍。采用向量级并行化以后,加速比最终达到了 16.22 倍。

图 4.6 是模拟光子时,MV-DPM 的不同优化阶段与 CPU 上的原始 DPM 实现之间的性能比较。其中,纵坐标是加速比,横坐标是所模拟的光子历史数,最小是 10^5,最大是 10^9。Stage 1 表示快速 MC 模拟在 MIC 上只采用线程级并行的实现。Stage 2 表示在 Stage 1 基础上进行的数据局部性优化。Stage 3 表示在 Stage 2 基础上完成的向量级并行实现。加速比与光子数的关系呈现出与模拟电子时同样的趋势,先增加后趋于稳定。当所模拟的源光子增加到了 10^9 个时,3 个优化阶段的实现与 CPU 之间的加速比分别为

8.24、12.40 和 18.82。

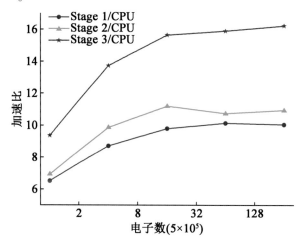

图 4.5　模拟不同数量的源电子时基于 MIC 的不同优化阶段快速 MC 模拟实现与 CPU 单核之间
　　　　的性能比较

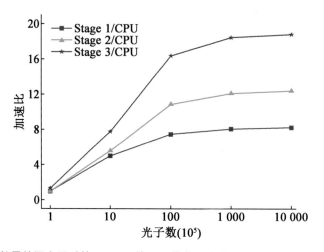

图 4.6　模拟不同数量的源光子时基于 MIC 的不同优化阶段快速 MC 模拟实现与 CPU 单核之间
　　　　的性能比较

对于以上光子和电子的所有测试情况,与线程级并行化基本实现相比,数据局部性优化所获得的最大加速比达到 1.51 倍;向量级并行化在数据局部性优化上所实现最大加速也达到了 1.52 倍。因而,存储优化和向量化对于在 MIC 上的快速 MC 模拟获得最好的性能均非常重要。

4.3.4　可扩展性测试

随着半导体工艺的发展,单 MIC 芯片上集成的核数将会不断增加。因此,有必要研究 MV-DPM 在 MIC 上的运行性能随着 MIC 中核心数量变化的可扩展性。在扩展性测试中,模拟的总源电子数固定为 $2×10^7$,测试 MV-DPM 运行在 MIC 中不同数量核心上的运行时间,并计算相应的加速比和扩展效率,见表 4.1。其中,模拟的总源电子数均为 2×10^7;所设线程数等于所用核心所支持的硬件线程数,以最大化地发挥核心的计算能力。从表 4.1 中可以发现,加速比几乎与所采用的核数呈线性关系。当 MV-DPM 只运行在 MIC 中的一个核心(4 个线程)上时,总的运行时间为 1 228.12 s。随着所使用核心数量的增加,运行时间不断下降。当采用所有 56 个核心(224 个线程)来执行 MV-DPM 时,运行时间降低到了 23.24 s。此时,与采用单个核心(4 个线程)时的性能相比,加速比为 52.85 倍,扩展效率大约为 94.4%。因此,本章所提出的算法具有很好的可扩展性,也能在集成更多核心的 MIC 上实现好的性能。

表 4.1　基于 MIC 的快速 MC 模拟运行在 MIC 中不同数量核心上时的加速比以及相应的扩展效率

核数×单个核的硬件线程数	时间/s	加速比	扩展效率/%
1×4	1 228.12	1.00	100.0
2×4	619.83	1.98	99.1
4×4	312.99	3.92	98.1
8×4	159.40	7.70	96.3
16×4	79.13	15.52	97.0
32×4	40.50	30.32	94.8
56×4	23.24	52.85	94.4

4.3.5　与相关工作的比较

表 4.2 是 MV-DPM 与部分相关工作关于平均相对不确定以及运行时间的比较。部分相关工作主要包括早期基于 OpenMP 的实现(M-DPM)[130] 和基于向量化的实现 (V-DPM)[135]。与早期 MIC 上只基于 OpenMP 的实现(M-DPM)相比,本章主要完成了两个方面的改进工作:(1)采用单精度浮点数据类型来代替 M-DPM 所采用的双精度浮点,并采用分批次计算的方式来完成模拟;(2)采用 MIC 中向量单元来进一步降低 MC 模拟的执行时间。对于模拟 1.28×10^8 个源电子的情况,MV-DPM 和 M-DPM 的运行时间分别为 141.73 s 和 228.79 s;对于模拟 10^9 个源光子的情况,MV-DPM 和 M-DPM 的执行时间分别为 315.32 s 和 607.74 s。从而,与 M-DPM 相比,MV-DPM 实现了 1.61~1.93 倍的性能加速。

表 4.2 基于 MIC 的快速 MC 多级并行模拟与部分相关工作关于平均相对不确定度 $(\sigma D/D)$ 以及执行时间(T)的比较

源类型	MV-DPM		M-MIC		V-DPM	
	$\overline{\sigma D/D}/\%$	T/s	$\overline{\sigma D/D}/\%$	T/s	$\overline{\sigma D/D}/\%$	T/s
光子	0.16	315.32	0.16	607.74	0.16	443.78
电子	0.10	141.73	0.10	228.79	0.10	167.56

与 Weng 等[114]提出的向量化实现(V-DPM)相比,MV-DPM 融合了向量级并行与线程级并行,并且在向量级并行中,通过随机数生成的向量化,实现了 DPM 快速 MC 模拟过程中更多操作的向量化处理,如多次弹性散射事件的模拟。此外,处理二级粒子时,V-DPM 混合存储二级电子和二级光子,模拟电子时如果加载了二级光子,则中断当前电子的模拟先进行二级光子的处理。而 MV-DPM 将二级电子和二级光子分别存储到不同的粒子栈中,进行源电子模拟时先进行电子的模拟,直到电子模拟所产生的二级光子数量达到一定阈值时才开启二级光子的模拟。MV-DPM 中通过对光子和电子输运的分离模拟,有效地改善了程序的局部性。在本章中,我们主要比较 V-DPM 与 MV-DPM 所采用的向量化技术对性能的影响,故在本章线程级并行和数据局部性优化的基础上,采用文献[114]中的向量化技术实现了 V-DPM。V-DPM 模拟 1.28×10^8 个源电子和 10^9 个源光子的运行时间分别为 167.60 s 和 443.78 s。因而,与 V-DPM 中的向量化方法相比,本章提出的向量化方法可以获得 1.18~1.41 倍的加速。

将 MV-DPM 与 Jia 等提出的基于 GPU 实现[116](gDPM 2.0)相比,主要可以发现两个方面的区别:一是 MV-DPM 在 MIC 中的存储访问性能的提升主要依赖于硬件 Cache 技术,而 gDPM 2.0 则主要依赖于 GPU 中软件缓存技术;二是 MV-DPM 在 MIC 中的向量级并行性的开发是通过软件手动完成的,而 gDPM 2.0 中则通过 GPU 中的 SIMT 单元自动实现。由于后一个区别的影响,运行在 MIC 协处理器上的 MV-DPM 的性能不如运行在具有相同峰值性能的 GPU 协处理器上的性能。尽管如此,MV-DPM 实现中所采用的方法可以推广到现有多核 CPU 的实现中。

Ziegenhein 等提出的基于多核 CPU 实现[119](PhiMC)和本章提出的 MV-DPM 均通过开发快速 MC 模拟中的线程级并行和向量级并行来实现性能提升。与 PhiMC 相比,MV-DPM 主要针对 MIC 体系结构中的众多并行单元和有限的存储资源进行了优化设计,并且采用了不同的向量级实现方法。假设原始 DPM 程序在 CPU 上的执行时间与 CPU 主频的倒数成线性关系,以及 PhiMC(或者 MV-DPM)与原始 DPM 之间的加速比不依赖于具体的模体,可以推测出本章提出的 MV-DPM 运行在单 MIC 协处理器上的性能优于运行在单个多核 CPU 上的 PhiMC,但低于运行在多个多核 CPU 上的 PhiMC。

综上所述,MV-DPM 能够在 MIC 上获得很好的性能和可扩展性,证明了 MIC 体系结构具有加速临床应用中的快速蒙特卡洛剂量模拟的潜力。

4.4　本 章 小 结

本章在 MIC 的 OFFLOAD 模式下实现了光子与电子快速蒙特卡洛辐射输运 DPM 的多级并行化加速。针对模拟过程的多级并行访问特征,设计了一种融合 SOA 和 AOS 结构特征的多级并行访问数据结构来减小访存冲突,既可实现向量级并行时的合并访问,也可最大化线程级并行时的数据局部性,还可最小化数据一致性维护开销。在线程级并行化基础上,对 DPM 中的数据进行了数据局部性优化,并通过构建多级并行随机数发生器,实现了电子输运大部分过程的向量化模拟。数值实验表明,基于 MIC 的 DPM 实现与CPU 上的 DPM 实现在精度上保持一致。与单核 CPU 上的 DPM 相比,本章基于 MIC 的多级并行化加速可以实现 16.22~18.82 倍的性能加速。与前面提出的向量化相比,本章提出的向量化方法实现了 1.18~1.41 倍的性能提升。此外,本章也对与其他实现的比较进行了讨论。

第5章　大地电磁有限元正演

大地电磁法(Magnetotelluric, MT)是一种天然场源频率域电磁测深方法,场源是由雷电、电磁日变、电磁暴、电磁脉动等形式产生,被广泛地应用于油气勘探、地热勘查、矿产勘查和工程与环境地球物理勘查[131-136]。大地电磁正演是从地电模型出发,通过数值方法来模拟空间大地电磁场的分布,是研究地球构造的重要手段[137]。正演模拟不仅可以对模型进行有效的验证,同时是反演计算的重要组成部分,占据了反演计算的绝大部分时间[138-140]。高精度、高稳定性、高效率的正演算法一直是研究的焦点。近年来,随着探测深度的加深、探测区域的增大、精度要求的增高,数值模拟的计算规模急剧增大,计算时间也成倍地增长。为了保证应用的时效性,能够快速地对问题进行求解,并行算法的研究开始受到学者的关注。现有的大地电磁并行算法面临着并行粒度单一、并行手段单一、并行扩展性差的问题,大多只能小规模并行,无法满足时效性需求,本章将研究可扩展的大地电磁有限元正演并行算法。

5.1　三维各向同性大地电磁有限元理论

大地电磁各向同性正演是解释大地电磁数据的重要方法,同时也是大地电磁反演的基础,占据了反演的主要的计算时间。随着计算规模的增大、计算精度要求的增高和时效性需求的增高,大地电磁的计算量和存储急剧增大。现有并行算法的研究面临着并行粒度单一、并行手段单一和可扩展性差的问题。针对上述问题,本章提出了三维各向同性大地电磁有限元正演并行算法,该方法基于非结构网格的矢量有限元算法,设计了基于频率并行、线性系统求解并行和细粒度并行的三级并行算法。研制了大地电磁各向同性正演软件。通过模型计算验证了算法的正确性。在两种天河超算系统上进行了可扩展性测试,分析了并行算法的性能,测试结果表明该算法具有良好的并行性,研制的软件可以进行大规模各向同性大地电磁正演。

5.1.1　谐变场的麦克斯韦方程组

麦克斯韦方程组是所有电磁现象都满足的基本方程组,由法拉第定律、安培定律、库仑定律和磁通量连续定律4个基本方程构成,给出麦克斯韦方程组的微分表达式:

$$\nabla \times \boldsymbol{E} = i\omega\mu\boldsymbol{H} \tag{5.1}$$

$$\nabla \times \boldsymbol{H} = \boldsymbol{J} + \frac{\partial \boldsymbol{D}}{\partial t} \tag{5.2}$$

$$\nabla \cdot \boldsymbol{D} = \rho \tag{5.3}$$

$$\nabla \cdot \boldsymbol{B} = 0 \tag{5.4}$$

此外,还存在 3 个本构关系式:

$$\boldsymbol{D} = \varepsilon \boldsymbol{E} \tag{5.5}$$

$$\boldsymbol{B} = \mu \boldsymbol{H} \tag{5.6}$$

$$\boldsymbol{J} = \sigma \boldsymbol{E} \tag{5.7}$$

式中,$\boldsymbol{E}$ 表示电场强度;$\boldsymbol{H}$ 表示磁场强度;$\boldsymbol{J}$ 表示电流密度;$\boldsymbol{D}$ 表示电位移;ρ 表示自由电荷密度;t 表示时间;ω 表示角频率;μ 表示磁导率;σ 表示电导率;ε 表示介电常数;∇ 表示哈密顿算符。

在大地电磁法中,研究的频率集中在 $10^{-4} \sim 10^3$ Hz,通常电导率不低于 0.001 S·m^{-1},在这种条件下位移电流比传导电流低了两个数量级,因此可以忽略位移电流项带来的影响。取时间因子为 $e^{-i\omega t}$,经过傅里叶变换可以把时间域的麦克斯韦方程组转换成谐变场的表达式

$$\nabla \times \boldsymbol{E} = i\omega\mu\boldsymbol{H} \tag{5.8}$$

$$\nabla \times \boldsymbol{H} = \sigma\boldsymbol{E} \tag{5.9}$$

$$\nabla \cdot \boldsymbol{D} = \rho \tag{5.10}$$

$$\nabla \cdot \boldsymbol{B} = 0 \tag{5.11}$$

将公式(5.8)的两边取旋度,并将公式(5.9)带入公式(5.8)中可以得到亥姆霍兹方程

$$\nabla \times \nabla \times \boldsymbol{E} - i\omega\mu\sigma\boldsymbol{E} = 0 \tag{5.12}$$

5.1.2　矢量有限元法

有限元法(Finite Element Method,FEM)是一种求解物理边值问题的方法。第 1 步需要将物理边值问题转换成积分表达式,本章采用加权余量积分式推导偏微分方程(5.12)对应的变分方程,在公式(5.12)的两端点乘权重 $\delta\boldsymbol{E}$ 并对整体模型空间 Ω 进行积分,可以得到

$$\int_{\Omega} \nabla \times (\nabla \times \boldsymbol{E}) \cdot \delta\boldsymbol{E}\mathrm{d}\Omega - i\omega\mu\int_{\Omega} \sigma\boldsymbol{E} \cdot \delta\boldsymbol{E}\mathrm{d}\Omega = 0 \tag{5.13}$$

$$(\nabla\times\boldsymbol{A}) \cdot \boldsymbol{B} = \nabla \cdot (\boldsymbol{A}\times\boldsymbol{B}) + (\nabla\times\boldsymbol{B}) \cdot \boldsymbol{A} \tag{5.14}$$

根据矢量恒等式(5.14)对公式(5.13)进行推导,可以得到

$$\int_{\Omega} \nabla \times \delta\boldsymbol{E} \cdot \nabla \times \boldsymbol{E}\mathrm{d}\Omega - i\omega\mu\int_{\Omega} \sigma\boldsymbol{E} \cdot \delta\boldsymbol{E}\mathrm{d}\Omega = 0 \tag{5.15}$$

第 2 步将模型空间进行离散,由于非结构网格可以更好地适应起伏地形和不规则异常体,本章采用非结构四面体网格对空间进行离散。与标量形函数相比,矢量形函数在单元内具备自动满足无散条件和切向连续性条件的优点,因此本章采用 Nédélec 矢量形函数[141]。由于矢量形函数是以标量形函数为基础,首先简单介绍标量形函数,在如图 5.1 所示的四面体单元中,标量有限元法将场值附着在单元节点上,这里不作详细推导,

直接给出节点形函数的表达式

$$L_i^e(x,y,z) = \frac{1}{6V_e}(a_i^e x + b_i^e y + c_i^e z + d_i^e) \qquad (5.16)$$

式中,i 表示节点序号;V_e 表示单元体积,表达式如下

$$V_e = \frac{1}{6}\begin{vmatrix} 1 & 1 & 1 & 1 \\ x_1 & x_2 & x_3 & x_4 \\ y_1 & y_2 & y_3 & y_4 \\ z_1 & z_2 & z_3 & z_4 \end{vmatrix} \qquad (5.17)$$

式中,a_i^e,b_i^e,c_i^e 和 d_i^e 分别表示与单元相关的系数,公式(5.18)给出了 $i=1$ 的表达式,i 取其他值的表达式可以类推:

$$a_1^e = \begin{vmatrix} y_2 & z_2 & 1 \\ y_3 & z_3 & 1 \\ y_4 & z_4 & 1 \end{vmatrix}, \quad b_1^e = -\begin{vmatrix} x_2 & z_2 & 1 \\ x_3 & z_3 & 1 \\ x_4 & z_4 & 1 \end{vmatrix}$$

$$c_1^e = \begin{vmatrix} x_2 & y_2 & 1 \\ x_3 & y_3 & 1 \\ x_4 & y_4 & 1 \end{vmatrix}, \quad d_1^e = -\begin{vmatrix} x_2 & y_2 & z_2 \\ x_3 & y_3 & z_3 \\ x_4 & y_4 & z_4 \end{vmatrix} \qquad (5.18)$$

　　如图 5.1 所示,矢量有限元法将场值附着在单元的棱边上并与矢量具有相同的方向,矢量基函数可以由标量基函数进行推导,这里不进行详细推导,直接给出矢量基函数的表达式

$$N_i = (L_{i1}\,\nabla L_{i2} - L_{i2}\,\nabla L_{i1})\,l_i \qquad (5.19)$$

式中,L_{i1} 和 L_{i2} 分别表示 i_1 和 i_2 的节点形函数;l_i 表示第 i 条棱边的长度,图 5.1 中描述了节点与棱边的索引关系。

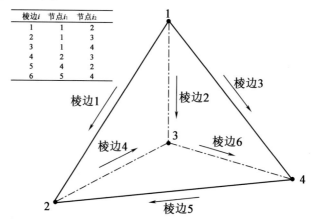

棱边i	节点i_1	节点i_2
1	1	2
2	1	3
3	1	4
4	2	3
5	4	2
6	5	4

图 5.1　四面体单元 Nédélec 矢量形函数

　　对公式(5.19)取散度可以推导出公式(5.20),证明矢量形函数可以自动满足电流密度的无散条件,场值附着在棱边上可以自动满足切向场的连续条件,同时也允许法向场

的不连续。

$$\nabla \cdot \boldsymbol{N}_i = (\nabla L_{i_1} \cdot \nabla L_{i_2} + L_{i_1} \cdot \nabla^2 L_{i_2} - \nabla L_{i_2} \cdot \nabla L_{i_1} - L_{i_2} \cdot \nabla^2 L_{i_1}) \, l_i = 0 \qquad (5.20)$$

单元内任意一点的电场可以由公式(5.19)和公式(5.21)计算得到。

$$\boldsymbol{E} = \sum_{i=1}^{6} \boldsymbol{N}_i E_i \qquad (5.21)$$

把整体计算区域的积分分解成离散单元积分累加的形式,公式(5.15)转变成:

$$\sum \int_{\Omega} \nabla \times \delta \boldsymbol{E} \cdot \nabla \times \boldsymbol{E} \mathrm{d}v - \sum \mathrm{i}\omega\mu \int_{\Omega} \sigma \boldsymbol{E} \cdot \delta \boldsymbol{E} \mathrm{d}\Omega = 0 \qquad (5.22)$$

把公式(5.21)带入公式(5.22)中,并在单元内对公式(5.22)中的两项进行分析:

$$\left. \begin{aligned} \nabla \times \delta \boldsymbol{E} \cdot \nabla \times \boldsymbol{E} &= \nabla \times \left(\sum_{i=1}^{6} \boldsymbol{N}_i \delta \boldsymbol{E} \right) \cdot \nabla \times \left(\sum_{i=1}^{6} \boldsymbol{N}_i \boldsymbol{E} \right) = \delta \boldsymbol{E}_e^{\mathrm{T}} \boldsymbol{K}_{1e} \boldsymbol{E}_e \\ \mathrm{i}\omega\mu\sigma \boldsymbol{E} \cdot \delta \boldsymbol{E} &= \mathrm{i}\omega\mu\sigma \left(\sum_{i=1}^{6} \boldsymbol{N}_i \boldsymbol{E} \right) \cdot \left(\sum_{i=1}^{6} \boldsymbol{N}_i \delta \boldsymbol{E} \right) = \delta \boldsymbol{E}_e^{\mathrm{T}} K_{2e} E_e \end{aligned} \right\} \qquad (5.23)$$

再对所有单元的系数矩阵进行累加,得到整体的稀疏矩阵:

$$\sum \delta \boldsymbol{E}_e^{\mathrm{T}} (\boldsymbol{K}_{1e} + \boldsymbol{K}_{2e}) \boldsymbol{E}_e = \delta \boldsymbol{E}^{\mathrm{T}} \boldsymbol{K} \boldsymbol{E} = 0 \qquad (5.24)$$

根据 $\delta \boldsymbol{E}^{\mathrm{T}}$ 的任意性,问题转变成稀疏线性系统的求解,解得的 $\boldsymbol{E}$ 是各条棱边上的电场值:

$$\boldsymbol{K} \boldsymbol{E} = 0 \qquad (5.25)$$

5.1.3　边界条件

为了求解方程(5.25),还需要添加适当的边界条件来保证解的唯一性。狄利克雷(Dirichlet)边界条件[142,143]和诺依曼(Neumann)边界条件[144,145]是两种常用的边界条件。当模型空间不大时,Dirichlet 边界条件不如 Neumann 边界条件有效。当模型空间足够大时,两种边界条件的效果相差不大。由于这两种边界条件会导致自由度(DOF)的不同,因此对比了两种边界条件对于求解性能的影响。

Dirichlet 边界条件只需要把电场强加到区域边界上,在方程(5.25)中的具体设置如下,把区域边界上的 $\boldsymbol{E}$ 设置成定值,定值等于电场的解析解在棱边方向上的投影。

Neumann 边界条件需要对边界上的电场进行求导,具体操作为,在方程(5.25)的右端添加源项:

$$\boldsymbol{K} \boldsymbol{E} = \boldsymbol{B} \qquad (5.26)$$

源项的具体表达式为

$$\boldsymbol{B}_i = -\mathrm{i}\omega\mu_0 \int_{\partial\Omega} N_i \cdot g_{\mathrm{t}} \qquad (5.27)$$

式中 $g_{\mathrm{t}} = n \times \boldsymbol{H}_0$,$\boldsymbol{H}_0$ 表示磁场在计算区域边界上的解析解,n 表示指向边界外侧的单位法向量。

电场和磁场的解析解均来自于均匀介质模型或者层状均匀介质模型,具体的详细求解过程可以参考文献[146]。

5.1.4　响应函数

经过对上述稀疏线性系统进行求解,可以求得所有棱边上的电场值,并根据公式 (5.21)可以求得计算空间 Ω 内任意一点的电场值 $E(E_x, E_y, E_z)$,同时可以由公式 (5.28)求得任意点的磁场值 $H(H_x, H_y, H_z)$。

$$\left.\begin{array}{l} H_x = \dfrac{1}{\mathrm{i}\omega\mu_0}\left(\dfrac{\partial E_z}{\partial y} - \dfrac{\partial E_y}{\partial z}\right) \\[2mm] H_y = \dfrac{1}{\mathrm{i}\omega\mu_0}\left(\dfrac{\partial E_x}{\partial z} - \dfrac{\partial E_z}{\partial x}\right) \\[2mm] H_z = \dfrac{1}{\mathrm{i}\omega\mu_0}\left(\dfrac{\partial E_y}{\partial x} - \dfrac{\partial E_x}{\partial y}\right) \end{array}\right\} \tag{5.28}$$

阻抗张量是大地电磁中最常用的响应函数,公式(5.25)给出了其展开后的表达式:

$$\begin{pmatrix} E_x \\ E_y \end{pmatrix} = \begin{pmatrix} Z_{xx} & Z_{xy} \\ Z_{yx} & Z_{yy} \end{pmatrix} \begin{pmatrix} H_x \\ H_y \end{pmatrix} \tag{5.29}$$

由于线性系统(式(5.29))是欠定的,计算阻抗响应需要两个位于上表面正交源的 解,设置正交电场源分别为 $(E_{0x}, E_{0y}, E_{0z}) = (-1, 0, 0)$ 和 $(E_{0x}, E_{0y}, E_{0z}) = (0, 1, 0)$。阻抗 张量的计算公式为

$$\left.\begin{array}{l} Z_{xx} = (E_{1x}H_{2y} - E_{2x}H_{1y})/\det \\[1mm] Z_{xy} = (E_{2x}H_{1x} - E_{1x}H_{2x})/\det \\[1mm] Z_{yx} = (E_{1y}H_{2y} - E_{2y}H_{1y})/\det \\[1mm] Z_{yy} = (E_{2y}H_{1x} - E_{1y}H_{2x})/\det \\[1mm] \det = H_{1x}H_{2y} - H_{2x}H_{1y} \end{array}\right\} \tag{5.30}$$

式中, E_{1x}、E_{1y}、E_{1z}、H_{1x}、H_{1y}、H_{1z} 和 E_{2x}、E_{2y}、E_{2z}、H_{2x}、H_{2y}、H_{2z} 分别表示两种极化模式下的 解,根据阻抗张量可以进一步求得视电阻率和相位响应。

$$\rho_{ij} = \frac{1}{\omega\mu_0}|Z_{ij}|^2 \quad \varphi_{ij} = \tan^{-1}\frac{\mathrm{Im}|Z_{ij}|}{\mathrm{Re}|Z_{ij}|} \tag{5.31}$$

5.2　三维各向同性大地电磁有限元正演并行算法

5.2.1　算法流程

本章结合三维大地电磁各向同性有限元正演的特点,设计了并行算法,并用 C 语言编 程实现,自主研制了大地电磁各向同性正演软件。该软件的整体工作流程如图 5.2 所示,在 程序外部需要事先离散模型空间,生成四面体网格文件,这部分工作使用开源网格生成软 件 Gmsh[147] 来完成。三维有限元基本参数定义、读取四面体网格文件和预处理是串行执

行。参数定义中需要设置的参数包括计算的进程数、模型电导率、计算频率、背景场和数据采集点等。预处理中的功能主要包括根据网格信息生成棱边信息、标记是否属于边界、标记数据采集点的所属网格,并将计算任务进行划分,为后续的并行计算做准备。并行计算的部分包括有限元单元分析、矩阵组装、线性系统求解、后处理计算响应函数和输出结果。

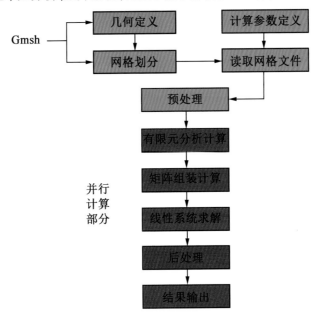

图 5.2 整体工作流程图(红色部分为并行计算,蓝色部分为串行计算)

5.2.2 进程级并行

图 5.3 描述了局部矩阵的分布式存储,每个进程对一段连续的矩阵行进行存储。图 5.4 描述了多级并行算法的整体结构。预处理部分是进程级并行的基础,首先把全局的网格信息数据广播到所有的进程中,再计算出每个进程需要计算和存储的矩阵行数,并把任务划分情况分发到所有进程。任务划分的基本原则是,每个进程计算的矩阵元素尽量相近,以保证负载均衡,但是单行矩阵不会被从中切断,因为计算时通常以行作为单位,一行矩阵如果被分成两个部分会导致计算时通信次数的增多。

在矩阵元素计算中,多个进程并行地对各自的矩阵行中的矩阵元素计算,例如进程 n 计算单元 i 中的 6×6 的局部矩阵,如果有元素的下标属于进程 n 的矩阵行范围,则进程 n 对该矩阵元素进行存储,所以 36 个局部矩阵元素可能被分到多个进程中进行存储。在矩阵组装中,多个进程并行地对各自的矩阵行元素进行组装,采用的方式是,首先通过排序算法把矩阵元素按下标进行排列,这样具有相同下标的矩阵元素被连续排列,再将具有相同下标的矩阵元素进行累加和存储。在存储格式转换中,多个进程并行地对各自的矩阵行进行格式转换,组装后的矩阵以分布式的 COO 格式进行存储,再转换成求解器所需的存储格式,如 SUPERLU 求解器所需的 Harwell-Boeing 格式。

　　在线性系统求解部分,首先将进程均匀地分成 n 个进程组,并将频率均匀地分配到各个进程组中。由于频率的天然并行性,进程组之间的计算是相互独立的。在进程组内,所有进程对存储的矩阵行乘以频率系数生成频率相关的稀疏矩阵,通过直接求解器 SUPERLU 并行地对稀疏线性系统进行求解。在后处理部分中,进程组之间的计算相互独立,每个进程组只处理自己分配的频率,主进程收集组内其他进程的解,计算阻抗、视电阻率和相位响应,最后输出结果。如果进程组分配了多个频率,需要依次对频率进行计算,直到所有的频率完成计算,程序结束。软件的进程级的并行功能通过 3.2.1 版本的MPICH[148] 开发。

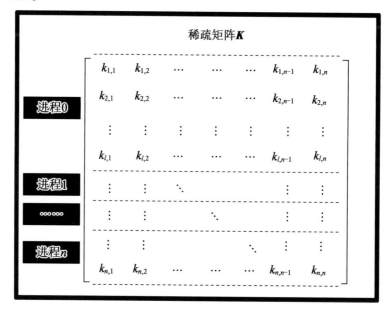

图 5.3　局部矩阵分布式存储示意图

5.2.3　线程级并行

　　如图 5.4 所示,细粒度的线程级并行主要包括两个部分,有限元单元分析部分和稀疏矩阵求解部分。在有限元单元分析中,最小的并行粒度是计算一个四面体单元的局部 6×6 矩阵中的一个元素,注意不是一个单元矩阵,这是因为基于局部矩阵的分布式存储并不能保证一个单元的局部矩阵元素都分配在一个进程内,多线程并行算法如算法 5.1 所示。

　　在分布式并行 SUPERLU 求解器中,本身并不具备多线程加速的功能,但是 SUPERLU 需要对通用矩阵乘(General Matrix Multiplication,GEMM)、矩阵向量乘(General Matrix Vector Multiplication,GEMV)、三角线性系统求解(Triangular System Solve,TRSV)和三角矩阵乘向量(Triangular System Matrix Multiplication TRSM)等 BLAS 函数进行调用。可以通过调用具备多线程功能的 BLAS 库来实现线性系统求解的加速。本章节选择了 0.2.20版本的 OpenBLAS[149]。直接法求解器 SUPERLU[150,151] 的版本为 6.1.0,其他依赖库包括3.6.0 版本的 Lapack[152] 和 4.0.3 版本的 ParMETIS[153]。

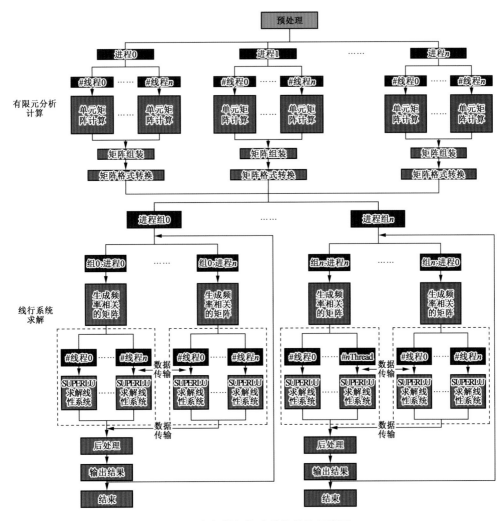

图 5.4　多级并行算法整体结构示意图

算法 5.1　单元分析多线程并行算法

1：#pragma omp parallel for

2：for $i = 0$；$i <$ matrix_elem_num；$i + +$　do

3：　生成单元局部 6×6 矩阵中的一个元素；

4：end for

5.3　各向同性模型验证

为了验证代码和算法的正确性,本节对三个模型进行了正演模拟,并把结果与已发表论文中的结果进行对比。首先计算了三维梯形山模型[154],其次计算了 COMMEMI 3D-1A

模型[155],最后计算了大尺度空间的 Dublin Test Model-1(DTM-1))模型[156]。所有的网格文件均通过 Gmsh 生成,网格剖分的原则是越靠近数据采集点和异常剖分越密集,而越靠近边界剖分越稀疏。这些模型试算都是在天河群星超算系统上进行,每个计算节点由两个频率2.6 GHz 的 Intel Xeon E5-2660 处理器组成,每个处理器都有 10 个计算核心,每个计算节点的内存为 128 GB。

5.3.1　梯形山模型

四面体网格的一个优势在于可以有效地处理崎岖地形,首先对三维梯形山模型进行试算,并将本章的解与六面体网格的矢量有限元的解进行了比较。梯形山模型的具体参数设置如图 5.5 示,山高 0.45 km,山顶的尺寸定义为[-0.225,0.225] km×[-0.225,0.225] km,山底的尺寸定义为[-1.0,1.0] km×[-1.0,1.0] km,空气电导率设置为 10^{-10} S·m^{-1},大地电导率设置为 0.01 S·m^{-1},在 $x=0$ m 的 $y=[-2000,2000]$ m 范围内,沿 y 轴方向设置了 41 个数据采集点,采集点间距为 100 m。计算区域定义为$[-20,20]$ km×$[-20,20]$ km×$[-20,20]$ km,具体的网格数据见表 5.1。图 5.6 显示了 $x=0$ m 的切片中的网格分布,越靠近山丘和采集点的区域,网格越密集。

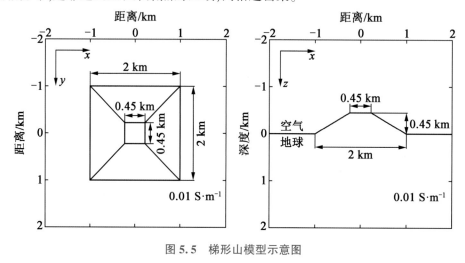

图 5.5　梯形山模型示意图

图 5.7 描述了 XY 和 YX 模式下 2.0 Hz 的视电阻率曲线和相位曲线。Dirichlet 和 Neumann 边界条件下的解几乎相同。在远离山丘的平地上,视电阻率接近 100 Ω·m,相位接近 45°,这与均匀介质模型的解相近。随着靠近山丘,视电阻率 ρ_{xy} 显著降低,在山顶 ρ_{xy} 降到最低,而 ρ_{yx} 在地表地形坡度变化的尖端呈现振荡现象,ρ_{yx} 在坡角处迅速上升又迅速下降。在两种模式下,相位 φ_{xy} 和 φ_{yx} 都随着靠近山顶逐渐上升,且山顶上的相位比山底上的相位高出约 5°。除了山脚和山坡交界处的 ρ_{yx} 略有不同外,本章节的数值解与六面体矢量有限元方法的解几乎相同。

本节使用了 4 个进程并行计算上述模型,两种边界条件的计算时间和内存使用量相似,计算时间在 130 s 左右,内存使用量在 13 GB 左右。

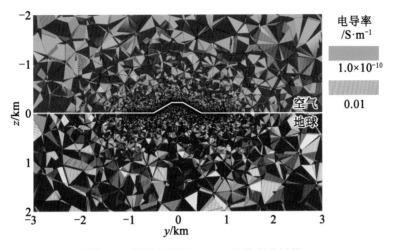

图 5.6　梯形山模型 $x = 0$ m 网格剖分切片

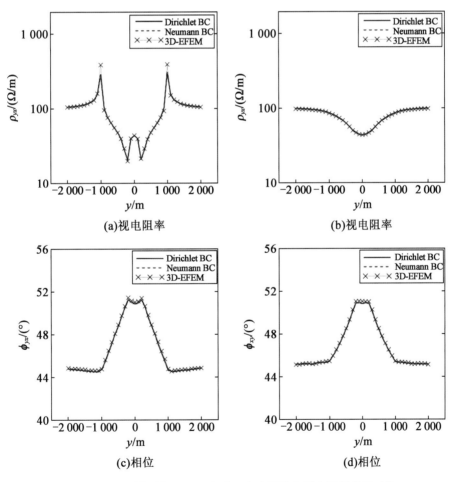

(a)视电阻率

(b)视电阻率

(c)相位

(d)相位

图 5.7　梯形山模型在 2.0 Hz 频率下与六面体矢量有限元结果对比

表 5.1 各向同性模型网格数据（D_DOF 和 N_DOF 分别表示 Dirichlet 边界条件和 Neumann 边界条件的自由度）

模型	单元数	节点数	棱边数	边界数	N_DOF	D_DOF
梯形山模型	436 727	71 831	509 361	2 412	509 361	506 949
COMMEMI 3D- 1A	905 685	147 381	1 055 185	6 360	1 048 825	1 055 185
Dublin Test Model- 1	3 231 202	522 093	3 756 373	9 237	3 747 136	3 756 373

5.3.2 COMMEMI 3D-1A 模型

COMMEMI 项目的"3D-1A"模型[154,155]是一种国际通用试验模型，很多学者都对 COMMEMI 项目的模型进行试算并公开计算结果。如图 5.8 所示，在 $0.01\ S\cdot m^{-1}$ 的均匀半空间内，它包含一个电导率为 $2\ S\cdot m^{-1}$ 的 $[-0.5,0.5]\ km\times[-1,1]\ km\times[0.25,2.25]\ km$ 的长方体异常块。对于该模型，设置了 61 个数据采集点并沿两个剖面分布，一条剖面取 $y=0$ m 沿 x 轴在 $x=[0,3\ 000]$ m 范围内，另一条剖面在 $x=0$ m 沿 y 轴在 $y=[0,3\ 000]$ m 范围内，采集点的间距为 100 m。整体的计算区域大小为 $[-40,40]\ km\times[-40,40]\ km\times[-30,50]\ km$，得到的网格数据可以在表 5.1 中查看。图 5.9 描述了 $y=0$ m 处切片的空气、地下空间和长方体异常块的网格密度分布。计算频率采用的是 0.1 Hz 和 10.0 Hz，这是 COMMEMI 项目的标准对比频率。把本节的数值解与其他研究中的解进行了比较，对比算法包括 COMMEMI 项目[155]、T-Ω 有限元法[157]、E-fi 有限元法[158]和面向目标的自适应有限元法[145]。

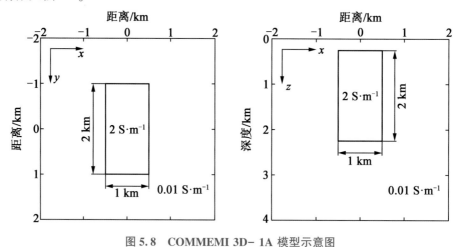

图 5.8 COMMEMI 3D- 1A 模型示意图

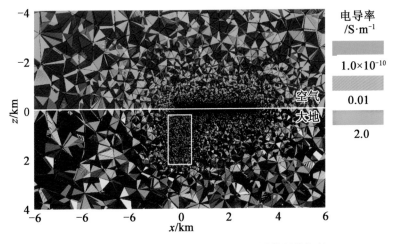

图 5.9　COMMEMI 3D- 1A $y=0$ m 网格剖分切片

图 5.10 和图 5.11 分别显示了 0.1 Hz 和 10.0 Hz 频率下沿 x 轴方向的视电阻率曲线和相位曲线。在靠近异常体的位置上, ρ_{xy} 和 ρ_{yx} 都呈现出低阻异常, 在 0.1 Hz 时, 低阻异常在 1 Ω·m 附近, 在 10.0 Hz 时, 低阻异常在 10 Ω·m 附近, φ_{xy} 和 φ_{yx} 都呈现出高值异常, 且 φ_{yx} 比 φ_{xy} 值略高。显然, 本章节的数值解与 COMMEMI 项目、T-Ω 有限元法、E-fi 有限元法和面向目标的自适应有限元法的解吻合得很好。面向目标的自适应有限元法是通过网格加密来求解模型的, 通常认为这种算法具有很高的精度, 因此将其作为参考值进行详细的对比。表 5.2 描述了本章节的解与目标自适应有限元的解在视电阻率和相位的平均失配比。给出相对失配函数的计算公式

$$\text{misfit} = \left| \frac{S^{\text{ref}} - S}{S^{\text{ref}}} \right| \times 100 \qquad (5.32)$$

式中, S^{ref} 和 S 分别表示参照值和实际值。两种边界条件的解几乎相同, 且都具有较高的精度, 其中 0.1 Hz 的 ρ_{xy} 和 ρ_{yx} 的平均相对失配比为 1.8% 和 1.9% 左右, 相位平均相对失配比最高为 0.33%。

上述的解在 20 个进程上并行计算得到, 两个频率之间串行计算, 单个频率并行计算。两种边界条件的计算时间都在 320 s 左右, 总内存使用量都在 33 GB 左右。

表 5.2　COMMEMI3D-1A 模型的计算结果与目标导向的自适应有限元法结果对比

BC	平均失配 0.1 Hz ρ_{xy}/%	平均失配 0.1 Hz ρ_{yx}/%	平均失配 0.1 Hz φ_{xy}/%	平均失配 0.1 Hz φ_{yx}/%	平均失配 10.0 Hz ρ_{xy}/%	平均失配 10.0 Hz ρ_{yx}/%	平均失配 10.0 Hz φ_{xy}/%	平均失配 10.0 Hz φ_{yx}/%
Dirichlet	1.78	1.89	0.15	0.30	0.87	1.73	0.33	0.21
Neumann	1.82	1.92	0.16	0.30	0.87	1.73	0.33	0.21

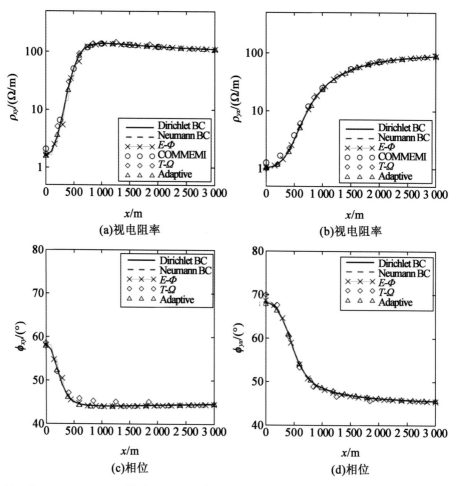

图 5.10　COMMEMI3D-1A 模型 0.1 Hz 视电阻率曲线、相位曲线与 COMMEMI、T-Ω FEM、E-φ
FEM 和自适应有限元结果对比

5.3.3　DTM-1 模型

　　Dublin Test Model-1 模型[156]是另一个国际测试模型。在 0.01 S·m^{-1} 的均匀半空间中的埋藏了 3 个长方体异常块。图 5.12 和表 5.3 详细说明了该模型的尺寸和导电率参数。数据采集点分布在 4 条剖面上,在 y 方向上有 3 条,分别取 $x=-15$ km,$x=0$ km 和 $x=15$ km,范围为 [-37.5,37.5] km,在 x 方向上有 1 条,取 $y=0$ km,范围为 [-25,25] km。每条剖面上数据采集点均匀分布,间距为 5 km。整体空间计算区域为 [-500,500] km×[-500,500] km×[-500,500] km,网格数据记录在表 5.1 中。图 5.13 展示了 $y=0$ m 剖面上不同成分的网格密度差异。

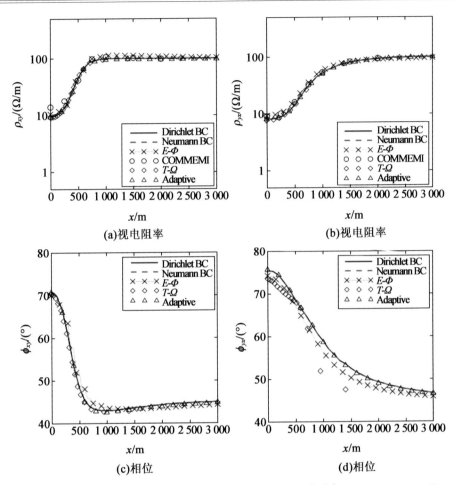

图 5.11　COMMEMI3D-1A 模型 10.0 Hz 视电阻率曲线、相位曲线与 COMMEMI、T-ΩFEM、E-φ FEM 和自适应有限元结果对比

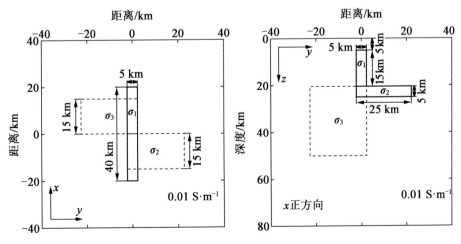

图 5.12　Dublin Test Model-1 模型示意图

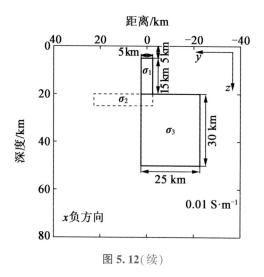

图 5.12(续)

表 5.3　Dublin Test Model−1 模型参数

	x/km	y/km	z/km	Conductivity/S·m^{-1}
长方体异常块 −1	−20~20	−2.5~2.5	5~20	0.1
长方体异常块 −2	−15~0	−2.5~22.5	20~25	1.0
长方体异常块 −3	0~15	−22.5~2.5	20~50	0.000 1

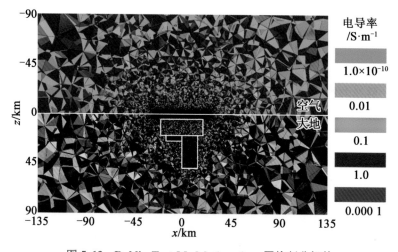

图 5.13　Dublin Test Model−1 $y=0$ m 网格剖分切片

　　将本章节的解与都柏林研究所研讨会上的其他代码的解进行了对比,计算频率是 DTM−1 模型规定的一组频率,共有 21 个频率范围为 0.000 1~10.0 Hz。参与对比的计算结果分别来自于基于六面体网格矢量有限元的 NAM 代码[154]、基于有限差分法的 WinGLink 串行版本和并行版本[159],以及基于有限差分的 UBCGIF 代码 mt3dinv[160]。本章节选择了位于[0,0,0] km 和[20,0,0] km 的两个位置进行比较,其中[0,0,0] km 点的响应是该模型中最奇怪的,经常用于比较。图 5.14 和图 5.15 对比了两个位置基于频率的视电阻率曲线和相位曲线。在视电阻率方面,本章节的数值解与其他程序的解非常相近。在相位方面,本章节的数值解与 UBCGIF 程序 mt3dinv 的解很相近。当频率大于 1.0 Hz 时,本章节的相位响应与 NAM 的代码和 WinGLink 的相位响应和略有不同,但足以验证本章节算法的正确性。

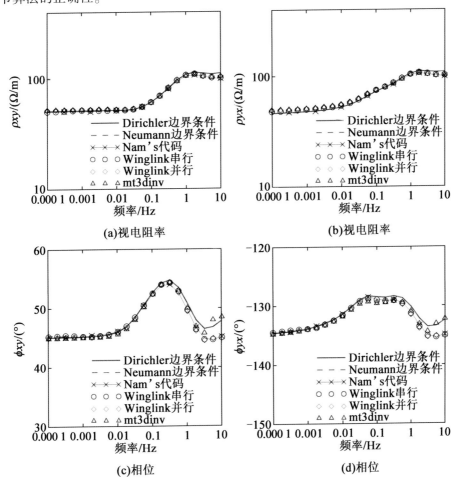

图 5.14　DTM-1 模型[0,0,0] km 处视电阻率曲线、相位曲线与 Nam 的程序、mt3dinv 程序和 WinGLink 并行和串行版本程序结果对比

上述的结果在 2 016 个进程上并行计算得到,总共 21 个频率被分配到了 21 个进程组,单个频率使用了 96 个进程并行计算。两种边界条件对解的精度影响不大,计算时间都在 420 s 左右,单个频率的内存使用量都在 140 GB 左右,总内存消耗为 140×21 = 2 940 GB。

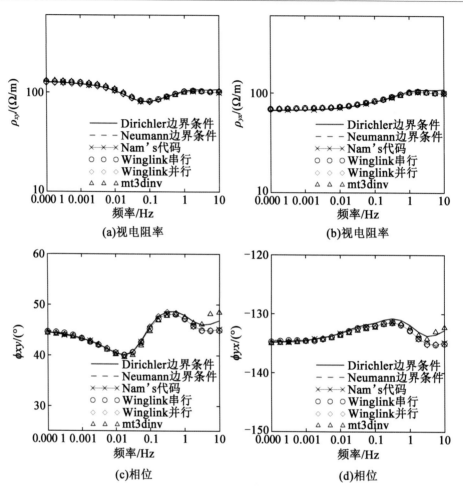

图 5.15　DTM-1 模型[20,0,0] km 处视电阻率曲线、相位曲线与 Nam 的程序、mt3dinv 程序和 WinGLink 并行和串行版本程序结果对比

　　通过对上述 3 种模型的数值解对比,算法的正确性得到了验证。虽然两种边界条件会导致求解的自由度数量不同,但内存使用量和计算时间是相似的。推测主要是因为边界上棱边的数量太少,对求解过程的性能影响很小。

5.4　各向同性可扩展性测试

　　本章节在天河群星超算系统和天河新一代超算系统上进行了一系列可扩展性测试。可扩展性测试均在 5.3.3 节中描述的 DTM-1 模型上进行。在 5.3.3 节中,已经得出结论,不同的边界条件在计算时间和内存消耗上几乎没有差异,因此在可扩展性测试中,只测试了 Dirichlet 边界条件的情况。给出加速比和并行效率的计算公式

$$Sp = T_{p1} \cdot p1 / T_{p2} (p2 > p1) \tag{5.33}$$

$$Ef = Sp / p \tag{5.34}$$

式中,p 表示核心的数量;T_p 表示 p 个核心上的计算时间。

5.4.1　天河群星超算系统

关于天河群星超算系统的处理器信息已经在 5.3 节中给出。本章节对不同的并行粒度和并行方式做了如下扩展性测试。首先,在 10.0 Hz 的频率上对单一频率的计算进行了进程级的可扩展性测试。单个频率的内存使用量为 140 GB,因此至少需要在两个计算节点来进行测试。图 5.16(a)给出了从 30 个进程扩展到 1 960 个进程的计算时间和加速比。显然,单一频率的求解的可扩展性很差,当扩展到 960 进程时几乎没有加速效果,在 480 个进程上,加速比仅为 87,并行效率仅为 18%。进程级并行效率不佳主要原因是直接法求解并行效率低。

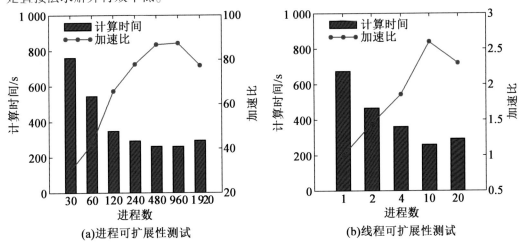

(a)进程可扩展性测试　　　　　(b)线程可扩展性测试

图 5.16　天河群星超算系统上单频率可扩展性测试

表 5.4　天河群星超算系统上保持核数相同,进程数和线程数不同的测试结果

核心数	进程数	线程数	计算时间/s	核心数	进程数	线程数	计算时间/s
60	60	1	450	120	120	1	347
60	30	2	462	120	60	2	349
60	15	4	481	120	30	4	316
60	6	10	531	120	12	10	351
60	3	20	779	120	6	20	547
240	240	1	293	480	480	1	284
240	120	2	286	480	240	2	256
240	60	4	278	480	120	4	246
240	24	10	276	480	48	10	242
240	12	20	388	480	24	20	315

续表 5.4

核心数	进程数	线程数	计算时间/s	核心数	进程数	线程数	计算时间/s
960	960	1	271	1920	1920	1	295
960	480	2	252	1920	960	2	241
960	240	4	232	1920	480	4	227
960	96	10	218	1920	192	10	205
960	48	20	271	1920	96	20	242

其次,在 10.0 Hz 的频率上对单一频率的计算进行了线程级的可扩展性测试。将参与计算的进程数固定为 30,线程数分别设置为 1,2,4,10,20,线程数取的是单个计算节点上核心数的约数(天河群星超算系统上单节点为 20 个核心),这是因为线程计算不能跨节点,如果线程数不能被核心数整除,将会造成计算资源的浪费。如图 5.16(b)所示,加速效果并不理想,4 个线程的加速比为 1.86,效率为 46%,10 个线程的加速比为 2.6%,效率为 26%。多线程的加速效果非常有限,是因为多线程的加速部分只有单元计算和求解两个部分,其中单元计算占整体模拟的时间很少,而求解器也仅在 GEMM、GEMV、TRSV 和 TRSM 函数上进行了多线程的加速。在 20 个线程出现性能大幅下降是因为 SUPERLU 求解器没有针对 OpenBLAS 的多线程功能做适配。

第三,在保持计算核数不变的条件下,对设置不同的进程数和线程数进行了测试,测试频率为 10.0 Hz。表 5.4 给出了 60 核、120 核、240 核、480 核、960 核、1 920 核的计算时间。测试结果表明只有在 60 核上纯进程的计算时间最短。随着核数的增加,使用线程的性能提升越明显。当计算核心数为 120 时,线程数为 4 时计算时间最短,比纯进程的计算时间快 9%。同样,在 240 核、480 核、960 核和 1920 核上计算时,线程数取 10 的计算速度最快,分别比纯进程的性能提升了 5%、15%、20% 和 30%。20 线程时性能下降明显与 SUPERLU 自身优化有关。

第四,对频率间并行进行了可扩展性测试,测试在 0.000 179 ~ 10.0 Hz 的 20 个频率上进行。20 个频率被平均分配给 2,4,10 和 20 个进程组,每个进程组都包含 96 个进程。如图 5.17 所示,频率间并行获得了较好的加速效果,在 20 个进程组获得了 13.5 的加速比,并行效率为 65%。同时,内存的消耗量也增加到 $140 \times 20 = 2\ 800$ GB。频率间的并行在求解部分完全独立,进程组之间没有数据通信,未获得更好的加速效果主要是因为预处理部分是串行计算的。

综合以上测试结果,得出以下结论为实际应用提供参考:

(1)频率间的加速效果最好。如果内存空间充足,应当优先考虑频率之间的并行。频率应当平均分配给每个进程组,否则会造成严重的负载不均衡。

(2)如果求解单一频率的核数较少时,可以使用纯进程计算。当求解单一频率的核数较大时,可以通过启用多线程来提高效率。使用的核心数量越多,多线程的性能越好。

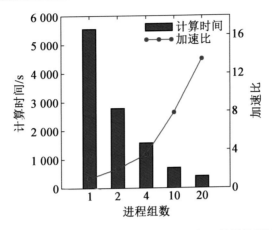

图 5.17　天河群星超算系统上频率并行可扩展性测试

最后,对 21 个频率进行了混合粒度并行测试,在 2 520 个核心上运行了 630 个进程×4 个线程,630 个进程被分成 21 个进程组,每个进程组由 30 个进程×4 个线程组成并共同求解一个频率的相关线性系统,计算时间为 365 s。而在 100 个核心上使用 100 个进程和单个进程组求解该模型的时间为 5 874 s,前者对比后者的加速比为 1 609,效率为 60%。

表 5.5 列出了 5.3.3 节中参与比较的代码在计算 DTM-1 模型时的网格规模、计算时间和计算机信息[156]。显然在有足够的计算资源时,本章节的所用的计算时间远远低于用于比较的其他代码。

5.4.2　天河新一代超算系统

天河新一代超算系统的同构计算节点由一个 FT2000Plus 微处理器组成。该微处理器有 64 个 FTC661 内核,频率为 2.0 GHz,内存为 128 GB。由于单个计算节点上核数众多,FT2000Plus 微处理器非常依赖多线程来实现更好的性能。

首先,进行单一频率的线程可扩展性测试,进程数被固定为 32,线程数分别设置为 1,2,4,8,16 和 32。图 5.18 显示的加速效果较差,在 32 个线程获得了 3.4 的最大加速比。

测试表明,在单个 FT2000Plus 上使用 8 个线程时获得的性能最好。图 5.19 描述了在 21 个频率下从 256 核扩展到 86 016 核的可扩展性测试。在所有测试中,线程数被固定为 8,从 256 核扩展到 5 376 核的过程中,进程组内固定为 32 个进程,进程组从 1 扩展到 21,进行频率并行,测试从 5 376 核扩展 86 016 核的过程中,进程组数固定为 21,进程组内进程数从 32 扩展到 512。10 752 核对比 256 核的加速比为 6 040,并行效率为 56%,扩展到 86 016 核上仍有加速效果,加速比为 11 255。

表 5.5　5.3.3 节中对比代码求解 DTM–1 模型的网格规模、计算时间和计算机信息

代码	网格规模	计算时间	计算机信息
Nam's 代码（频率并行）	48×47×31	57 h 16 min	集群：256 节点 IBM x335，单节点由 2 个 Pentium IV Xeon DP 2.8 GHz CPU 构成
WinGLink（串行）	85×62×34（加 10 层空气层）	51 min	Intel Core2 CPU E6300，1.86 GHz，3.25 GB RAM
WinGLink（PETSc 并行）	95×95×73（不包含空气层）	30 min	36 个双路 Xeons 处理器，3.2 GHz
mt3dinv（频率并行）	>1 s：44×52×43 ≤1 s：104×114×46	49 h 37 min	双路 AMD 244 皓龙 CPU，4 GB，RAM

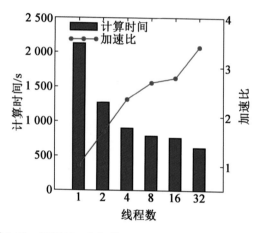

图 5.18　天河新一代超算系统上单频线程可扩展性测试

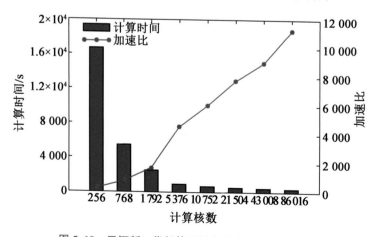

图 5.19　天河新一代超算系统上多频可扩展性测试

5.5　大地电磁各向异性矢量有限元法

大地电磁各向异性正演是解释各向异性数据的重要方法。与各向同性介质正演相比,各向异性正演的参数更多,情况更复杂。大地电磁各向异性正演面临着精度要求高、空间尺度大、并行算法可扩展性差的问题。针对上述问题,本章提出了三维各向异性大地电磁有限元正演并行算法,通过 MPI 开发了子域并行、频率并行、线性系统求解并行,通过 OpenMP 开发了归并排序并行、单元分析并行、矩阵组装并行和强加 Dirichlet 边界条件并行。研制了大地电磁各向异性正演软件。通过模型计算研究了电导率各向异性对视电阻率和相位响应的影响。在天河二号超算系统上进行了可扩展性测试,分析了并行算法的性能,对比了 3 种开源直接并行求解器 SUPERLU、MUMPS 和 PASTIX 的性能,测试结果表明了该算法具有良好的并行性,研制的软件可以实现大规模各向异性大地电磁正演。

5.5.1　电导率各向异性

5.1 节中的大地电磁理论是基于各向同性介质的,即电导率 σ 是标量,根据欧姆定律(式(5.7))可知,当电导率 σ 固定时,电流密度 J 的大小只与电场 E 的大小相关,方向与电场 E 的方向一致。但是在实际测量中发现,当电场 E 大小不变方向改变时,有时候会出现电流密度 J 变化明显的情况,即不同方向上的电导率不一致,此时电导率需要用张量进行表示。

给出在直角坐标系 (x,y,z) 下的任意各向异性电导率张量 $\underset{=}{\sigma}$ 的表达式:

$$\underset{=}{\sigma} = \begin{pmatrix} \sigma_{xx} & \sigma_{xy} & \sigma_{xz} \\ \sigma_{yx} & \sigma_{yy} & \sigma_{yz} \\ \sigma_{zx} & \sigma_{zy} & \sigma_{zz} \end{pmatrix} \tag{5.35}$$

电导率张量 $\underset{=}{\sigma}$ 具有对称正定的特性,即 $\sigma_{xy}=\sigma_{yx}$,$\sigma_{xz}=\sigma_{zx}$,$\sigma_{yz}=\sigma_{zy}$。

本章采用文献[161]中的电导率各向异性定义,其基本思想是直角坐标系 (x,y,z) 经过 3 次欧拉坐标旋转可以得到任意主轴坐标系 (x',y',z'),图 5.20 描述了这一过程。因此任意各向异性的电导率张量可以由 3 个主轴电导率 σ_x、σ_y、σ_z 和 3 个欧拉旋转角表示,3 个欧拉旋转角分别是各向异性走向角 α_s,各向异性倾角 α_d 和各向异性倾向角 α_l 的表示形式。

图 5.20 中的 3 次旋转分别是沿 z 轴顺时针旋转 α_s,沿 x_1 轴顺时针旋转 α_d 和沿 z' 轴顺时针旋转 α_l,把 3 次旋转用矩阵的形式进行表示,定义为 $R_1(\alpha_s)$、$R_2(\alpha_d)$ 和 $R_3(\alpha_l)$。

$$R_1(\alpha_s) = \begin{pmatrix} \cos\alpha_s & \sin\alpha_s & 0 \\ -\sin\alpha_s & \cos\alpha_s & 0 \\ 0 & 0 & 1 \end{pmatrix}$$

$$R_2(\alpha_d) = \begin{pmatrix} 1 & 0 & 0 \\ 0 & \cos\alpha_d & \sin\alpha_d \\ 0 & -\sin\alpha_d & \cos\alpha_d \end{pmatrix} \qquad (5.36)$$

$$R_3(\alpha_l) = \begin{pmatrix} \cos\alpha_l & \sin\alpha_l & 0 \\ -\sin\alpha_l & \cos\alpha_l & 0 \\ 0 & 0 & 1 \end{pmatrix}$$

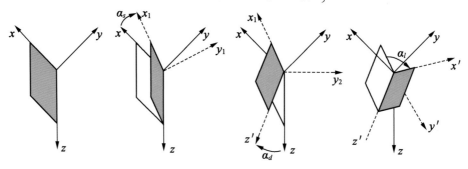

图 5.20 欧拉旋转示意图

根据电场,电流密度的关系可以推导出如下关系式

$$\underline{\underline{\sigma}} = R_1(-\alpha_s) R_2(-\alpha_d) R_3(-\alpha_l) \begin{pmatrix} \sigma_x & 0 & 0 \\ 0 & \sigma_y & 0 \\ 0 & 0 & \sigma_z \end{pmatrix} R_3(\alpha_l) R_2(\alpha_d) R_1(\alpha_s) \qquad (5.37)$$

可以求得电导率张量 $\underline{\underline{\sigma}}$ 中的每个元素的计算公式:

$$\sigma_{xx} = (\cos^2\alpha_l\sigma_x + \sin^2\alpha_l\sigma_y)\cos^2\alpha_s + (\sin^2\alpha_l\sigma_x + \cos^2\alpha_l\sigma_y)\sin^2\alpha_s\cos^2\alpha_d -$$
$$2(\sigma_x - \sigma_y)\sin\alpha_l\cos\alpha_l\cos\alpha_d\sin\alpha_s\cos\alpha_s + \sin^2\alpha_s\sin^2\alpha_d\sigma_z$$

$$\sigma_{yy} = (\cos^2\alpha_l\sigma_x + \sin^2\alpha_l\sigma_y)\sin^2\alpha_s + (\sin^2\alpha_l\sigma_x + \cos^2\alpha_l\sigma_y)\cos^2\alpha_s\cos^2\alpha_d +$$
$$2(\sigma_x - \sigma_y)\sin\alpha_l\cos\alpha_l\cos\alpha_d\sin\alpha_s\cos\alpha_s + \cos^2\alpha_s\sin^2\alpha_d\sigma_z$$

$$\sigma_{zz} = \sin^2\alpha_d(\sin^2\alpha_l\sigma_x + \cos^2\alpha_l\sigma_y) + \cos^2\alpha_d\sigma_z$$

$$\sigma_{xy} = (\cos^2\alpha_l\sigma_x + \sin^2\alpha_l\sigma_y)\sin\alpha_s\cos\alpha_s - (\sin^2\alpha_l\sigma_x + \cos^2\alpha_l\sigma_y)\cos^2\alpha_d\sin\alpha_s\cos\alpha_s +$$
$$(\sigma_x - \sigma_y)\sin\alpha_l\cos\alpha_l\cos\alpha_d(\cos^2\alpha_s - \sin^2\alpha_s) - \sin^2\alpha_d\sin\alpha_s\cos\alpha_s\sigma_z$$

$$\sigma_{xz} = -(\sin^2\alpha_l\sigma_x + \cos^2\alpha_l\sigma_y)\sin\alpha_d\cos\alpha_d\sin\alpha_s + (\sigma_x - \sigma_y)\sin\alpha_l\cos\alpha_l\sin\alpha_d\cos\alpha_s +$$
$$\sin\alpha_d\cos\alpha_d\sin\alpha_s\sigma_z$$

$$\sigma_{yz} = (\sin^2\alpha_l\sigma_x + \cos^2\alpha_l\sigma_y)\sin\alpha_d\cos\alpha_d\cos\alpha_s + (\sigma_x - \sigma_y)\sin\alpha_l\cos\alpha_l\sin\alpha_d\sin\alpha_s -$$
$$\sin\alpha_d\cos\alpha_d\cos\alpha_s\sigma_z$$

$$(5.38)$$

5.5.2　各向异性有限元正演模拟

偏微分方程的推导、非结构四面体网格的离散、有限元分析、稀疏线性系统求解和边界条件的设置在 5.1 节中已经进行了详细地描述,本节不再赘述,本节只针对与 5.1 节中有区别的内容展开描述。

对所有包含电导率的公式,电导率都需转变成张量形式,公式(5.12)转变成各向异性的亥姆霍兹方程:

$$\nabla \times \nabla \times \boldsymbol{E} - i\omega\mu\underline{\underline{\sigma}}\boldsymbol{E} = 0 \tag{5.39}$$

公式(5.13)转变成各向异性的变分方程:

$$\int_{\Omega} \nabla \times (\nabla \times \boldsymbol{E}) \cdot \delta\boldsymbol{E}\mathrm{d}\Omega - i\omega\mu \int_{\Omega} \underline{\underline{\sigma}}\boldsymbol{E} \cdot \delta\boldsymbol{E}\mathrm{d}\Omega = 0 \tag{5.40}$$

公式(5.22)转变成各向异性的单元积分形式:

$$\sum \int_{\Omega} \nabla \times \delta\boldsymbol{E} \cdot \nabla \times \boldsymbol{E}\mathrm{d}v - \sum i\omega\mu \int_{\Omega} \underline{\underline{\sigma}}\boldsymbol{E} \cdot \delta\boldsymbol{E}\mathrm{d}\Omega = 0 \tag{5.41}$$

公式(5.23)积分中的第 2 项转变成各向异性形式:

$$i\omega\mu\boldsymbol{\sigma}\boldsymbol{E} \cdot \delta\boldsymbol{E} = i\omega\mu\underline{\underline{\sigma}}\left(\sum_{i=1}^{6} N_i \boldsymbol{E}\right) \cdot \left(\sum_{i=1}^{6} N_i \delta\boldsymbol{E}\right) = \delta\boldsymbol{E}_e^{\mathrm{T}} K_{2e} \boldsymbol{E}_e \tag{5.42}$$

在各向异性有限元模拟中,只加载 Dirichlet 边界条件,加载边界条件的解析解来自于各向异性均匀介质模型和各向异性层状介质模型,具体求解过程这里不再赘述,可以参考文献[162]。

求解响应函数需要在上表面设置正交源,5.1.4 节中采用的是电场正交源,本章改用磁场正交源$(H_{0x}, H_{0y}, H_{0z}) = (-1, 0, 0)$ 和 $(H_{0x}, H_{0y}, H_{0z}) = (0, 1, 0)$,因为各向异性介质的一维解析解通常在上表面设置磁场源,这样方便加载边界条件。

5.6　并　行　算　法

5.6.1　算法流程

本章结合三维大地电磁各向异性有限元正演的特点,设计了并行算法,并用 C 语言编程实现,自主研制了大地电磁各向异性正演软件。图 5.21 描述了整个软件的工作流程,由 7 个主要部分构成。除网格生成在外部执行,数据读取是串行执行外,其余的部分都是并行执行。本章的代码支持由开源软件 Gmsh[147] 或 Tetgen[163] 生成的网格文件,本章测试的网格文件均由 Gmsh 生成。在输入部分,读取网格数据和计算参数,并将其分发给所有进程。然后将计算域划分为多个子域。在预处理部分,生成进程相关的单元、节点、棱边和边界等数据信息。在有限元计算部分,进行单元分析、矩阵组装、设置 Dirichlet 边界条件和矩阵格式转换。求解部分的功能是生成和求解与频率相关的稀疏线性系统。最后是后处理、计算响应函数和输出结果文件。

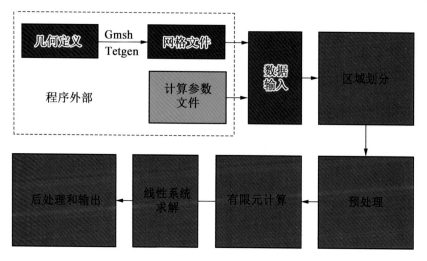

图 5.21　整个软件工作流程 (红色部并行计算,紫色部分串行计算)

5.6.2　网格的分布式存储

数据的存储方式是影响算法并行性能的关键。在许多并行算法设计中,全局网格数据是复制在每个进程上的[164]。虽然它使一些操作变得方便,但当网格规模较大时,会受到本地内存的严重限制。对 3 000 万网格规模的内存消耗做一个简单的评估,存储节点坐标、单元节点编号和棱边编号所需的内存约为 0.8 GB。如果在天河二号超算系统上进行测试,在一个节点上运行 24 个进程大约需要 19 GB 的内存,占单节点内存的 30%。事实上,由于还有其他与网格相关的数据,因此内存消耗会更高,这是完全不能接受的。

这种限制可以通过分布式网格存储来解决。全局网格被分成多个子域,每个进程只存储一个子域的网格数据。如果需要其他子域的网格数据,可以通过 MPI 进行数据通信。分布式网格存储需要遵循负载均衡的规则,一般情况下,网格数与计算复杂度成正比,因此每个子域的网格数应当相近。本章的代码支持使用开源软件 METIS[165] 或 ParMETIS[153] 来实现网格区域划分的功能。两款软件的不同之处在于 ParMETIS 是并行软件,而 METIS 是串行软件,本章的后续测试均是调用的 ParMETIS 库。图 5.22 显示了三维各向异性块模型的全局网格被 ParMETIS 划分为 8 个子域的情况。全局网格被分解成了若干个区域,每个区域网格完全连续,总网格数与原来相同,划分后的子域满足两个条件,分别是子域包含的网格数量相近和子域相邻边界面总数最小。子域划分完之后,需要重构网格数据信息,按照同一子域内连续编号的原则,单元和棱边被重新编号。

5.6.3　多进程并行算法

进程级并行算法通过调用 3.2.1 版本的 MPICH[148] 来实现。算法整体的并行结构由 3 个参数控制:N_PROC、MPI_FRE 和 MPI_FEM,它们分别表示进程总数、频率并行参数和线性系统求解并行参数。相应地,生成 3 种类型的通信域,即全局通信域 MPI_COM-

MON_WORLD、传输通信域 TRANS_COMMON 和计算通信域 COMPUTE_COMMON。分区的子域数目等于 MPI_FEM，频率被均匀地分布到 MPI_FRE 个进程组，因此频率的数目最好可以被 MPI_FRE 整除以保持计算负载均衡。

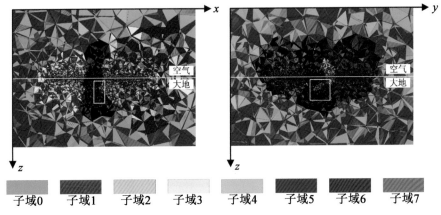

子域0　子域1　子域2　子域3　子域4　子域5　子域6　子域7

图 5.22　3D 各向异性块模型子域划分示意图

图 5.23 对 N_proc = 8、MPI_FEM = 4、MPI_FRE = 2 且待求解的频率数为 8 的情况进行了描述。所有的 8 个进程并行地将整体计算域划分为 4 个（MPI_FEM = 4）子域。然后，为每个 TRANS_COMMON 分配一个子域进行预处理和有限元计算。在每个 TRANS_COMMON 中，频率被分成 2 组（MPI_FRE = 2）并分配给每个进程。经过计算和通信，同一个 TRANS_COMMON 中的进程存储了相同的子域网格数据和稀疏矩阵。通过全局排序的方式对全局棱边进行重新编号，进程间采用的是正则化排序算法，进程内采用的是归并排序算法。预处理和有限元计算虽然只占计算时间的一小部分，但如果串行执行，将严重限制计算规模和并行效率。

求解部分中，将 8 个频率平均分配给 2 个（MPI_FRE = 2）COMPUTE_COMMON，COMPUTE_COMMON 中的所有进程并行求解与频率相关的方程。最后，主进程从同一 COMPUTE_COMMON 中的其他进程收集数值解，用于后处理和输出。

5.6.4　多线程并行算法

当并行测试规模较大时，混合线程和进程的并行算法通常比仅有进程的并行算法具有更好的性能。在预处理和有限元计算中，子域间的并行由进程实现。在子域内，利用 GCC 支持的 OpenMP 开发了归并排序、单元分析、矩阵组装和加载 Dirichlet 边界的细粒度多线程算法。

归并排序算法的主要步骤是将数组逐个合并，然后重新排序。如算法 5.2 所示，由于数组合并过程是相互独立的，可以启用多线程并行计算。在单元分析中，单元之间的计算相互独立，采用了以单元为最小粒度的多线程并行算法，如算法 5.3 所示。算法 5.4 描述了多线程矩阵组装算法，根据线程数和线程号将矩阵元素平均分配给所有线程，每个线程分别进行矩阵组装，最后将每个线程的结果合并，这种设计可以避免多个线程对同一位置元素累加时的访问冲突。

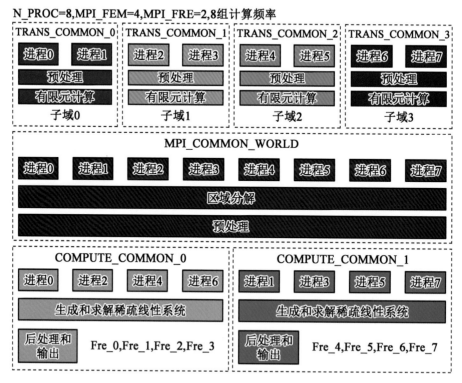

图 5.23　MPI 进程级并行结构示意图

算法 5.2　归并排序多线程并行算法

1：　for seg = 1; seg < len; seg+ = seg do

2：　　#pragma omp parallel for

3：　　for start = 0; start < len; start+ = seg + seg do

4：　　　两两排序合并；

5：　　end for

6：　end for

算法 5.3　单元分析多线程并行算法

1：　#pragma omp parallel for

2：　for i = 0; i < element_num; i + + do

3：　　生成单元相关的局部系数矩阵；

4：　end for

本章使用了一种在不损失精度的情况下施加 Dirichlet 边界条件的方法[166]。如果有

$x_3 = p_3, x_5 = p_5$,则存在如下关系

$$\begin{bmatrix} K_{11} & K_{12} & K_{13} & K_{14} & K_{15} \\ K_{21} & K_{22} & K_{23} & K_{24} & K_{25} \\ K_{31} & K_{32} & K_{33} & K_{34} & K_{35} \\ K_{41} & K_{42} & K_{43} & K_{44} & K_{45} \\ K_{51} & K_{52} & K_{53} & K_{54} & K_{55} \end{bmatrix} \begin{bmatrix} x_1 \\ x_2 \\ x_3 \\ x_4 \\ x_5 \end{bmatrix} = \begin{bmatrix} b_1 \\ b_2 \\ b_3 \\ b_4 \\ b_5 \end{bmatrix}$$

$$\Rightarrow \begin{bmatrix} K_{11} & K_{12} & K_{14} \\ K_{21} & K_{22} & K_{24} \\ K_{41} & K_{42} & K_{44} \end{bmatrix} \begin{bmatrix} x_1 \\ x_2 \\ x_4 \end{bmatrix} = \begin{bmatrix} b_1 - K_{13}p_3 - K_{15}p_5 \\ b_2 - K_{23}p_3 - K_{25}p_5 \\ b_4 - K_{43}p_3 - K_{45}p_5 \end{bmatrix} \tag{5.43}$$

算法 5.4　系数矩阵组装多线程并行算法

1：　#pragma omp parallel

2：　{

3：　　start = len/thread_num * thread_ID;

4：　　end = len/thread_num * (thread_ID+1);

5：　for i = start + 1; i < end; i + + do

6：　　组装系数矩阵;

7：　　end for

8：合并各线程系数矩阵;}

算法 5.5　加载 Dirichlet 边界条件多线程并行算法

1：　#pragma omp parallel

2：　{

3：　　start = len/thread_num * thread_ID;

4：　　end = len/thread_num * (thread_ID+1);

5：　for i = 0; i < boundary_num_total; i + + do

6：　　j = start;

7：　　while j < end do

8：　　　按行号消除边界;

9：　　end while

10：　end for

11：　合并各线程结果;}

12：按列号对矩阵元素进行多线程排序;

13：#pragma omp parallel

14：{

```
15:    start=len/thread_num * thread_ID;
16:    end =len/thread_num * (thread_ID+1);
17:    for i = 0; i < boundary_num_total; i + + do
18:      j =start;
19:      while j < end do
20:        按列号将边界提取到右端;
21:      end while
22:    end for
23:    合并各线程结果;}
24:  按行号对矩阵元素进行多线程排序;
```

常规的方法是循环所有的边界和矩阵元素来提取右侧元素。但在大规模问题中,该算法会耗费大量的时间。因此,本章设计了一种快速多线程的 Dirichlet 边界条件施加方法,如算法 5.5 所示。该算法包括 4 个主要步骤:按行号消除边界、按列号排序、按列号将边界提取到右端、按行号排序恢复矩阵。

5.6.5　直接法求解器

在求解部分,需要对一个或多个复数的、对称的、病态的稀疏线性系统进行求解。考虑到求解的稳定性和准确性,本章选择了直接法。

直接法求解稀疏方程组的两个主要步骤是矩阵分解和回带求解。3 种常用的分解方法是 LU 分解、LDLT 分解和 Cholesky 分解。LU 分解适用于一般矩阵,LDLT 分解适用于对称矩阵,而 Cholesky 分解仅适用于对称正定矩阵。矩阵分解占据了求解时间的主要部分,由于利用了对称性,LDLT 分解和 Cholesky 分解比 LU 分解更快。回带求解步骤主要求解两个三角方程组,即 $L_y=b$ 和 $U_x=y$。

在本章的研究中,选择了 3 种优秀的并行直接求解器:SUPERLU[150,151] 版本 6.1.0、MUMPS[167] 版本 5.3.4 和 PASTIX[168] 版本 5.2.3。它们的共同特点是开源、持续更新和优化,同时支持进程级和线程级并行。由于某些原因,其他一些优秀的求解器没有被选择,例如 WSMP[169-171] 不是开源的,PARDISO[172] 不支持进程级并行,CIQUE[173] 不再持续更新和优化。MUMPS 和 PASTIX 提供上述 3 种方式的分解,在后续的模拟测试中均使用的是 LDLT 分解,而 SUPERLU 只能进行 LU 分解。

5.7　各向异性模型验证与分析

为了验证算法的正确性,本章对 3 个各向异性三维大地电磁模型进行了模拟。所有的模拟都是在天河二号超算系统上进行的,单个计算节点内存为 64 GB,由两个 Intel Xeon E5-2692CPU(12 核,计算频率为 2.2 GHz)组成。这些网格都是根据经验生成的,距离外边界越近越稀疏,距离异常和测量点越近越密集。由于 3 种直接求解器得到的解几乎完全相同,而且都是精确的,所以不一一给出,图 5.24 中给出的所有解都是 SUPERLU 的解。

5.7.1　三维各向异性块模型

本章首先模拟了 3D 各向异性块模型,研究了电导率和倾角各向异性对大地电磁响应的影响。将 COMMEMI 3D-A[155] 模型中的各向同性块体修改为各向异性。如图 5.24 所示,在 100 $\Omega \cdot$ m 的各向同性均匀半空间内有一个长方体各向异性块,其定义为[-0.5, 0.5] km×[-1.0,1.0] km×[0.25,2.25] km,其主轴电阻率 ρ_x、ρ_y 和 ρ_z 分别为 1 000 $\Omega \cdot$ m、10 $\Omega \cdot$ m 和 100 $\Omega \cdot$ m,测点沿 $y=0$ m 和 $x=[-4.0,4.0]$ km 排列在地面上。

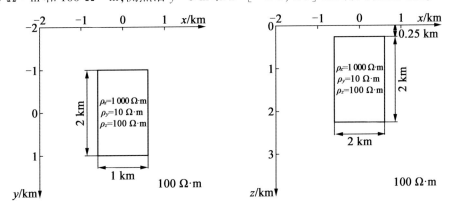

图 5.24　3D 各向异性块模型示意图

计算频率为 0.1 Hz 时,$\alpha_s=0°$、$\alpha_l=0°$、$\alpha_d=0°$、30°、60°、90°的三维各向异性块模型的视电阻率和相位响应的变化如图 5.25 所示。倾角 α_d 从 0°到 90°的变化可以看作异常块沿 x 轴进行旋转,x 方向的电阻率保持不变,而 y 方向的电阻率从 10 $\Omega \cdot$ m 转变成 100 $\Omega \cdot$ m。所以 ρ_{xy} 曲线和 φ_{xy} 曲线在转变过程中几乎没有改变,而 ρ_{yx} 曲线从低阻异常转变成了无异常,φ_{yx} 从高值回到了 45°。

图 5.26 描述了计算频率为 0.1 Hz,$\alpha_d=0°$、$\alpha_l=0°$、$\alpha_s=0°$、30°、60°、90°的视电阻率和相位响应。在走向角 α_s 从 0°到 90°变化过程中,异常块体沿 z 轴旋转,块体 x 方向的电阻率从 1 000 $\Omega \cdot$ m 变为 10 $\Omega \cdot$ m,y 方向的电阻率方向从 10 $\Omega \cdot$ m 变为 1 000 $\Omega \cdot$ m。因此,ρ_{xy} 从高电阻率异常变为低电阻率异常,而 ρ_{yx} 从低电阻率异常变为高电阻率异常。类似地,φ_{xy} 和 φ_{yx} 也经历类似的相反变化。

网格详细信息记录在表 5.6 中。模型在 16 个进程上并行模拟, SUPERLU、MUMPS 和 PASTIX 的计算时间分别为 915 s、564 s 和 800 s, 内存消耗量分别为 104.0 GB、69.8 GB 和 62.4 GB。

表 5.6 各向异性模型网格数据

模型	单元数	节点数	棱边数	边界数	自由度
3D 各向异性块模型	1 783 117	286 646	2 071 959	6 591	2 065 368
Xiao's 模型	2 667 781	438 812	3 119 094	37 506	3 081 588
海底山脉模型 $\alpha_d = 0°$	1 647 834	274 847	1 933 028	31 044	1 901 984
海底山脉模型 $\alpha_d = 90°$	6 027 048	968 560	7 005 751	30 432	6 975 319

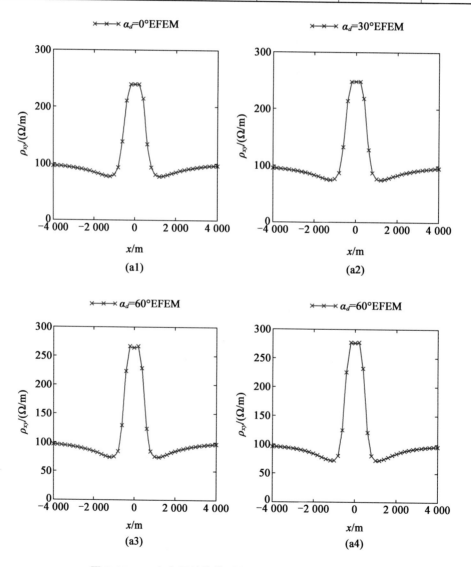

图 5.25 3D 各向异性块模型在 0.1 Hz 频率下响应曲线

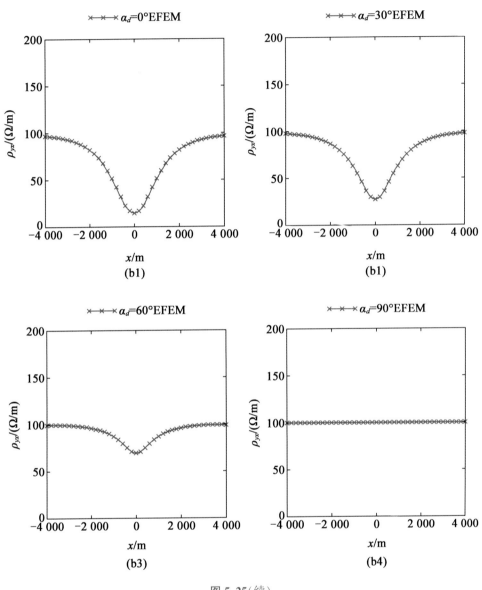

图 5.25(续)

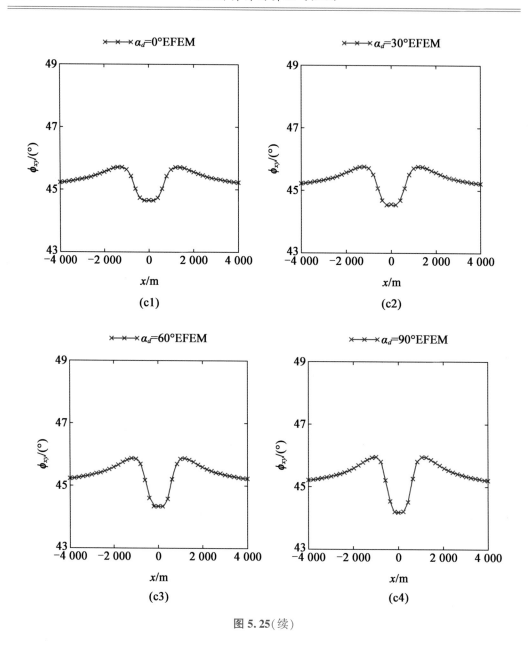

图 5.25(续)

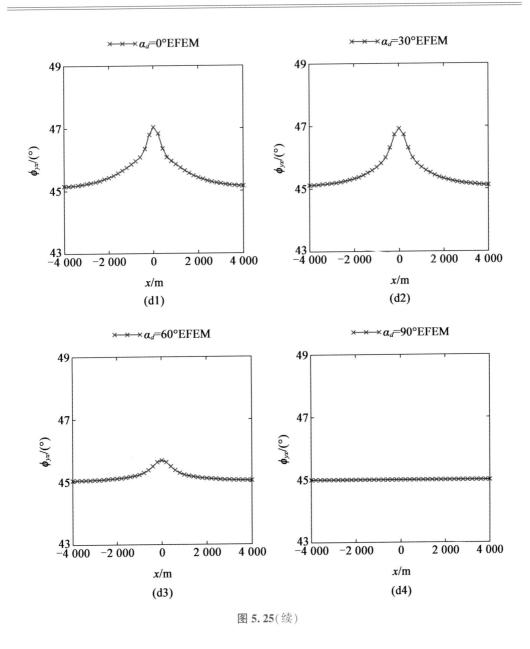

图 5. 25(续)

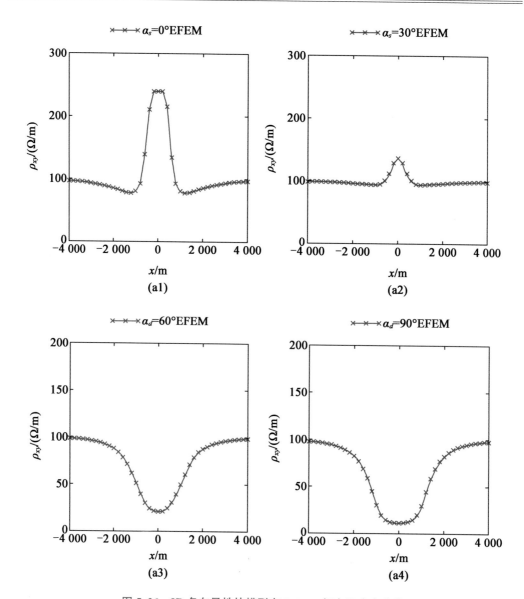

图 5.26　3D 各向异性块模型在 0.1 Hz 频率下响应曲线

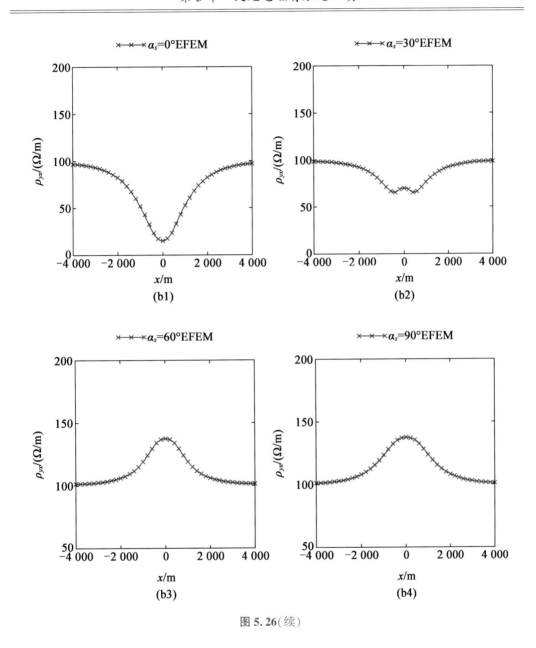

图 5.26(续)

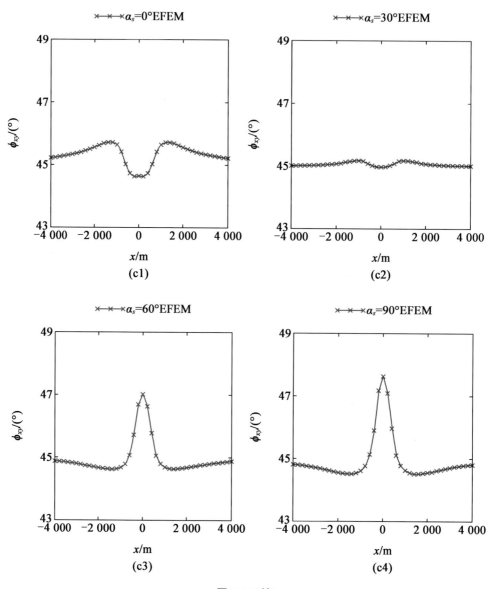

图 5.26(续)

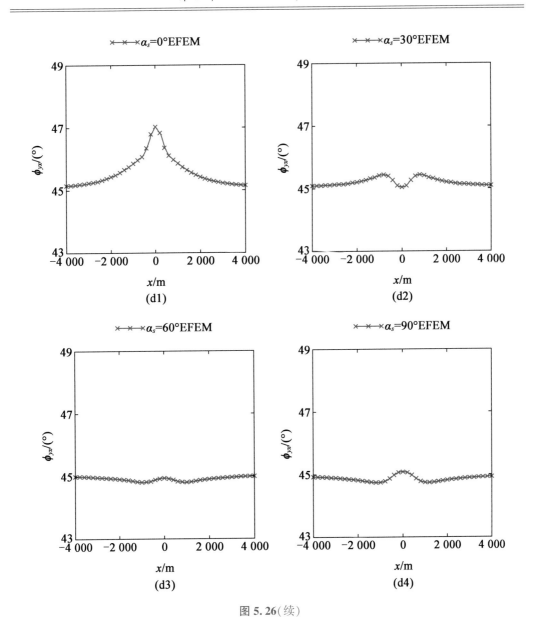

图 5.26(续)

5.7.2　Xiao's 模型

第 2 个模型选择了文献[137]中的模型,后文称作 Xiao's 模型,主要目的是对比文献中六面体结构网格矢量有限元和本章中四面体非结构网格矢量有限元的解。如图 5.27 所示,在 100 Ω·m 的各向同性均匀半空间中有一个尺寸为 [−1.0,1.0] km×[−1.0, 1.0] km×[0.24,1.29] km 的各向异性块,其主轴电阻率 ρ_x、ρ_y 和 ρ_z 分别为 1 000 Ω·m、10 Ω·m 和 100 Ω·m,数据采集点沿线 $x=0$ m 和 $y=[−18,18]$ km 布置在地面上。

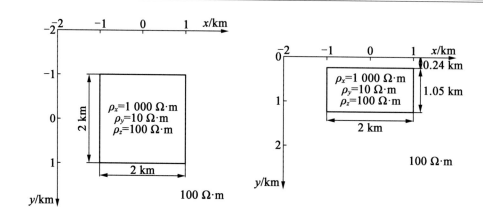

图 5.27　Xiao's 模型示意图

　　图 5.28 和图 5.29 描述了频率为 0.1 Hz 时,本章中四面体与六面体结构网格矢量有限元求解的视电阻率曲线和相位响应曲线。电导率带来的响应变化与 5.7.1 节中类似,因此这里不作赘述。可以看出,本章算法的解与六面体结构网格矢量有限元中的解在趋势上是完全一致的,都能体现出视电阻率曲线和相位曲线在异常处的主要特征,但是数值上还是有差异,六面体结构网格矢量有限元的响应曲线在异常处更加尖锐,这些差异主要与网格剖分相关。上述模型在 40 个进程上模拟,网格数据见表 5.6,SUPERLU、MUMPS 和 PASTIX 计算时间和内存消耗量分别为 264 s、169 s、235 s 和 184 GB、125 GB、112 GB。

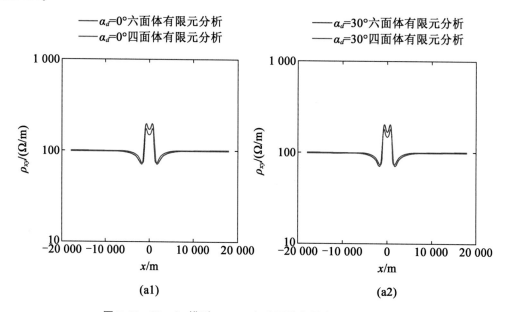

图 5.28　Xiao's 模型 0.1 Hz 与六面体矢量有限元结果对比

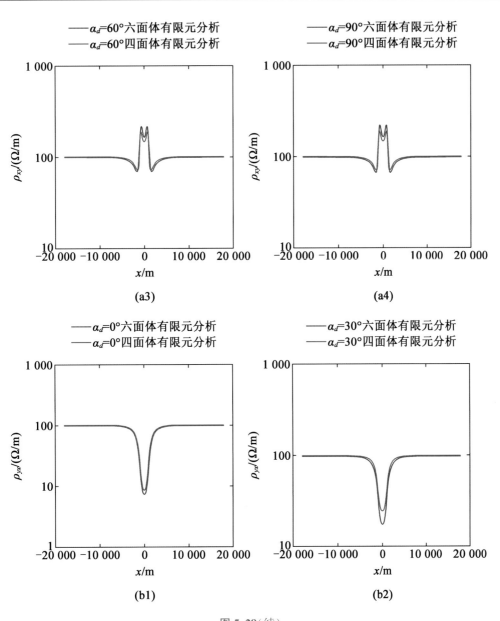

(a3)　　　　　　　　　　　　　(a4)

(b1)　　　　　　　　　　　　　(b2)

图 5.28(续)

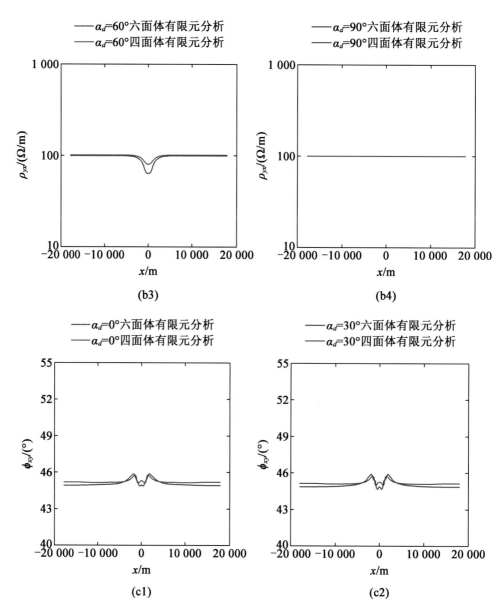

图 5.28(续)

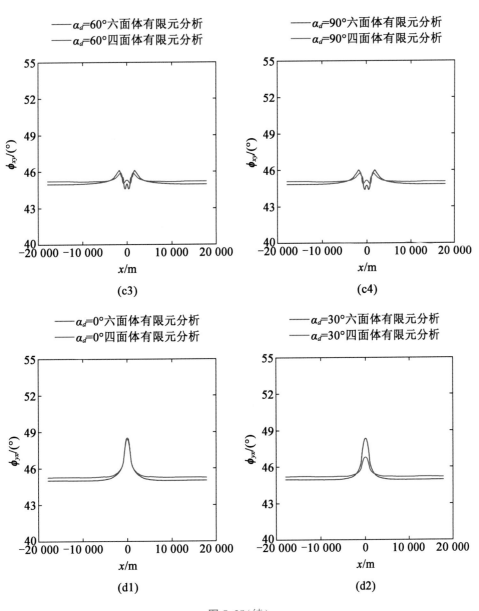

图 5.28(续)

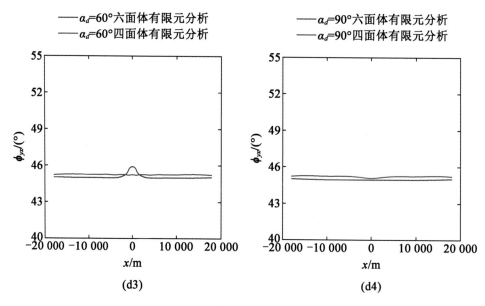

图 5.28(续)

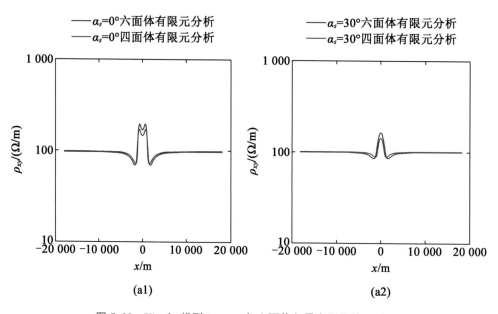

图 5.29 Xiao's 模型 0.1 Hz 与六面体矢量有限元结果对比

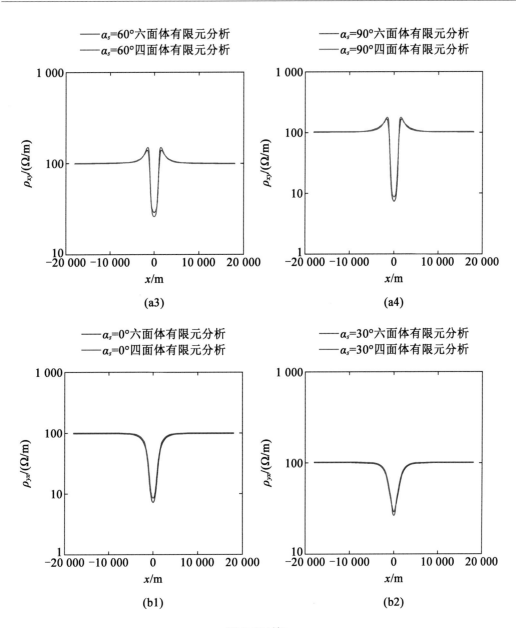

图 5. 29(续)

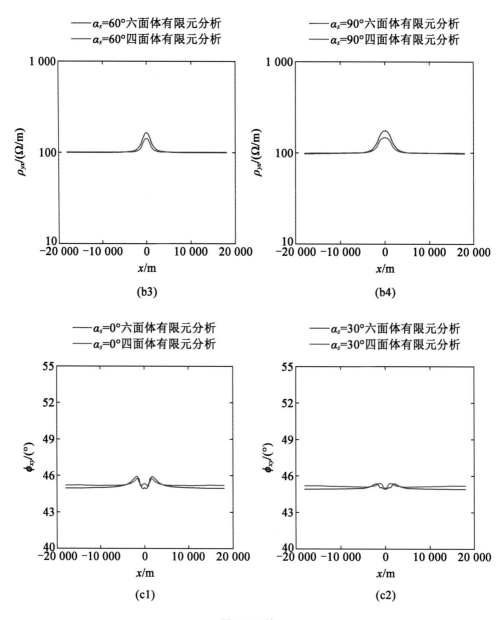

(b3)　　　　　　　　　　　　　　　　　(b4)

(c1)　　　　　　　　　　　　　　　　　(c2)

图 5.29(续)

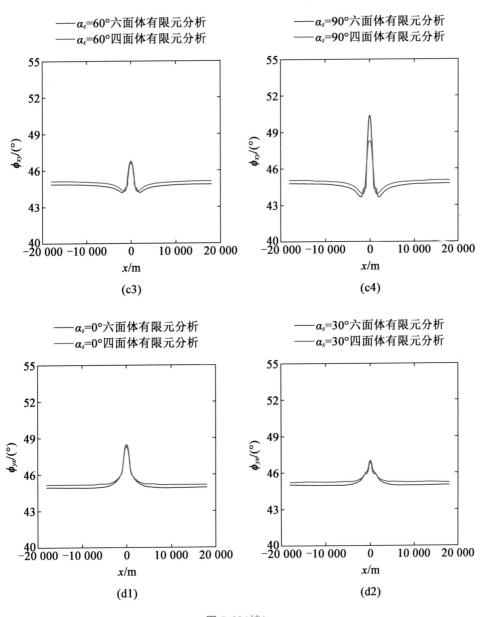

图 5.29(续)

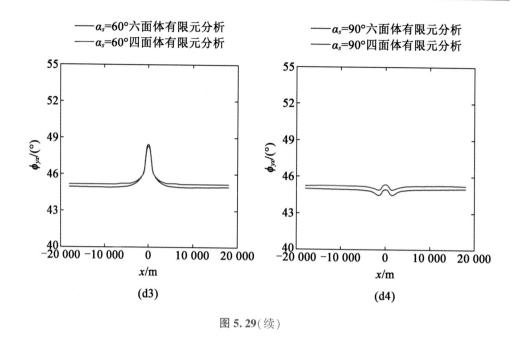

图 5.29(续)

5.7.3　海底山脉模型

第 3 个模型选择了相对复杂的海底山脉模型。图 5.30 对海底山脉模型进行了描述,模型由 3 层介质,海水层厚为 1 km,电阻率为 0.3 Ω·m,各向异性层厚为 6 km,水平电阻率为 1 Ω·m,垂直电阻率为 10 Ω·m,以及各向同性的底层,电阻率为 10 Ω·m。海底有一座高 0.2 km 的金字塔形小山,底部为 [-1.0,1.0] km×[-1.0,1.0] km 的正方形。各向异性层中有一个长为 1.5 km、宽为 1.5 km、高为 3 km、倾角为 45°、电阻率为 10 Ω·m 的各向同性倾斜块体,测点沿 $x=0$ m 和 $y=[-4.0,4.0]$ km 分布在海底。

图 5.31 给出了测量频率为 0.1 Hz 时,各向异性层的 $\alpha_d=0°$ 和 $\alpha_d=90°$ 时的视电阻率曲线和相位曲线。所有曲线显示出轻微的倾斜,这是由于倾斜块导致的。$\alpha_d=0°$ 和 $\alpha_d=90°$ 时,各向异性层的电阻率在 x 方向均为 1 Ω·m,因此 ρ_{xy} 和 φ_{xy} 在背景处是相似的。各向异性层的电阻率在 y 方向分别为 1 Ω·m 和 10 Ω·m,因此背景处的 ρ_{yx} 约为 1 Ω·m 和 10 Ω·m,φ_{yx} 相差约为 5°。由于地形的原因,ρ_{xy}、ρ_{yx}、φ_{xy} 和 φ_{yx} 都在海底山脉顶部显著增加。在山脚处,ρ_{xy} 略有增加,而 ρ_{yx} 减少。将自适应有限元的解[174]与本章的解进行了比较,总体上是相似的,只在某些相位值上有较小的偏差。自适应算法生成的网格比经验生成的网格更具优势,尤其是对于复杂的模型。

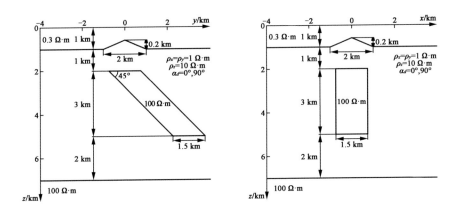

图 5.30　海底山脉模型示意图

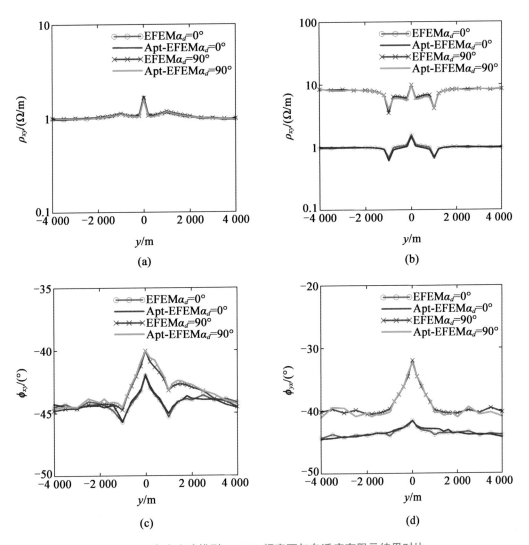

图 5.31　海底山脉模型 0.1 Hz 频率下与自适应有限元结果对比

网格数据见表 5.6,当 $\alpha_d = 0°$ 时,程序在 48 个进程×6 个线程上并行模拟,使用 SUPERLU、MUMPS 和 PASTIX 的计算时间分别为 122 s、65 s 和 100 s,内存需求分别为 117.0 GB、78.5 GB 和 98.4 GB。当 $\alpha_d = 90°$ 时,程序在 48 个进程×12 个线程上并行模拟,使用 SUPERLU、MUMPS 和 PASTIX 的计算时间分别为 530 s、266 s 和 434 s,内存消耗量分别为 364.3 GB、454.9 GB 和 447.3 GB。其中预处理和有限元计算的总时间为 3 s,仅占总时间的 0.56%、1.12% 和 0.69%,但是如果这两部分串行执行,计算时间为 147 s,分别占总时间的 21.8%、35.8% 和 25.4%,说明了前处理和有限元计算并行化的必要性。

5.8　各向异性可扩展性测试

本章在天河二号超算系统上进行了可扩展性测试,包括进程测试、线程测试、进程线程混合测试以及多并行粒度测试。5.7 节已经给出了天河二号超算系统的计算节点的硬件信息。所有的测试在两种网格规模上进行,分别是 3D 各向异性块模型和 $\alpha_d = 90°$ 的海底山脉模型。加速比和并行效率见公式(5.33)和公式(5.34)。

5.8.1　进程可扩展性测试

在 0.1 Hz 频率的条件下,对 3D 各向异性块模型的 2~1 024 个进程和海底山脉模型的 8~2 048 个进程进行了强可扩展性测试。图 5.32 显示不同模型在相同的部分具有相同趋势的曲线,具有良好的一致性。图 5.32(a)和(b)描述了子域划分部分、预处理部分和 FEM 计算部分的计算时间和加速比。子域划分部分的可扩展性主要由 ParMETIS 控制,在两个模型上分别在 64 和 256 个进程上获得了 11.92 和 42.3 的最大加速比。在预处理部分,两种模型的最高加速比均在 256 个进程时获得,分别为 76.89 和 136.5。有限元计算部分具有最好的并行性,没有出现曲线拐点,在两个模型上分别在 1 024 核和 2 048 核上获得了 600.53 和 757.94 的加速比。加速比下降的主要原因是计算通信比的降低,而有限元计算部分的性能较好是因为它不包含全局通信。图 5.32(c)、(d)、(e)和(f)描述了 3 种直接求解器的计算时间、加速比和内存消耗情况。在两种规模的网格上,PASTIX 的并行性较差,在 128 和 256 个进程上获得的最大的加速比分别为 25.9 和 59.69,然后急剧下降。MUMPS 和 SUPERLU 具有相似的加速比曲线,随着进程数的增加而趋于平缓,在三维各向异性块模型上 512 个进程的加速比分别为 56.15 和 56.27,在海底山脉模型上的 1 024 个进程下的加速比分别为 105.02 和 114.16。MUPMS 在相同进程数时具有最短的计算时间。这 3 种求解器的并行效率都很低,这是直接法求解稀疏线性方程组所面临的共同难题。在内存消耗方面,PASTIX 的初始内存消耗最低,但增长速度很快。MUMMPS 和 SUPERLU 具有相似的内存增长趋势,内存消耗差异主要是源于矩阵分解方式不同。所有的内存消耗数据都来自求解器本身统计,但在实际测试中发现内存消耗比统计值更高。

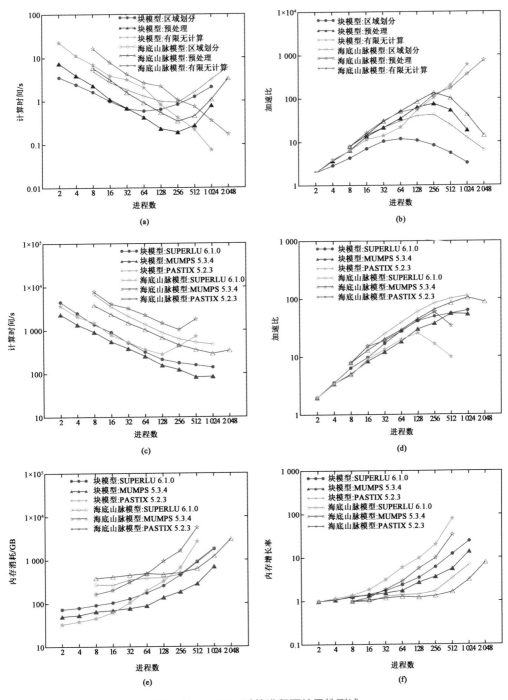

图 5.32　0.1 Hz 时的进程可扩展性测试

　　图 5.33 描述了在 0.001 786~10.0 Hz 范围内的 16 个频率间的并行测试,在三维各向异性块模型上进程从 2 扩展到 32,在海底山脉模型上进程从 16 扩展到 256。如图 5.33(b)所示,子域划分、预处理和有限元计算的最大加速比在三维各向异性块模型上为 7.96、

7.41 和 30.24,在海底山脉模型上为 48.53、59.35 和 206.281。在图 5.33(d)中,加速比曲线都是接近理想的,MUMPS、SUPERLU 和 PASTIX 在三维各向异性块模型的测试中,32 个进程上获得了 32.15、30.38 和 34.66 的加速比。在海底山脉模型的测试中,256 个进程上获得了 306.26、245.98 和 259.24 的加速比。其中 MUMPS 和 PASTIX 测试的并行效率均超过了 100%,根据测试结果进行分析,当使用 2 个进程和 16 个进程测试时,MUMPS 和 PASTIX 依次对 16 个频率相关的稀疏线性系统进行求解,在依次求解的过程中,单个稀疏线性系统的求解时间有变慢的趋势,推测可能的原因一是求解器在依次求解多个线性系统过程中,没有完全地释放之前的内存,导致访存效率降低,求解变慢。并行性能良好的主要原因是频率间的并行没有数据通信。另一个原因是直接求解器的求解时间稳定,不同频率的方程求解时间相差不大。然而,如图 5.33(f)所示,频率并行会导致内存的线性增加,并且受到实测频率数量的限制。

　　根据上述进程的强可扩展性测试结果可以得出结论,无论是单频率的并行还是频率间的并行,子域划分、预处理和有限元计算部分都具备一定的加速比,其中有限元计算部分的扩展性最好。在稀疏线性系统求解部分,MUMPS、SUPERLU 和 PASTIX 进程的强可扩展性均不理想,其中 PASTIX 的扩展性最差。频率间的强可扩展性受求解器的影响不大,均表现出很高的并行效率,但是受到频率数的限制。

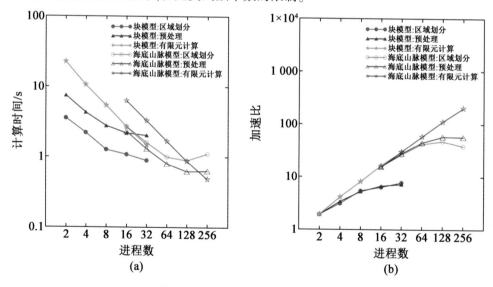

图 5.33　多频进程可扩展性测试

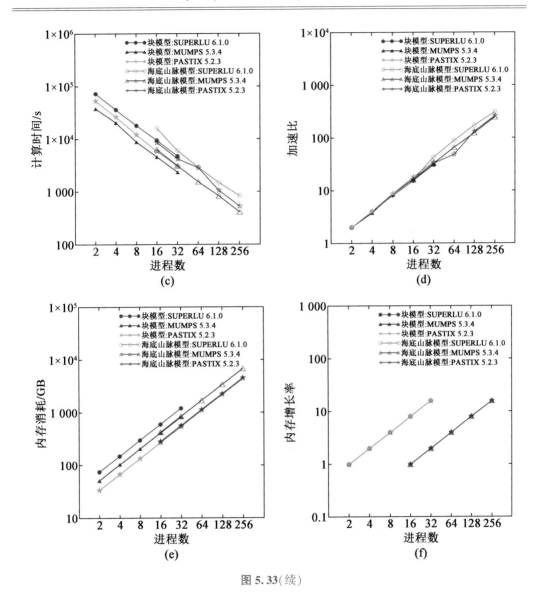

图 5.33(续)

5.8.2　线程可扩展性测试

在线程的可扩展性测试中,将三维各向异性块模型的测试进程数固定为2,海底山脉模型的测试进程数固定为8。线程数取值为单节点核心总数(这里是24)的约数。图5.34(a)和(b)描述了5.6.5节中的多线程算法5.2~5.5的性能(归并排序占据了计算棱边的主要时间)。除了单元分析的加速效果相对较高,在三维各向异性块模型上的最大加速比为7.47,在海底山脉模型上的最大加速比为6.27,其他多线程优化效果不佳,计算棱边、组装矩阵和加载 Dirichlet 边界条件的最大加速比在三维各向异性块模型上为1.32、1.10 和 1.45,在海底山脉模型上为 1.32、1.10 和 1.45。图 5.34(c)和(d)比较了MUMPS、SUPERLU 和 PASTIX 的多线程性能。MUMPS 和 SUPERLU 都依赖于 OpenBLAS

的多线程功能,除了在 24 个线程时,它们的加速比曲线相似。而 SUPERLU 在 24 个线程上性能迅速下滑的原因可能是 SUPERLU 没有针对 OpenBLAS 进行适配。SUPERLU 和 MUMPS 分别在 12 个线程和 24 个线程获得最高加速效果,在三维各向异性块模型上最高加速比为 6.5 和 9.1,在海底山脉模型上最高加速比为 5.5 和 8.1。PASTIX 的多线程功能由 POSIX 开发,效果最好,在 24 个线程时,三维各向异性块模型的最大加速比为 18.71,海底山脉模型的最大加速比为 16.2。这主要是因为 PASTIX 的算法设计更偏向多线程功能,而且多线程功能由求解器本身开发,而 MUMPS 和 SUPERLU 只在调用 BLAS 函数时启用了多线程并行。多线程的另一个优点是它几乎不会增加内存消耗。

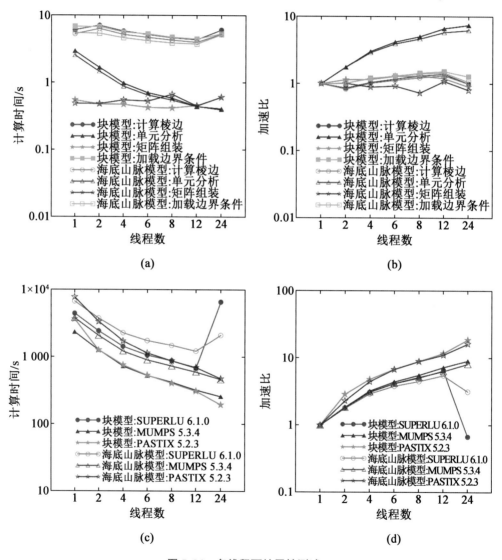

图 5.34　多线程可扩展性测试

5.8.3　进程线程混合测试

为了证实进程和线程混合算法的优势,本章做了如下测试,测试中固定核心数,通过改变线程数和进程数来观察计算时间。三维各向异性块模型在48~384个核心上进行测试,海底山脉模型在192~768个核心上进行测试。如图5.35(a)、(c)、(e)和图5.36(a)、(c)、(e)所示,所有测试在使用线程后性能都有所提升。PASTIX 的提高最为明显。三维各向异性块模型在48、96、192和384核上的计算时间与纯进程相比最大减少了46.17%、58.57%、62.27%和75.21%。在使用192、384、576和768个核心的海底山脉模型中,计算时间最多减少了73.90%、76.4%、83.06%和84.64%。最优性能通常在12或24个线程上获得,这表明 PASTIX 的性能在很大程度上依赖于线程。对于 SPUERLU,通常在2~6个线程上获得最佳性能,3D各向异性块模型的最高性能提升5.55%~9.74%,海底山脉模型最好性能提升1.92%~5.72%。而 MUMPS 通常在6~12个线程上获得最佳性能,分别将性能提升了13.98%~26.71%和19.32%~21.56%。在图5.35(b)、(d)、(e)和图5.36(b)、(d)、(e)中,所有3个求解器都显示出共同的特征,即线程越多,内存消耗量越小。这使得即使在某些硬件内存受限的情况下也可以加快计算速度。例如,在上述48核的测试中,如果仅使用进程,内存消耗量将超过2个节点的内存总和。但是,如果同时使用进程和线程,则可以在2个节点的48个核上运行。

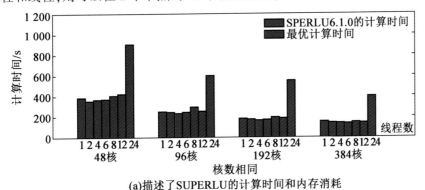

(a)描述了SUPERLU的计算时间和内存消耗

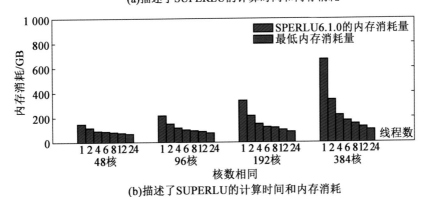

(b)描述了SUPERLU的计算时间和内存消耗

图 5.35　三维各向异性块模型固定核数测试

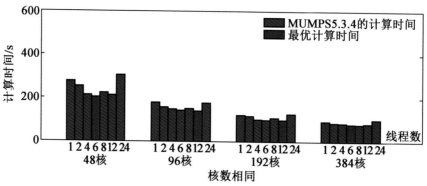

(c)描述了MUMPS的计算时间和内存消耗

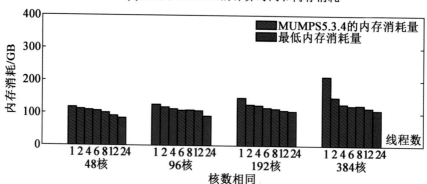

(d)描述了MUMPS的计算时间和内存消耗

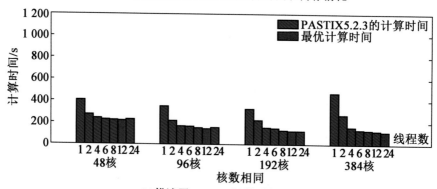

(e)描述了PASTIX计算时间和内存消耗

图 5.35(续)

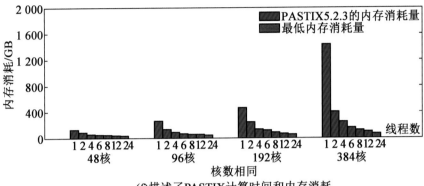

(f)描述了PASTIX计算时间和内存消耗

图 5.35(续)

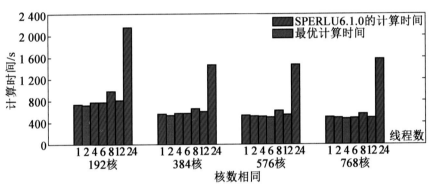

(a)描述了SUPERLU的计算时间和内存消耗

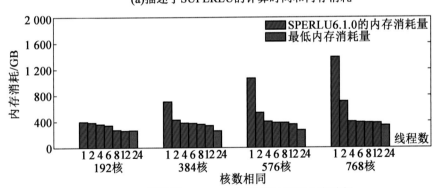

(b)描述了SUPERLU的计算时间和内存消耗

图 5.36　海底山脉模型固定核数测试

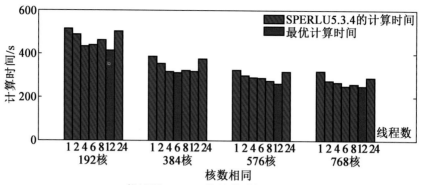

(c)描述了MUMPS的计算时间和内存消耗

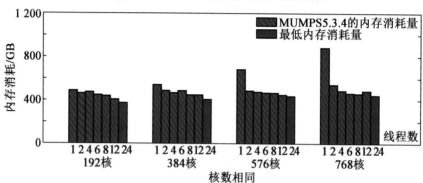

(d)描述了MUMPS的计算时间和内存消耗

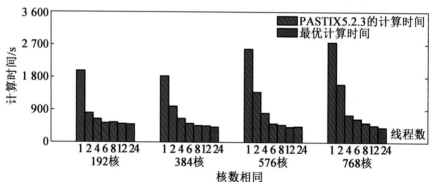

(e)描述了PASTIX的计算时间和内存消耗

图5.36(续)

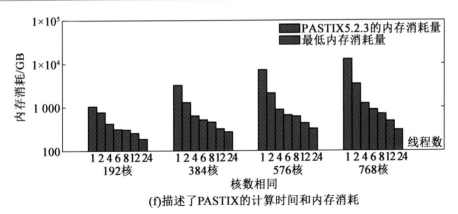

图 5.36(续)

5.8.4　多粒度可扩展测试

在实际应用中,为了不浪费计算资源,经常需要在计算时跑满一个节点的所有核心。多并行粒度可扩展性测试是在 0.000 1~10.0 Hz 的常规频率组上进行的。在三维各向异性块模型上,从 48 核/2 节点扩展到 2 016 核/84 节点,在海底山脉模型上,测试从 192 核/8 节点扩展到 7 560 核/315 节点。表 5.7 和表 5.8 记录了并行参数和测试结果。小规模的并行参数的设置主要考虑内存消耗,大规模的并行参数的设置主要参考 5.8.3 节的测试结果。SUPERLU 具有最好的加速比和并行效率,但是计算时间最长。三维各向异性块模型中,PASTIX 的计算时间最快,而海底山脉模型中,MUMPS 的性能最好。MUMPS 在表 5.7 中的并行效率只有 44.69%,图 5.37 中统计了不同频率的计算时间,可以看出,当频率低于 0.003 125 Hz 时,MUMPS 求解三维各向异性块模型所用的时间随着频率的降低而增加,但是这种现象在海底山脉模型中并没有出现,这可能与 MUMPS 的精度优化算法有关。

表 5.7　3D 各向异性块模型的多并行粒度可扩展性测试结果

求解器	MPI_FEM	MPI_FRE	线程数	核数/节点数	时间/s	加速比	效率/%
SUPERLU	4	1	12	48/2	7 858	/	/
MUMPS	4	1	12	48/2	4 564	/	/
PASTIX	4	1	12	48/2	4 364	/	/
SUPERLU	16	21	6	2 016/84	245	1 539.52	76.36
MUMPS	8	21	12	2 016/84	243	901.13	44.69
PASTIX	4	21	24	2 016/84	152	1 378.10	68.35

表 5.8　海底山脉模型的多并行粒度可扩展性测试结果

求解器	MPI_FEM	MPI_FRE	线程数	核数/节点数	时间/s	加速比	效率/%
SUPERLU	16	1	12	192/8	20 111	/	/
MUMPS	16	1	12	192/8	8 333	/	/
PASTIX	16	1	12	192/8	11 118	/	/
SUPERLU	60	21	6	7 560/315	624	6 188.00	81.85
MUMPS	30	21	12	7 560/315	343	4 664.53	61.70
PASTIX	15	21	24	7 560/315	467	4 570.99	60.46

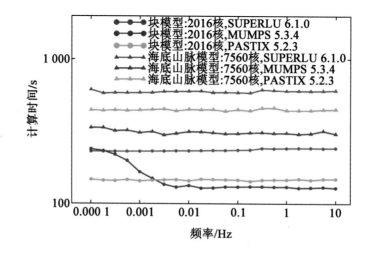

图 5.37　3D 各向异性块模型和海底山脉模型上 0.000 1~10.0 Hz 各频率的求解时间

基于以上测试结果,本章给出了一些实际应用的建议。首先,如果内存充足,由于并行效率较高,最好优先使用频率并行化。其次,用于计算单个频率的进程数量不应太多。第三,最好使用 MUMPS 和 PASTIX 求解器,它们比 SUPERLU 更快。最后,增加线程数有助于在不增加内存消耗的情况下加快求解速度,不同求解器的最优线程数在 5.8.3 节中已给出。

5.9　本章小结

本章首先从麦克斯韦方程出发推导了大地电磁求解所需的偏微分方程,使用非结构四面体网格对空间进行离散,通过矢量有限元法对各向同性介质的三维大地电磁进行求解,给出了两种边界条件的加载方式,并进行交叉验证和对比,提出了一种高效的三级并行算法,前两级分别是频率并行和线性系统求解并行,属于进程级并行,后一级是细粒度的线程级并行。对梯形山模型、COMMEMI3D-1A 模型和 DTM-1 模型进行模拟验证了算法的正确性。两种边界条件的计算精度、计算时间和内存使用空间基本相同。在天河群星超算系统和天河新一代超算系统上进行了一系列可扩展性测试,根据测试结果建议了实际应用时的并行参数选择。在天河群星超算系统上,2 520 核对比 100 核的加速比为 1 609,并行效率为 60%。在天河新一代超算系统上,10 752 核对比 256 核的加速比为 6 040,并行效率为 56%。测试结果表明,本章的算法具有良好的并行性能,研制的软件能够进行大规模电导率各向同性介质的大地电磁模拟。

　　同时,本章节提出了一种可扩展的大地电磁三维各向异性正演并行算法。该算法将网格划分成子域,进程只需要存储某一子域的网格数据,通过 MPI 进程级并行和 OpenMP 线程级并行实现了多粒度并行算法。并行粒度包括子域间的并行、频率间的并行、方程求解的并行和多线程并行。用 3 个模型对该算法进行了验证,并分析了电导率各向异性对响应曲线的影响。在天河二号超算系统上进行了可扩展性测试,分析了不同并行粒度的并行性能,并给出了并行参数如何选择的建议。分析比较了 SUPERLU、MUMPS 和 PASTIX3 种求解器的计算性能和可扩展性。在 7 560 核对比 192 核时,3 种求解器分别获得了 81.85%、61.70% 和 60.46% 的并行效率。测试结果表明,该算法具有良好的并行性能,研制的软件能够进行大规模电导率各向异性介质的大地电磁模拟。

第6章 地球动力学模拟

地球动力学数值模拟是高性能计算的重要领域,已经有很多优秀的开源软件在超级计算机上进行了大规模的计算。这些软件通常可以在同构的天河超算系统上直接编译运行,但是很难充分发挥天河超算系统的性能。对于异构的天河超算系统,软件通常不具备直接使用加速器的功能,简单地将串行程序进行移植也难以发挥加速器的性能。

针对上述问题,本章提出了面向飞腾多核处理器的地球动力学模拟并行算法。设计了模型边界分离的存储格式,设计了点 8 色排序和块 8 色排序的高斯赛德尔迭代(Gauss-Seidel)多线程并行算法,设计了融合的对称 Gauss-Seidel 平滑器,设计了稀疏矩阵乘向量、多重网格限制、多重网格延拓等核心函数的多线程并行算法。并将设计的算法应用于开源地球动力学数值模拟软件 CitcomCU 中。CitcomCU 已经具备了进程级的并行,但是对于飞腾多核处理器还需要开发细粒度的线程级并行。在 FT2000plus 上进行测试和性能分析,测试结果表明优化算法可以有效地提高性能。同时,本章提出了面向飞腾多核处理器的地球动力学模拟并行算法,将最耗时的核心函数 SpMV 和 Gauss-Seidel 进行了异构移植。结合迈创加速器 M-DSP 体系架构,本章设计了 SpMV 和基于点 8 色排序的 Gauss-Seidel 异构并行算法。设计了数据分块的方法,充分利用了片上共享存储,优化了访存。设计了多核向量化算法,算法根据多级存储结构对任务进行了精细地划分。本章通过双缓冲重叠了计算与通信,实现了混合精度算法。在 M-DSP 上进行测试和性能分析,测试结果表明优化算法可以有效地提升性能,设计的异构并行算法可以有效地利用带宽。

6.1 地球动力学有限元模拟理论

6.1.1 偏微分方程及边界条件

在地球动力学理论中,假设地幔是不可压缩的,在布辛尼斯克(Boussinesq)近似的条件下,质量、动量和能量的无量纲守恒方程为

$$u_{i,i} = 0 \tag{6.1}$$

$$\sigma_{ij,j} + RaT\delta_{i3} = 0 \tag{6.2}$$

$$\frac{\partial T}{\partial t} + u_i T_{,i} = (\kappa T_{,i})_{,i} + \gamma \tag{6.3}$$

式中,u_i、σ_{ij}、T 和 γ 分别表示速度、应力张量、温度和产热率;Ra 表示瑞利数(Rayleigh);

δ_{ij} 表示克罗内克(Kronecker)函数;$u_{,i}$ 表示变量 u 在坐标上对 x_i 方向上的偏导数。应力张量 σ_{ij} 可以用本构方程进行表示:

$$\sigma_{ij} = -P\delta_{ij} + 2\eta \dot{\varepsilon}_{ij} = -P\delta_{ij} + \eta(u_{i,j} + u_{j,i}) \tag{6.4}$$

式中,$\dot{\varepsilon}_{ij}$ 表示应变率;P 表示动态压力;η 表示黏度。

将公式(6.4)带入公式(6.2)可知,需要求解的 3 个未知变量是压力、速度和温度。在给定足够的边界和初始条件时,3 个控制方程足以求解这 3 个未知数。由于能量方程中包含时间的一阶导数,因此仅温度需要给出初始条件。动量方程的边界条件通常是设定应力和速度,能量方程的边界条件通常是设定热通量和温度。初始条件和边界条件可以表示为

$$T(r_i, t=0) = T_{\text{init}}(r_i) \tag{6.5}$$

$$u_i = g_i \text{ on } \Gamma_{g_i}, \sigma_{ij} n_j = b_i \text{ on } \Gamma_{b_i} \tag{6.6}$$

$$T = T_{bd} \text{ on } \Gamma_{T_{bd}}, (T_{,i})_n = q \text{ on } \Gamma_q \tag{6.7}$$

式中,Γ_{g_i} 和 Γ_{b_i} 分别表示在 i 方向上速度分量和应力分量分别为 g_i 和 b_i 的边界;n_j 表示边界 Γ_{b_i} 上的法向量;$\Gamma_{T_{bd}}$ 和 Γ_q 分别表示温度为 T_{bd} 和热通量为 q 的边界。

通常求解耦合系统的步骤如下:(1)在给定的时间步长求解方程(6.1)和方程(6.2);(2)使用新的速度场在方程(6.1)中把温度更新到下一个时间步;(3)回到步骤(1)继续求解。

6.1.2 有限元理论

使用有限元法对偏微分方程进行求解。给出伽辽金(Galerkin)弱形式的积分,对于所有的 $w_i \in V, P \in \mathbf{P}$ 有

$$\int_\Omega w_{i,j} \sigma_{ij} \mathrm{d}\Omega - \int_\Omega q u_{i,i} \mathrm{d}\Omega = \int_\Omega w_i f_i \mathrm{d}\Omega + \sum_{i=1}^{n_{sd}} \int_{\Gamma_{b_i}} w_i b_i \mathrm{d}\Gamma \tag{6.8}$$

式中,速度 $u_i = v_i + g_i$;P 表示压力;g_i 表示公式(6.6)中给出的边界速度,其中 $v_i \in V, V$ 是一组 w_i 在 Γ_{g_i} 上等于 0 的函数,$q \in \mathbf{P}, \mathbf{P}$ 是一组关于 q 的函数。w_i 和 q 也称作权重函数。令 $f_i = RaT\delta_{iz}$,则方程(6.8)等价于在边界条件(6.6)下的方程组(6.1)和(6.2)。方程(6.8)可以重新表示为

$$\int_\Omega w_{i,j} c_{ijkl} v_{k,l} \mathrm{d}\Omega - \int_\Omega q v_{i,i} \mathrm{d}\Omega - \int_\Omega w_{i,i} P \mathrm{d}\Omega = \int_\Omega w_i f_i \mathrm{d}\Omega + \sum_{i=1}^{n_{sd}} \int_{\Gamma_{b_i}} w_i b_i \mathrm{d}\Gamma - \int_\Omega w_{i,j} c_{ijkl} g_{k,l} \mathrm{d}\Omega$$

$$\tag{6.9}$$

其中,

$$c_{ijkl} = \eta(\delta_{ik}\delta_{jl} + \delta_{il}\delta_{jk}) \tag{6.10}$$

由本构方程(6.4)推导而来。

使用结构网格对求解区域进行离散,图 6.1 给出了场值在网格上的分布,速度场附着在节点上,具有 x、y、z 三个方向的分量,压力场附着在单元中心点。给出形函数的表

达式：

$$\left.\begin{array}{l} \boldsymbol{v} = v_i\boldsymbol{e}_i = \sum_{A \in \Omega^p - \Gamma^v_{g_i}} N_A v_{iA}\boldsymbol{e}_i \\[3mm] \boldsymbol{w} = w_i\boldsymbol{e}_i = \sum_{A \in \Omega^p - \Gamma^v_{g_i}} N_A w_{iA}\boldsymbol{e}_i \\[3mm] \boldsymbol{g} = \sum_{A \in \Gamma^v_{g_i}} N_A g_{iA}\boldsymbol{e}_i \\[3mm] P = \sum_{B \in \Omega^p} M_B P_B \\[3mm] q = \sum_{B \in \Omega^p} M_B q_B \end{array}\right\} \tag{6.11}$$

式中，N_A 表示点 A 的速度形函数；M_B 表示点 B 的压力形函数；Ω^p 表示速度节点的集合；Ω^p 表示压力的集合；$\Gamma^v_{g_i}$ 表示速度节点在边界 Γ_{g_i} 上的集合。在求得节点上的值后，空间中任意点的速度场和压力场可以通过形函数求得。

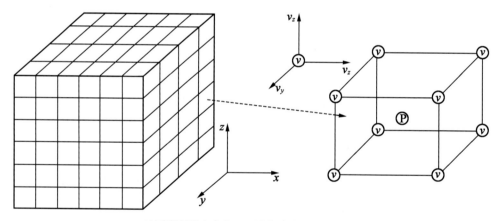

（速度场附着在节点上，压力场附着在单元中心）

图6.1　结构网格剖分示意图

将公式(6.11)带入公式(6.9)中进行推导，通过单元积分，稀疏矩阵组装，并根据权重函数的任意性，把问题转换成求解如下稀疏线性系统，具体推导过程不作赘述，可以参考文献[175]：

$$\begin{bmatrix} \boldsymbol{K} & \boldsymbol{G} \\ \boldsymbol{G}^T & \boldsymbol{0} \end{bmatrix} \begin{Bmatrix} \boldsymbol{V} \\ \boldsymbol{P} \end{Bmatrix} = \begin{Bmatrix} \boldsymbol{F} \\ \boldsymbol{0} \end{Bmatrix} \tag{6.12}$$

式中，矢量 $\boldsymbol{V}$ 表示所有节点上的速度；$\boldsymbol{P}$ 表示所有节点上的压力；矢量 $\boldsymbol{F}$ 表示面积力与体积力的总力项；矩阵 $\boldsymbol{K}$、$\boldsymbol{G}$ 和 $\boldsymbol{G}^T$ 分别是刚度矩阵、离散梯度算子和离散散度算子。由于对角线中存在块状的零元，方程组是对称且奇异的，刚度矩阵 $\boldsymbol{K}$ 是对称正定的，可以根据这些特性对线性系统进行求解。

6.1.3 Uazwa 算法

求解稀疏线性系统(式(6.12))是地球动力学数值模拟中最耗时的部分,通常占据了总时间的 75% 以上,是本章节研究优化的重点。使用 Uzawa 算法对线性系统进行求解。

矩阵方程(6.12)被分解为两个耦合方程组:

$$\left.\begin{array}{c} \boldsymbol{KV+GP=F} \\ \boldsymbol{G}^{\mathrm{T}}\boldsymbol{V}=0 \end{array}\right\} \tag{6.13}$$

将这两个方程合并并消去 $\boldsymbol{V}$,形成压力的舒尔(Schur)补线性系统:

$$(\boldsymbol{G}^{\mathrm{T}}\boldsymbol{K}^{-1}\boldsymbol{G})\boldsymbol{P}=\boldsymbol{G}^{\mathrm{T}}\boldsymbol{K}^{-1}\boldsymbol{F} \tag{6.14}$$

式中,矩阵 $\hat{\boldsymbol{K}}=\boldsymbol{G}^{\mathrm{T}}\boldsymbol{K}^{-1}\boldsymbol{G}$ 是对称正定的矩阵,由于很难直接求得 $\boldsymbol{K}^{-1}$,所以无法对上式直接求解 $\boldsymbol{P}$。可以使用不需要构造矩阵 $\hat{\boldsymbol{K}}$ 的共轭梯度算法,通过压力校正进行求解。算法 6.1 给出了当矩阵 $\hat{\boldsymbol{K}}$ 为对称正定时,求解线性系统 $\hat{\boldsymbol{K}}\boldsymbol{P}=\boldsymbol{H}$ 的共轭梯度算法。

算法 6.1 共轭梯度算法求解 $\hat{\boldsymbol{K}}\boldsymbol{P}=\boldsymbol{H}$

1: $k=0; P_0=0; r_0=H$

2: while $(|r_k|>\varepsilon)$ do

3:      $k=k+1$

4:      if $(k=1)$ then

5:          $s_1=r_0$

6:      else

7:          $\beta_k=r_{k-1}^{\mathrm{T}}r_{k-1}/r_{k-2}^{\mathrm{T}}r_{k-2}$

8:          $s_k=r_{k-1}+\beta_k s_{k-1}$

9:      end if

10:      $\alpha_k=r_{k-1}^{\mathrm{T}}r_{k-1}/s_k^{\mathrm{T}}\hat{K}s_k$

11:      $P_k=P_{k-1}+\alpha_k s_k$

12:      $r_k=r_{k-1}+\alpha_k\hat{K}s_k$

13:      end while

14: $P=P_k$

根据共轭梯度算法对 Uzawa 算法进行推导,对公式(6.13)进行求解,首先假设初始压力值 $P_0=0$,初始速度值可以通过 $\boldsymbol{V}_0=\boldsymbol{K}^{-1}\boldsymbol{F}$ 求得,根据算法 6.1 中的第 1 行和第 5 行,可以得到压力初始残差 r_0 和搜索方向 s_1,$r_0=s_1=\boldsymbol{H}=\boldsymbol{G}^{\mathrm{T}}\boldsymbol{K}^{-1}\boldsymbol{F}=\boldsymbol{G}^{\mathrm{T}}\boldsymbol{V}_0$。为了确定搜索步长 α_k,需要计算搜索方向 s_k 与 $\hat{\boldsymbol{K}}$ 的乘积 $s_k^{\mathrm{T}}\hat{\boldsymbol{K}}s_k$,通过一种无须显式构造 $\hat{\boldsymbol{K}}$ 的方法求解该乘积,将该乘积可以转换成:

$$s_k^{\mathrm{T}}\hat{\boldsymbol{K}}s_k=s_k^{\mathrm{T}}\boldsymbol{G}^{\mathrm{T}}\boldsymbol{K}^{-1}\boldsymbol{G}s_k=(\boldsymbol{G}s_k)^{\mathrm{T}}\boldsymbol{K}^{-1}\boldsymbol{G}s_k \tag{6.15}$$

构造 u_k 有如下关系：

$$Ku_k = Gs_k \tag{6.16}$$

可以得到：

$$s_k^{\mathrm{T}} K \hat{s}_k = (Gs_k)^{\mathrm{T}} K^{-1} Gs_k = (Gs_k)^{\mathrm{T}} u_k \tag{6.17}$$

这表示可以通过求解 u_k 的线性方程组（6.16）来获得乘积 $s_k^{\mathrm{T}} \hat{K} s_k$，而不需要直接构造 $\hat{K}$。类似地，在更新残差 r_k 时，计算乘积 $\hat{K} s_k$ 也不需要构造 $\hat{K}$，可以由下式计算：

$$\hat{K} s_k = G^{\mathrm{T}} K^{-1} Gs_k = G^{\mathrm{T}} u_k , \tag{6.18}$$

在算法 6.1 第 11 行中，压力 P 通过 $P_k = P_{k-1} - \alpha_k s_k$ 更新，在迭代的第 $k-1$ 步，压力 P_{k-1} 和速度 V_{k-1} 有如下关系：

$$KV_{k-1} + GP_{k-1} = F \tag{6.19}$$

在迭代的第 k 步，压力迭代值为 P_k，速度为 $V_k = V_{k-1} + v$，其中 v 是未知的增量，将 $P_k = P_{k-1} - \alpha_k s_k$ 和 $V_k = V_{k-1} + v$ 带入公式（6.19）中可以得到 V_k 的更新公式：

$$V_k = V_{k-1} - \alpha_k u_k \tag{6.20}$$

Uzawa 算法求解流程如算法 6.2 所示。

算法 6.2　Uzawa 算法求解流程

1： $k = 0; P_0 = 0$
2： Solve $KV_0 = F$
3： $r_0 = H = G^{\mathrm{T}} V_0$
4： while $(|r_k| > \varepsilon)$ do
5： $k = k+1$
6：   if $(k = 1)$ then
7： $s_1 = r_0$
8：   else
9： $\beta_k = r_{k-1}^{\mathrm{T}} r_{k-1} / r_{k-2}^{\mathrm{T}} r_{k-2}$
10： $s_k = r_{k-1} + \beta_k s_{k-1}$
11：   end if
12：   Solve $Ku_k = Gs_k$
13： $\alpha_k = r_{k-1}^{\mathrm{T}} r_{k-1} / s_k^{\mathrm{T}} \hat{K} s_k$
14： $P_k = P_{k-1} + \alpha_k s_k$
15： $V_k = V_{k-1} - \alpha_k u_k$
16： $r_k = r_{k-1} + \alpha_k G^{\mathrm{T}} u_k$
17： end while
18： $P = P_k, V = V_k$

6.1.4　完全多重网格

在上述的 Uzawa 算法中,求解线性系统(式(6.16))是求解器中最耗时的部分,刚度矩阵 $\boldsymbol{K}$ 是对称正定的,使用几何多重网格算法进行求解。几何多重网格方法通过在多个不同尺度网格上制定有限元问题来求解,通常是一组嵌套在公共节点上的网格。

给出几何多重网格求解器的求解原理,将线性系统写成如下形式:

$$\boldsymbol{K}_h v_h = \boldsymbol{F}_h \tag{6.21}$$

式中,下标 h 表示参数在精细度为 h 的网格层。h 网格层上的初始值 v_h 可以通过 Δv_h 进行修正,Δv_h 可以由下式求得:

$$\boldsymbol{K}_h \Delta v_h = \boldsymbol{F}_h - \boldsymbol{K}_h v_h \tag{6.22}$$

如果用粗网格上的解来表达细网格的初始近似,修正项的表达式为

$$\boldsymbol{K}_h \Delta v_h = \boldsymbol{F}_h - \boldsymbol{K}_h \boldsymbol{R} \boldsymbol{H}_h v_H \tag{6.23}$$

式中,H 表示较粗的网格层;算子 $\boldsymbol{R} \boldsymbol{H}_h$ 是从粗网格 H 到细网格 h 的插值。由于粗网格的自由度数量较少,使得求解变快。

v_H 可以通过求解下式获得

$$\boldsymbol{K}_H v_H = \boldsymbol{F}_H \tag{6.24}$$

式中,$\boldsymbol{K}_H$ 和 $\boldsymbol{F}_H$ 表示刚度矩阵和力矢量在粗网格上的对应值。

本章节使用的是完全多重网格算法,为所有的网格定义整个问题,即 $\boldsymbol{K}_H$ 和 $\boldsymbol{F}_H$ 都通过有限元法在 H 层网格单独构建。完全多重网格循环结构如图 6.2 所示。

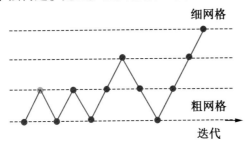

图 6.2　完全多重网格循环结构

6.2　FT-2000plus 架构

FT-2000plus 是 2019 年推出的 64 核 ARM 处理器。它使用的是 MarsII 架构,包含 64 个高性能 ARMv8 兼容内核,每个内核单周期可以发出最多 4 条指令,运行频率为 2.2 GHz。整个芯片提供 563.2 GFLOPS 的双精度运算峰值性能,最大功耗为 96 W。

FT-2000plus 架构如图 6.3 所示。FT-2000plus 由 8 个非一致性内存访问架构(Non Uniform Memory Access,NUMA)节点组成,每个 NUMA 节点有 8 个内核,并连接一个内存控制单元。每个核心都有一个私有的 32 KB 的 L1 数据缓存,4 个核心共享一个 2 MB 的

L2 数据缓存。L2 数据缓存使用了一种包容性策略,即存储在 L1 中的缓存行也存储在 L2 中。每个 NUMA 节点包含两个目录控制单元(DCU)和一个路由单元。MarsII 使用分层的片上网络,每个面板上都有一个本地互连,整个芯片有一个全局连接。本地互连将 8 个核心和 L2 缓存组合成本地集群,全局连接通过可配置的单元网络实现面板间的连接。8 个 NUMA 节点间的缓存一致性由 16 个目录控制单元(DCU)实现。

FT-2000plus 搭配频率为 2 400 MHz 的双倍速率同步动态随机存取内存,提供最高的理论带宽为 153.6 GB/s。Stream 的带宽测试结果表示,NUMA 节点内部访存带宽最高可以达到 14.46 GB/s,跨 NUMA 节点的访存带宽有所降低,跨不同的 NUMA 节点降低程度也不同,最低时为 10.16 GB/s。

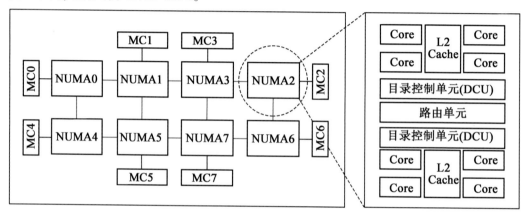

图 6.3　FT-2000plus 架构

6.3　存储优化与多线程优化

6.3.1　存储优化

本小节主要介绍 CitcomCU 原始的数据存储和优化后的数据存储。如图 6.4 左图所示,在 x、y、z 三个方向上进行进程划分,结构网格被均匀地划分到每个进程中。图 6.4 右图给出了二维情况下的简图,把进程与进程相交的边界称作内边界,把整体计算区域的外边界称作外边界。一种常见的处理内边界的方法是设计缓冲层,内边界为进程单独所有,缓冲层的数据来自其他进程,这在有限差分的程序中十分常见。在 CitcomCU 中,内边界的处理方式为相邻进程共同拥有内边界,进程只存储部分信息,例如内边界上的刚度矩阵 K 被相邻的进程共同存储,进程只存本进程单元贡献的部分。在计算内边界上的稀疏矩阵向量乘(Sparse Matrix-vector Multiplication, SpMV)时,各自进程先单独计算 SpMV,再通过通信将重叠边界部分进行求和。在多重网格的平滑部分,在内边界上进行雅可比(Jocabi)迭代,内边界以外的部分进行 Gauss-Seidel 迭代。

原程序中,边界点与内部点连续存储,刚度矩阵 K 被拆分成 3 个矩阵 K_{eqn1}、K_{eqn2} 和

K_{eqn3} 进行存储,分别对应 v_x、v_y 和 v_z 3 个速度分量,均只存储了下三角矩阵,3 个子矩阵拥有完全相同的列索引矩阵 col_idx,如图 6.5 右上图所示。使用 ELLPACK-Itpack(ELL)格式的对刚度矩阵进行存储。图 6.6 给出了一个简单的 ELL 格式示例,对于每行最多包含 nnz_row 个非零元的 n_row×n_row 的矩阵,ELL 格式将稀疏矩阵存储在密集的 n_row×nnz_row 数组中。如果一行中的元素少于 nnz_row 个,则用零填充该行。ELL 使用整数伴随矩阵来存储每个非零元的列索引。它非常适合存储基于结构网格生成的刚度矩阵,因为除了边界点的矩阵行都具有相同数量非零元素。结构网格中,节点与周围 27 个节点相关联,每个节点包含 3 个分量,所以 K_{eqn1}、K_{eqn2}、K_{eqn3} 和索引矩阵 col_idx 的大小均为 14×3×node_num。

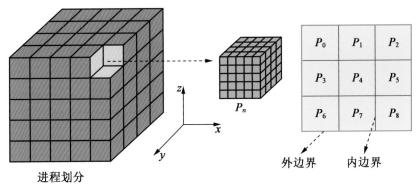

图 6.4　三维进程拓扑划分示意图

在优化后的方法中,将边界点与内部点分开存储,如图 6.5 上图所示,不论是外边界还是内边界都被统一处理,在多重网格迭代器中都进行 Jocabi 迭代,而原始算法中只有内边界使用 Jocabi 迭代。边界点单独存储后,有关于边界点的操作都不需要再对所有节点进行循环判断。刚度矩阵 K 由 3 个子数组 $K_{\mathrm{eqn1\_new}}$、$K_{\mathrm{eqn2\_new}}$ 和 $K_{\mathrm{eqn3\_new}}$ 共同存储,但是新的数组存储了完整矩阵,大小均为 27×3×node_num。新的索引数组 node_idx 只存储了节点索引,节点索引与节点上的 3 个速度分量索引呈映射关系,大小为 27×node_num。新的数据存储格式相比原始算法的内存使用量提高了 28% 左右。本章也尝试了使用 Block-ELLPACK 的存储格式将 $K_{\mathrm{eqn1\_new}}$、$K_{\mathrm{eqn2\_new}}$ 和 $K_{\mathrm{eqn3\_new}}$ 合并成一个数组进行存储,将每个节点对应的 9 个矩阵元素连续存储。但是测试结果表明,求解时间比上述方法高出 5% 左右。

6.3.2　Gauss-Seidel 迭代

(1)原始 SpMV 和 Gauss-Seidel 迭代。

本小节首先介绍原始程序中只存储了下三角矩阵的 SpMV 算法和 Gauss-Seidel 迭代算法。算法 6.3 描述了原始的 SpMV 算法,通过节点与自由度的映射关系 dof_idx 获取节点 i 上的 3 个分量在向量 x 中的位置,对应算法的第 4 行,实际上 i_1、i_2、i_3 是 3 个连续值,具体的映射关系为 $i_1=i\times3$、$i_2=i\times3+1$、$i_3=i\times3+2$。稀疏矩阵向量乘被分为两个部分,第

6～10 行计算了节点 i 中节点号小于 i 的部分,第 6 行中的循环从 3 开始是因为 K_{eqn1}、K_{eqn2}、K_{eqn3} 和 col_idx 把对角块元素存储在每行的起始位置,第 11～13 行计算了节点 i 的相邻点中点号大于 i 的部分,最后相邻的进程对重叠边界上的 Ax 进行累加。

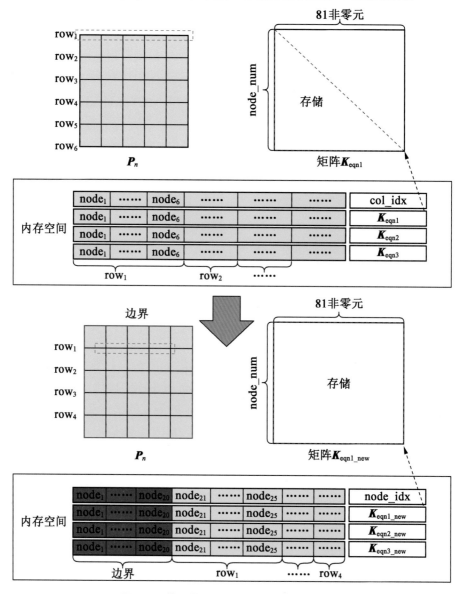

图 6.5 基于模型边界分离的数据存储优化

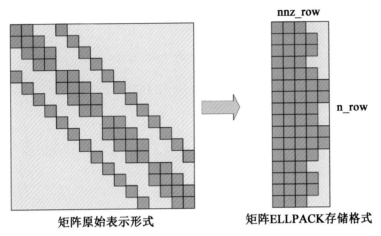

图 6.6　ELLPACK 存储格式示意图

算法 6.3　原始 SpMV 算法

1：　已知：节点数 node_num，向量 x，刚度子矩阵 K_{eqn1}，K_{eqn2}，K_{eqn3}，索引矩阵 col_idx，节点与自由度映
　　　射关系 dof_idx

2：　求：稀疏矩阵向量积 Ax

3：　for $(i=0;i<$node_num$;i++)$ do

4：　　$i_1=$dof_idx$[i][0]$，$i_2=$dof_idx$[i][1]$，$i_3=$dof_idx$[i][2]$

5：　　idx，K_1，K_2，K_3 指向 col_idx，K_{eqn1}，K_{eqn2}，K_{eqn3} 第 i 行

6：　　for $(j=3;j<42;j++)$ do

7：　　　$Ax[i_1]+=K_1[j]\cdot x[$idx$[j]]$

8：　　　$Ax[i_2]+=K_2[j]\cdot x[$idx$[j]]$

9：　　　$Ax[i_3]+=K_3[j]\cdot x[$idx$[j]]$

10：　end for

11：　for $(j=0;j<42;j++)$ do

12：　　$Ax[$idx$[j]]+=K_1[j]\cdot x[i_1]+K_2[j]\cdot x[i_2]+K_3[j]\cdot x[i_3]$

13：　end for

14：end for

15：相邻进程累加重叠边界上的 Ax

算法 6.4 给出了原始的 Gauss-Seidel 迭代算法，该算法采用了一种增量迭代的方式。
首先在内边界上进行 Jacobi 迭代，对应算法的第 6~13 行。再对除了内边界的部分进行
Gauss-Seidel 迭代，对应算法 6.3 的第 14~31 行。算法 6.3 利用了节点的编号方式，在计
算第 i 个节点时，在 26 个相邻点中有 13 个点序号小于 i 并已经完成了更新，因此只需要
在 Ax 中增加这部分的增量，对应算法的第 27~29 行。当第 i 个节点完成迭代后，再对点
号小于 i 且与 i 相邻的点的 Ax 进行补偿，对应算法的第 17~21 行。在算法 6.3 的第 12~

14 行和算法 6.4 的第 27~29 行中, Ax 的访存是不连续的, 效率不高。

算法 6.4　原始 Gauss-Seidel 迭代算法

1： 已知: 节点数 node_num, 向量 x, 刚度子矩阵 K_{eqn1}, K_{eqn2}, K_{eqn3}, 索引矩阵 col_idx, 对角矩阵 diag, 右端项 F, 节点与自由度映射关系 dof_idx, 迭代步数 step

2： 求: Gauss-Seidel 迭代后的向量 x, 稀疏矩阵向量乘 Ax

3： 计算边界节点的 SpMV

4： count = 0

5： while (count<step) do

6：　for ($i=0$; i <node_num; i ++) do

7：　　if (node[i]属于内边界) then

8：　　　i_1 = dof_idx[i][0], i_2 = dof_idx[i][1], i_3 = dof_idx[i][2]

9：　　　$\Delta x[i_1] = (F[i_1] - Ax[i_1])/\text{diag}[i_1]$

10：　　　$\Delta x[i_2] = (F[i_2] - Ax[i_2])/\text{diag}[i_2]$

11：　　　$\Delta x[i_3] = (F[i_3] - Ax[i_3])/\text{diag}[i_3]$

12：　　end if

13：　end for

14：　for ($i=0$; i <node_num; i ++) do

15：　　i_1 = dof_idx[i][0], i_2 = dof_idx[i][1], i_3 = dof_idx[i][2]

16：　　idx, K_1 , K_2 , K_3 指向 col_idx, K_{eqn1} , K_{eqn2} , K_{eqn3} 第 i 行

17：　　for ($j=3$; j <42; j ++) do

18：　　　$Ax[i_1]$ += $K_1[j] \cdot \Delta x[\text{idx}[j]]$

19：　　　$Ax[i_2]$ += $K_2[j] \cdot \Delta x[\text{idx}[j]]$

20：　　　$Ax[i_3]$ += $K_3[j] \cdot \Delta x[\text{idx}[j]]$

21：　　end for

22：　　if (node[i]不属于内边界) then

23：　　　$\Delta x[i_1] = (F[i_1] - Ax[i_1])/\text{diag}[i_1]$

24：　　　$\Delta x[i_2] = (F[i_2] - Ax[i_2])/\text{diag}[i_2]$

25：　　　$\Delta x[i_3] = (F[i_3] - Ax[i_3])/\text{diag}[i_3]$

26：　　end if

27：　　for ($j=0$; j <42; j ++) do

28：　　　$Ax[\text{idx}[j]]$ += $K_1[j] \cdot \Delta x[i_1] + K_2[j] \cdot \Delta x[i_2] + K_3[j] \cdot \Delta x[i_3]$

29：　　end for

30：　　$x[i_1]$ += $\Delta x[i_1]$, $x[i_2]$ += $\Delta x[i_2]$, $x[i_3]$ += $\Delta x[i_3]$

31：　end for

32：　相邻进程累加重叠边界上的 **Ax**

33：　count++

34：　end while

（2）改进 SpMV 算法和 Gauss-Seidel 迭代算法。

原始算法依赖于节点的编号方式，如果经过了重排序，计算点 i 时很难严格满足相邻点中有一半已经完成迭代，算法将不再适用。为了匹配新的数据存储格式，以及适用于重排序算法，本章节将 SpMV 算法和 Gauss-Seidel 迭代算法进行了改进。如算法 6.5 和算法 6.6 所示，新的算法中，所有的自由度索引都是通过点索引计算得到，而不是原始算法中以访存的方式，对应算法 6.5 的第 4,7,8 行和算法 6.6 的第 10,13,14 行。计算时，以点为单位一次同时计算 3 个分量，而不是原始算法中的一个分量，对应算法 6.5 的第 9~11 行和算法 6.6 的第 15~17 行。新的算法中，对 Ax 的访存是完全连续的。

算法 6.5　改进 SpMV 算法

1：　已知：节点数 node_num，向量 x，刚度子矩阵 $\boldsymbol{K}_{eqn1\_new}$，$\boldsymbol{K}_{eqn2\_new}$，$\boldsymbol{K}_{eqn3\_new}$，节点索引数组 node_idx

2：　求：稀疏矩阵向量积 **Ax**

3：　for $(i=0;i<\text{node\_num};i++)$ do

4：　　$i_1=i\times3, i_2=i\times3+1, i_3=i\times3+2$

5：　　idx, K_1, K_2, K_3 指向 node_idx, $\boldsymbol{K}_{eqn1\_new}$, $\boldsymbol{K}_{eqn2\_new}$, $\boldsymbol{K}_{eqn3\_new}$ 第 i 行

6：　　for $(j=0; j<27; j++)$ do

7：　　　$nj_1=\text{idx}[j]\times3, nj_2=\text{idx}[j]\times3+1, nj_3=\text{idx}[j]\times3+2$

8：　　　$j_1=j\times3, j_2=j\times3+1, j_3=j\times3+2$

9：　　　$Ax[i_1] += K_1[j_1]\cdot x[nj_1]+K_1[j_2]\cdot x[nj_2]+K_1[j_3]\cdot x[nj_3]$

10：　　　$Ax[i_2] += K_2[j_1]\cdot x[nj_1]+K_2[j_2]\cdot x[nj_2]+K_2[j_3]\cdot x[nj_3]$

11：　　　$Ax[i_3] += K_3[j_1]\cdot x[nj_1]+K_3[j_2]\cdot x[nj_2]+K_3[j_3]\cdot x[nj_3]$

12：　　end for

13：　end for

14：　相邻进程累加重叠边界上的 **Ax**

（3）点 8 色排序 Gauss-Seidel。

将系数矩阵关系等效成网格之间的关系，在网格中，一个节点上的一个自由度表示一行矩阵，节点之间的相邻关系表示矩阵行之间的依赖关系。原始的 Gauss-Seidel 算法，节点间具有严格的依赖性，无法直接并行化。

因此需要分离数据间的依赖性，点 8 色排序算法对具有数据依赖性的节点分配不同的颜色，将具有相同颜色的节点进行分组，保证组内不存在数据依赖性，将节点间的依赖

关系转换成了颜色间的依赖关系。如图 6.8 所示,任意节点的相邻节点与本节点具有不同的颜色,同时为了保证内存空间访存的连续性,把具有相同颜色点对应的矩阵行连续排列。算法 6.7 给出了点 8 色排序的 Gauss-Seidel 算法,对应算法 6.6 中的第 9~22 行,算法的第 3 行增加了颜色间的 ic 循环,而相同颜色的节点可以通过 OpenMP 进行多线程加速。

算法 6.6　改进 Gauss-Seidel 迭代算法

1：　已知:节点数 node_num,向量 $\boldsymbol{x}$,刚度子矩阵 $\boldsymbol{K}_{\text{eqn1\_new}}$,$\boldsymbol{K}_{\text{eqn2\_new}}$,$\boldsymbol{K}_{\text{eqn3\_new}}$,节点索引数组 node_idx,对角矩阵 diag,右端项 $\boldsymbol{F}$,迭代步数 $step$,边界节点数 $bound\_num$

2：　求:$Gauss\text{-}Seidel$ 迭代后的向量 $\boldsymbol{x}$,稀疏矩阵向量乘 $\boldsymbol{Ax}$

3：　计算边界节点的 SpMV count=0

4：　while（count<step）do

5：　　for（$i=0$;$i<$bound_num$\times3$;$i++$）do

6：　　　$x[i]=(F[i]-Ax[i])/\text{diag}[i]$

7：　　end for

8：　　for（$i=0$;$i<$node_num;$i++$)do

9：　　　$i_1=i\times3$,$i_2=i\times3+1$,$i_3=i\times3+2$

10：　　idx,K_1,K_2,K_3 指向 node_idx,$K_{\text{eqn1\_new}}$,$K_{\text{eqn2\_new}}$,$K_{\text{eqn3\_new}}$ 第 i 行

11：　　for（$j=0$;$j<27$;$j++$）do

12：　　　$nj_1=\text{idx}[j]\times3$,$nj_2=\text{idx}[j]\times3+1$,$nj_3=\text{idx}[j]\times3+2$

13：　　　$j_1=j\times3$,$j_2=j\times3+1$,$j_3=j\times3+2$

14：　　　$Ax[i_1]+=K_1[j_1]\cdot x[nj_1]+K_1[j_2]\cdot x[nj_2]+K_1[j_3]\cdot x[nj_3]$

15：　　　$Ax[i_2]+=K_2[j_1]\cdot x[nj_1]+K_2[j_2]\cdot x[nj_2]+K_2[j_3]\cdot x[nj_3]$

16：　　　$Ax[i_3]+=K_3[j_1]\cdot x[nj_1]+K_3[j_2]\cdot x[nj_2]+K_3[j_3]\cdot x[nj_3]$

17：　　end for

18：　　$x[i_1]+=(F[i_1]-Ax[i_1])/\text{diag}[i_1]$

19：　　$x[i_2]+=(F[i_2]-Ax[i_2])/\text{diag}[i_2]$

20：　　$x[i_3]+=(F[i_3]-Ax[i_3])/\text{diag}[i_3]$

21：　　end for

22：　计算边界节点的 SpMV

23：　count++

24：end while

（4）块 8 色排序 Gauss-Seidel。

点 8 色排序虽然分离了数据的依赖性,开发了 Gauss-Seidel 迭代的细粒度并行,但是

点 8 色排序的数据局部性很差,导致间接访存向量 x 的效率较低。为了提高局部访存的效率,本小节介绍了一种块 8 色排序的方法。

首先,将网格进行分块,每块的节点数相同,以避免负载不均衡。然后将颜色分配给块而不是节点。因此,相同颜色的块之间不存在数据依赖关系,可以并行处理,但是块内部的节点之间存在依赖关系。如图 6.7 所示,任意块的颜色与相邻块的颜色不同,同时在内存空间内,每一块内部节点的数据连续存储,相同颜色的块连续存储,以保证访存的连续性。块 8 色排序的 Gauss-Seidel 迭代算法如算法 6.8 所示,算法的第 5 行增加了同种颜色块间的 ib 循环,相同颜色的块可以通过 OpenMP 进行多线程加速。

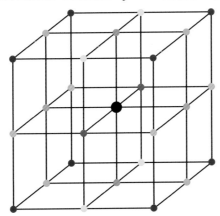

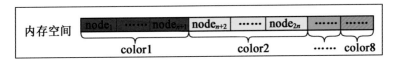

图 6.7 点 8 色排序示意图

算法 6.7 点 8 色 Gauss-Seidel 迭代算法

1: 已知:向量 x,刚度子矩阵 $\boldsymbol{K}_{\text{eqn1\_new}}, \boldsymbol{K}_{\text{eqn2\_new}}, \boldsymbol{K}_{\text{eqn3\_new}}$,节点索引数组 node_idx,对角矩阵 diag,右端项 F,迭代步数 step,同种颜色节点的起始位置 start 和 end

2: 求:Gauss-Seidel 迭代后的向量 x

3: for $(ic=0; ic<8; ic++)$ do

4: # pragma omp parallel for

5: for $(i=\text{start}[ic]; i<\text{end}[ic]; i++)$ do

6: $i_1 = i\times3, i_2 = i\times3+1, i_3 = i\times3+2$

7: idx, K_1, K_2, K_3 指向 node_idx, $\boldsymbol{K}_{\text{eqn1\_new}}, \boldsymbol{K}_{\text{eqn2\_new}}, \boldsymbol{K}_{\text{eqn3\_new}}$ 第 i 行

8: for $(j=0; j<27; j++)$ do

9: $nj_1 = \text{idx}[j]\times3, nj_2 = \text{idx}[j]\times3+1, nj_3 = \text{idx}[j]\times3+2$

10: $j_1 = j\times3, j_2 = j\times3+1, j_3 = j\times3+2$

11: $Ax[i_1] += K_1[j_1] \cdot x[nj_1] + K_1[j_2] \cdot x[nj_2] + K_1[j_3] \cdot x[nj_3]$

12: $\qquad Ax[i_2]+=K_2[j_1]\cdot x[nj_1]+K_2[j_2]\cdot x[nj_2]+K_2[j_3]\cdot x[nj_3]$

13: $\qquad Ax[i_3]+=K_3[j_1]\cdot x[nj_1]+K_3[j_2]\cdot x[nj_2]+K_3[j_3]\cdot x[nj_3]$

14: $\quad$ end for

15: $\quad x[i_1]+=(F[i_1]-Ax[i_1])/\mathrm{diag}[i_1]$

16: $\quad x[i_2]+=(F[i_2]-Ax[i_2])/\mathrm{diag}[i_2]$

17: $\quad x[i_3]+=(F[i_3]-Ax[i_3])/\mathrm{diag}[i_3]$

18: $\quad$ end for

19: end for

算法 6.8　块 8 色 Gauss-Seidel 迭代算法

1: 已知: 向量 x, 刚度子矩阵 $K_{\mathrm{eqn1\_new}}$, $K_{\mathrm{eqn2\_new}}$, $K_{\mathrm{eqn3\_new}}$, 节点索引矩阵 node_idx, 对角矩阵 diag, 右端项 F, 迭代步数 step, 块内节点起始位置 start 和 end, 同种颜色块的起始位置 nb_start 和 nb_end

2: 求: *Gauss-Seidel* 迭代后的向量 x

3: for $(ic=0;ic<8;ic++)$ do

4: $\quad$ # pragma omp parallel for

5: $\quad$ for $(ib=\mathrm{nb\_start}[ic];ib<\mathrm{nb\_end}[ic];i++)$ do

6: $\quad\quad$ for $(i=\mathrm{start}[ib];i<\mathrm{end}[ib];i++)$ do

7: $\quad\quad\quad i_1=i\times3,i_2=i\times3+1,i_3=i\times3+2$

8: $\quad\quad\quad \mathrm{idx},K_1,K_2,K_3$ 指向 node_idx, $K_{\mathrm{eqn1\_new}}$, $K_{\mathrm{eqn2\_new}}$, $K_{\mathrm{eqn3\_new}}$ 第 i 行

9: $\quad\quad\quad$ for $(j=0;j<27;j++)$ do

10: $\quad\quad\quad\quad nj_1=\mathrm{idx}[j]\times3,nj_2=\mathrm{idx}[j]\times3+1,nj_3=\mathrm{idx}[j]\times3+2$

11: $\quad\quad\quad\quad j_1=j\times3,j_2=j\times3+1,j_3=j\times3+2$

12: $\quad\quad\quad\quad Ax[i_1]+=K_1[j_1]\cdot x[nj_1]+K_1[j_2]\cdot x[nj_2]+K_1[j_3]\cdot x[nj_3]$

13: $\quad\quad\quad\quad Ax[i_2]+=K_2[j_1]\cdot x[nj_1]+K_2[j_2]\cdot x[nj_2]+K_2[j_3]\cdot x[nj_3]$

14: $\quad\quad\quad\quad Ax[i_3]+=K_3[j_1]\cdot x[nj_1]+K_3[j_2]\cdot x[nj_2]+K_3[j_3]\cdot x[nj_3]$

15: $\quad\quad\quad$ end for

16: $\quad\quad\quad x[i_1]+=(F[i_1]-Ax[i_1])/\mathrm{diag}[i_1]$

17: $\quad\quad\quad x[i_2]+=(F[i_2]-Ax[i_2])\mathrm{diag}[i_2]$

18: $\quad\quad\quad x[i_3]+=(F[i_3]-Ax[i_3])/\mathrm{diag}[i_3]$

19: $\quad\quad$ end for

20: $\quad$ end for

21: end for

　　在基于结构网格的有限元法中, 进程内部的节点数通常是基数, 这是因为有限元是

以网格为单位的方法,节点数等于底层网格数$\times 2^n + 1$,n 为多重网格层数,除去 2 层边界后通常是基数,假设底层网格为 32×32×32,多重网格层数为 3,那么 Gauss-Seidel 迭代算法的网格数分别为 31×31×31,63×63×63 和 127×127×127,显然网格规模很难进行均匀分块,本章的处理方式为,先进行均匀分块,将剩余的部分作串行计算。例如,块的大小取5×5×5,在最底层的 31×31×31 网格中,有 30×30×30 的网格参与块 8 色排序计算,而剩下的 31×31×31−30×30×30 的部分串行计算 Gauss-Seidel 迭代。

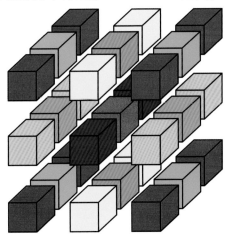

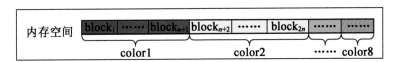

图 6.8　块 8 色排序示意图

（5）融合对称 Gauss-Seidel 迭代。

原始的多重网格求解中采用的 Gauss-Seidel 迭代是单向的,但是对于对称正定的矩阵,对称高斯赛德尔迭代（Symmetry Gauss-Seidel,SymGS）通常被认为收敛更加稳定,常被用来作为多重网格的预条件因子或平滑器。因此本小节将单向 Gauss-Seidel 迭代改成了对称 Gauss-Seidel 迭代,并在此基础上提出了一种融合算法,提高计算效率。

新的算法中,将除去边界的刚度矩阵 K 由 D、L 和 U 三个子矩阵共同进行存储,分别是 K 矩阵的块对角矩阵和严格的块下三角矩阵和块上三角矩阵,如图 6.9 所示。

采用块压缩存储（Blocked Compressed Sparse Row,BSR）的格式对矩阵 D、L 和 U 进行存储。BSR 格式需要 3 个数组来存储稀疏矩阵,分别是 bsrValA 存储非零元素块、bsrRowPtrA 存储非零块列号、bsrColIndA 存储行偏移。块的大小可以自由设置,在本小节中块的大小固定为 3×3,对应单节点上的 3 分量局部矩阵。

下面对融合算法进行推导,首先给出标准 Gauss-Seidel 迭代算法的一般形式:

$$x_{k+1} = (L + D)^{-1}(F - Ux_k) \tag{6.25}$$

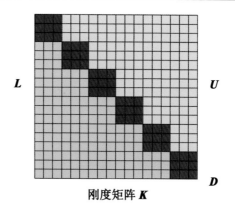

刚度矩阵 K

图 6.9　刚度矩阵 K 划分 D、L、U 三个子矩阵示意图

Gauss–Seidel 迭代涉及一次稀疏三角系统求解（Sparse Triangular System Solve，SPTRSV）和计算一次稀疏三角矩阵向量积（Sparse Triangular System Matrix Multiplication，SPTRSM），在大多数实现中都将 D、L 和 U 融合在一起以实现矩阵 K 的连续访问。后向迭代的 Gauss-Seidel 算法的可以定义成：

$$x_{k+1} = (U+D)^{-1}(F-Lx_k) \qquad (6.26)$$

SymGS 由一次前向迭代和一次后向迭代组成，从 x_0 的 Gauss–Seidel 前向迭代开始，令 $p_0 = Ux_0$，可以得到 x_1 的迭代式：

$$x_1 = (L+D)^{-1}(F-p_0) \qquad (6.27)$$

可以得到：

$$F-Lx_1 = F-(L+D)x_1 + Dx_1 = p_0 + Dx_1 \qquad (6.28)$$

令 $p_1 = p_0 + Dx_1$，带入后向迭代公式（6.26），下一次的后向迭代可以表示成：

$$x_2 = (U+D)^{-1}p_1 \qquad (6.29)$$

类似地，令 $p_2 = p_1 - Dx_2 = Ux_2$。可以推导下一次的向前迭代：

$$x_3 = (L+D)^{-1}(F-p_2) \qquad (6.30)$$

以此类推，除了第一次迭代中，每一次迭代都避免了三角矩阵向量积。对称 Gauss–Seidel 迭代求解的具体流程如算法 6.9 所示。

算法 6.9　对称融合 Gauss-Seidel 迭代算法

1：已知：向量 x，刚度矩阵的块上三角矩阵 U，块对角阵 D，块下三角矩阵 L 节点索引矩阵 node_idx，右端项 F 迭代步数 step

2：求：Gauss-Seidel 迭代后的向量 x，稀疏矩阵向量乘 Ax

3：计算边界节点的 SpMV

4：计算 $p_0 = Ux_0$

5：count = 0

6：　while（count<step）do

7：　　边界点上 Jacobi 迭代

8：　　计算 $x_{count+1} = (L+D)^{-1}(F-p_{count})$

9：　　计算 $p_{count+1} = p_j + Dx_{count+1}$

10：　计算边界节点的 SpMV

11：　if（count+1＝step）then

12：　　　break

13：　边界点上 Jacobi 迭代

14：　　计算 $x_{count+2} = (D+U)^{-1}p_{count+1}$

15：　　计算 $p_{count+2} := p_{count+1} - Dx_{count+2}$

16：　计算边界节点的 SpMV

17：　　count＝count+2

18：end while

19：if（step 是奇数）then

20：　计算 $Ax = b - p_{step-1} + Ux_{step}$

21：else

22：　计算 $Ax = p_{step-1} + Lx_{step}$

23：end if

6.3.3　其他核心函数的多线程优化

除去 SpMV 和 Gauss-Seidel，其他核心函数还包括计算组装离散梯度算子 G、计算组装刚度矩阵 K、计算力项 F、外边界残差归零、点乘规约求和、离散散度算子 G^T 乘向量、离散梯度算子 G 乘向量、多重网格限制、多重网格延拓。

多线程计算组装刚度矩阵 K 如算法 6.10 所示，每个单元刚度矩阵的计算相互独立，对应算法中第 3 行，但是在组装刚度矩阵时需要遍历单元的 8 个节点以及每个节点相邻的 27 个节点，这可能会导致多个线程对同一位置的矩阵元素同时进行累加操作，造成访存冲突，通过 OpenMP 中的原子操作来避免访问冲突，对应算法第 4~9 行。

计算力项 F 函数中先计算每个单元的力项 F，再将单元中 8 个节点上的力项 F 进行累加，如算法 6.11 所示。每个单元的计算相互独立可以用多线程进行加速，对应算法的第 3 行，但是单元间的节点存在重合，所以力项累加时需要通过原子操作来避免数据访问冲突，对应算法的第 4~7 行。

算法 6.10　计算组装刚度矩阵 K 多线程并行算法

1：　#pragma omp parallel for

2：　for $(i=0;i<$elem_num$;i++)$ do

3：　　　计算单元刚度矩阵 K

4：　　　for $(j=0;j<8;j++)$ do

5：　　　　for $(k=0;k<27;k++)$ do

6：　　　　#pragma omp atomic

7：　　　　　刚度矩阵 K 中单个元素的组装

8：　　　end for

9：　　end for

10：end for

　　原始的外边界残差归零函数，需要遍历所有点进行判断是否在外边界上，并将外边界点上的数据至零。新的储格式将边界进行了分离，因此只需要对边界点进行判断，减少了大量判断。判断赋零的操作可以通过多线程进行加速，如算法 6.12 所示。

算法 6.11　计算右端项 F 多线程并行算法

1：　#pragma omp parallel for

2：　for $(i=0;i<$elem_num$;i++)$ do

3：　　　计算单元的右端项 F

4：　　　for $(j=0;j<8;j++)$ do

5：　　　#pragma omp atomic

6：　　　累加右端项 F

7：　　end for

8：end for

算法 6.12　外边界残差归零多线程并行算法

1：　#pragma omp parallel for

2：　for $(i=0;i<$bound_num$;i++)$ do

3：　　if $($node$[i]$属于外边界$)$ then

4：　　　Res$[i]=0$

5：　　end if

6：end for

点乘规约求和函数的功能是将节点数据进行点乘并进行规约,由于在重复的内边界上点乘只能计算一次,原始函数中所有的点都被标记了是否参与点乘,计算时需要对所有节点进行判断。新的存储格式只需要对边界点进行判断,进程内的规约可以通过多线程加速,如算法 6.13 所示。

算法 6.13　点乘规约求和多线程并行算法

1：　#pragma omp parallel for reduction（+：sum_bd）
2：　for（$i=0$；$i<$bound_num；i++）do
3：　　if（node[i]参与点乘）then
4：　　　sum_bd+=valA[i]·valB[i]
5：　　end if
6：　end for
7：　#pragma omp parallel for reduction（+：sum_in）
8：　for（$i=$bound_num；$i<$node_num；i++）do
9：　　sum_in+=valA[i]·valB[i]
10：end for
11：sum=sum_in+sum_bd

计算离散梯度算子 G 函数如算法 6.14 所示,每个单元矩阵的计算都是相互独立的,可以直接通过 OpenMP 进行多线程加速,矩阵 G 采用二维数组存储,单元内 $8\times3=24$ 个元素为 1 个维度,单元为第 2 个维度,总共存储了 24×elem_num 个元素,elem_num 表示单元总数。在离散散度算子 G^{T} 乘向量函数中,将单元内所有 8 个节点的 3 分量乘以对应向量并求和,每个单元相互独立可以通过多线程加速,如算法 6.15 所示,在原始算法中点循环在单元循环外部,新的算法将单元循环放在了外部,这样使得访存连续性更好。在离散梯度算子 G 乘向量函数中,将单元内所有 24 个分量乘以同一向量并分别累加,如算法 6.16 所示,累加时需要原子操作避免数据访问冲突。

算法 6.14　计算组装离散梯度算子 G 多线程并行算法

1：　#pragma omp parallel for
2：　for（$i=0$；$i<$elem_num；i++）do
3：　　计算单元离散梯度算子 G
4：　end for

算法 6.15　离散散度算子 G^T 乘向量多线程并行算法

1：　#pragma omp parallel for
2：　for $(e=0;e<$elem_num$;e++)$ do
3：　　for $(i=0;i<8;i++)$ do
4：　　　$j_1=$ elem_idx$[e][i][0]$, $j_2=$ elem_idx$[e][i][1]$, $j_3=$ elem_idx$[e][i][2]$
5：　　　divAx$[j]$ += $G[e][i\cdot3]\cdot x[j_1]+G[e][i\cdot3+1]\cdot x[j_2]+G[e][i\cdot3+2]\cdot x[j_3]$
6：　　end for
7：　end for

算法 6.16　离散梯度算子 G 乘向量多线程并行算法

1：　#pragma omp parallel for
2：　for $(e=0;e<$elem_num$;e++)$ do
3：　　for $(i=0;i<8;i++)$ do
4：　　　$j_1=$ elem_idx$[e][i][0]$, $j_2=$ elem_idx$[e][i][1]$, $j_3=$ elem_idx$[e][i][2]$
5：　　　#pragma omp atomic
6：　　　gradAx$[j_1]$ += $G[e][i\cdot3]\cdot x[e]$
7：　　　#pragma omp atomic
8：　　　gradAx$[j_2]$ += $G[e][i\cdot3+1]\cdot x[e]$
9：　　　#pragma omp atomic
10：　　gradAx$[j_3]$ += $G[e][i\cdot3+2]\cdot x[e]$
11：　end for
12：end for

　　多重网格限制函数中,遍历所有粗网格单元的 8 个节点,将粗网格点嵌套的 8 个细网格点的值进行求和,并乘以权重累加计算得到粗网格点的值,每个单元的计算完全独立,累加的过程需要避免访问竞争,多线程算法如算法 6.17 所示,算法中用节点值表示了实际的 3 个分量值。

　　多重网格延拓函数中,首先将粗网格点映射到对应的细网格点,对于没有映射的细网格点,通过插值计算得到,插值按 x、y、z 三个方向依次进行,算法的映射和插值过程均可以通过多线程进行加速,如算法 6.18 所示。

算法 6.17　多重网格限制多线程并行算法

1：　#pragma omp parallel for

2：　for $(ec=0;ec<$elem_num$;ec++)$ do

3：　　for $(i=0;i<8;i++)$ do

4：　　　avg$=0$

5：　　　$ef=$ef_idx$[ec][i]$

6：　　　for $(j=0;j<8;j++)$ do

7：　　　　node$=$idx_fine$[ef][j]$

8：　　　　avg$+=$fine_val$[$node$]$

9：　　　end for

10：　　node$=$idx_cors$[e][i]$

11：　　#pragma omp atomic

12：　cors_val$[$node$]+=$avg$\cdot$W$[$node$]$

13：　end for

14：end for

算法 6.18　多重网格延拓多线程算法

1：　#pragma omp parallel for

2：　for $(e=0;e<$elem_num$;e++)$ do

3：　　for $(i=0;i<8;i++)$ do

4：　　　粗网格点映射至细网格点

5：　　end for

6：　end for

7：　#pragma omp parallel

8：　　x 方向插值

9：　#pragma omp parallel

10：　　y 方向插值

11：　#pragma omp parallel

12：　　z 方向插值

　　上述所有的多线程操作都根据使用的线程数设置了 chunksize,保证每个线程会分到一段连续的矩阵行或者矩阵列,从而保证了内存访问的连续性,避免了伪共享的问题。

6.3.4　其他优化方法

本小节还对程序做了其他优化,主要内容包括两点,首先是 NUMA 优化,通过把进程和生成的线程尽量绑定在一个 NUMA 节点上,使得进程和线程不会因为跨 NUMA 节点访问导致访存带宽的降低。后续性能测试中在单个 FT2000plus 上均采用的是 8 进程×8 线程,设置将 0 号进程和生成的线程绑定在 0~7 号核组,即 0 号 NUMA 节点,将 1 号进程和生成的线程绑定在 1 号 NUMA 节点,以此类推至所有 NUMA 节点,并把内存分配策略设置成优先分配在本地 NUMA。其次是通信优化,算法 6.2 中的第 13~16 行和多重网格求解中存在多个全局规约操作,本小节将其进行了合并,降低了全局规约次数。

6.4　性能测试

本小节分别对单个进程和单个 FT2000plus 节点进行了性能测试,详细的硬件可以在 6.2 节中找到。以原始 v1.0.9 版本的 CitcomCU 在 FT2000plus 上使用 1 个进程和 8 个进程的测试结果作为参照。测试算例来源于代码自带的测试用例输入文件 case1a. input,将输入文件中的网格规模进行修改。在单个进程测试时,分别对 $64×64×128,64×128×128,128×128×128$ 三种网格规模进行测试。在单个计算节点测试时,分别对 $256×128×128,256×256×128,256×256×256$ 三种网格规模进行测试。

6.4.1　Gauss-Seidel 性能分析

其中 Gauss-Seidel 函数是时间占比最大的函数,也是优化的重点,图 6.10 左图和图 6.11 左图分别描述了单进程测试和单节点测试中各种优化方案的性能提升效果。在 Uzawa 求解算法中,每个迭代步都设置了收敛条件,因此可以把达到收敛条件所用的总的完全多重网格次数作为收敛评价的标准,单进程和单节点的完全多重网格次数统计结果见表 6.1 和表 6.2。图 6.10、图 6.11、表 6.1 和表 6.2 中 storage 表示的是存储格式的优化效果,对应小节 6.3.1 和前面所述的优化,这部分的优化使得数据访存的连续性更好,在单进程的测试中,获得了 1.03~1.58 倍的加速,在 $64×64×128$ 网格规模的测试中,加速效果不明显的原因主要是新的存储格式带来了额外 5 次的多重网格计算,这是因为新的存储格式将外边界统一当成内边界处理并进行 Jacobi 迭代,而原始算法在单进程时是没有内边界的,因此导致收敛性变差,但是当单进程上的网格计算规模增大时,外边界带来的影响会变小,当网格规模为 $128×128×128$ 时,新的存储格式只增加了 1 次完全多重网格计算。在 8 进程的测试中获得了 1.33~1.94 倍的加速,且加速效果随计算规模增大而增大,这是因为内存使用越大时,原始算法的访存连续性越差。在收敛性方面,改进的 Gauss-Seidel 算法与原始算法相比几乎相同,多重网格次数在增加 1 次和减少 1 次间波动。

表 6.1　单进程测试 Uzawa 算法求解完全多重网格总次数

优化方案	64×64×128	64×128×128	128×128×128
original	12	16	12
storage	17	20	13
node mc	17	21	13
block mc	17	20	13
fusion	17	18	13

表 6.2　8 进程测试 Uzawa 算法求解完全多重网格总次数

优化方案	256×128×128	256×256×128	256×256×256
original	21	32	33
storage	22	33	32
node mc	23	41	31
block mc	22	34	31
fusion	24	37	33

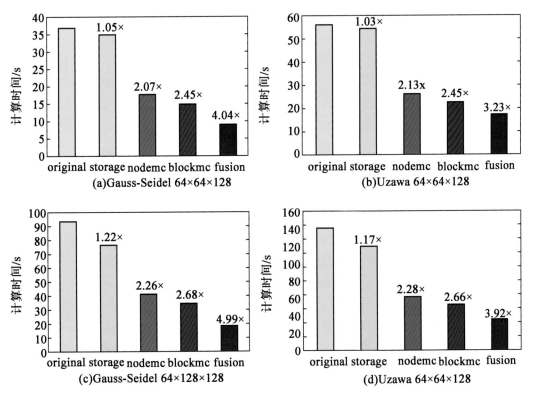

图 6.10　单进程×8 线程的 Gauss-Seidel 与 Uzawa 优化加速

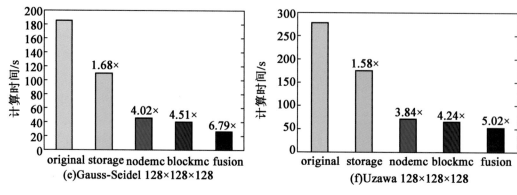

图 6.10(续)

nodemc 表示的是点 8 色排序和多线程加速的优化效果,在单进程时获得了 2.07~4.02 倍的加速效果,在 64×64×128 的网格中加速效果较低的主要原因是多重网格次数的增多。在 8 进程时获得了 2.24~4.05 倍的加速。在 256×256×128 网格中只有 2.24 倍的加速,这是因为点 8 色排序使得完全多重网格迭代的次数从 32 增加到了 41,但是其他两种网格规模的求解对收敛的影响很小。blockmc 表示的是块 8 色排序和多线程加速的优化效果,在单进程时获得了 2.45~4.51 倍的加速,在 8 进程时获得了 2.95~4.40 倍的加速。与 nodemc 的相比,分块后数据有了更好的局部性,向量 x 的间接访存效率得到了提高。在单进程的测试中,块 8 色排序对收敛性的影响较小,仅在 64×128×128 的网格规模中减少了 1 次多重网格计算。在 8 进程的测试中,收敛速度得到了提高,在 3 种网格规模中分别为减少 1 次,减少 7 次和保持不变。在 fusion 融合算法优化中,与单向的 Gauss-Seidel 算法相比,在单进程的测试中,对称的 Gauss-Seidel 对收敛性影响不大,仅在 64×128×128 的网格规模中降低了 2 次多重网格计算。而在 8 进程的测试中,对称的 Gauss-Seidel 会带来 2~3 次的多重网格次数的增加,但是前后融合显著降低了计算量,单进程和 8 进程的加速分别提升到了 4.04~6.79 倍和 4.35~6.99 倍。

6.4.2 其他多线程性能优化分析

其次对多线程加速效果进行分析,如图 6.12 和图 6.13 所示,cons_G、cons_K、cons_F、bound、ddot、div_mu、grad_mu、restriction 和 prolong 分别表示计算组装刚度矩阵 G、计算组装刚度矩阵 K、计算右端项 F、边界残差规零、点乘规约求和、离散散度算子 G^T 乘向量、离散梯度算子 G 乘向量、多重网格限制和多重网格延拓,对应算法 6.10~6.18。SpMV 是占比第 2 大的函数,在单进程和 8 进程的测试中分别获得了 2.56~3.74 和 2.56~4.61 倍的加速效果,在 256×256×256 的网格中,加速效果显著上升,这与 Gauss-Seidel 相似,是由于内存使用越大原始算法的访存连续性越差。边界残差规零和离散散度算子 G^T 乘向量函数的优化效果最为明显,边界残差规零函数在单进程和 8 进程的测试中分别获得了 11.23~18.46 倍和 13.30~21.68 倍的加速效果,离散散度算子 G^T 乘向量函数在单进程和 8 进程的测试中分别获得了 10.48~11.28 倍和 11.26~11.66 倍的加速效果,这是因为

与原算法相比,除了多线程的加速外,优化后的 bound 函数减少了大量的判断,优化后的
div_mu 函数交换了循环顺序使得访存连续性更好。grad_mu 函数在单进程和 8 进程的测
试中的加速效果相对较低分别只有 1.04~1.16 倍和 1.32~1.99 倍,其他多线程算法加
速效果在 2.22~6.08 倍之间。

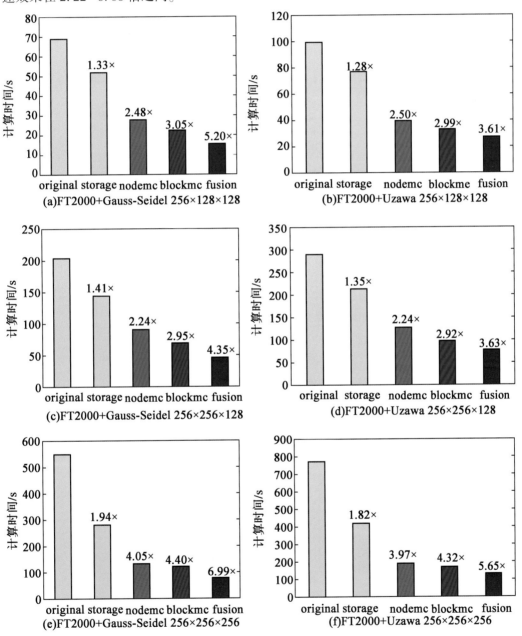

图 6.11　8 进程×8 线程的 Gauss-Seidel 与 Uzawa 优化加速

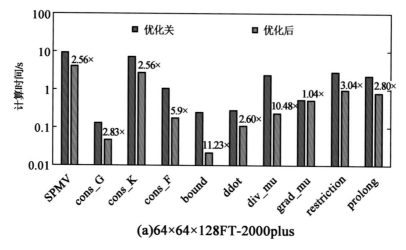

(a)64×64×128FT-2000plus

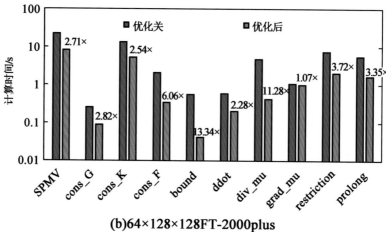

(b)64×128×128FT-2000plus

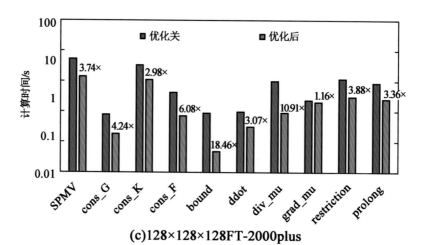

(c)128×128×128FT-2000plus

图 6.12 单进程核心函数多线程优化加速

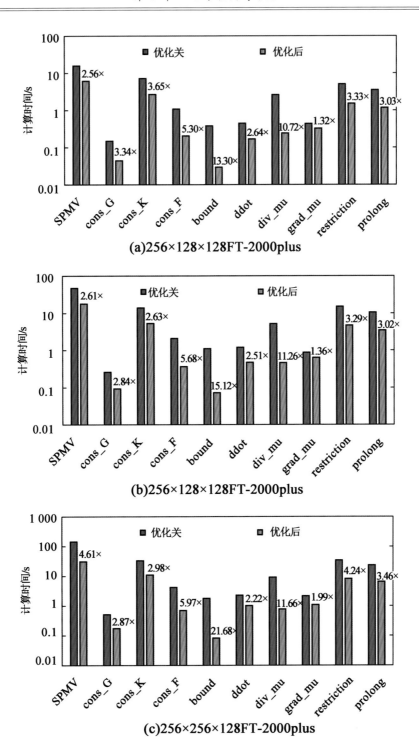

(a)256×128×128FT-2000plus

(b)256×128×128FT-2000plus

(c)256×256×128FT-2000plus

图 6.13　8 进程核心函数多线程优化加速

6.4.3　Uzawa 性能分析

最后对 Uzawa 算法求解进行分析,如图 6.10 右图和图 6.11 右图所示,在 storage、nodemc 和 blockmc 优化中,优化的对象是整个 Uzawa 算法求解,因此其性能提升与 Gauss−Seidel 的性能提升相近。而 fusion 优化的对象只有 Gauss−Seidel,因此 Uzawa 算法的性能提升与 Gauss−Seidel 相比有所下降,单进程时不同网格规模上获得了 3.23、3.92 和 5.02 倍的加速,8 进程时在不同网格规模上获得了 3.61、3.63 和 5.65 倍的加速。

图 6.14 和图 6.15 描述了优化前后 Uzawa 算法在求解矩阵中各部分的时间占比,3 种网格规模的时间占比表现出良好的一致性,优化前 Gauss−Seidel 的时间占比在单进程和单节点的测试中分别占 66% 和 70% 左右,SpMV 的时间占比分别为 17%~19% 和 16%~19%,多重网格限制加延拓的时间占比分别为 7%~10% 和 7%~13%,其他部分占比分别为 7%~8% 和 2%~4%。优化后由于 Gauss−Seidel 性能的提升,Gauss−Seidel 的时间占比在单进程和单节点的测试中下降到了 50% 和 57% 左右,而 SpMV、多重网格限制加延拓和其他部分的时间占比在单进程测试中中分别提升到了 24%~26%、13%~15% 和 10%~11%,在单节点测试中分别提升到了 23%、10%~11% 和 9%~10%。

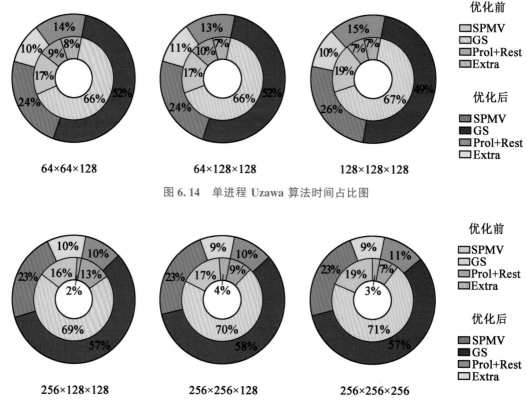

图 6.14　单进程 Uzawa 算法时间占比图

图 6.15　8 进程 Uzawa 算法时间占比图

6.5 迈创加速器 M-DSP 架构

M-DSP 是一款由国防科技大学自主研发的面向高性能计算的异构加速器,该加速器集成了 24 个 DSP 核心,主频为 2 GHz 时,双精度峰值性能为 4.608 TFLOPS。M-DSP 采用超长指令字(Very Long Instruction Word,VLIW),可以同时发出 5 条标量指令和 6 条矢量指令,共 11 条指令。M-DSP 体系架构如图 6.16 所示,包含一个用于标量计算和流控的标量处理器(Scalar Processing Unit,SPU)和一个用于矢量计算的向量处理器(Vector-Processing Unit,VPU)。单个 VPU 由 16 个 64 位向量处理单元(Vector Processing Element,VPE)构成,支持总长度为 1 024 位的向量计算。每个 VPE 由 6 个功能部件组成,包括 3 个浮点运算单元(Floatingpoint Multiply ACcumulator,FMAC)、2 个向量读写单元(Load/Store Unit)和 1 个位处理单元(BitProcess,BP)。SPU 和 VPU 可以通过标量向量共享寄存器(Scalar Vectorshared Register,SVR)进行数据交换,支持将数据从标量寄存器广播至向量寄存器。

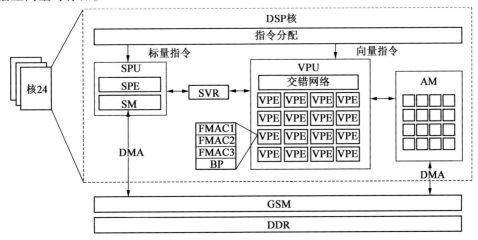

图 6.16 M-DSP 体系架构

M-DSP 具有多级存储结构,每个 DSP 核上内置一个用于访问标量的标量存储器(Scalar Memory,SM)和一个用于访问向量的阵列存储器(Array Memory,AM),SM 空间为 64 KB,AM 空间为 768 KB,24 个核共享一个 6 MB 的全局共享存储器(Global Share Memory,GSM),GSM 提供最高 307 GB/s 的片上读写带宽,并支持最高 128 GB 的外部共享存储器。M-DSP 集成一个直接存储访问引擎(Direct Memory Access,DMA),DMA 模式可以实现各级存储空间(SM、AM、GSM,外部存储器)的快速访问。DMA 模式提供点对点传输指令 DMA_p2p 和间接索引取址传输指令 DMA_SG。DMA_p2p 可以对具有固定偏移的连续内存进行数据传输,DMA_SG 可以通过索引在 GSM 或者外部存储器进行取址并进行数据传输。24 个 DSP 核不能直接互相访问核内存储空间(SM、AM),只能通过 GSM 或者外部存储器实现数据交换和数据共享。本章的研究中,M-DSP 使用的外部存储器是双通道的 DDR4,理论带宽为 42.6 GB/s。

6.6　异构并行算法

6.6.1　数据存储格式

原始代码的存储格式在 6.3.1 中已经给出,针对 M-DSP 架构的特点本节设计了如图 6.17 所示的数据存储格式,新的存储格式存储完整的矩阵而不仅是下三角矩阵,边界部分的数据经过分离单独进行存储。在新的存储数组 $\boldsymbol{K}_{eqn\_new}$ 中,将每个点的 3 个分量的矩阵行连续存储,这种存储方式是为了减少异构传输数据的次数,减少传输启动开销。列索引数组用 dof_idx_{new} 进行存储,数组 $\boldsymbol{K}_{eqn\_new}$ 和数组 dof_idx_{new} 的大小均为 $dof\_num \times nnz\_row$,$nnz\_row = 81$。

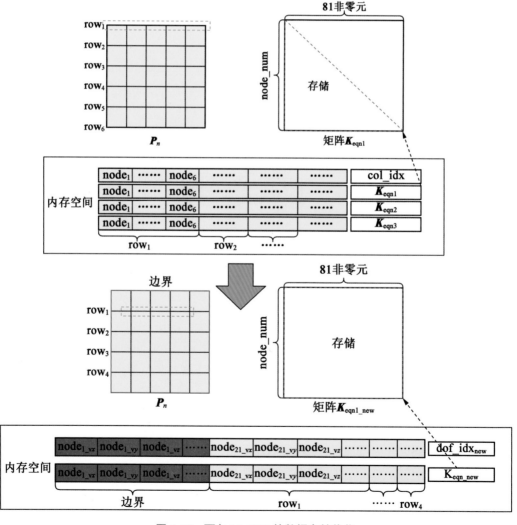

图 6.17　面向 M-DSP 的数据存储优化

采用如图 6.6 所示的 ELL 格式对 K_{eqn_new} 进行存储,与原始代码中按行连续存储不同,新存储格式采用的是按列连续存储。在列连续存储的 ELL 格式下,SpMV 算法和 Gauss-Seidel 算法的一般形式如算法 6.19 和算法 6.20 所示,可以看出 SpMV 具有良好的数据并行性,支持多核并行和矢量化。而 Gauss-Seidel 算法中,向量 x 的更新具有强依赖性,只能串行计算。

算法 6.19　ELLPACK 格式的 SpMV 算法

1： 已知:向量 x,矩阵 K_{eqn_new},索引矩阵 dof_idx$_{new}$

2： 求:稀疏矩阵向量积 Ax

3： for $(i=0;i<$nnz_row$;i++)$ do

4：　 for $(j=0;j<$dof_num$;j++)$ do

5：　　 $Ax[j]+=K_{eqn\_new}[j+$dof_num$\cdot i]\cdot x[$dof_idx$_{new}[j+$dof_num$\cdot i]]$

6：　 end for

7： end for

算法 6.20　ELLPACK 格式的 Gauss-Seidel 算法

1： 已知:向量 x,矩阵 K_{eqn_new},索引矩阵 dof_idx$_{new}$,对角矩阵 diag,右端项 F

2： 求:迭代向量 x

3： for $(i=0;i<$dof_num$;i++)$ do

4：　 for $(j=0;j<$nnz_row$;j++)$ do

5：　　 $Ax[i]+=K_{eqn\_new}[i+$dof_num$\cdot j]\cdot x[$dof_idx$_{new}[i+$dof_num$\cdot j]]$

6：　 end for

7： $x[i]+=(F[i]-Ax[i])$diag$[i]$

8： end for

6.6.2　分块多色排序 Gauss-Seidel 算法

SpMV 算法和 Gauss-Seidel 算法都需要通过索引对向量 x 取址,向量 x 中的值会被重复取址,重复的取址的次数取决于该自由度与相邻点自由度的依赖关系。间接取址的速度是影响计算性能的关键,本章通过设计分块算法来增加数据的局部性,提高访存效率。如图 6.18 右图所示,将整体网格均分成大小相同的网格块,那么在计算任意块的 SpMV 和 Gauss-Seidel 时,向量 x 的取址空间都在该块和该块的缓冲层内。每一块的数据在内存空间内连续存储。

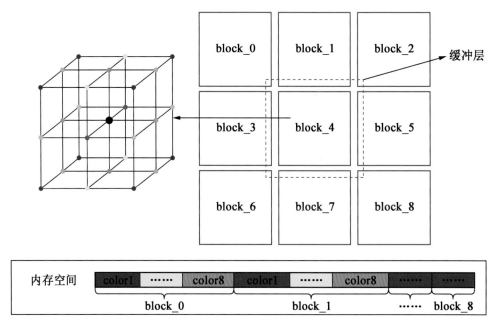

图 6.18　分块点 8 色排序示意图

图 6.19 和图 6.20 分别描述了 SpMV 算法和 Gauss-Seidel 算法的数据划分方式和数据传输过程,计算时按块依次进行,首先把需要反复取址的局部向量 Local_x 存入 GSM 中,这是因为 GSM 能比外部存储器提供更高的带宽,局部向量 Local_x 由两部分构成,一部分是块本身向量 Block_x,另一部分是缓冲层向量 Buffer_x,Buffer_x 需要通过缓冲层索引 Buffer_idx 对向量 x 进行取址获得。Local_x 占用的内存不能超过 GSM 的内存,需满足关系(Block_x+Buffer_x)×sizeof(double)≤6 MB,理论上来说,Local_x 占用的内存越大获得性能越高。此外,分块算法使得每一块网格都具有相同的局部索引 Local_idx,因此不再需要存储全局列索引 dof_idx$_{new}$。

针对 Gauss-Seidel 算法中并行粒度受限的问题,本章通过在块内进行点 8 色重排序的方法开发细粒度并行,块内相同颜色节点的计算相互独立,颜色之间存在依赖关系,块与块之间存在依赖关系,如图 6.18 左图所示。在内存空间内,子块内具有相同颜色的节点连续存储。8 色点排序使得相同颜色节点的计算具有良好的数据并行性,支持多核并行和矢量化。

6.6.3　多核向量化算法

SpMV 算法每一行矩阵的计算和 Gauss-Seidel 算法中单个子块内同种颜色的计算,数据完全独立,适合数据并行。因此采用一维划分的方式对矩阵进行划分,考虑到矩阵的每一行的非零元数相同,不存在负载不均衡,因此采用静态划分的方式。如图 6.19 和图 6.20 所示,对矩阵 $\boldsymbol{K}_{eqn\_new}$ 和 Local_idx 进行逻辑划分,把数据平均分配到每个参与计算的 DSP 核上。在 SpMV 中有 core_row＝block_row/core_n,在 Gauss-Seidel 中有 core_row＝

color_row/core_n,其中 core_n 表示参与计算的 DSP 核数,core_row 表示单个 DSP 核分到的矩阵行数,block_row 表示单块的矩阵行数,color_row 表示块内一种颜色的矩阵行数。

　　由于 AM 空间的大小有限,需要对 DSP 核上的任务进一步划分。根据 AM 空间的容量计算每次能计算的矩阵行数 AM_row。每个 AM 空间都需要存放大小为 AM_row 的乘积向量 Vector_ax,大小为 AM_row×nnz_row 的刚度矩阵向量 Vector_K 和索引取址向量 Vector_xi,Gauss−Seidel 还需要存放大小为 AM_row 的迭代向量的 Vector_x,右端项向量 Vector_F 和对角元素向量 Vector_diag。在双精度的情况下,SpMV 需要满足关系 $AM\_row \times (nnz\_row \times 2+1) * sizeof(double) \leqslant 768$ KB,而 Gauss−Seidel 则需要满足 $AM\_row \times (nnz\_row \times 2+4) \times sizeof(double) \leqslant 768$ KB。理论上来说,AM 空间的利用率越高,则总的 DMA 传输次数越少,DMA 的开销越小,访存带宽利用率越大。本章节中,根据 nnz_row=81,取 AM_row=576,SpMV 和 Gauss−Seidel 单次使用的 AM 空间分别为 733.5 KB 和 747 KB。同时可以算出 AM 空间的循环次数 AM_n=core_row/AM_row。在 AM 空间中,用 vec_n 表示 AM_row 长度下的向量个数,有 vec_n=AM_row/vec_length 个,对于本章中的双精度格式,有 vec_length=16,vec_n=36。

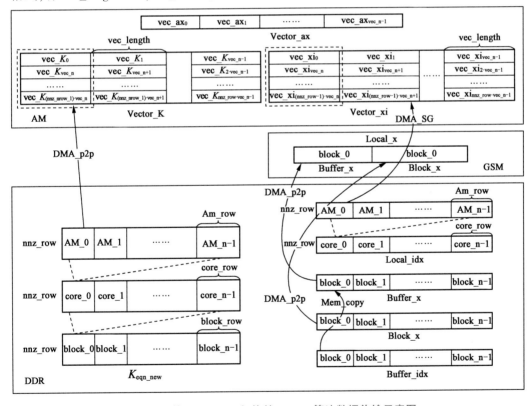

图 6.19　基于 M−DSP 架构的 SpMV 算法数据传输示意图

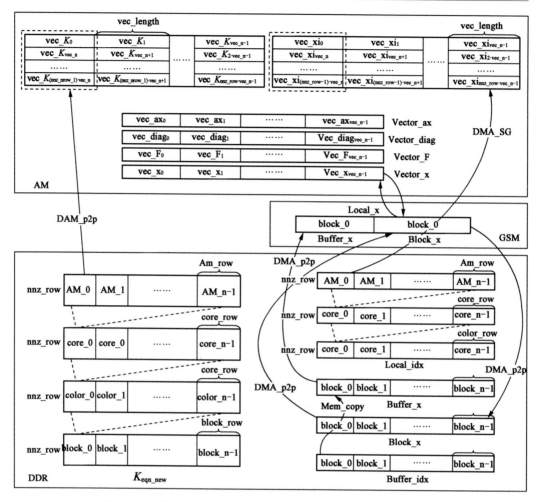

图 6.20　基于 M-DSP 架构的 Gauss-Seidel 算法数据传输示意图

算法 6.21 和算法 6.22 分别描述了面向 M-DSP 的 SpMV 算法流程和 Gauss-Seidel 算法流程。两种算法都是依次对块进行计算,计算每一块时,首先在 GSM 中生成局部向量空间 Local_x,SpMV 算法中,DSP 核并行地遍历 AM_n 个子块,将 Vector_K 和 Vector_xi 传入 AM 中并进行向量计算,并将计算得到的 Vector_ax 传回 DDR 空间。在 Gauss-Seidel 算法中,DSP 核并行地对一种颜色进行计算,在每次计算中,先将 Vector_x 从 GSM 取至 AM,再进行迭代计算,最后将更新完的 Vector_x 传回 GSM,当所有颜色完成计算后再将 GSM 中的整块数据 Block_x 传回 DDR 中。

算法 6.21　面向 M-DSP 的异构 SpMV 算法

1:　已知:向量 $\boldsymbol{x}$,矩阵 $\boldsymbol{K}_{eqn\_new}$,局部索引 Local_idx,块缓冲层索引 buffer_idx

2:　求:稀疏矩阵向量积 $\boldsymbol{Ax}$

3:　for ($nb=0;nb<$block_n;nb++) do

4： MEM_copy:通过 Buffer_idx[nb] 对 x 取址得到 Buffer_x[nb]

5： DMA_p2p:传输 Buffer_x[nb] 从 DDR 到 GSM

6： DMA_p2p:传输 Block_x[nb] 从 DDR 到 GSM

7： #parallel for DSP core：

8： for (j=0;j<AM_n;j++) do

9： DMA_p2p:Vector_K 从 DDR 到 AM

10： DMA_SG:通过 Local_idx 对 Local_x 取址得到 Vector_xi

11： for (k=0;k<vec_n;k++)do

12： for (n=0;n<nnz_row;n++)do

13： vec_ax[k]+=vec_K[k+vec_n·n]·vec_xi[k+vec_n·n]

14： end for

15： end for

16： DMA_p2p:传输 Vector_ax 从 AM 到 DDR

17： end for

18： end for

算法 6.22　面向 M-DSP 的异构 Gauss-Seidel 算法

1： 已知:向量 x,矩阵 $K_{\text{eqn\_new}}$,局部索引 Local_idx,块缓冲层索引 buffer_idx,对角矩阵 diag,右端项 F

2： 求:迭代更新后的向量 x

3： for (nb=0;nb<block_n;nb++)do

4： MEM_copy:通过 Buffer_idx[nb] 对 x 取址得到 Buffer_x[nb]

5： DMA_p2p:传输 Buffer_x[nb] 从 DDR 到 GSM

6： DMA_p2p:传输 Block_x[nb] 从 DDR 到 GSM

7： for (i=0;i<color_n;i++) do

8： #parallel for DSP core：

9： for (j=0;j<AM_n;j++) do

10： DMA_p2p:Vector_K 从 DDR 到 AM

11： DMA_SG:通过 Local_idx 对 Local_x 取址得到 Vector_xi

12： DMA_p2p:Vector_diag 从 DDR 到 GSM

13： DMA_p2p:Vector_F 从 DDR 到 GSM

14： DMA_p2p:Vector_x 从 GSM 到 AM

15： for (k=0;k<vec_n;k++) do

16： for (n=0;n<nnz_row;n++) do

17： vec_ax[k]+=vec_K[k+vec_n·n]·vec_xi[k+vec_n·n]

18：　　　　　end for

19：　　　　　　$vec\_x[k]+=(vec\_F[k]-vec\_ax[k])/vec\_diag[k]$

20：　　　　end for

21：　　　　DMA_p2p:

22：　　　end for

23：　　end for

24：　　DMA_p2p:传输 Block_x[nb] 从 GSM 到 DDR

25：end for

6.6.4　DMA 双缓冲优化

M-DSP 加速器上支持 DMA 访存与计算重叠,本小节在 AM 循环层采用 DMA 双缓冲的策略实现计算与传输的重叠。在 SpMV 算法中,为 Vector_K、Vector_xi 和 Vector_ax 在 AM 空间上设立两个缓冲区。在 Gauss-Seidel 算法中,为 Vector_K、Vector_xi、Vector_diag、Vector_F 和 Vector_x 在 AM 空间上设立两个缓冲区。如图 6.21 和图 6.22 中所示,(a)和(b)分别描述了常规访存计算的流程和双缓冲访存计算的流程。AM 空间被平均分成两个部分,一部分做数据的导入,另一部分做数据的计算和导出,依次交替进行,除了最后一次的数据的计算部分,所有计算的部分都可以被传输时间重叠。由于两种算法中都是 DMA 访存时间占比很大,计算时间占比很小,所以性能提升有限。

6.6.5　混合精度算法

混合精度是一种能有效提高计算速度的方法。本小节在 M-DSP 的体系结构中设计了一种混合精度算法,即对刚度矩阵用单精度进行存储但转化成双精度参与计算,这种方法能够大大提高访存效率。在 M-DSP 上的具体实现方式为用单精度将刚度矩阵数组 K_{eqn_new} 存储在 DDR 中,并把将矩阵传输到 AM 空间,VPU 从 AM 读取至向量寄存器时采用半字读取的指令进行数据读取,在向量寄存器中通过提供的高半字提升精度的功能把向量寄存器中的高 32 位 float 转换成 64 位的 double,再进行向量计算,计算结果仍然以双精度传回 DDR。

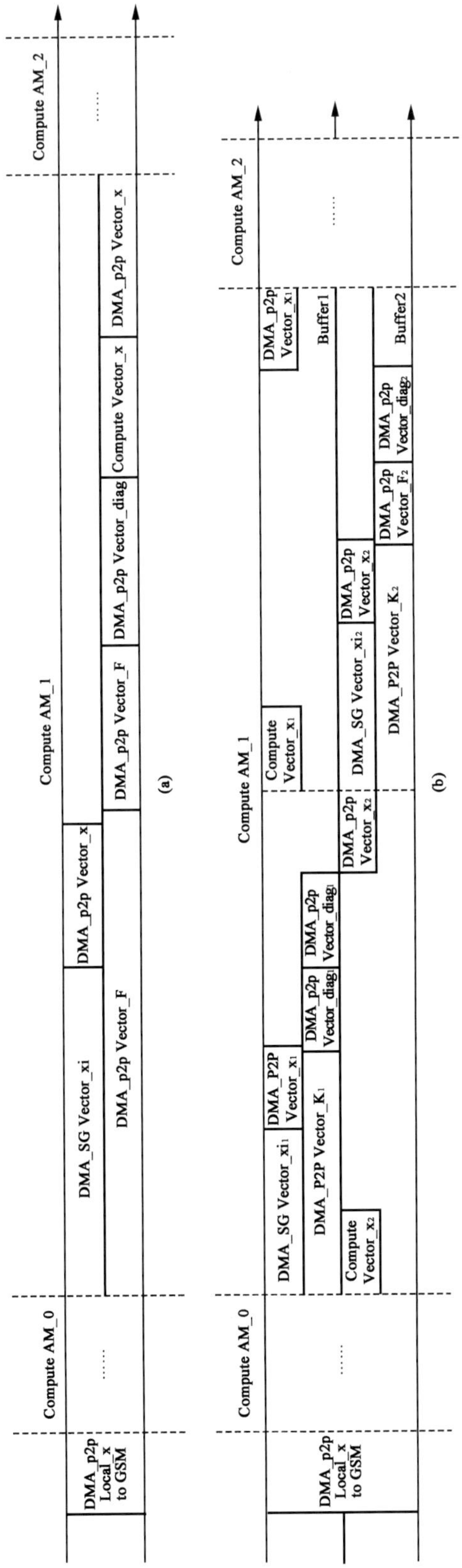

图6.21　SpMV算法双缓冲示意图

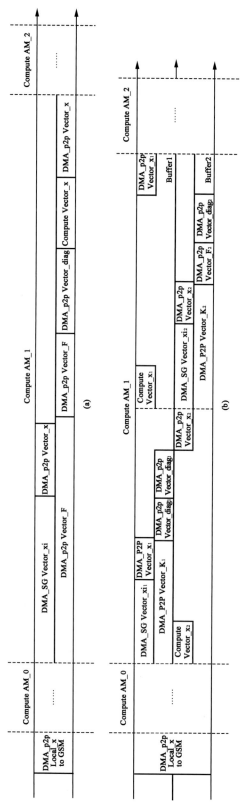

图6.22　Gauss-Seidel算法双缓冲示意图

6.7　性　能　分　析

M-DSP 主要支持 2 种编程模式,汇编模式和 C 语言模式,并提供了 DMA 数据传输和计算指令的 C 语言接口调用。汇编模式通常可以取得最高的性能但是其工作量巨大,C 语言编程相对简单,并可以获得较高的性能。本章采用第 2 种方式编程对上述算法进行实现,并在 M-DSP 上进行性能评估测试。硬件详细信息已经在 6.5 节中给出。

测试分别在 32×32×32、64×64×64 和 128×128×128 三种规模网格上进行测试,32×32×32 规模的网格可以把向量 *x* 完整地放在 GSM 中不需要进行分块,而其他两种规模网格的测试中取 block 的大小为 64×64×32,Local_x 向量在 GSM 中占用的空间为(64+2)×(64+2)×(32+2)×3×sizeof(double)= 3. 390 MB。

图 6. 23 和图 6. 24 分别描述了 SpMV 算法和 Gauss-Seidel 算法的性能优化测试结果。在不进行任何优化的情况下 32×32×32、64×64×64 和 128×128×128 三种网格规模的 SpMV 算法峰值性能分别只有 0. 128 GFLOPS/s,0. 128 GFLOPS/s 和 0. 126 GFLOPS/s,Gauss-Seidel 算法性能分别只有 0. 127 GFLOPS/s、0. 128 GFLOPS/s 和 0. 127 GFLOPS/s。经过多核加速后,3 种网格规模的 SpMV 算法测试性能均提高了大约 14 倍,分别达到了 1. 88 GFLOPS/s、1. 91 GFLOPS/s 和 1. 88 GFLOPS/s,Gauss-Seidel 算法的峰值性能在最小规模的网格中提高了 8. 5 倍,在其他较大的网格规模中提高了 13 倍左右,分别达到了 1. 08 GFLOPS/s、1. 78 GFLOPS/s 和 1. 64 GFLOPS/s。

SpMV 和 Gauss-Seidel 的向量化优化都体现了一个共同的特性,使用的核数越少性能提升效果越好,当核数增大到 6 以上时,性能趋于平缓。这主要是因为随着核数的增加,单 DSP 核中的计算时间占比越来越小,主要都是数据通过 DMA 进行传输的时间。3 种规模网格在 24 核的测试结果分别为:SpMV 算法的峰值性能为 2. 18 GFLOPS/s、1. 96 GFLOPS/s 和 1. 95 GFLOPS/s,Gauss-Seidel 算法的峰值性能为 2. 11 GFLOPS/s、2. 37 GFLOPS/s 和 2. 33 GFLOPS/s。

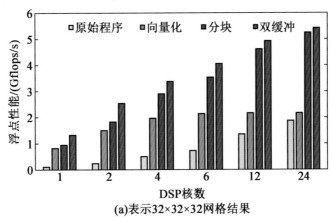

图 6. 24　Gauss-Seidel 算法性能测试结果

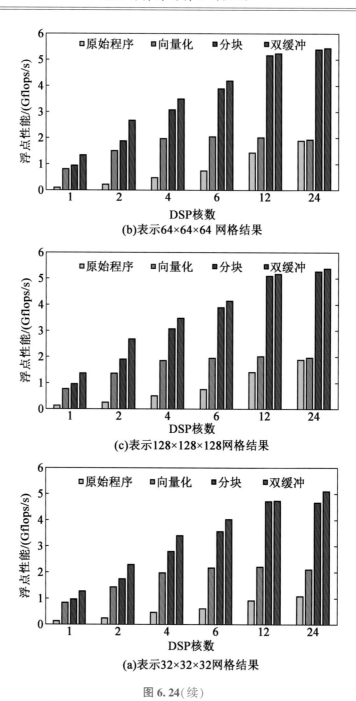

(b)表示64×64×64 网格结果

(c)表示128×128×128网格结果

(a)表示32×32×32网格结果

图 6.24(续)

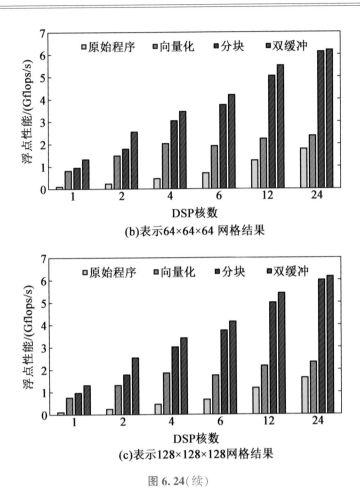

(b)表示64×64×64 网格结果

(c)表示128×128×128网格结果

图 6.24(续)

分块算法高效地利用了片上共享内存 GSM,显著提高了访存速度。从图中可以看出使用的 DSP 核数越大,SpMV 算法和 Gauss-Seidel 算法的性能提升越大。这主要是因为计算核数较小时,DSP 核获得的 DDR 内存带宽较高,GSM 的高带宽优势不明显,当计算核数较大时,DSP 核获得的 DDR 内存带宽有限,GSM 的高带宽优势突出。从小到大 3 种网格规模,SpMV 算法分别获得了 2.41、2.75 和 2.70 倍的加速效果,峰值性能提升到了5.26 GFLOPS/s、5.41 GFLOPS/s 和 5.27 GFLOPS/s,Gauss-Seidel 算法分别获得了 2.21、2.58 和 2.56 倍的加速效果,峰值性能达到了为 4.67 GFLOPS/s、6.13 GFLOPS/s 和 6.00 GFLOPS/s。

本小节发现双缓冲优化对性能的提升效果有限,在使用 24 核时,Gauss-Seidel 算法和 SpMV 算法的峰值性能提升大都没有超过 2%。但是在只使用 1~2 个 DSP 核时,双缓冲的性能提升可以达到 30%~40%。这是由于核数较小时 DSP 核获得的 DDR 内存带宽较高,计算占比相对较高。如果未来可以搭配访存带宽更高的外部存储器,双缓冲优化的性能提升会更加明显。

带宽利用率是访存型程序的另一个重要评价标准,计算公式为带宽利用率=有效带宽/实际带宽。总访存量公式 SpMV 采用 dof_num×nnz_row×12+dof_num×8×2, Gauss-Seidel 采用 dof_num×nnz_row×12+dof_num×8×4。如图 6.25 所示, 随着核数的增大, 带宽利用率逐渐升高, 这是因为核数越多 DMA_SG 对 GSM 进行间接寻址的效率越高。3 种网格规模的 SpMV 算法的带宽利用率均在 72% 左右, Gauss-Seidel 算法在 32×32×32 规模网格的带宽利用率为 67%, 其他网格规模带宽利用率约为 81%。

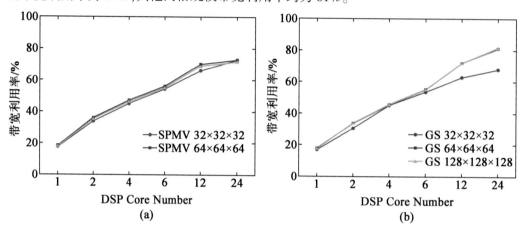

图 6.25　面向 M-DSP 的 SpMV 算法与 Gauss-Seidel 算法带宽利用率

图 6.26 给出了 6.6.5 小节中混合精度算法的测试结果, 在 32×32×32 规模的网格上, SpMV 算法和 Gauss-Seidel 算法的性能提升约为 1.2 倍。而在 64×64×64 和 128×128×128 的规模网格上, SpMV 算法的峰值性能提高了约 1.6 倍, Gauss-Seidel 算法的峰值性能提高了约 1.45 倍。峰值性能都在 8.9 GFLOPS/s 左右。

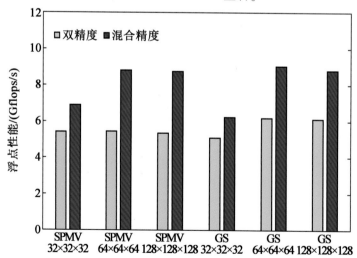

图 6.26　面向 M-DSP 的 SpMV 算法与 Gauss-Seide 算法的混合精度测试结果

6.8　本 章 小 结

本章针对地球动力学数值模拟软件在飞腾多核处理器上计算性能差的问题,提出了多种优化算法。本章提出了模型边界分离的数据存储格式,通过点多色排序和块多色排序开发了 Gauss-Seidel 算法的细粒度并行,提出了一种融合的对称 Gauss-Seidel 算法平滑器,降低了计算量。设计了多重网格限制、多重网格延拓、稀疏矩阵乘向量等核心函数的多线程并行算法。并把上述优化应用在了开源软件 CitcomCU 中,在 FT2000plus 上对不同规模的网格进行了测试。测试结果表明优化后的 Gauss-Seidel 算法和 Uzawa 算法在单进程×8 线程上性能分别提升了 4.04~6.79 倍和 3.23~5.02 倍。测试结果表明优化后的 Gauss-Seidel 算法和 Uzawa 算法在单个 FT2000plus 上性能分别提升了 4.3~6.99 倍和 3.6~5.6 倍。

SpMV 算法和 Gauss-Seidel 算法占据了整体程序的主要计算时间。本章节针对 M-DSP 加速器体系架构提出了 SpMV 算法和 Gauss-Seidel 算法的多核向量化算法。算法使用 ELL 存储格式,通过对结构网格分块的方式,把需要重复取址的局部向量放入具有高带宽的 GSM 中,提高了间接访存的速度,针对 Gauss-Seidel 算法并行受限的问题,采用点多色排序的方法去除依赖性,根据 M-DSP 的多级存储结构对数据进行了精细地划分,通过 DMA 双缓冲策略,重叠了计算与通信。优化后的 SpMV 算法和 Gauss-Seidel 算法相比原始算法分别提升了 41 倍和 47 倍。优化后的 SpMV 算法和 Gauss-Seidel 算法带宽利用率分别在 72% 和 80% 左右。最后本章实现了混合精度算法,降低了访存量,使得峰值性能得到进一步的提升。

第 7 章 高通量材料计算方法

高通量计算的实现依赖于巨大数量任务的持续产生,能够基于丰富的计算资源在长时间内维持高通量任务的稳定运行。同时,伴随着数据爆炸式增长,机器学习成为材料创新的重要手段。与传统的第一性原理计算相比,机器学习能够利用极少的计算资源实现对巨大材料搜索空间的探索。在机器学习解决材料计算规模的优势下,利用高通量计算技术实现材料计算的智能化成为了加快材料创新的方法之一,其中任务的智能配置、管理、运行等成为该方法实现的关键。近年来在天河超算系统硬件不断升级的前提下,亟须发展基于超算平台的各领域应用来推进科技创新。高通量材料计算作为材料创新的一个典型应用,如何将其高效地实现并应用于最新的天河新一代超算系统上,利用丰富的计算资源来解决材料创新中的难题,成为目前在发展超算应用中面临的难点之一。针对这些问题,本章在提出了基于天河新一代超算系统上的高通量材料计算框架,通过在天河新一代超算系统上设计执行引擎,结合材料数据库的构建,采用两级调度,保证在不影响超算系统稳定性的情况下为流式任务合理地分配计算资源,实现智能配置、管理、计算和预测的过程,在该框架实现基础上开展了相关实验,证实该框架能够解决面向天河新一代超算系统的高通量任务配置和管理智能化过程,在该基础上开展了天河新一代超算系统上的百万催化剂材料的筛选工作,取得了良好的材料筛选效果。

7.1 高通量材料计算理论

传统材料研究方法为"试错法",随着近些年来人工智能的发展,以数据密集型特征为代表的机器学习方法被广泛使用,以下对以第一性原理计算为代表的"试错法"和以材料数据集为特征的机器学习的相关使用背景和方法进行介绍。

目前,利用第一性原理计算和机器学习开展材料研究的方法多样。其中,具有代表性的方法为卡内基梅隆大学 Ulissi 团队提出的基于吸附能计算的 GASpy 框架[176]。该框架包含机器学习和第一性原理计算过程,基于两种自洽循环实现,如图 7.1 所示。一种自洽循环为不断通过机器学习筛选材料数据集来确定 DFT 计算;另一种自洽循环即面向前者确定的模型自动进行 DFT 计算,并提取具有某类化学性质的结果,达到筛选出材料的目标,且同时达到不断提供机器学习数据集的过程。

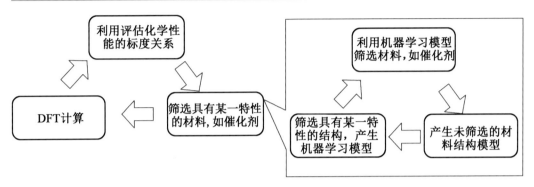

图 7.1　第一性原理计算和机器学习迭代结构框架图

该框架涉及代理模型和主动学习方法,如图 7.2 所示。代理模型通过优化计算成本低的模型取代计算成本更高的模型,实现目标函数的获取来探索研究对象的未知属性,因而适合耗时的目标函数获取[177,178]。主动学习来源于主动机器学习的思路,利用机器学习模型与少量已有标注数据进行交互,选择最有价值和信息量最大的样本进行标注的方法,可以有效减少被标注的数据量[179]。通过 DFT 计算材料结构得到材料吸附位点环境的指纹,将其作为标记特征创建代理模型来学习和预测未标记的指纹。在 GASpy 中,代理模型优化的使用与主动学习使用的根本区别在于前者倾向于利用代理模型关于搜索空间的知识,而后者倾向于探索搜索空间。

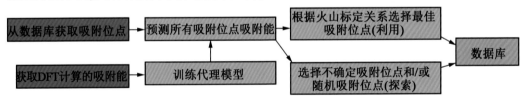

图 7.2　GASpy 中使用的主动学习方法

7.1.1　Kohn-Sham 方程

密度泛函理论 DFT 计算是第一性原理计算的典型代表,吸附能计算是用第一性原理研究材料结构的主要手段之一。吸附能计算过程主要涉及通过不断调整原子和电子结构来达到最终能量稳定的结构状态的每个面结构的优化过程,可以通过基于量子力学近似求解多体薛定谔方程,求解 Kohn-Sham 方程的 DFT 计算是该近似解的主要方法之一[180-185],其基本原理如下:

Kohn-Sham 方程为

$$E[n(r)] = T[n(r)] + \int v(r)n(r)\mathrm{d}^3 r + E_{xc}[n(r)] + \frac{e^2}{2}\iint \frac{n(r)n(r')}{|r-r'|}\mathrm{d}^3 r \mathrm{d}^3 r' \tag{7.1}$$

$$n(r) = \sum_{i=1}^{N} |\psi_i(r)|^2 \tag{7.2}$$

$$T[n(r)] = \sum \psi_i^*(r)\left(-\frac{\hbar^2}{2m}\nabla^2\right)\psi_i(r)\mathrm{d}^3r \tag{7.3}$$

$$E_{xc}[n(r)] = \int n(r)\varepsilon_{xc}[n(r)]\mathrm{d}^3r \tag{7.4}$$

给定一个包含 N 个离子的系统，$\psi_i(r)$ 表示离子 i 在 r 处的波函数。$n(r)$ 为局部密度，即在原子 i 内的 r 中找到电子的概率。$\hbar$ 为普朗克常数，m 为粒子的质量。$\varepsilon_{xc}[n(r)]$ 为具有局部密度均匀电子气的交换相关能量。$E_{xc}[n(r)]$ 是指交换相关能，例如，作为交换相关泛函之一的局部密度近似 LDA，仅以均匀电子气密度为变量，广义梯度近似法 GGA 则既考虑了电子密度，又考虑了梯度的密度作为变量。$n(r)$ 为局部密度近似的交换和相关能量，$v(r)$ 为离子 i 在 r 位置的势能。方程式(7.1)中的第一项 $T[n(r)]$ 指动能，第二项 $\int v(r)n(r)\mathrm{d}^3r$ 是外势能，$E_{xc}[n(r)]$ 为交换相关能，最后一项是指 Hartree 能(电子-电子排斥)。

自洽迭代过程描述如下：

给定一个任意 $\psi_0(r)$ 的初始电子密度 $n(r)$

$$n(r) = \sum_{i=1}^{occ.} \psi_0 * (r)\psi_0(r) \tag{7.5}$$

于是

$$H[n_0(r)]\psi_1(r) = \varepsilon\psi_1(r) \tag{7.6}$$

可以获得一个新的电子密度：

$$n_1(r) = \sum_{i=1}^{occ.} \psi_1 * (r)\psi_1(r) \tag{7.7}$$

于是

$$H[n_1(r)]\psi_2(r) = \varepsilon\psi_2(r) \tag{7.8}$$

$$\cdots\cdots$$

$$H[n_n(r)]\psi_{n+1}(r) = \varepsilon\psi_{n+1}(r) \tag{7.9}$$

当 $\psi_{n+1}(r)$-$\psi_n(r)$ 达到收敛标准后，迭代终止，这样就可以获得优化结构对应的能量 E。

计算过程由奥地利维也纳大学 Hafner 研究小组自主开发设计的 VASP 软件设计和实现[185]，该软件目前支持电子结构计算和量子力学-分子动力学模拟，专用于材料模拟和计算物质科学研究。

VASP 计算主要包括 5 个输入文件：(1)INCAR(输入参数的控制文件)；(2)POSCAR(包含了晶格的几何结构和离子位置的文件)；(3)POTCAR(包含了计算时对每个原子所使用的赝势)；(4)KPONITs(划分布里渊区的 K 点设置文件)；(5)JOB. sh(作业提交脚本)。输出主要包括 7 个文件：(1)CONTCAR(原子优化或者分子动力学运行完后的坐标文件)；(2)WAVECAR(波函数结果文件)；(3)CHG、CHGCAR(与电荷的密度有关的文件)；(4)OSZICAR(每次迭代或原子优化的信息文件)；(5)EIGENVAL(与本征值有关的文件);(6)DOSCAR(原子的电子态密度文件);(7)OUTCAR(VASP 输出文件中最主要的输出文件),VASP 软件的运行原理如图 7.3 所示。

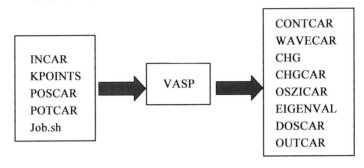

图 7.3　VASP 软件运行输入输出介绍

高效催化材料的筛选主要通过 VASP 计算吸附能实现,在计算吸附能时涉及 3 类 VASP 计算,如图 7.4 所示,一类是原胞(bulk)优化,一类为吸附结构(slab)优化,还有一类为包含吸附分子的吸附结构(adslab)优化。第一性原理计算过程主要是针对这 3 类优化结构进行优化,意味着需要构建不同的模型来支持材料计算的数据来源。原胞一般来自常见的材料数据库,或者实验室构建的新型材料结构。另外两个包含/不包含吸附分子的吸附结构产生是最复杂的部分,二者依赖原胞的初始结构,仅存在有吸附分子与没有吸附分子的区别。在产生这些结构时,呈现固定的先后优化顺序,即只有等原胞先优化,另外两种结构才会构建并优化。

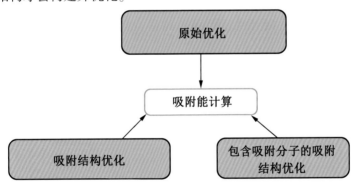

图 7.4　材料计算涉及的 VASP 计算类型

7.1.2　TPOT 管道优化方法

Tree-based Pipeline Optimization Tool(TPOT)[186]是一种基于 Python 实现的开源管道优化工具,该工具利用树的流水线优化概念,通过遗传算法实现自动化机器学习中最烦琐的流水线设计,能够满足不同领域研究者对使用机器学习的需求。一般来讲,创建机器学习模型需要经历以下几步:数据预处理、特征工程、模型选择、超参数调整、模型保存。TPOT 管道优化工具通过利用遗传算法,分析数千种可能的组合,为模型、参数找到最佳的组合,实现自动化机器学习中的模型选择及调参。利用 TPOT 管道优化工具,研究者只需要进行数据预处理,以及最后的模型验证。TPOT 管道优化工具支持的分类器包括贝叶斯、决策树、集成树、SVM、KNN、线性模型、xgboost;支持的回归器主要有决策树、集成树、线性模型。TPOT 管道优化工具同时也支持有监督学习,在有监督学习过程中,输入的数据自动进行进一步处理操作,如二值化、聚类、降维、标准化、正则化、独热编码操作等,再根据模型效果,对输入特征进行特征选择操作,可将训练过程导出为 sklearn pipeline 的文件形式。

在以吸附能作为描述符开展的理论材料研究中,基于 TPOT 管道优化工具的数据集采集可采用吸附点环境指纹描述方法[187,188],该方法将配位向量和近邻配位向量作为描述吸附点的环境指纹,配位向量包含筛选吸附点中考虑的所有元素中的每个元素项,该向量中的每个项是所有考虑的研究元素与吸附物配位的原子数的总和。近邻配位向量为一个扁平化数组,包含元素对的所有元素个数项,该向量中的每个项是与所有吸附物的其他元素近邻配位元素的原子数总和。再将配位向量和近邻配位向量缩放成一个新向量,该向量的均值为 0,方差为 1,建立在上述方法基础上的描述符能够开展基于 TPOT 管道优化工具的吸附能预测工作。

7.2　高通量材料计算框架模型

本章提出、设计并实现了基于天河超算系统的高通量材料计算框架,该框架包括高通量材料计算流程和天河超算系统的计算环境,主要包括高通量计算和任务管理、DFT 计算与机器学习反馈迭代,以及基于数据库的多源数据构建,以下为框架设计的详细介绍。

本章提出的高通量材料计算框架包含高通量任务自动生成功能,智能反馈迭代实现功能,并包含材料相关的数据库。具体来说,高通量任务的配置功能用于实现材料模型的智能构建、参数配置等过程,反馈迭代功能能够将高通量计算和机器学习过程涉及的材料数据集通过访问数据库提取指纹实现智能交互过程。基于此,本章提出的该高通量材料计算框架如图 7.5 所示。其中,①和②,⑦和⑧分别表示将实验结果、机器学习结果拉入和拉出数据库;③为第一性原理计算准备构建的模型;④指计算结果的存储过程;⑤和⑥分别是从计算结果和实验结果中提取的指纹;⑨指通过构建一个稳健的松弛方案,即火山标定关系对机器学习结果进行在线分析;⑩指在线分析(筛选)后的剩余模型需要进一步地开展第一性原理计算。实验涉及从 Materials Project 网站获取原始晶体(或原胞)并存储在数据库中的过程,进行火山标定关系信息比对的过程,以及智能模型的构建来创建大量吸附能计算模型的过程。通过第一性原理计算,将优化后的模型和吸附能数据存储在数据库中,并从中提取指纹以训练合适的机器学习模型。经过训练的模型对尚未进行理论计算的待筛选材料通过指纹提取来预测其吸附能,并将结果再次存储在数据库中。通过鲁棒松弛方案,比如将切面最低预测吸附能量的吸附点模型进行智能分析,从中筛选出需要进一步开展 DFT 计算的模型。整个循环如下:

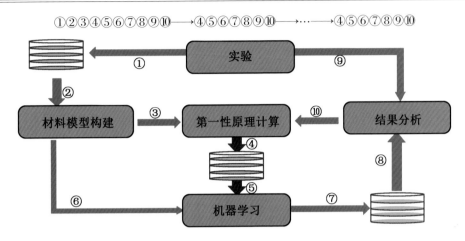

图 7.5　高通量材料计算框架

当且仅当计算框架中所有材料预测或计算完毕时,机器学习与 DFT 计算迭代反馈的过程才会停止。机器学习与第一性原理融合的功能在这些步骤中得到了很好地体现。步骤⑤表示数值计算得到的数据集补充了机器学习过程中没有数据集和数据集较少的问题。步骤⑩表明,通过机器学习预测后,再利用火山标定关系可以过滤掉大量数值计算,达到实现材料快速筛选的目的。

随着反馈迭代交互的进行,基于超算本地的目标特征数据集收集池累积的数据集越来越多。对这些数据集进行高效的利用至关重要,该类数据集的不同利用方式将直接影响机器学习的鲁棒性和泛化性。基于上述考虑,机器学习的开展通过面向超算本地实现,依据不同判断类型对数据进行标注。该方法利用反馈迭代交互时不断在超算本地更新的目标特征数据集收集池,作为机器学习的训练数据产生代理模型;再利用代理模型开展测试集的目标特征预测,对预测的结果采用鲁棒松弛方案,即决定整个反馈迭代过程是仅选择代理模型的方法还是代理模型的主动学习方法,如图 7.6 所示。

鲁棒松弛方案决定了整个反馈迭代过程是选择代理模型的方法还是主动学习方法,如果从预测结果中通过火山标定关系选择最佳吸附位点模型进行下一步 Kohn-Sham 求解的目标特征数据集更新,则迭代反馈交互过程采用代理模型优化方法。如果从预测结果中通过随机选择每个切面吸附能最低的吸附位点模型,进行下一步 Kohn-Sham 求解的目标特征数据集更新,则每个迭代反馈过程采用前部分的代理模型优化加后部分的主动学习方法,即代理模型的主动学习方法。因此,面向超算的鲁棒松弛方案核心为代理模型的主动学习方法。该方法因为对更有价值的数据进行标注,能够反馈给下一个迭代更多的有效样本数据,促进下一轮迭代中更加稳健的代理模型构建。在该方法中,构建代理模型的过程侧重于对形成模型的目标函数优化,主动学习可以保证在迭代的过程中不断标注最有价值的样本数据,这些累加的样本标注能够通过代理模型的不断训练最大化地保证其稳健性。

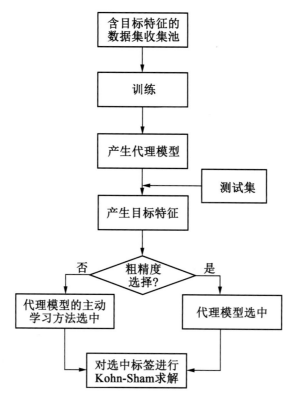

图 7.6 代理模型的主动学习方法

在机器学习中,代理模型可以大大减少筛选规模,主动学习仍能保持筛选的准确性,因此,代理模型的主动学习方法是达到充分利用二者优势加速材料筛选的关键。第一性原理计算具有遵循物理意义的优势,因此准确度可以得到一定程度的保障,但是其最常遇到的问题之一是需要的计算算力不足的难题。机器学习的优势是预测速度快,能够充分利用海量数据资源,其最常遇到的问题之一是缺少足够多的样本数据集。将二者融合起来,利用机器学习极快的预测能力可以替代部分第一性原理计算,解决海量材料模型因计算资源不足而耗时耗力的问题;第一性原理计算的结果可以为机器学习提供更多的数据集样本,弥补机器学习样本不足的问题。

7.2.1 高通量材料计算执行引擎

理论上的材料设计包括了不同元素之间的替代、不同结构模型的筛选、同种结构的性能优化等,这些材料模型和任务的智能构建可以通过自动化文件管理和高性能计算作业管理实现,为材料计算提供清晰、高效和防错的默认设置。材料模型和任务的智能构建包括 4 个引擎,分别为智能建模流程引擎、任务引擎、计算引擎和预测引擎。通过启动智能建模流程引擎,可以按照依赖关系自动构建对应的材料结构,如图 7.7 所示,具有依赖关系的材料模型创建通过 Luigi 管理构成流式任务。在管理这些流式任务的同时,每种对应 VASP 优化功能需求的依赖任务通过触发任务引擎产生流式计算任务,并由

Rlaunch 发射提交。启动计算引擎将这些流式任务通过 SLURM 提交到计算节点进行数值计算,并接收 SLURM 计算完成的结果,随着每个功能步骤和任务的完成,产生的数据不断访问数据库,实现数据的写入和读取,数据库的结果可以再用于启动智能建模流程引擎,通过机器学习在与数据库的读写过程中开展预测工作,并再次将预测结果写入数据库。

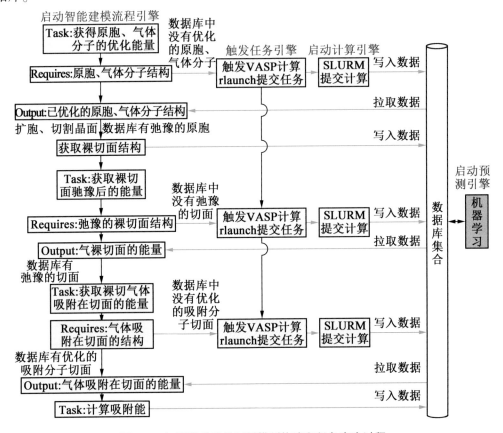

图 7.7　智能驱动下的材料模型构建和任务产生过程

　　FWS 以非常灵活的方式在工作流对象和数据库之间进行直接映射,因此执行引擎产生的任务可以构成有向无环图(DAG),直接利用通用性较强的 FWS 产生的 JSON 格式字符串描述整个作业,以计算吸附能为代表的应用为例,典型的流式任务及其任务标识符和描述见表 7.1。

表 7.1　构成流式任务的标识符

案例	任务标识符	描述
一种典型的计算吸附能的流式任务	Taskstring	流式任务构成,包括结构构建和结构优化计算,其中结构构建包括扩胞、切面、添加吸附物到切面,优化计算包括 gas phase optimization,unit cell optimization,slab+adsorbate optimization
	Task. requires	流式任务的依赖关系
	Task. run	流式任务执行程序及对应的输入文件
	Task. output	流式任务输出文件
	Parameter	执行参数配置,可任意修改对应程序的输入参数
	Target	流式任务最终目标

　　针对大规模、松耦合吸附能计算的任务问题,把每类材料结构对应的耦合任务称为流式任务。通常松耦合任务通过使用一个或者多个可执行的程序实现,分别针对不同输入文件,进行程序执行,获得不同对应输出文件,或者对多个可执行的程序,对同一份输入文件进行执行以获得对应的输出文件。在吸附能计算中,既涉及一个应用程序对应多个关联的输入文件,即之前定义的流式任务或任务树,也涉及多个可执行程序对应同一份输入文件,即有相同优先级的多个流式任务。将流式任务分类编号,如图 7.8 所示。整个任务树的执行顺序为从根任务到子任务再到最后的叶子任务。整个任务树中构成一条完整的计算吸附能的流式任务。因此,流式任务的批处理可根据 Luigi 中定义好任务树中的 task、parameter 以及 target 实现。在确定任务关系时,第一批待执行的任务(也就是对应任务的根节点)和任务树中的父子关系(依赖)需要指明,任务树中一个父节点可以产生多个子节点。

　　图 7.8 所示的流式任务实例中,左侧是任务树的构成图,包括流式任务的依赖关系,右侧是 Luigi 任务管理在构建流式任务时对应任务树的伪代码。任务 A、B、E、F 为流式任务中的结构创建,任务 C、D、G、H 为流式任务中的优化计算。A 和 B 作为读入的初始结构数据,C 和 D 作为一个流式任务中的启动任务,属于简单的单个任务,C 的任务类型为"unit cell optimization",D 的任务类型为"gas phase optimization",任务 E 和 F 都是构成流式任务的中间依赖结构,且由 D 的输出和 E 的结构组合而成,G 和 H 的任务类型为"slab+adsorbate optimization"。C、D、G、H 先后构成整个待批处理运行的任务,包含对应的不同设置参数。流式任务的目标为 I,意即整个流式任务计算的最终结果。各个子任务之间的依赖关系由 requires 连接,如果子任务的 requires 还未执行完成,则需要跳过该子任务。

　　在智能建模流程中,Luigi 任务管理构建的任务树,其各个字符描述信息转化为 JSON 的格式可以直接在 FWS 中实现。JSON 具有的优势之一在于同等大小的信息传输下所用的字符数量非常小,可以减缓网络传输过程中的开销,所有字符均通过字典方式进行存储。智能建模信息转换为 JSON 格式文本的过程如图 7.9(a)所示,整个过程构成智能建模引擎。各个任务之间的依赖属性在对应右边图中,其他任务属性暂时没有在此处讨论。在流式任务信息中,创建材料的 4 类任务属于操作性任务,不需要提交到计算节点,可直接在本地机器上通过 Luigi 的任务管理处理实现,结果存放到数据库的自定义集合中。

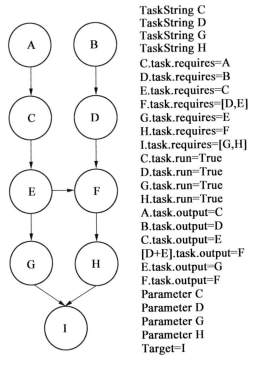

TaskString C
TaskString D
TaskString G
TaskString H
C.task.requires=A
D.task.requires=B
E.task.requires=C
F.task.requires=[D,E]
G.task.requires=E
H.task.requires=F
I.task.requires=[G,H]
C.task.run=True
D.task.run=True
G.task.run=True
H.task.run=True
A.task.output=C
B.task.output=D
C.task.output=E
[D+E].task.output=F
E.task.output=G
F.task.output=F
Parameter C
Parameter D
Parameter G
Parameter H
Target=I

图 7.8 流式任务实例

高通量任务管理包括任务的产生、提交和状态管理,主要由 FWS 和 Luigi 任务管理共同实现,FWS 利用 ASE 调用 VASP 执行程序,形成 rocket 进行任务发射来实现 3 类 VASP计算的定制作业管理。上述智能建模信息中提取的对应材料结构,需要进行 DFT 计算,在开展该密集计算之前,需要根据计算需求进行相关参数配置,任务信息同样为 JSON 格式文本,如图 7.9(b)所示,整个过程构成任务引擎的触发,即对任务进行配置和管理。任务的配置通过构建一个嵌套字典 Settings 实现,针对不同类型的任务,比如上述任务中,G、H 任务优化类型相同,C、D 任务类型不同,且与 G、H 任务优化类型也各不相同,需要配置不同的计算参数,可以通过定义 3 种不同的接口类函数实现。任务引擎中的每一个任务需要提交到计算节点,因此,会给每类任务编号 Fw_id,每一类任务编完号后,可以反复提交,每次提交都会产生一个新的 Launch_id 提交编号,而 Checkpoint 用于检测该类任务的依赖是否与多个上层子节点相关。在提交计算前,整个任务树按照指定的顺序,任务 I 为求解最后的目标吸附能,与任务 H 绑定,即任务 I 的上层节点 G、H 完成后,执行任务 I 的结果仍然写在任务 H 所在集合创建的新键值 Adsorption_energy 中。不论是子节点还是父节点,所有节点对应任务的信息,均按照任务树的深度从低到高的顺序记录在 3个数据库集合中,方便每个任务队列的管理和调度执行。比如,如果当前任务的父节点还没有完成计算,则可以将该任务跳过,并选择执行另外同层级及同优先级的任务。

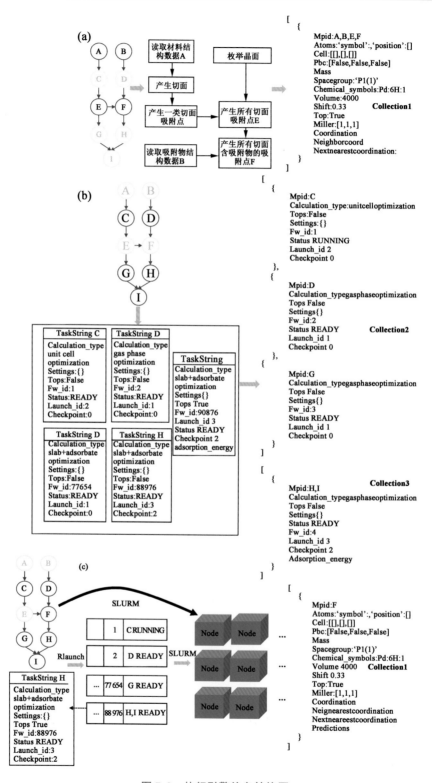

图 7.9 执行引擎信息转换图

以 DFT 计算为代表的计算密集型任务包含 C、D、G、H,其提交信息转换为 JSON 格式文本的过程如图 7.9(c)所示,整个过程构成计算引擎的启动。在通过 FWS 的 Rlaunch提交产生批量任务后,为了避免任务频繁读写磁盘带来大额 I/O 开销,批量产生的任务可分阶段地通过 SLURM 提交到超算的计算节点,并将提交的状态反映到 FWS 管理的任务状态中。通过分阶段地用 SLURM 提交任务,直到 Rlaunch 产生的所有任务状态均完成整个过程才停止。管理任务的状态属性"Status"包含"COMPLETED""RUNNING""READY""FIZZLED"等,Rlaunch 发射任务在未通过 SLURM 调度到计算节点计算之前,"status"的状态为 READY,当通过 SLURM 提交到超算系统的计算节点进行运算后,此时Rlaunch 的任务状态为 RUNNING,并创建以当前时间命名的文件夹,如图 7.10 所示。通过调用 Make_firework 模块创建文件夹,再通过 Rockets 发射任务将该任务信息传入创建的文件夹,建立对应的任务,同时 VASP 执行文件由 ASE 传入到该任务中,计算完成后,FWS 会自动将 RUNNING 任务状态更新为 COMPLETED,再根据其状态将计算结果写入数据库。

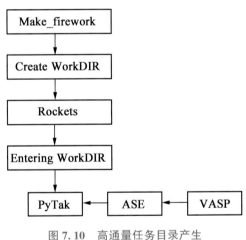

图 7.10　高通量任务目录产生

对于预测引擎,由于 F 任务代表含有吸附物的切面,可以从其结构中提取指纹开展机器学习工作,描述图如图 7.10(c)中标红部分所示,整个过程构成预测引擎的启动过程。通过 SLURM 将机器学习任务提交到计算节点,返回的预测结果以键值 Prediction 及对应内容(预测值)更新到数据库集合中。

预测引擎的数据集是基于遗传算法的 TPOT 管道优化方法构建的一组 4 元素特征向量:原子序数 Z、原子鲍林电负性 X、与吸附物 CN 配位的元素的原子序数(或相邻配位数NCN)和吸附能 ΔE。对于那些没有任何配位的原子,添加一个 dump 值作为补码,其中 Z为零,其余 3 个特征是所有元素的平均值。见表 7.2,指纹由以下向量组成:($[Z_1, X_1,$CN$_1, \Delta E]$, $[Z_1, X_1, NCN_1, \Delta E]$, $\cdots$, $[Z_{i+1}, X_{i+1}, CN_{i+1}, \Delta E]$, $[Z_{i+1}, X_{i+1},$ NCN$_{i+1},$$\Delta E]$),$i$ 与材料成分的最大数量有关。

表 7.2　指纹的详细信息

编号	特征	定义(物理意义)	相关性
1	Z_1	第一个原子的原子序数	是
	X_1	第一个原子的泡利电负性	是
	CN_1	第一个原子与吸附物配位的原子数量	是
	ΔE	吸附能	否
2	Z_1	第一个原子的原子序数	是
	X_1	第一个原子的泡利电负性	是
	NCN_1	第一个原子与吸附物配位的近邻原子的数量	是
	ΔE	吸附能	否
I	Z_{i+1}	第 $i+1$ 个原子的原子序数	是
	X_{i+1}	第 $i+1$ 个原子的泡利电负性	是
	CN_{i+1}	第 $i+1$ 个原子与吸附物配位的原子数量	是
	ΔE	吸附能	否
$i+1$	Z_{i+1}	第 $i+1$ 个原子的原子序数	是
	X_{i+1}	第 $i+1$ 个原子的泡利电负性	是
	NCN_{i+1}	第 $i+1$ 个原子与吸附物配位的近邻原子的数量	是
	ΔE	吸附能	否($[Z_1, X_1, CN_1]$, $[Z_1, X_1, NCN_1]$, $\cdots$, $[Z_{i+1}, X_{i+1}, CN_{i+1}]$, $[Z_{i+1}, X_{i+1}, NCN_{i+1}]$, $\cdots$) $i>0, i \in Z$

上述相关特征标签获取方式如算法 7.1 所示,原子序数和泡利电负性可以通过 Python 的 mendeleev 库来实现。配位数分为内层配位数和外层配位数,即吸附点与材料构成原子配位最近的原子个数为内层配位数,次近的为外层配位数,可以通过 pymatgen. analysis. local_env 函数的 Voronoi tessellation 算法实现,对于无配位的吸附点,则通过 dummy_count = 0 将原子序数设置为 0,其他 3 类值设为全部指纹对应项平均值。吸附能 ΔE 则为机器学习的目标指纹,$\Delta E = E_{\text{adsorbates\_slab}} - (E_{\text{bare\_slab}} + E_{\text{adsorbates}})$,后面 3 个能量均通过第一性原理 DFT 计算获得。

算法 7.1　指纹采集算法

Input：Files F containing the structure and adsorbing environments

Output：The fingerprint fp

initialize $fp = [\ ]$

1： for each file F_i in F do

2：   Get not repeated compositions C in each F_i

3：   Get not repeated elements num N in C

4：   Get the energy value E_i in each F_i

5：   for each element L_i in C do

6：   Compute the electronegativity X_i in each L_i

7：   Compute the Mendeleev Z_i in each L_i

8：   if L_i is true in F_i, then

9： $\Delta E =$ computing the average of the sum E_i from L_i

10：   for neighbor coordination of Ne in F_i do

11：   Get the index number k of Ne

12：   Calculate the coordination number $CN_k + = 1$

13：   for next neighbor coordination of NeN in F_i do

14：   Get the index number j of NeN

15：   Calculate the coordination number $NCN_{k,j} + = 1$

16：   Get the fingerprintfp from $[(\Delta E, Z_i, X_i, CN_k), (\Delta E, Z_i, X_i, NCN_{k,j})]$

17：   end for

18：   end for

19：   else

20： $\Delta E =$ computing the average of the sum E_i from L_i

21： $\Delta Z =$ computing the average of the sum Z_i from L_i

22： $\Delta X =$ computing the average of the sum X_i from L_i

23：   for neighbor coordination of Ne, next neighbor coordination of NeN in F_i do

24：   Get the index numberk of Ne and j of NeN

25： CN_k, $NCN_{k,j} = 0$

26：   Get the fingerprintfp from $[(\Delta E, Z_i, X_i, CN_k), (\Delta E, Z_i, X_i, NCN_{k,j})]$

27：   end for

28：   end if

29：   end for

30：   end for

31： returnfp

     在反馈迭代实现中,指纹智能驱动构建过程如图 7.11 所示,其中,N 指训练指纹的数量。图 7.11(a)表示 DFT 计算结果被视为原始训练标记指纹;图 7.11(b)表示指纹智能构建是通过代理模型获得指纹获取和训练及预测过程实现;图 7.11(c)利用鲁棒松弛方案,如选择火山标定关系从学习结果中进行部分高效指纹标注,进行进一步的 DFT 计算筛选。首先,经过 DFT 计算,得到初始标记指纹 E_{adN} 作为代理模型的训练集来训练模型,即从原始结构模型中提取指纹 $\{F_{N1}, F_{N2}, F_{N3}\}$ 进行学习和预测获得训练模型 f,此处的 3 个指纹描述符以原子序数、泡利电负性、配位数为代表,整个实现过程如图 7.11(a)和 (b)所示。这些特征将被用作机器学习中的验证数据集。接着,函数 f 将对未标记的指纹进行下一次预测,如图 7.11(c)所示,再通过主动学习过程来选择最有效的目标标注指纹。火山标定关系中的吸附能和催化活性数据来自理论和实验科学家多次尝试的研究,用来作为特征工程中数据清理的标准。以火山标定关系为依据,图 7.11(c)中描述的预测材料将被进一步利用,意味着火山标定关系不匹配的预测吸附能材料将被丢弃。在下一个周期,被利用的候选者将通过 DFT 再次计算来增加数据集,随着 DFT 计算的材料类型的增加,数据集的数量在增加,自动化的探索过程使指纹数量不断更新。

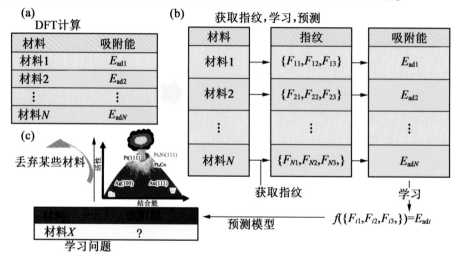

图 7.11　指纹智能驱动构建过程

7.2.2　高通量任务调度

该框架在天河超算系统上对高通量任务的调度通过 FWS 和 SLURM 两级调度实现,即先通过 FWS 产生并管理提交任务,再通过 SLURM 分配计算节点,可实现在原有天河超算的环境设置上,实现资源调度的细粒度化(以核为单位)和对大规模松耦合任务的有序管理,该过程依赖于细粒度计算资源的封装和高通量计算环境的构建。细粒度计算资源的封装包括静态获取每个任务的配置文件与之对应的集群管理系统,也包括安装对应程序并获取执行目录的过程,而提交到集群上的任务可以通过查询、取消、统计等方式管理占用资源规模及时长。高通量计算环境的构建主要是为每个产生的任务配置系统所需的高通量任务执行环境,另外不同的任务可能会有不同的计算资源需求,因此在每个任务运行时,需要动态地搭建对应任务的计算环境。

以 SLURM 资源管理系统为例,基于 SLURM 的脚本可以通过 sbatch 或 srun 将任务分配到计算资源中,其中,sbatch 可以将所需的环境变量封装到脚本中,srun 可以将所需的环境变量直接加载到账号环境中。对于正在计算资源中排队的任务,SLURM 可以设置优先级来管理该任务使用资源的先后顺序,而 FWS 在管理任务时也可以设置优先级来管理该任务发射到计算资源排队的先后顺序。任务优先级规则如图 7.12 所示,通过调整,已产生的任务 3 和任务 5 在等待拉入 SLURM 资源管理系统的过程中,任务 5 的优先级位于任务 3 前。对于已经在 SLURM 资源管理系统中排队的任务,任务 6 在任务 4 后面等待,任务 7 显然是通过优先级设置而实现优先计算的。

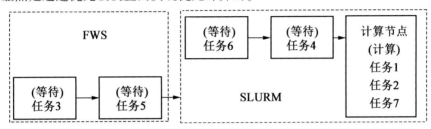

图 7.12　任务优先级规则

搭建高通量计算环境脚本,如图 7.13 所示。首先需要设置 Python 的配置路径,并将 Python 的服务启起,再对执行程序路径和对应任务环境变量进行配置。通过启动各个执行引擎,利用 FWS 中的 Rlaunch 命令产生任务配置文件及对应目录,以及 SLURM 资源管理系统对对应任务进行提交。计算完毕后,会对任务产生的作业结果进行判断,如果已完成,则直接将结果更新到数据库中,否则将重新利用 FWS 修改任务状态,再重新启动提交。

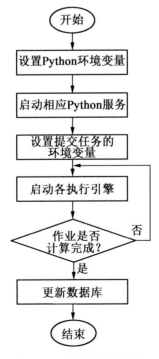

图 7.13　脚本模板流程图

　　任务从两级调度的提交到完成之间的状态众多,在同一级的任务状态控制及不同级的任务状态的反馈机制涉及整个任务提交的灵活性及稳定性,两级调度状态如图 7.14 所示。产生的流式任务通过 FWS 进行管理,在此处将所有 FWS 管理的任务称为 FWS 任务池,具体包括子任务的提交、子任务中途绕道、子任务修改、子任务的拒绝以及父任务的退出。提交的子任务可以再次提交、取消、挂起、暂停、删除、失败等,在该阶段,任何属于操作型的失败均可重新对流式任务进行修正。针对提交的子任务可以再次提交功能,涉及两级调度的衔接,即将 FWS 任务池的任务提交到 SLURM 资源管理系统中,根据管理员设置的调度策略,对该任务分配所需资源。该阶段涉及管理员对于天河超算系统提交任务的队列进行维护,维护流程极其烦琐。因此针对这些提交的流式任务,在两级调度的过程中,SLURM 资源管理系统主要对于任务在排队失败、计算资源分配失败或提交失败的情况下重新恢复任务处于排队状态。这些排队任务也可以取消,或直接进入失败状态。排队任务被分配到资源后,对应程序开始在分配的计算节点启动运行,运行过程中,由于存储、网络等原因造成节点失效问题,会导致任务被中断或失败,或者人为挂起或取消,人为挂起的任务可以重新排队提交,或再直接取消、修改状态至失败等。对于运行成功的任务,会将成功的输出自动更新到对应 FWS 管理任务的 JSON 文档中,但是对于取消或失败的任务,通过返回失败标签,需要重新对 FWS 任务池的任务状态进行修改。

　　调度过程中由于系统维护出现的故障,需要及时对这些受影响的任务进行响应处理。任务经过 SLURM 资源管理系统提交计算完毕后正常退出,对应 OURCAR 输出也达到收敛标准。由于系统维护原因,比如管理员批量将任务暂停、挂起等状态更改,以及登录节点系统环境修改,FWS ping 回任务状态发送"心跳"的信息短暂中断;或者 FWS ping 回任务状态发送"心跳"的线程虽然未被中断,但实际运行的任务已经在 FWS 中处于"dead"状态;在这两种情况下,提交到超算计算节点的任务仍然保持正常执行状态,然而在执行完毕后,计算结果均无法更新到数据库中,导致整个高通量材料计算框架的任务计算过程无效。

　　为了降低 ping 回中断故障造成的计算损失,设计了一个 ping 回中断故障修复算法,伪代码在算法 7.2 中。该算法在高通量任务被 SLURM 分配到计算节点计算时,立即遍历所有提交任务的 SLURM 编号,定位到对应任务的目录信息,获得该任务对应的 fwid 编号,再将 SLURM 编号与所有 fwid 中 FIZZLED 的编号进行匹配,一旦匹配上,则默认该任务属于系统维护造成的 ping 回中断,因此迅速停掉该 SLURM 编号任务,并对该中断任务进行重新提交。

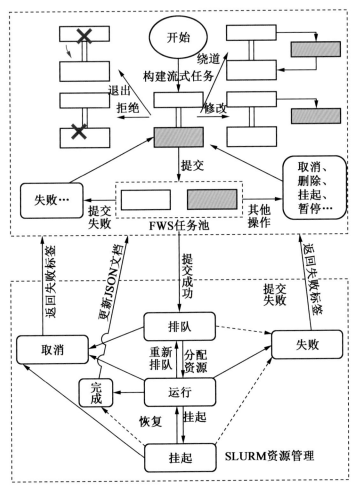

图 7.14　两级调度状态图

算法 7.2　ping 回中断故障修复算法

Input：The SLURM id S_IDs, and the FWS id F_IDs

Output：The completed calculation task Comp_task

FW. json is the documentation that collects the information of tasks in FWS.

1：　for each SLURM_ID in S_IDs do

2：　　　Get the directory of SLURM_ID

3　　　　Get the fwid from Fw. json in the directory

4：　　　for each FWS_ID in F_IDs do

5：　　　　if status of FWS_ID is FIZZLED then

6：　　　　　if fwid = FWS_ID then

7：　　　　　　Kill the SLURM_ID and using the task retry mechanism to restart the task

8：　　　　end if

9： end if

10： end for

11： end for

12： returnComp_task

为了降低 FWS ping 回正常但实际任务处于"dead"状态故障造成的计算损失，设计了一个 ping 回正常状态"dead"故障修复算法，伪代码在算法 7.3 中。该算法通过对所有 RUNNING 状态的任务 FWS_ID 进行遍历，在获得当前 SLURM 提交的计算任务对应的 FWS 编号 fwid 情况下，将 fwid 与 FWS_ID 进行匹配。如果不存在任何 fwid 与 FWS_ID 相同，说明该 FWS_ID 的任务存在 ping 回正常但实际"dead"的状态，处于该状态下的任务不管实际是否计算完毕，在 FWS 中始终处于 RUNNING 状态，导致下一个对应的子任务无法开展。针对这种情况，需要将检索出来的该类故障任务标记未 FIZZLED，再重新提交任务。上述两种算法均能够及时检测并终止不能更新到框架中的计算，减少计算资源的无效浪费，保证与产生故障任务有依赖关系的下一个任务能够顺利开展计算。

算法 7.3　ping 回正常状态"dead"故障修复算法

Input：The SLURM id S_IDs, and the FWS id F_IDs

Output：The completed calculation task Comp_task

FW. json is the documentation that collects the information of tasks in FWS.

1： for each FWS_ID in F_IDs do

2： 　if status is RUNNING then

3： 　　for each SLURM_ID in S_IDs do

4： 　　　Get the directory of SLURM_ID

5： 　　　Get the fwid from Fw. json in the directory

6： 　　　if fwid ！＝FWS_ID then

7： 　　　　Change the status of FWS_ID to FIZZLED and using the task retry mechanism to restart the task

8： 　　　end if

9： 　　end for

10： 　end if

11： end for

12： returnComp_task

7.2.3　框架实现总流程

框架的总流程实现包括天河超算环境下的高通量作业生成,基于第一性原理 DFT 计算结果的数据处理,依托材料数据库开展机器学习研究,并与 DFT 计算进行反馈迭代。如图 7.15 所示,该模型由几个部分组成:POSCAR 被抓取到超算系统、高通量任务生成、超算集群的监控和调度、数据处理、机器学习以及催化材料筛选过程。

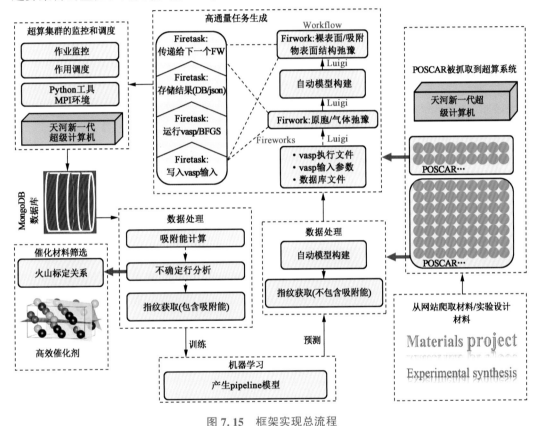

图 7.15　框架实现总流程

POSCAR 作为原始材料的数据结构,可以从 MP 爬取网站或来自相关科学家的其他实验设计等方式获取,再上传到天河超算系统。然后将这些材料分为两部分:一部分(较小的)用于直接 DFT 计算的任务生成,另一部分(较大的)仅用于吸附模型的吸附点数据处理。在 DFT 计算任务生成过程中,通过 Luigi 对依赖解析(函数依赖、运行和输出目标)并构建各种物理模型,这些结构首先通过 FWS 管理的 VASP 进行优化,然后实现自动吸附结构构建,产生不同晶面米勒指数下的各种吸附结构,然后将这些结构用于进一步的 Firetask 启动。启动过程包括对控制文件 vasp_cmd(vasp 执行文件)、VASP 输入和材料数据集的请求,Workflow 工作流管理分三步启动 Firetask:首先,Firetask 写入 POSCAR、INCAR、CONTCAR 和 KPOINTs 等 VASP 输入文件。其次,Firetask 将检查任务以确定是否运行 VASP 程序或 ASE 中的 BFGS 程序（用于 OOH 优化），再通过超算系统中的资源管理 SLURM 进行任务提交处理。在第一性原理计算开始之前，将获得的目标模型数据存储在数据库中，在计算过程中，从数据库提取计算数据，动态分布在计算节点的 RAM-DISK 上，计算完成后，数据结果由第三个 Firetask 以 JSON 格式存储，再更新到数据库中。这种方式可以在相对较短的时间内处理大规模的读写负载。VASP 计算和机器学习的反馈由 MongoDB 中 DFT 结果存储访问实现，在训练过程中，可以从材料数据库的原始数据中提取指纹，通过机器学习进行训练，形成一个代理模型，然后利用代理模型来预测未进行 DFT 计算的吸附模型。结合判断稳定和不稳定结构的不确定性数据分析，实现整个反馈迭代过程。最后，所有 DFT 计算材料再通过火山标定关系来确定材料的最佳候选。

高通量材料计算的实现包括以下几个步骤：材料结构的获取、初始结构的优化、扩胞、切面、优化吸附切面和计算吸附能。其中，包含机器学习模型产生与预测、从预测结果筛选切面、进行优化、计算吸附能、利用火山标定关系找出最佳催化性能的材料。

获取初始材料结构后，以 bulk 优化为例，FWS 和 Luigi 共同完成任务的产生和配置及提交过程，首先通过 luigi. Parameter 将参数传给 mpid 实现指定结构的读入，通过 luigi. requires 加载到 bulk 的初始结构，且传入 luigi. Parameter 关于优化 bulk 材料的 VASP 控制参数，再通过 luigi. run 产生待执行的任务。该任务由 FWS 产生的 Workflow 作为 rocket 发射，并将整个发射的信息按照数据存储配置与 MongoDB 数据库产生读写交互。FWS 管理的任务在被提交后，将按照当前时间命名机制，在指定配置目录下产生计算文件夹，文件夹中除了 VASP 计算常见的输入输出外，还有 ase-sort. dat（ase 调用 vasp 计算时对原子作用的排序）、vasp_functions. py（利用 ase 调用 VASP 的程序）、slab_in. traj（优化前包含轨迹/坐标及元素性质的文件）、slab_relax. traj（优化后包含轨迹/坐标及元素性质的文件）、all. traj（所有轨迹/坐标及元素性质的文件）和 FW. json（读入 vasp_function. py 及对应结构在 Workflow 中的计算信息）。等待计算结束，SLURM 释放任务执行节点，FWS 更新任务状态，再将完成的计算结果更新到数据库集合中。

上述的实现过程通过定制模块 Generate_Gas/Generate_Bulk 实现，如图 7.16 所示，并将用户信息、任务位置、计算状态和其他属性通过键值对存储，创建名为"fireworks""atoms""catalog"和"adsorption"的集合，通过 update_atom_collection 函数将这些数据存储到对应集合中，比如所有初始结构的材料全放在 catalog 集合中。图 7.16（a）为计算模块，图 7.16（b）为任务发射模块，针对不同的计算密集型任务标签在产生和配置该任务后将任务通过 FWS 发射提交到 SLURM 资源管理系统，图 7.16（c）为智能建模流程模块，通过将建模的操作用各个函数定义封装实现，比如，Generatebulk 函数可以直接获得初始材料结构，将其通过 Luigi 转换为对应的任务，如果 Find_Bulk/Find_Gas 函数判断 bulk 模型的构建任务完成，则把计算结果存储到数据库中，再从 atoms 集合中获取优化后的晶体结构，进行不可约晶面指数枚举（通过 Enumerate Distinct 函数实现），再根据给定米勒指数，通过扩胞(Atom_operates 的函数),枚举晶体表面 slab,添加吸附物,来找到切面的所有吸附位点(由 Generate Adsorbsites 函数实现)。对于所有材料上的指定米勒指数切面吸附位点,可通过 Enumerate Disdinct 函数和 GenerateA dsorptionsites 函数组成的 Generate All-site From Bulks 函数进行遍历并生成所有吸附位点,所有这些信息都由函数 update_cata-log_collection 写入 catalog 集合。

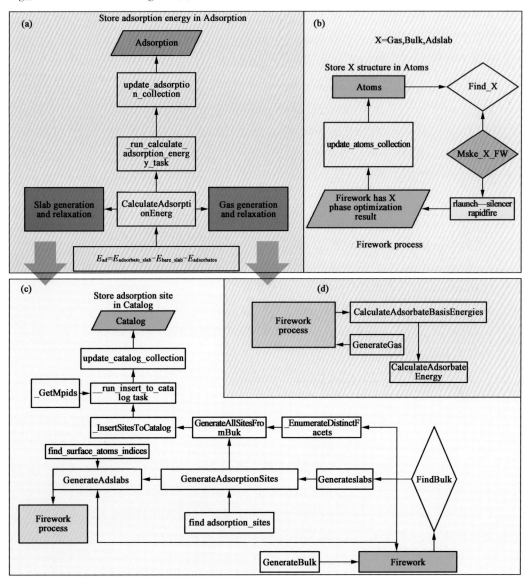

图 7.16　高通量材料计算实现模块

对于每个找到吸附位点的切面,通过 GenerateAdslab 函数将吸附物添加到吸附位,生成"slab+adsorbate optimization"计算模型(adslab_relaxation)。还可以通过 GenerateAdslab 函数去掉吸附物,生成"bare slab optimization"计算模型(bare_slab_relaxation)。再利用图

7.16(d)提交任务,所有计算结果将通过函数 update_atom_collection 存储到 adsorption 集合中。Find_Adslab 函数将通过查找 atoms 集合中是否存在相应的计算结果来确定是否应该再发射对应的 DFT 任务。对于吸附能量 E_{ad} 计算,CalculateAdsorptionEnergy 函数用于从 atoms 集合中提取吸附物能量 $E_{adsorbates}$、含吸附物的切面能量 $E_{adsorbate\_slab}$ 和不含吸附物的切面能量 E_{bare_slab},利用 update_adsorption_collection 函数将 E_{ad} 和相关的初始和最终结构等其他信息添加到 adsorption 集合中,构成下一步机器学习提取标记指纹的数据集来源,以上过程为整个计算流程的实现。

通过上述机器学习与 DFT 计算不断反馈迭代,直至最后机器学习预测的每个吸附面最低吸附能对应的吸附结构已被 DFT 计算过时,该反馈迭代过程结束。最后,再利用火山标定关系对所有 DFT 计算结果进行分析,选择对应吸附物所在理想吸附能范围内的模型,理论上确认为具有高效催化的吸附模型。利用 TPOT 自动搜索最优机器学习算法产生 pipeline 模型,TPOT 参数设置见表 7.3。

表 7.3　TPOT 参数设置

参数设置
tpot = TPOTRegressor(generations = 25, #行管道优化过程的迭代次数
population_size = 64, #每代遗传保留的模型数量
offspring_size = 64, #每次遗传过程产生的后代数量
verbosity = 2, #打印更多的信息并提供一个进度条
scoring = $'$neg_median_absolute_error$'$, #用于评估给定管道质量的回归问题的函数,以便 TPOT 最小化(而不是最大化)指标
n_jobs = 16) #进程数

从海量材料中研究材料会产生大规模的数据保存转换等需求,需要大量的计算资源和匹配的软件框架及工具支撑,一定程度上减缓了材料科学研究的发展进程。如图 7.17 所示,在基于 Lustre 文件系统的天河超算系统上开展数据密集型 DFT 计算工作[189],可以通过运行部署在集群上的安全监控系统及服务实现高通量任务的管理与调度。

针对该模型设计两类服务:Luigi 服务和 FWS 联合 MongoDB 的服务。Luigi 服务通过管理和解析依赖(函数依赖、运行和输出目标),构建各种物理模型的任务,再通过 FWS 对任务配置和管理,通过超算系统中的 SLURM 资源管理系统对这些产生的任务进行批处理提交功能。综上,基于天河超算系统的高通量材料计算环境能够灵活管理和运行单个作业,最终实现高通量任务被持续提交与执行的过程。

该框架涉及的材料数据库数据来源为第一性原理计算以及机器学习的数据集,数据源构成如图 7.18 所示,源于材料结构数据、流式任务数据、关于有物理化学方面的性能数据,机器学习相关数据以及其他用户自定义的标签等。其中材料结构数据细分为原始结构数据和经过结构弛豫后的优化数据;流式任务数据含对应任务及子任务流程和每个步骤对应的输入和输出过程;物理化学性质数据包含电荷、动量、晶格等;机器学习数据包含预测的模型标签、结果等;机器学习相关数据主要为产生预测结果的参数,如 prediction 等;文档主要为支持数据库直接读写 YAML、JSOM 等格式;最后,用户还可以通过自定义,构建需要的其他标签。

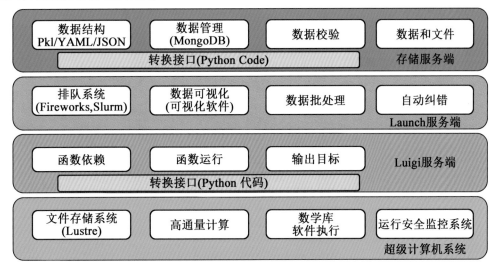

图 7.17　天河超算系统上高通量材料计算环境

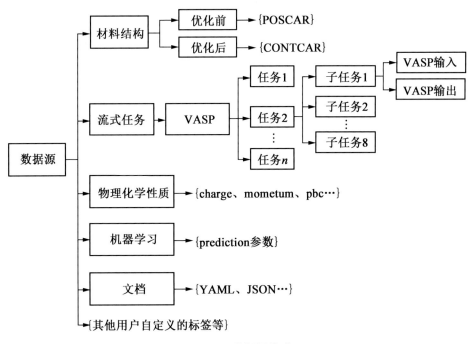

图 7.18　数据源构成

数据源的建立过程如图 7.19 所示,映射规则的数据源由 Launchpad 产生,该过程首先需要连接 VASP 任务的数据源,再从这些源中选择所需数据,根据执行引擎中利用任务引擎产生和配置流式任务的过程,将这些被选择的数据以字典形式输出成逻辑模式,根据逻辑模式构建的映射规则再添加到集合中,形成具有嵌套字典形式的数据结构。

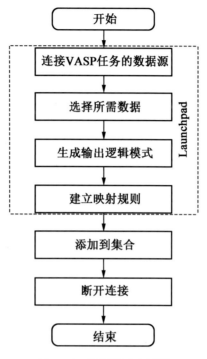

图 7.19 数据源建立过程

反馈迭代功能的实现建立在基于材料数据库的多源数据管理与存储上。通过设计一个 MongoDB 数据库,用文档型的 NoSQL 型数据库来存储复杂的材料数据及任务信息。相对于传统的关系型数据库,该数据库非常自由灵活,不需要设计复杂的结构。

如图 7.20 所示,用 E-R 模型图来描述设计的数据库概念模型,计算框架的多源数据包含材料数据和 VASP 作业,其中,材料数据包含了元素组成、化学式、体积、点群、质量、晶面米勒指数、吸附点配位数、能量、机器学习结果、吸附点偏移量、扩胞向量。VASP 作业包含开始与结束时间、材料结构坐标、状态、创建时间、创建者、作业编号。在反馈迭代框架中用到的重要数据库设计表见表 7.4,主要包括存储化学材料的所有信息的表格、任务状态信息表格、任务操作表格等内容。

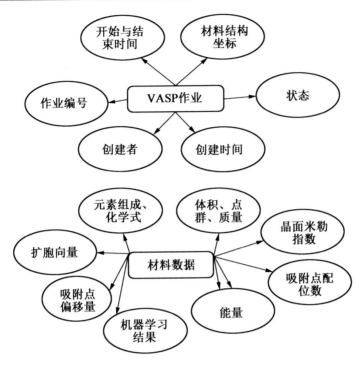

图 7.20　数据库 E-R 模型图

表 7.4　MongoDB 数据库和 FWS 管理字段含义

序号	键值	含义
1	id	索引
2	atoms	定义原子结构的键值对
3	symbol	元素符号
4	position	原子坐标
5	tag	特殊用途的标签
6	index	原子编号
7	charge	原子电荷
8	momentum	原子动量
9	magmom	原子磁矩
10	cell	晶胞 a、b、c 参数
11	pbc	是否为周期边界
12	info	其他信息的键值对
13	constraints	固定原子的键值对
14	name	固定组命名
15	kwargs	无名参数键值对
16	indice	固定的原子编号

续表 7.4

序号	键值	含义
17	natoms	总原子数
18	mass	相对分子质量
19	spacegroup	空间点群
20	chemical_symbols	元素符号
21	symbol_count	原子数量
22	volume	体积大小
23	calc	计算键值对
24	results	结果键值对
25	user	运行作业的用户名
26	ctime	文件权限修改时间
27	mtime	文件内容修改时间
28	fwids	任务编号
29	shift	吸附点位移
30	top	Z 方向是否上下对称
31	slab_repeat	X、Y 方向扩胞倍数
32	adsorption_site	吸附点坐标
33	miller	晶面的米勒指数
34	mpid	材料编号
35	min_xy	X、Y 方向最小长度
36	slab_generator_settings	切面参数键值对
37	get_slab_settings	切面基本信息键值对
38	bulk_vasp_Settings	晶面 INCAR 设置
39	coordination	配位数
40	neighborcoordination	近邻配位数
41	nextnearestcoordination	次近邻配位数
42	prediction	预测键值对
43	adsorption_energy	预测吸附能
44	calculation_date	计算日期
45	adsorbate	吸附分子
46	initial_configuration	初始性质构型键值对
47	fwname	工作流键值对
48	initial_adsorption_vector	吸附点位置向量
49	fp_final	优化后材料结构信息

续表 7.4

序号	键值	含义
50	fp_init	优化前材料结构信息
51	movement_data	吸附点偏移值
52	calculation_type	计算类型
53	state(在 FWS 中)	显示作业状态,输出可以是 RUNNING, COMPLETED, FIZ-ZLED, PAUSED, DEFUSED, WAITING, RESERVED, AR-CHIVED。分别表示作业在运行,完成,失败,终止,取消,等待,保留,归档等。
54	slab+adsorbate optimization	晶面优化
55	unit cell optimization	(未扩胞的)晶体优化
56	launch_dir	作业路径

基于天河超算系统的高通量材料计算,其第一性原理多源数据构建包括研究材料的坐标结构和材料性能及配置参数。其中,多源数据来源于不同的关系型数据、文本文件等,利用 MongoDB 数据库与后台脚本文件交互,实现高通量任务的计算过程。对于每个材料的空间坐标通常以 POSCAR 格式存在,POSCAR 数据格式见表 7.5。

表 7.5 POSCAR 数据格式

POSCAR 数据格式描述	
Fe-structure	#体系的名称
1.0	#基矢的缩放系数,可认为晶格常数
5.144408 0.000000 0.000000	
0.000000 18.609186 0.000000	
0.000000 0.000000 20.577632	#上述 3 行为基矢,对应实空间直角坐标系
Fe	#元素符号
2	#原胞中原子的个数
Direct	#原子的坐标相对基矢给出
0.000000 0.250000 0.312500 Fe	
0.500000 0.000000 0.312500 Fe	#上述为各原子的位置(该例子中原子个数为 2,故有两个原子的位置)

对于配置 VASP 的控制文件参数以一个有序字典实现,该字典包含的基本参数见表7.6。材料模型数据从外部获取到基于超算构建,以及最后获取最好的吸附切面过程,均通过采用键值对的方式存放到数据库各个集合中。

表 7.6　VASP 控制文件基本参数表

管理命令	解释
ibrion	弛豫方法/离子如何移动和更新
nsw	离子移动步数
isif	结构优化参数
ediff	电子自洽的收敛标准
ediffg	离子自洽的收敛标准
encut	截断能
isym	对称性
kpts	KPOINTs 定义
ialgo	优化轨道的算法选择
lreal	实空间或倒空间的选择
symprec	指定 POSCAR 文件中的位置精度

7.3　实验与验证

7.3.1　测试环境与测试对象

本工作采用天河新一代超算系统进行性能评估,该系统采用新一代国产高性能异构多核处理器(MT-3000),所有处理器都通过称为 TH-E3 的专有高速网络连接。所有 DFT 计算任务通过 ASE 调用 VASP 软件执行实现。

本次测试的计算对象为六方晶胞结构的 NiP 体系。选择这个体系源于其具有多个特征,如晶胞非立方同时包含轻重元素种类,在只测一个材料的情况下具有代表性。由于高通量材料计算的材料结构智能切割前后涉及的 VASP 计算对象包括原胞以及扩胞后切割的平面,选择优化的测试对象为 NiP 的原胞和扩胞后的某一个切面,分别为

原胞 bulk,9 Atoms(Ni6P3),5 5 5 Monkhorst-Pack。

超胞 slab,72 Atoms(Ni48P24),4 4 1 Monkhorst-Pack。

7.3.2　性能分析

为了高效地进行 DFT 计算,对最频繁的 slab 计算任务进行了多次性能测试,以找到最合适的进程数和线程数。加速通过比较多个计算节点相对于单个计算节点的时间获得,结果如图 7.21 所示,slab 测试将节点规模扩展到 4 096 个计算节点,由于通信成本增加,在 4 096 个节点规模时,加速比仅为 2.5。与理想加速比相比,尽管在 128 个计算节点中加速比更高,但 4 倍的节点增长导致只有 1.3 倍的加速,因此单任务 32 个计算节点是

slab 计算任务的最佳选择。

对于 bulk 和 slab 优化,NCORE = 4 或 8 下的运行时间经常处于最优值。VASP 默认并行参数(KPAR = 1 和 NCORE = 1)对 bulk 优化非常低效,对 slab 优化表现比较有效,最优的运行参数均可大大提高并行扩展性与运行速度。在 bulk 优化例子中,默认设置下的并行性能最好的为 16 核心,但是经过优化并行参数后,可以轻松扩展到 1 024 核心,并仍保有进一步扩展空间,最大运行速度可以提高 20 倍。在 slab 优化例子中,默认设置下的并行性能最好的为 2 048 核心,且经过优化并行参数后,可以轻松扩展到 65 536 核心,并仍保有进一步扩展空间,最大运行速度可以提高 78 倍。

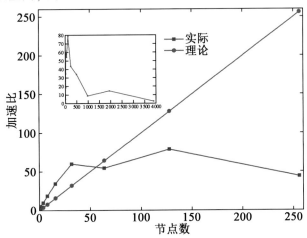

图 7.21　天河新一代超算系统上 slab 加速比

7.3.3　百万催化材料筛选测试

面对高效催化剂巨大的搜索空间和复杂的表面活性位点问题,基于上述性能调优结果,在天河新一代超算系统上开展百万催化剂材料的筛选工作。考虑了元素周期表中的大部分元素,如图 7.22 所示,其中共有 2 771 个晶体结构,产生了 205 046 个独特的表面和 2 713 897 个独特的吸附位点。每个吸附位点对应的表面均属于待筛选的催化材料,筛选出来的候选表面代表该材料在相应形貌下的吸附位点具有良好的催化性能。研究的模型中,未包含任何代理模型的主动学习方法采用的 DFT 技术对象由 48 704 个不同表面和 55 077 个不同吸附点构成,用来扩大进行训练的数据集,其余的 DFT 计算则通过利用代理模型的主动学习方法来实现 DFT 计算与机器学习反馈迭代,继续实现数据集的不断扩大过程。研究包含的 DFT 任务总数约为 160 000,每个任务的执行时间约为几秒到两天不等,所有 DFT 计算任务都分配给 18 016 个计算节点,VASP 采用 5.4.4 版本,使用的赝势是修正的 Perdew-Burke-Ernzerhof 泛函[190]。对于弛豫,允许使用具有 500 eV 截止值的 $(4, 4, 4)$ 的 k 点网格。对于表面弛豫,原胞矢量在 x/y 方向扩胞致至少 4.5 Å,z 方向扩到至少 7 Å,并在 z 方向上空加至少 20 Å 的真空层。考虑使用 350 eV 的截断能和 $(4, 4, 1)$ 的 k 点网格。米勒指数被定义为 2,用于从原胞结构扩展后创建吸附表面。这些表面吸附的气体包括 H、O、OH、OOH 和 CO,如图 7.22 所示,其中氢气的吸附是研究最多的类型。

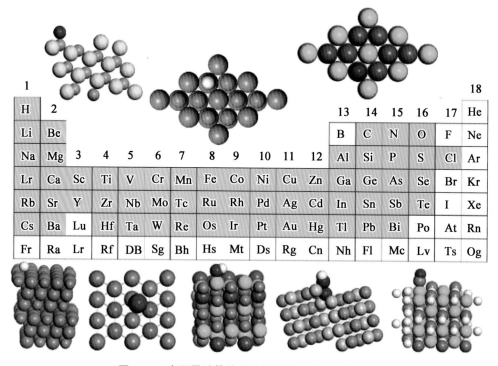

图 7.22　高通量计算的催化剂材料形态和元素分布

(1)高通量任务调度。

高通量材料计算在天河新一代超算系统上的任务调度如图 7.23 所示,整个调度过程中,FWS 管理的任务发送给 SLURM 调度,SLURM 调度计算完的任务再发送到 FWS 管理。FWS 将计算完成的任务结果按照存放到材料数据库,机器学习任务提交到 SLURM 调度,计算完毕后直接存放到材料数据库中。当且仅当 FWS 管理的任务发送到 SLURM 时,二者的任务状态才会达到一致。高通量任务总共调用 18 016 个计算节点,剩余计算节点由机器学习调用。涉及 3 种弛豫类型的吸附能计算,表 7.7 列出 5 367 个 bulk/gas 弛豫和 155 467 个不包含和包含吸附物的表面 slab 和 adslab 弛豫,即 50 357 个 slab 任务和 105 235 个 adslab 任务。对于尚未被任何吸附物研究过的吸附位点,需要完成不包含和包含吸附物的两个 DFT 计算任务。当不同的吸附物吸附在同一吸附位点时,只需进行一次 DFT 计算,因为在之前的吸附物研究中已经计算了该表面,综上,adslab 的任务数要远大于 slab 的任务数。表 7.7 中列出的每个任务的平均时间表明,尽管 bulk/gas 弛豫比 slab 弛豫花费的时间更长,但 slab 仍然具有 3 倍于 bulk 的 DFT 计算任务,故 slab 计算仍然是 DFT 计算的主要任务类型。

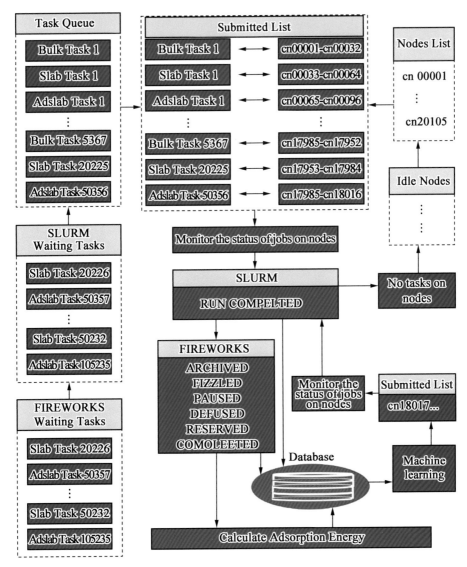

图 7.23　高通量材料计算在天河新一代超算系统上的任务调度

表 7.7　高通量任务类型、DFT 计算次数和每个任务的平均时间

弛豫类型	Bulk/Gas	Slab/Adslab
DFT 计算数量	5 367	155 467
每个任务平均时长/s	6 470	3 894

高通量任务执行与数据库访问直接相关,当一个任务执行完成后,必须通过相关操作将结果写入数据库。数据库操作的数量反映了之前启动的高通量任务的执行频率,如图 7.24 所示。nscanned/n 的比率根据 nscanned 和 nreturned 值之间的操作数计算得出。数据库操作覆盖 2022 年 3 月份共计 20 天的范围,其中 3 月 23 日到 3 月 30 日占比很高,

3月25日达到16 000,说明近期任务并发高,3月21日的低比率意味着最近的任务并发性较低,因为由于节点故障,3月20日仅完成了3 899次DFT计算,因此只需少量操作就可以在第2天将结果更新数据库。3月22日完成了14 053次DFT计算,3月28日和3月29日分别完成了15 935次和14 533次DFT计算,因此这段时间产生大量的数据库操作。

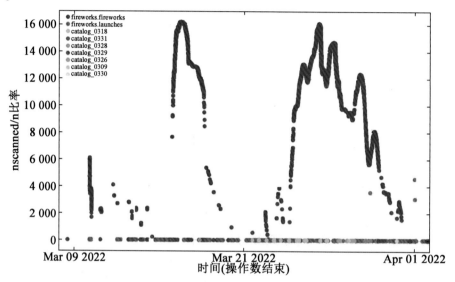

图7.24　数据库查询高通量计算的操作数扫描率

(2)催化剂筛选加速。

本工作重点是筛选吸附了最常见的可再生和环保气体的催化材料,氢气吸附在材料上的析氢反应是研究的目标反应之一,也是高通量测试的重点。对于DFT计算与机器学习反馈迭代中的析氢反应催化材料筛选,总吸附位点由2 446个不同的bulk结构组成,最大米勒指数为2可以产生50个不可约晶体表面,产生总共2 098 299个用于机器学习的数据集。图7.25(a)显示了TPOT预测的这些吸附位点的吸附能分布,其中训练数据集直接来自对55 077个不同位点的DFT计算以及Tran等人的工作包含22675 H吸附物DFT计算结果。在20天内连续生成8个代理模型,每个代理模型共优化60条流水线。结果表明,仅353 441个机器学习结果符合火山标定关系的要求,如图7.25(b)所示,通过这些代理模型优化筛选的催化剂量仍然非常粗糙。

在这种情况下,本章开展了代理模型的主动学习方法,进行催化材料筛选工作。基于代理模型优化预测的鲁棒松弛方案来选择这些吸附位点的表面,用于进一步的DFT计算。例如,鲁棒松弛方案的标准可以是对应于代理模型优化的火山比例关系中对应元素吸附能的最优分布,或者对应于主动学习方法的每个表面的最低能量,这两者都与材料的催化性能直接相关。考虑到可以满足覆盖所有吸附面的研究,选择每个表面最低吸附能的主动学习来选择结构进行DFT计算,最终筛选出13 745个具有最低吸附能的表面吸附结构。DFT计算结果和机器学习结果之间的残差如图7.25(c)所示,大部分接近0,

与 Ulissi 等[191]证明的正常偏差一致,可以很好地证明预测的准确性,然后使用火山标定关系的鲁棒松弛方案对识别的筛选表面进行分析,意味着一些晶体表面的预测结果很差并且全部被放弃。故在主动学习迭代过程中,总共筛选出了 868 种金属化合物的 1 574 个候选表面。在一些特定日期命中的候选者的表现如图 7.25(d)所示,其中 3 月 22 日命中候选者最多,其次是 3 月 29 日、3 月 21 日、3 月 26 日和 3 月 25 日,与数据库查询中操作数扫描率的趋势一致。

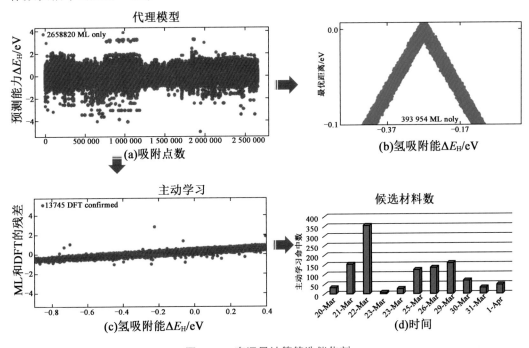

图 7.25　高通量计算筛选催化剂

结合代理模型的主动学习方法,通过平均元素吸附能对 13 745 个 DFT 确认的结果进行分析,如图 7.26 所示。其中,彩色阴影是指任何枚举表面的可能效率;灰色阴影表示这些双金属在最佳值的±0.10 eV 范围之外,白色阴影表示此类枚举表面未包含在分析的数据集中。该图的上半部分吸附能由 DFT 计算产生,下半部分吸附能由代理模型产生。H 在 Pt 上的平均结合能为-0.31 eV,即非常接近-0.27 eV 的理想值,并且与 Pt 是析氢反应中最活跃的元素的现象很好地吻合。基于 Pt 的组合,定义了弱弱、弱强、强弱、强强 4 个区域。可以看出,大部分活跃的结合在机器学习的强弱区域,其次是 DFT 的弱强区域,弱弱区域的元素结合最小,应该是不活跃的,因为它们的结合能力很差。但某些组合违反了该规律变得活跃,例如 Cu/Pd、Pd/Fe 和 Ti/Co。由于 Cu 和 Pd 是 Pt 之后的活性元素,可以看出在弱弱区的活性结合是由于计算误差推高了金属的平均值导致。即使这两种元素位于弱弱区,它们的双金属形成仍然遵循火山比例关系的规律变得活跃。相比 DFT 计算,机器学习预测出更多的双金属化合物,这与在图 7.25 中的观察结果非常一致,即代理模型方法比代理模型的主动学习方法具有更多接近最佳能量的吸附位点。这些弱强和强弱区域的组合可以提供对 H 吸附的深入了解并指导活性催化剂的合成。

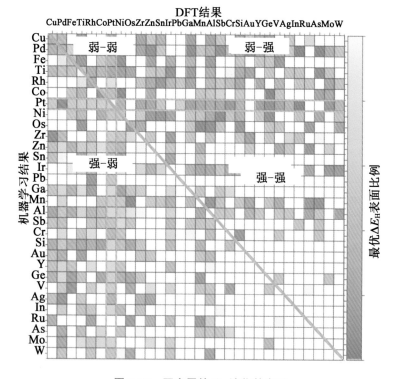

图 7.26 双金属的 H_2 演化效率图

（3）性能分析。

定义如下公式：

$$P_{\text{all}} = \frac{O - A}{O} \tag{7.10}$$

$$S = \frac{\dfrac{N_{\text{best}}}{A}}{\dfrac{N_{\text{best}}}{O}} = \frac{O}{A} \tag{7.11}$$

式中，P_{all} 表示在总的吸附结构中被筛选排除的材料结构占比；N_{best} 指经过机器学习筛选和 DFT 计算后的最佳候选材料数，最佳候选材料数的命中加速由 S 定义。对于这些在 DFT 与机器学习反馈迭代中计算得到的研究材料，机器学习在最大米勒指数 2 处产生的全部 2 658 820 个吸附位点可以用 O 表示，如表 7.8 所示。

表 7.8 候选材料数命中率

	O	A	N_{best}	P_{all}	S
N_{all}	2 658 820	13 745	1 395	99.48%	193

结合火山标定关系原理,仅包含实际的 13 745 个吸附结构(由 A 表示)在机器学习预测后适用于 DFT 计算。最后,通过 DFT 计算,只找到 1 395 个(以 N_{best} 表示)理论上理想的候选者。99.48% 的结构已经被筛选出来,使用该方法找到最佳候选材料数命中率 S 高达 193,如此低的海量材料筛选的命中率可以大大减少研究规模,节省大量材料研究时间。

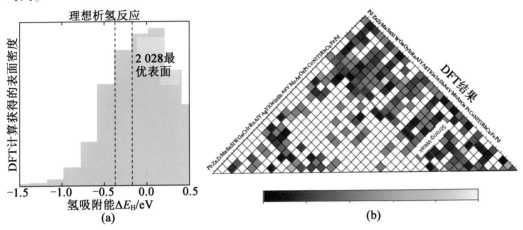

图 7.27　高通量候选表面命中数及双金属的 H2 演化效率图

最终,包含代理模型的主动学习方法以及所有未经过该组合的 DFT 计算任务数总共高达 160 834,实现了从 2 713 897 个独特的吸附位点确定 868 种金属化合物的 2 028 个候选表面的过程,如图 7.27(a)所示。可能的活性双金属候选物如图 7.27(b)所示,包括 21 162 个 DFT 吸附能计算,其中包括一些在 $[-5.0, 5.0]$ eV 范围之外过滤的明显异常的计算值,可以为材料科学家在开发高效催化剂时试图将实验重点放在该组合上提供指导。图 7.28 显示每天筛选数百种有效的催化材料,与其他需要花费一年多时间筛选 389 个候选表面的工作相比[191],在本工作中只需一天即可完成。

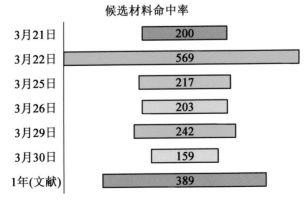

图 7.28　单日候选表面总命中数

7.4　本章小结

　　本章通过提出了一种基于天河超算系统的高通量材料计算框架,成功地将促进材料创新的高通量计算技术应用于天河新一代超算系统上。该框架通过在超算系统上设计执行引擎来实现流式任务的产生、管理和计算过程,具体包括建模流程引擎智能构建材料结构的模型,通过任务引擎和计算引擎管理、描述和计算由材料结构构建的流式任务,通过预测引擎将机器学习引入构建的材料结构数据中。在流式任务的调度过程中,采用两级调度方案,将天河新一代超算系统的 SLURM 资源管理系统调度与 FWS 对流式任务的调度融合起来,保证系统在正常负载的情况下实现流式任务的高效调度过程。通过构建材料数据库,将材料结构数据、流式任务数据、性能数据以及其他用户自定义的标签等以键值的方式统一起来,用于提供衔接框架进行 DFT 计算与机器学习的数据来源,最终该框架可以实现基于天河超算系统不间断开展高通量计算的能力。最后,结合高通量材料计算加速方法的研究结果,基于天河新一代超算系统开展了百万催化材料的筛选工作,产生 160 834 个高通量计算任务,筛选速度比传统方法快 193 倍,成为新材料研究发展的里程碑。最终,在 20 天时间内完成了从 2 713 897 个独特的吸附位点筛选出 868 种金属化合物的 2 028 个候选表面工作,在 18 106 个节点上的最佳单日高效催化材料命中性能能够在一天内完成其他研究者需要花一年多时间才能完成的材料筛选规模,该研究可促进替代能源的开发和高效可持续利用,减缓以化石燃料危害为代表的能源危机进程,具有重要的现实意义。

第8章 多物理场耦合的并行计算方法

核能在几十年来为可持续发展的目标做出了卓越贡献,其安全性和经济性受到了广泛关注[192,193]。计算机科学在核能安全和环境可持续性中发挥了关键作用[194,195]。将计算机技术与先进的物理算法相结合是工程和科学模拟领域的前沿研究[196-198]。反应堆的安全分析是 CFD 耦合计算主要的应用场景之一。现有研究表明,使用高性能计算机进行 CFD 高精度多物理模拟可以降低核反应堆的设计成本,提高核能的安全性和经济可行性[198,199]。

核反应堆的固有反馈机制,尤其是中子物理学和热工水力学之间的相互影响,决定了其安全分析需要运用多物理耦合方法[200,201]。以核反应堆为背景进行 CFD 耦合算法的研究具有很强的现实意义,相关算法也可以推广到其他应用领域。常见的反应堆耦合计算是通过精细的几何建模,采用三维 CFD 方法和中子输运方法进行耦合安全分析。三维中子输运计算和 CFD 计算都需要大量的计算资源,因此必须借助高性能计算机才能完成高保真的仿真。一个广泛使用的技术路径是通过 Picard 迭代来耦合不同的物理过程进行迭代求解。现有研究中使用较多的 Picard 迭代算法有块 Gauss-Seidel 和块 Jacobi 两种类型[202-204]。外耦合的 Picard 迭代算法能够充分发挥不同物理计算方法的优势,非常易于实现。外耦合通过利用接口程序来进行数据交换,允许 CFD 和 MC 中子输运分别计算。但是不同物理计算过程的并行性能和可扩展性通常不同,在高性能计算机上运行时会出现负载不均衡的问题。本章旨在将计算机技术引入 CFD 和 MC 中子输运的耦合计算以提高多物理耦合计算在大规模并行计算中的性能,从而降低仿真的成本。针对反应堆多物理耦合并行计算中复杂模型的网格划分困难和不同物理场计算的负载不均衡问题,研究了多物理场的耦合方式、迭代算法和负载均衡算法,设计了网格映射和数据交换策略,研制了多物理耦合接口程序(MC-FLUID),提出了一种流体和蒙特卡洛中子输运的自适应耦合并行计算方法,针对块 Gauss-Seidel 和块 Jacobi 两种迭代算法分别设计了对应的自适应负载均衡算法,有效提高了 Picard 迭代在高性能计算机上的计算性能。

本章针对核反应堆"核-热-流体"耦合计算中负载不均衡的问题,提出了一种流体和蒙特卡洛中子输运的自适应耦合并行计算方法,设计了不同物理场的耦合方式、迭代算法和负载均衡算法,研制了面向核反应堆多物理计算的耦合接口程序,并在天河群星超算系统进行了模型验证和性能测试。

8.1　"核-热-流体"的耦合计算方法

8.1.1　反应堆多物理耦合方法

对核反应堆进行耦合模拟时,最为关注的物理量主要包括堆芯的核反应速率、燃料芯块的温度和密度,以及冷却剂和慢化剂的温度和密度。为了得到准确的堆芯核反应速率,通常需要借助中子物理学方法进行数值求解[205]。对于某种反应类型 i 的核反应速率可以通过如下方程进行求解:

$$F_i = \int \mathrm{d}\boldsymbol{r} \int \mathrm{d}E \Sigma_i(\boldsymbol{r}, E) \Phi(\boldsymbol{r}, E) \tag{8.1}$$

式中,$\Sigma_i = N\sigma_i$ 表示所需反应类型 i 的宏观反应截面,N 表示原子密度,σ 表示所需反应类型的微观反应截面;Φ 表示标量的中子通量。中子输运计算中最重要的任务是求解中子的角通量,并通过公式(8.2)计算得到标量的中子通量。

$$\Phi = \int_0^{4\pi} \psi \mathrm{d}\Omega \tag{8.2}$$

式中,ψ 表示中子沿 Ω 方向在固体中运动 $\mathrm{d}\Omega$ 立体角的角通量。

中子输运计算是解决反应堆物理问题强有力的方法,蒙特卡洛方法是反应堆中子输运计算中最常用的方法之一。三维蒙特卡洛方法允许对目标问题进行十分精确的建模,通过在线拟合细密分布的连续点截面得到中子输运计算中所需要的反应截面,通过模拟足够数量粒子的输运历史,可以将不确定性降到可接受的水平,从而计算得到堆芯各位置的反应率。对于核裂变反应堆,堆芯不同位置的核裂变反应率决定了堆芯的功率分布。准确的核反应率的计算依赖于堆芯各种材料的温度和密度,因此需要热工水力学计算的温度和密度反馈。

反应堆"核-热-流体"耦合的另一个重要部分是利用热工水力求解器求解堆芯的导热及反应堆燃料组件与冷却剂之间的对流换热问题。燃料芯块的温度受到堆芯核反应的产热和与包壳之间导热的共同影响。需要对公式(8.3)所示的导热方程进行求解。

$$\rho c_p \frac{\partial T}{\partial t} = \nabla \cdot (k \nabla T) + q_s''' \tag{8.3}$$

式中,ρ 表示材料的密度;c_p 表示定压比热容;T 表示温度;t 表示时间;k 表示导热系数;q_s''' 表示固体的体积内热源。在本章的反应堆仿真计算中,固体体积的内热源主要是燃料芯块内部的裂变产热,包壳内的辐射俘获释热相比于芯块的裂变产热可以忽略。导热方程中的温度和固体的体积内热源是中子物理学和热工水力学耦合中的重要参数。

冷却剂和慢化剂的温度和密度是影响堆芯多物理环境的重要参数,计算流体力学的蓬勃发展为模拟堆芯的湍流流动和对流换热现象提供了一种先进的求解途径。基于有限体积方法的求解思路是通过空间离散的形式来求解 Navier-Stokes 方程,从而得到反应堆内流体冷却剂的流动细节,以及各位置流体的温度和密度。一般的黏性不可压缩流体的 Navier-Stokes 方程包括公式(8.4)所示的连续方程,公式(8.5)所示的动量方程,和公式(8.6)所示的能量方程[206]。

$$\nabla \cdot \boldsymbol{u} = 0 \tag{8.4}$$

$$\rho \left(\frac{\partial \boldsymbol{u}}{\partial t} + \boldsymbol{u} \cdot \nabla \boldsymbol{u} \right) = \boldsymbol{F} - \nabla p + \mu \nabla^2 \boldsymbol{u} \tag{8.5}$$

$$\rho c_p \left(\frac{\partial T}{\partial t} + \boldsymbol{u} \cdot \nabla T \right) = \nabla \cdot (k \nabla T) + q'''_f \tag{8.6}$$

式中,$\boldsymbol{u}$ 表示速度;$\boldsymbol{F}$ 表示单位流体所受到的外力;若只考虑重力则 $\boldsymbol{F} = \rho \boldsymbol{g}$,$p$ 表示压力;μ 表示动力黏度;T 表示温度;q'''_f 表示流体的体积内热源,在反应堆热工水力学计算中通常是指流体辐射俘获释热,相比于芯块的裂变产热可以忽略。能量方程的求解依赖于导热方程的计算得到的温度或热流密度的反馈。Navier-Stokes 方程中流体的温度和密度是中子物理学和热工水力学耦合中的重要参数。

反应堆多耦合的主要目的是实现以上 3 个方程组的联立求解,由于中子物理学计算和热工水力学计算中的相互影响关系,必须要在不同的物理计算中传递耦合相关的数据。本章将通过开发外部耦合接口程序,将流体计算和 MC 中子输运计算进行耦合,以实现反应堆"核-热-流体"的多物理仿真模拟。

8.1.2　网格映射和数据交换策略

流体和蒙特卡洛中子输运耦合计算的一个重要挑战是网格映射和数据交换。CFD 计算的基础和前提是对流体计算域进行合理的空间离散,离散网格的质量和稠密程度直接影响到 CFD 计算的精度和性能。为了获得正确的仿真结果不仅要针对偏微分方程选择合适的空间离散方法,离散点的位置也十分重要[207]。

采用精确的几何而不需要进行空间离散[208]。为了保证耦合计算中数据交换的正确性,需要在 CFD 计算的非结构网格和蒙特卡洛计算的几何单元之间进行网格映射。

CFD 网格生成程序支持在进行网格划分时将关注的区域中的网格定义为同一个域。在 CFD 计算中也可以通过用户自定义函数将相同坐标条件范围内的网格单元划分为同一个域进行相应的参数设置。

蒙特卡洛中子输运计算中最常用的三维区域定义方法为构造实体几何法。用户可以通过布尔运算将基本的几何单元组合成复杂的几何体定义计算所需的区域。计算中通过对于每个几何单元单独指定材料以定义温度和密度等信息。根据以上特点,可以将 CFD 计算的网格域和蒙特卡洛计算中的几何单元进行映射。在进行 CFD 网格划分时将同一几何单元的网格定义为同一个计算域。在温度和密度梯度变化较大的方向,可以适当增加几何单元。如图 8.1 所示,对于一根单独的燃料棒,可以将温度变化较大的燃料芯块和冷却剂区域在径向上分别划分出两个单元。对于温度和密度几乎不发生变化的燃料包壳则不必额外划分区域。由于轴向上会出现较大的功率变化,因此在图示中将整个区域在轴向上分为了两层。在实际的模拟中,可以根据计算需要划分更多的单元。在 CFD 的网格划分时将同一个单元内的网格设置为同一个计算域。在对 MC 计算中的几何进行区域划分时,对每个单元设置不同的材料名称以进行区分,从而可以对各个单元单独设置材料的温度和密度。

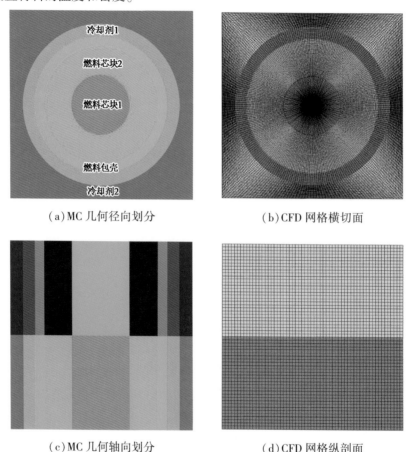

图 8.1　流体与 MC 中子输运计算的网格映射示例

　　流体与蒙特卡洛中子输运的耦合计算中所需要交换的变量主要包括流体和固体材料的温度和密度,以及每个单元的功率密度。在每次耦合迭代后,耦合接口需要读取 CFD 计算得到的温度和密度,计算单元的体平均值,写入蒙特卡洛计算的材料输入卡。还需要读取中子输运计算所得到的裂变率分布,通过裂变率分布计算得到每个网格点功率密度,将功率密度写入 CFD 计算的用户自定义文件以完成数据传递。

　　数据交换完成后,需要根据更新后材料的温度来重新进行蒙特卡洛中子输运计算以获取粒子的微观反应截面。对于耦合模拟中连续变化的温度,提前生成所有温度下的截面数据是不现实的。可以根据耦合计算需要,在迭代开始前使用核数据处理程序(如 NJOY 等)生成合适温度间隔(如 25 ~ 50K[209])下的截面数据,并通过插值方法得到粒子的微观反应截面。假设截面数据中的可用温度为 $T_1 , T_2 , \cdots , T_n$,当计算单元的温度 T 满

足 $T_i < T < T_{i+1}$ 时,插值方法如下:在区间 $[T_i, T_{i+1}]$ 生成的均匀分布随机数 ξ,如果 $\xi < (T-T_i)/(T_{i+1}-T_i)$,则使用温度为 T_{i+1} 时的反应截面,反之则使用温度为 T_i 时的反应截面。

8.2　自适应耦合并行计算方法

8.2.1　"核-热-流体"的三维耦合接口程序

每个时间步中,热工流体的 CFD 计算需要和 MC 中子输运计算进行数据交换以完成耦合计算。为了实现复杂的 CFD 方法与 MC 方法的三维耦合计算,通常需要围绕耦合方式、耦合途径、耦合迭代方法和收敛准则等多个方面进行研究[210]。

CFD 方法和 MC 方法的耦合方式主要有内耦合(或紧耦合)、外耦合(或松耦合)以及耦合框架 3 种方式。内耦合计算通常是在一个时间步迭代中求解耦合系统中所有的物理方程以进行变量的更新,通过计算机内存进行耦合数据的传递,被认为具有更好的收敛性。但这种方法需要对 CFD 算法和 MC 算法进行统一编程,涉及大量的源代码修改、重构和编写工作,在数值计算上还存在一些挑战[211]。外耦合方法通过外部耦合接口来操作文件以完成耦合数据的传递。这种方法允许 CFD 方法和 MC 方法的独立编程,通过耦合接口程序,在两者之间传递数据从而实现耦合计算[212],可以充分发挥不同方法的计算优势,非常易于实现,在大规模并行计算机系统上也十分有效[213]。耦合框架则需要搭建统一的 I/O 平台将不同的物理方法在同一个框架下进行编程,通常工作量较大且不够灵活。

CFD 方法与 MC 方法的耦合途径可以分为串行耦合和并行耦合两种途径。串行耦合途径的实现主要是将两个物理过程中的某一个过程作为另一个过程的子程序,通过嵌入子程序的方式进行编程,使用相同的空间存储不同物理计算的参数,并采用一致的迭代方式。这种途径从代码层面进行融合,当两个物理过程所需要的计算功能都非常复杂时会遇到诸多困难。并行耦合途径则允许 CFD 方法与 MC 方法分别编程,通过为每个物理计算分配单独的存储空间以实现独立的运行。这种途径对于现有的超算系统十分友好。耦合迭代方式是影响 CFD 和 MC 耦合计算性能的主要因素,一个广泛使用的技术路径是通过 Picard 迭代算法来对不同的物理过程进行耦合迭代求解。现有研究中使用较多的 Picard 迭代算法有块 Gauss-Seidel 和块 Jacobi 两种类型[202-204]。耦合计算中的收敛准则一般是等待不同的物理计算的内迭代收敛后进行外迭代计算,当关注的耦合参数收敛后停止耦合计算。

基于流体和蒙特卡洛中子输运耦合计算的特点,本章通过外耦合方式和并行耦合途径,开发了一款反应堆"核-热-流体"的三维耦合接口程序(MC-FLUID)。该耦合接口程序面向天河群星超算系统进行开发,采用 C++语言编写,能够将耦合计算的运行指令提交给天河群星超算的资源管理系统。在运行耦合接口之前,用户需要填写包含问题信息和迭代信息的固定格式输入卡。计算过程中,耦合接口程序采用高度并行的方式分别进行 CFD 和 MC 的物理计算,通过解析 MC 计算的输出文件来收集和设置中子输运计算中所需要的单元格和材料信息。每次迭代后耦合接口程序可以根据 CFD 计算得到的输出文件,提取对应单元的温度和密度并写入对应的 MC 计算所需要的材料文件。同时提取 MC 计算得到的裂变率分布以修正固体导热计算中所需要的体功率密度,将其写入 CFD 计算所需的用户自定义函数文件。耦合接口程序中实现了块 Gauss-Seidel 和块 Jacobi 两种类型的 Picard 迭代算法。针对不同算法的特点,本章提出了两种自适应负载均衡算法。耦合接口程序中所采用的自适应耦合并行计算方法如算法 8.1 所示。

算法 8.1　流体和 MC 中子输运的自适应耦合并行计算方法

已知:前处理文件,输入文件,迭代算法 Method

1：　检查并解析输入文件

2：　If(Method = =BlockGaussSeidel)：

3：　　While 未达到收敛条件 do：

4：　　　执行 MC 中子输运的并行计算

5：　　　处理 MC 计算结果并写入 CFD 输入文件

6：　　　执行 CFD 的并行计算

7：　　　处理 CFD 计算结果并写入 MC 输入文件中

8：　　　执行自适应负载均衡算法

9：　　End While

10：Else If(Method = =BlockJacobi)：

11：　　While 未达到收敛条件 do：

12：　　　同时执行 CFD 和 MC 中子输运的并行计算

13：　　　执行数据交换

14：　　　执行自适应负载均衡算法

15：　　End While

16：End If

8.2.2　分块 Gauss-Seidel 型 Picard 迭代算法

MC-FLUID 耦合接口程序实现的第一种迭代方案为分块 Gauss-Seidel 型 Picard 迭代算法。分块 Gauss-Seidel 型 Picard 迭代算法是一种常见的中子物理学与热工水力学的耦合迭代算法,该算法串行地执行 MC 中子输运计算和 CFD 计算,在中子输运计算迭代收敛后进行数据传递,然后再开始 CFD 计算。在每次迭代中,耦合接口首先执行 MC 中子输运的并行计算,根据上一次迭代所得到的温度和密度计算新的裂变率分布,然后将裂变率分布计算处理为新的功率密度分布并将其传递给 CFD 计算的输入文件。通过 CFD 计算所使用的用户自定义函数接口,MC-FLUID 可以修改每个计算域中能量方程的源项,然后执行当前耦合迭代步的导热和流体的并行计算,得到材料的密度分布和温度分布。最后,MC-FLUID 将提取 CFD 的计算结果,将新得到的温度和密度写入中子输运计算的材料输入卡。当迭代达到指定步数,或者预先设定的收敛目标时迭代停止。收敛的判定准则如公式(8.7)所示。

$$\varepsilon = \sqrt{\frac{1}{N} \sum_{i=1}^{N} \left(\varphi(n)_i - \varphi(n-1)_i \right)^2} \tag{8.7}$$

式中,φ 表示计算关注的任意变量(本章选取的温度);i 指代第 i 个网格单元,N 为 CFD 网格单元的总数,n 指代第 n 次迭代。当 ε 小于等于设定值时停止迭代。

算法 8.2　块 Gauss–Seidel 算法

已知:初始的裂变率 ψ^0,温度 T^0,密度 ρ^0 和速度 v^0 分布

求　:耦合作用下的裂变率 ψ,温度 T,密度 ρ 和速度 v 分布

1:　$k = 0$

2:　While 未达到收敛条件 do:

3:　　$k += 1$

4:　　MC 中子输运计算求解 $f_{\psi}(\psi^k, \rho^{k-1}, T^{k-1}) = 0$ 得到 ψ^k

5:　　耦合接口求解 $S^k = S(\psi^k)$ 通得到能量方程的源项 S^k

6:　　CFD 计算求解 $f_{TH}(\rho^k, T^k, v^k, r(S^k)) = 0$ 得到 ρ^k, T^k, v^k

7:　End While

算法 8.2 描述了块 Gauss–Seidel 迭代算法的流程。字母的上标 k 指代第 k 次耦合迭代的结果。这种算法提供了一个较为简单的路径来耦合不同的物理计算过程,所需要传递的数据较少。这种算法方案相比于块 Jacobi 算法,在每次耦合迭代中对 CFD 和 MC 的物理耦合参数进行了线性化更新,但是对并行处理似乎并不友好[203,214,215]。由于在对同一个耦合算例进行并行计算时,CFD 算法和 MC 算法的并行性能和可扩展性可能不同,当计算资源增加时,可能会出现某一个物理计算过程因受到可扩展性限制而导致计算效率下降,从而影响整体性能。因此为了充分发挥不同物理计算的扩展性以提高整体的并行效率,需要考虑该算法下的负载均衡问题。

8.2.3　面向块 Gauss–Seidel 迭代算法的自适应负载均衡算法

正如前文所述,在使用块 Gauss–Seidel 算法进行耦合迭代时,MC 中子输运计算和 CFD 计算交替执行,每个物理模块在执行时均使用所有的可用资源。因此块 Gauss–Seidel 迭代算法不存在物理模块间的资源竞争问题。但是当计算节点不断增加时,由于两个物理计算的可扩展性不同,会出现当一个物理计算的并行性能随着计算资源仍在继续上升时,另一个物理计算的并行性能可能会因为通信量的增加而性能恶化。这种可扩展性不统一的问题会限制耦合迭代整体的性能。因此本节提出了一种通过动态调整计算

节点的负载均衡算法,来提升耦合迭代整体的性能。

如算法 8.3 所示,由于耦合接口采用的是外耦合的迭代方式,资源的调度以计算节点为单位。在使用该自适应负载均衡算法时需要预先设置总的计算节点,并可以对 CFD 和 MC 并行计算初始使用的节点数进行预设。开始迭代后,MC-FLUID 会在每个耦合迭代步之后尝试增加分配给两个物理计算的节点。在默认设置下,耦合接口将从最小的节点数开始,在每次迭代后尝试将节点数变为上次迭代的 2 倍。每次迭代后 MC-FLUID 会统计 CFD 计算、MC 计算以及耦合迭代整体所消耗的时间,如果资源调整带来了性能提升则进一步尝试增加可用资源,反之如果针对某一个物理计算的节点调整导致整体的计算时间增加,则停止调整策略并重新将资源分配方案设置成上一次迭代的方案。这种逐步增加节点资源的算法可以有效防止某一个物理计算的可扩展性太差而导致耦合程序整体的可扩展性下降。

算法 8.3　针对块 Gauss–Seidel 算法的负载均衡算法

已知:总节点数 N_{total},初始用于 CFD 计算的节点数 N_{cfd} 和 MC 计算的节点数 N_{mc}

1:　bool update$_{mc}$,update$_{cfd}$ = True

2:　得到第 0 次迭代中,CFD 并行计算的时间 t_{cfd}^0 和 MC 并行计算的时间 t_{mc}^0

3:　While 未达到收敛条件 do:

4:　得到第 k 次迭代中,CFD 并行计算的时间 t_{cfd}^k 和 MC 并行计算的时间 t_{mc}^k

5:　If update$_{mc}$:

6:　　$N_{mc} = (t_{mc}^k < t_{mc}^{k-1})$? $((2N_{mc} < N_{total})$? $(2N_{mc}) : N_{total}) : (N_{mc}/2)$

7:　　update$_{mc}$ = $(t_{mc}^k < t_{mc}^{k-1})$? True : False

8:　　If update$_{cfd}$:

9:　　$N_{cfd} = (t_{cfd}^k < t_{cfd}^{k-1})$? $((2N_{cfd} < N_{total})$? $(2N_{cfd}) : N_{total}) : (N_{cfd}/2)$

10:　　update$_{cfd}$ = $(t_{cfd}^k < t_{cfd}^{k-1})$? True : False

11:　End While

8.2.4　分块 Jacobi 型 Picard 迭代算法

MC-FLUID 耦合接口实现的第 2 种迭代方案采用了分块 Jacobi 型 Picard 迭代算法。这种方法是自然并行的,因为迭代的每个物理模块都可以独立于其他块执行。现有研究表明,当要解决的问题本身是强非线性时,块 Jacobi 算法具有令人满意的效果[203,216]。在块 Jacobi 算法的迭代过程中,MC 中子输运和 CFD 的并行计算同时执行并使用上一次耦合迭代更新的参数进行计算。MC-FLUID 需要在每次迭代后收集更新后的计算结果并完成不同模块间的参数传递。该算法下的收敛判定准则同样满足公式(8.7)。

算法 8.4 描述了块 Jacobi 迭代算法的流程。上标 $k-1$ 表示耦合中的两个物理计算过程都不需要在当前迭代步骤中彼此的计算结果。在这种情况下,不同的物理计算过程将同时运行以充分利用计算资源。在该方案下,MC 中子输运和 CFD 的并行计算将同时执行,均使用一半的计算资源。但由于不同算例中 MC 计算和 CFD 计算的负载通常是不一致的,处理相同耦合问题时两个物理计算的性能也是不同的。计算资源的相等划分可能会导致某一个物理计算出现延迟等待的现象,所以计算资源的对等划分并非最佳解决方案。资源的分配策略对块 Jacobi 方案的计算性能具有很大影响,为了提高整体的计算效率,需要考虑该算法下的负载均衡问题以减少等待时间。本章后续小节将详细介绍耦合接口中所使用的自适应负载均衡算法。

算法 8.4　块 Jacobi 算法

已知:初始的裂变率 ψ^0,温度 T^0,密度 ρ^0 和速度 v^0 分布

求: 耦合作用下的裂变率 ψ,温度 T,密度 ρ 和速度 v 分布

1: $k = 0$

2: While 未达到收敛条件 do:

3: $\quad k += 1$

4: $\quad$ MC 中子输运计算求解 $f_\psi(\psi^k, \rho^k-1, T^{k-1}) = 0$ 得到 ψ^k

5: $\quad$ CFD 计算求解 $f_{\mathrm{TH}}(\rho^k, T^k, v^k, r(S^k)) = 0$ 得到 ρ^k, T^k, v^k

6: $\quad$ 耦合接口求解 $S^k = S(\psi^k)$ 通得到能量方程的源项 S^k

7: End While

8.2.5　面向块 Jacobi 迭代算法的自适应负载均衡算法

使用块 Jacobi 型迭代方案时,每个迭代步中 MC 中子输运和 CFD 并行计算同时开始执行,每个物理计算模块所分配的资源相同,均为总节点数的一半。但反应堆多物理耦合模拟中,CFD 计算和 MC 计算所需要的计算资源通常不能保证完全一致,负载不均衡所导致的延迟等待会降低整体的计算速度。为了保证耦合程序在处理不同的耦合问题时尽可能的找寻到最优的资源分配方案,本节针对块 Jacobi 型迭代方案提出了一种自适应负载均衡算法。

面向块 Jacobi 迭代算法的自适应负载均衡策略如算法 8.5 所示,算法中的字母和上下标的含义与算法 8.3 相同。利用该自适应负载均衡算法时应保证总节点数大于 2,MC-FLUID 将根据总的可用节点数来进行资源分配。初始化时,CFD 和 MC 中子输运模块各使用一半的计算资源。在之后的每次耦合迭代后,MC-FLUID 将统计每个物理过程的并行计算时间和总体的计算时间。下次迭代开始前,如果上次迭代中某个物理过程的计算速度较快,则耦合接口会将分配给该物理计算模块的资源减半,并将相应资源协调给另一个物理计算模块。理想状态下,当两个物理过程的计算时间相等时,自适应负载均衡算法将自动停止。如果在自适应调整的过程中,出现总体时间的延长,则耦合接口也

会停止资源调度,并将分配方案重新调整为上一次决策的结果。

算法 8.5　面向块 Jacobi 算法的负载均衡算法

已知:总节点数 N_{total}

1: bool update = True

2:　$N_{mc} = N_{total}/2$, $N_{cfd} = N_{total}/2$

3: 得到第 0 次迭代中,CFD 的并行计算时间 t_{cfd}^0,MC 的并行计算时间 t_{mc}^0 和总运行时间 t_{total}^0

4: While 未达到收敛条件 update do:

5: 得到第 k 次迭代中,CFD 的并行计算时间 t_{cfd}^k,MC 的并行计算时间 t_{mc}^k 和总运行时间 t_{total}^k

6: If $(t_{total}^k < t_{total}^{k-1}\ t_{mc}^k < t_{cfd}^k)$:

7:　$N_{mc} = \left(\dfrac{N_{mc}}{2} > 1\right)?\ \dfrac{N_{mc}}{2} : 1$, $N_{cfd} = N_{total} - N_{mc}$

8: Else If $(t_{total}^k < t_{total}^{k-1}\ t_{mc}^k > t_{cfd}^k)$:

9:　$N_{cfd} = \left(\dfrac{N_{cfd}}{2} > 1\right)?\ \dfrac{N_{cfd}}{2} : 1$, $N_{mc} = N_{total} - N_{cfd}$

10: Else If $(t_{total}^k < t_{total}^{k-1}\ t_{mc}^k = t_{cfd}^k)$:

11:　update = False

12: Else

13:　$N_{mc} = (t_{mc}^k > t_{cfd}^k)?\ (2N_{mc}) : (N_{total} - 2N_{cfd})$, $N_{cfd} = N_{total} - N_{mc}$

14:　update = False

15: End While

8.3　实　验　结　果

本节在天河群星超算系统上对 MC-FLUID 进行了测试,天河群星超算系统使用了基于 SLURM 的全局资源管理系统,每个节点上安装了 2 个 Intel Xeon E5-2620 CPU,共有 12 个计算核心,单个 CPU 的主频为 2 GHz。耦合接口程序 MC-FLUID 能够通过天河群星超算的全局资源管理系统控制耦合计算的运行并执行本章所提出的自适应负载均衡算法。本节选取了压水堆单棒模型验证了耦合计算的可行性和正确性。利用负载相对接近的压水堆 3×3 燃料组件模型,和负载显著不均衡的 1000 MWt 金属反应堆模型,本节测试了不同并行规模下,耦合迭代算法和自适应负载均衡算法的性能。

8.3.1　压水堆单棒模型

尽管 MC-FLUID 开发的主要目的是研究反应堆多物理耦合迭代算法在应用于复杂

几何算例以及大规模并行时的表现,但为了方便程序的调试并验证耦合接口运行的正确性,本章首先选取了一个压水堆单个燃料栅元的模型进行正确性验证。此模型来源于 Cardoni J N 和 Rizwanuddin 在开发的反应堆耦合模拟软件 MULTINUKE 时所选取的验证算例[217,218],该算例已应用于多个反应堆多物理耦合研究工作,被认为与文献中所报道的典型压水堆的数值结果一致[219-222]。图 8.2(a)展示了压水堆单棒模型的几何俯视图,燃料芯块的材料为 U^{235} 富集度为 5% 的 UO_2 材料,其直径(D_{fuel})为 1.0 cm;燃料包壳为锆-4 合金,其厚度为 0.1 cm;冷却剂为液态水;计算中不考虑包壳与芯块间的间隙,栅元边长为 1.5 cm。冷却剂由下到上流动,研究对象为燃料棒纵向长度为 20 cm 的活性区域。图 8.2(b)展示了本算例所使用的 MC 计算的单元划分,图 8.2(c)展示了 CFD 计算的网格划分,CFD 计算所使用的网格通过用户自定义函数进行区域划分并和 MC 的单元进行映射。计算时环境压力设置为 2 000 psi①,材料的密度以温度多项式的形式给出[223]。

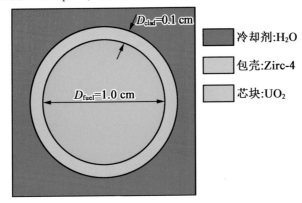

(a)压水堆单棒模型几何俯视图

(b)MC 计算中的单元划分

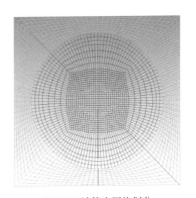

(c)CFD 计算中网格划分

图 8.2　压水堆单棒模型的几何及网格划分示意图

耦合计算的关键物理参数的计算结果与文献[218]中的结果的对比见表 8.1。该算例中 MC-FLUID 计算的单棒栅元有效增殖因子(K_{eff})为 0.660 2±0.000 3,包壳最高温度为 720.0 K 位于距冷却剂入口 10.9 cm,冷却剂的出口温升为 10.9 K。计算结果处于容许误差范围内。图 8.3(a) 和图 8.3(b) 分别展示了相对轴向功率分布和不同径向位置上的燃料温度沿轴向的分布图。MC-FLUID 的计算结果与文献结果的偏差处于容许范围。图 8.4(a) 和图 8.4(b) 分别展示了冷却剂的平均温度分布和密度分布。由于材料的密度是以温度相关的多项式的形式给定,所以密度的收敛通常伴随着温度一起收敛。

表 8.1　压水堆单棒模型的计算结果对比

	K_{eff}	包壳最高温度	冷却剂温升
文献结果	0.660 1+/−0.000 9	720.1 K 位于 10.9 cm 处	11.0 K
本文结果	0.660 2+/−0.000 3	720.0 K 位于 10.9 cm 处	10.9 K

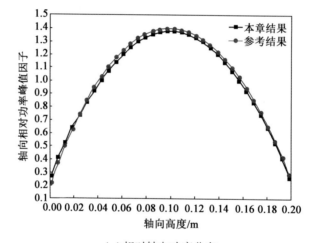

(a)相对轴向功率分布

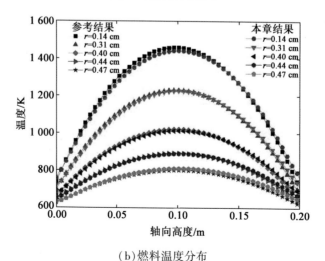

(b)燃料温度分布

图 8.3　单棒模型燃料芯块沿轴向的功率和温度分布

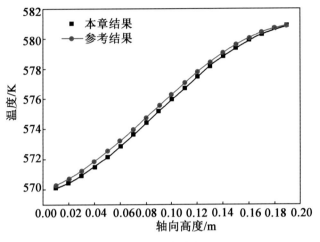

（a）平均温度分布

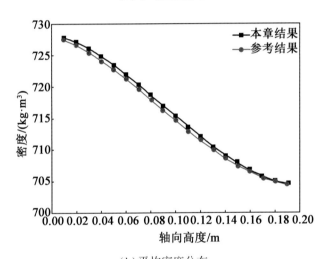

（b）平均密度分布

图 8.4 单棒模型冷却剂沿轴向的温度和密度分布图

压水堆单个燃料棒单元是验证耦合程序正确性最简单直接的算例,通过该算例验证了 MC-FLUID 实现中子输运和热工水力学耦合的可行性和正确性。耦合迭代收敛后的中子物理结果和热工水力学结果与文献结果一致,符合物理规律。然而该算例的计算量较小,两个物理计算过程的负载均处于较低水平,为了进一步测试大规模并行下的并行效率,特别是自适应调度算法的性能,还需要更加复杂的算例进行验证。

8.3.2 压水堆 3×3 燃料组件

为了进一步验证耦合接口在复杂算例下的能力,本章对压水堆 3×3 燃料组件进行了耦合模拟。如图 8.5 所示,该 3×3 的压水堆燃料棒阵列由 8 根燃料棒和一个中心导向装置组成。燃料芯块和燃料包壳的材料分别为 UO_2 和锆合金。燃料芯块的直径为 0.836 cm,包壳的外直径为 0.95 cm。由于本算例不强调燃料包壳内部的温度分布,所以没有选择对包壳和燃料芯块之间的间隙进行建模,而是通过等效热导率的方法考虑了间隙的导热影响。中心导向管不含可裂变材料,其外径为 1.204 cm,厚度为 0.041 cm,内部有冷却剂流过。冷却剂为液态水。表 8.2 中列举了该算例的主要设计参数。

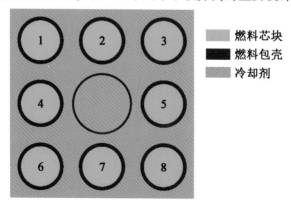

图 8.5   压水堆 3×3 燃料组件几何示意图

表 8.2   压水堆 3×3 燃料组件设计参数

参数名称	单位	值
总功率	kW	120
燃料芯块半径	cm	0.418
燃料包壳外半径	cm	0.475
导管内径	cm	0.561
导管外径	cm	0.602
单元栅格	cm	1.26
活性区高度	cm	200

为了验证本章中网格映射方法在复杂几何下的可行性,以及耦合接口在大规模并行时的性能,本节对压水堆 3×3 燃料组件进行了细致的单元划分和网格划分。图 8.6(a)展示了 MC 计算中对压水堆 3×3 燃料组件建模的单元划分俯视图。蒙特卡洛计算时在轴向上将活性区分为了 10 层,在径向上将每个燃料芯块分为了 3 层。此外对每个栅元再次进行了四等分。组件周围的边界条件为全反射边界。燃料包壳和中心导管未做径向划分。

图 8.6(b)展示了 CFD 计算时该算例的网格划分俯视图,网格的域的划分和 MC 计算中的单元划分一致。为了验证不同负载下的算法表现,本算例在构建时希望 MC 和 CFD 计算的负载接近。因此考虑到该模型在空间上严格中心对称,CFD 计算中的网格划分采用了 1/4 模型建模。计算时采用对称边界条件,每次耦合迭代后按照对称规律将数据扩展为整体结果,从而进行对应的数据交换。

耦合迭代开始前首先选用了 3 种不同的网格规模,对 CFD 计算进行了网格无关性验证,分别利用网格数为 1.4×10^7, 1.6×10^7 和 1.8×10^7 的 3 套网格计算了冷却剂出口和入口的压力损失,其不同网格的计算结果偏差小于 2%,属于容许误差的范围内。因此最终选取了 $1.672\ 6 \times 10^7$ 网格数的网格进行 CFD 热工水力学计算。

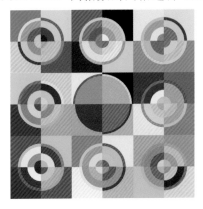
（a）MC 计算中的单元划分俯视图

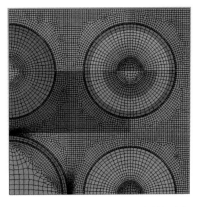
（b）CFD 计算中的网格划分俯视图

图 8.6　压水堆 3×3 燃料组件的网格映射示意图

耦合迭代的初始材料温度设置为 300 K,在 MC 中子输运计算中,共使用了 1 000 批次,每批次 10^5 个粒子进行模拟。块 Gauss-Seidel 和块 Jacobi 两种迭代算法的有效增殖因子(K_{eff})收敛曲线如图 8.7 所示。由于块 Gauss-Seidel 迭代算法在每次耦合迭代中对需要耦合计算的变量进行了线性的更新,因此迭代次数更少。最终两种算法均收敛到同一个物理结果,K_{eff} 均收敛至 $1.261\ 33 \pm 0.000\ 1$。

图 8.8 展示了第 2 根燃料沿纵轴向的功率分布和温度分布。由于冷却剂从下到上冲刷燃料棒,其温度沿轴向逐渐升高,燃料芯块因受到裂变产热和冷却剂对流换热的共同作用,冷却剂出口位置的芯块温度略高于入口位置。燃料包壳因受到芯块导热和冷却剂对流换热的共同影响,其冷却剂出口位置温度也略高于入口位置温度。

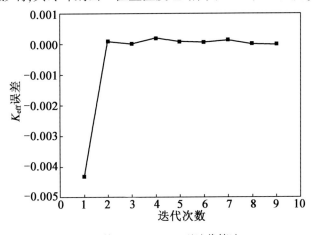
（a）块 Gauss-Seidel 型迭代算法

图 8.7　有效增殖因子随耦合迭代次数的变化示意图

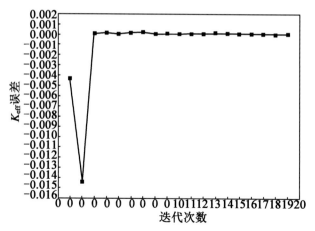

（b）块 Jacobi 型迭代算法

图 **8.7**（续）

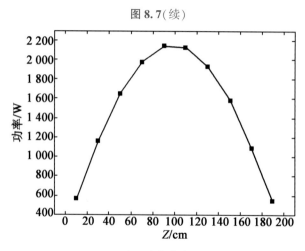

（a）功率分布

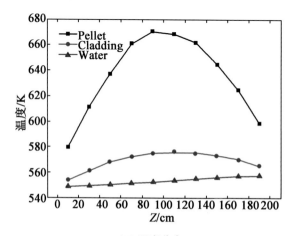

（b）温度分布

图 **8.8**　第 2 根燃料棒沿轴向的功率和温度分布示意图

为了研究耦合接口的计算性能和可扩展性,本章面向天河群星超算系统,分别测试了 MC-FLUID 在使用 1/2/4/8/16/32 个节点,共计 12/24/48/96/192/384 进程,进行该算例耦合模拟时的性能。由于 MC-FLUID 采用的是外耦合的 Picard 迭代,计算资源只影响了计算时间,不影响耦合迭代的次数。图 8.9(a)和图 8.9(b)分别展示了在不同计算节点数下,块 Gauss-Seidel 和块 Jacobi 两种迭代算法的计算时间和加速比。为了更直观地对比不同迭代算法的性能,加速比的计算公式如下:

$$S_p = \frac{t}{t_0} \tag{8.8}$$

式中,S_p 表示加速比;t 表示耦合计算的总时间;t_0 表示块 Gauss-Seidel 型迭代算法使用 1 个计算节点时的计算时间。

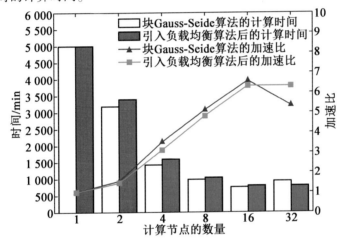

（a）块 Gauss-Seidel 迭代算法

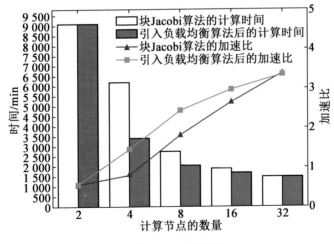

（b）块 Jacobi 迭代算法

图 8.9　压水堆 3×3 燃料组件算例的耦合迭代时间和加速比

图 8.9(a)展示了 MC-FLUID 在使用块 Gauss-Seidel 迭代算法时的计算时间,由于其收敛

性更好,迭代步数较少,因此总的计算时间消耗要小于块 Jacobi 算法。然而,当分配的节点数达到 16(192 个进程)后,块 Gauss-Seidel 算法的计算性能达到峰值。由于耦合中某一个物理计算模块的可扩展性较差,导致使用更多资源时总体的加速比反而出现下降的趋势。

为了改善整体的可扩展性,本章在耦合接口引入了 8.2.3 节中针对块 Gauss-Seidel 迭代所提出的自适应负载均衡算法。对于该算例,自适应负载均衡算法在迭代开始时,从总节点数的一半开始逐步提升分配给不同物理计算模块的计算资源,尝试寻找最佳的资源分配方案。当计算节点数小于 16 时,由于自适应负载均衡算法在耦合迭代刚开始时不能充分利用所有资源,因而增加了时间开销,计算时间略高于原始算法。这种时间开销的增加可以通过调节迭代开始时的初始节点数来避免。当计算节点数达到 32 时,本章所提出的自适应负载均衡算法将加速比提高到 1.18 倍,有效地防止了并行效率的下降,改善了算法的可扩展性。

图 8.9(b)展示了 MC-FLUID 在使用块 Jacobi 迭代算法的计算时间,由于两个物理计算过程的负载不均衡,使用该迭代算法时通常会出现等待现象,增加了时间开销。为了减少不用物理计算模块之间的等待时间,在耦合接口引入了 8.2.5 节中针对块 Jacobi 迭代所提出的自适应负载均衡算法。迭代开始时,两个物理模块默认均使用总体资源的一半,自适应负载均衡算法将根据每个迭代步中所消耗的时间来优化资源的分配方案,从而提高耦合迭代的整体性能。如图 8.9(b)所示,本章所提出的自适应负载算法在使用 4 个计算节点时将加速比提高到 1.80 倍,有效地提高了块 Jacobi 迭代算法的性能。值得注意的是,当计算节点只有 2 个时,没有多余的节点可供调度,所以计算时间和原始算法一致。当计算节点达到 32 个时,计算资源对于该算例是相对充足的,因此自适应调度算法未能进一步提升整体的性能。

实验结果显示,反应堆"核-热-流体"的三维耦合接口程序成功地对压水堆 3×3 燃料组件进行多物理耦合计算。对于计算资源的需求比较接近的情况,面向块 Gauss-Seidel 算法所提出的自适应负载均衡算法,在 32 个计算节点的情况下将耦合计算的整体性能提高到 1.18 倍;面向块 Jacobi 算法所提出的自适应负载均衡算法,在 4 个计算节点的情况下将耦合计算的整体性能提高到 1.80 倍。

8.3.3　MET-1000 金属堆基准题

第 3 个算例选取了美国经济合作与发展组织所开发的 1 000 MWt 金属反应堆基准堆芯[224],以进一步验证耦合接口 MC-FLUID 在计算负载不均衡的复杂算例下时的能力。该反应堆共包括 180 个燃料组件、114 个反射层组件、66 个屏蔽层组件和 19 个控制棒组件。堆芯按照装料不同被划分为内堆芯区和外堆芯区,其中内堆芯区包含 78 个燃料组件,外堆芯区包含 102 个燃料组件。如图 8.10(a)所示,本章在 MC 计算中进行建模时采用了 1:1 的精细建模,包含了每个燃料组件 271 根绕丝包裹的燃料棒的建模。按照基准题的描述对绕丝进行了简化,将绕丝部分按照体积等效涂抹在了包壳的表面,因此包壳的厚度略有增加。燃料芯块和包壳之间的间隙用钠进行了填充。径向上的划分如图

8.10(b)所示,燃料组件分为了 5 层分别对应了不同的装料,堆芯的上端和下端分别设置了对应的结构材料。具体的材料细节和几何尺寸与文献[224]中一致。反应堆周围的边界条件为真空边界。在该基准题设置中,假设了稳定运行状态下该反应堆燃料芯块、冷却剂和结构材料的温度为常数,见表 8.3。如前文所述,堆芯的功率分布和各材料的温度分布会产生相互影响。本节希望通过 CFD 和 MC 的耦合计算为该算例提供一个更加合理的温度分布,研究耦合作用对堆芯各参数的影响。

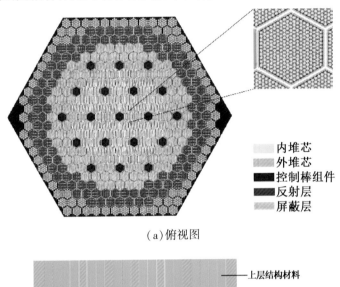

内堆芯
外堆芯
控制棒组件
反射层
屏蔽层

(a)俯视图

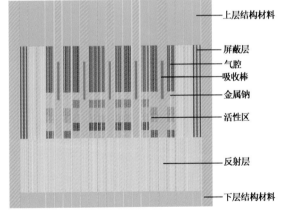

上层结构材料
屏蔽层
气腔
吸收棒
金属钠
活性区
反射层
下层结构材料

(b)侧视图

图 8.10　MET-1000 金属反应堆 MC 计算中的建模示意图

表 8.3　MET-1000 反应堆的标准运行环境

参数名称	单位	值
总功率	MWt	1 000
燃料的平均温度	℃	534.0
冷却剂的平均温度	℃	432.5
堆芯结构的平均温度	℃	432.5

在 CFD 的计算中,由于该反应堆的结构过于复杂,对该模型进行详细的几何建模和网格划分无疑是非常困难的。考虑到对于反应堆全堆芯的多物理耦合仿真中,计算更加关注的是反应堆内的温度和密度分布,而不关注管束之中的流动细节。对于该算例,本节希望测试在负载不均衡时耦合接口 MC-FLUID 的并行性能。因此在计算中引入了多孔介质模型来对堆芯进行等效建模以代替复杂的管束结构。如图 8.11(a)所示,与前文的算例类似,由于该反应堆等效模型是轴对称的,仿真中根据体积等效建立了 1/4 模型,并在每次迭代后根据轴对称原理将数据扩展到全堆以进行数据交换。与基准题中的区域划分方法一致,CFD 计算中将反应堆分为内堆芯区、外堆芯区、反射层区和屏蔽层区 4 个区域,分别利用多孔介质模型模拟对应区域的管束对流动换热的影响。考虑到多物理耦合作用的区域为堆芯活性区,CFD 的几何建模只与活性区域进行对应,并在轴向上与中子输运计算中的装料方案相对应地划分为了 5 层。在对网格进行无关性验证后,最终选取了如图 8.11(b)示的包含了 1.975 64×10⁶ 个单元的网格进行 CFD 的计算模拟。

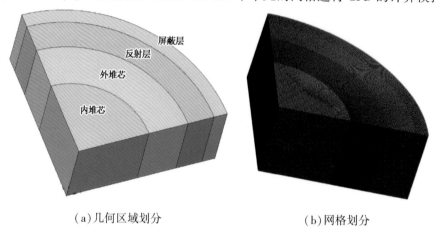

　　　　(a)几何区域划分　　　　　　　　　　　(b)网格划分

图 8.11　MET-1000 金属反应堆 CFD 计算中的建模示意图

多孔介质模型可以通过为动量方程增加源项来计算固体区域对流动的影响,该源项通常包括黏性项和惯性项两部分。在 CFD 计算中关于多孔介质引入的动量源项的一种表达式如下:

$$S_i = -\left(\frac{\mu}{\alpha}v_i + \frac{1}{2}C_i\rho v_i |v_i|\right) \tag{8.9}$$

式中,S 表示动量源项;μ 表示动力学黏度;α 表示渗透率;下标 $i=x$、y、z 指代速度的 3 个方向;$v_i=u$、v、w 指代 3 个方向的速度;C_i 表示惯性项系数;ρ 表示密度。

对于管束或棒束等复杂结构,黏性项可以忽略,对于惯性项可以基于压降公式使用用户自定义函数来计算该结构特有的源项。对于本算例中的流体沿棒束的冲刷流动,其 z 方向的源项为

$$S_z = -\frac{\Delta p}{L} = -\frac{1}{2}f\frac{1}{D}\rho w^2 \tag{8.10}$$

式中，Δp 表示压降；L 表示管长；D 表示水力学直径；f 表示达西摩擦因子，一般由经验公式决定。对于流体纵向冲刷绕丝棒束的算例，达西因子可以根据 Cheng-Todreas 所提出的经验公式[226]计算得到：

$$f = \begin{cases} C_{fL}Re^{-1}, & \text{当 } Re \leqslant Re_L \text{ 时} \\ C_{fL}Re^{-1}(1-\Psi)\dfrac{1}{3}(1-\Psi^{13}) + (C_{fT}Re-0.18)\Psi\dfrac{1}{3} & \text{当 } Re_L < Re < Re_T \text{ 时} \quad (8.11) \\ C_{fT}Re^{-0.18} & \text{当 } Re_T \leqslant Re \text{ 时} \end{cases}$$

式中，$\Psi = \dfrac{\log(Re/Re_L)}{\log(Re_T/Re_L)}$；$Re_L = 300[10^{1.7(\frac{P}{D}-1.0)}]$；$Re_T = 10\,000[10^{1.7(\frac{P}{D}-1.0)}]$；$Re$ 表示雷诺数；P 表示燃料棒间距；C_{fL} 和 C_{fT} 分别表示层流和湍流摩擦因子。

在该耦合计算中，需要考虑多孔介质内部的热源和换热问题，因此还应通过非热平衡模型来进行多孔介质内部流体和固体的换热。利用非热平衡模型，在 CFD 计算时将对非热平衡的多孔介质区域额外生成完全相同的重叠网格以计算固体和流体之间的热交换。除了相应的几何和材料参数外，还应为多孔介质区域设置对应的对流换热系数。Borishanski 等人以液态钠为媒介研究了流体纵向流过三角形排布的管束时的换热过程，并提出了计算努塞尔数的经验模型，该模型与多组低佩克莱数条件下的实验数据均吻合良好[227,228]。利用 Borishanski 模型，努塞尔数可以由如下公式计算：

$$Nu = 24.15 \times \log(-8.12+12.7X-3.65X^2) + 0.017\,4 \times [1-e^{-6(X-1)}] \times B \qquad (8.12)$$

式中，$B = \begin{cases} 0, & Pe < 200 \\ (Pe-200)^{0.9}, & Pe \geqslant 200 \end{cases}$

因此，对流换热系数 $h = \dfrac{Nu \times \lambda}{L}$。式中，$Nu$ 表示努塞尔数；X 表示棒束的栅径比，Pe 表示佩克莱数；λ 表示导热系数。

为了验证模型建立的正确性，模拟中首先计算了在未进行耦合的情况下 MET-1000 反应堆的有效增殖因子（K_{eff}）、钠的空泡价值（$\Delta\rho_{Na}$）、多普勒常数（$\Delta\rho_{Doppler}$）、控制棒价值（$\Delta\rho_{CR}$）、入口和出口位置冷却剂的平均温度、燃料棒的平均温度。文献[224]中可以查阅到这些参数的计算公式及 20 家单位的研究人员对该算例的模拟结果。表 8.4 的第 3 列给出了该算例在耦合迭代前的计算结果，表中的各项参数值均处于基准题的正确范围之内[224]。

表 8.4　MET-1000 反应堆的计算结果

参数名称	单位	耦合迭代前	耦合迭代后
K_{eff}		1.028 11±0.000 03	1.028 65±0.000 03
$\Delta\rho_{Doppler}$	pcm	−334	−338
$\Delta\rho_{Na}$	pcm	1 903	1 717

续表 8.4

参数名称	单位	耦合迭代前	耦合迭代后
$\Delta\rho_{CR}$	pcm	18 128	18 147
冷却剂入口平均温度	K	628	628
冷却剂出口平均温度	K	783	783
燃料棒平均温度	K	809	809

使用 MC-FLUID 对该算例进行耦合计算后的结果见表 8.4 中的第 4 列所示。相比于耦合迭代前堆芯各部分将温度看作常数所得到的计算结果相比,耦合迭代的过程中为 MC 中子输运计算提供了一个更加合理的温度分布和密度分布,对中子物理学的计算结果产生了一些影响。相比于耦合迭代前,有效增殖因子提高了 54 pcm[①]。由于冷却剂的温度和密度变化较大,耦合计算对钠的空泡价值影响最大,出现了明显下降,降低了 186 pcm。多普勒常数影响较小,降低了 4 pcm;控制棒的价值升高了 19 pcm。

对于热工水力学计算结果,由于入口的温度和流量不变,且虽然功率分布的形状发生了变化,但是总的热功率不变,所以冷却剂和燃料棒的平均温度没有发生变化。耦合迭代为 CFD 计算提供了更加合理的功率的分布,堆芯的温度分布更加合理。图 8.12 展示了耦合迭代后的燃料芯块沿轴向的功率分布和平均温度分布。图 8.13 展示了耦合迭代后冷却剂的温度分布。

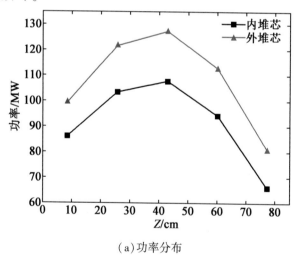

(a)功率分布

图 8.12　MET-1000 金属反应堆燃料芯块沿轴向的功率和温度分布

---

①　1 pcm = 10^{-5}。

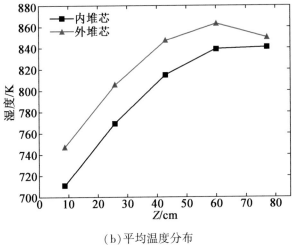

（b）平均温度分布

图 8.12(续)

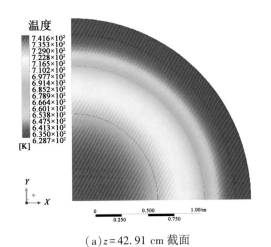

（a）z=42.91 cm 截面

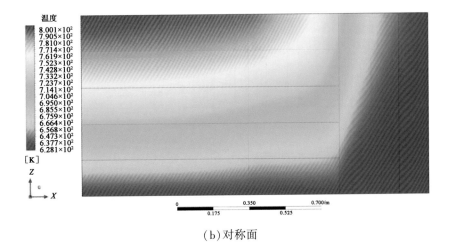

（b）对称面

图 8.13　MET-1000 金属反应堆冷却剂的温度分布

本节利用天河群星超算系统对 MC-FLUID 在该耦合算例下的性能表现进行了测试。对于该算例,在 MC 中子输运计算时进行了精细建模,计算中使用了 1 000 批次、每批次 5×10^5 个粒子,而在 CFD 计算时采用了多孔模型进行简化,因此出现了负载不均衡的问题。该算例的耦合模拟中 MC 计算所需要的资源要明显多于 CFD 计算。实验分别使用了 1/2/4/8/16/32 个计算节点,共 12/24/48/96/192/384 个 CPU 核心,测试了不同耦合迭代算法的计算性能。图 8.14 展示了 MC-FLUID 使用不同数量的计算节点对 MET-1000 金属反应堆算例进行模拟的总运行时间和加速比。

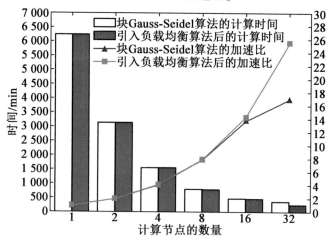

（a）块 Gauss-Seidel 迭代算法

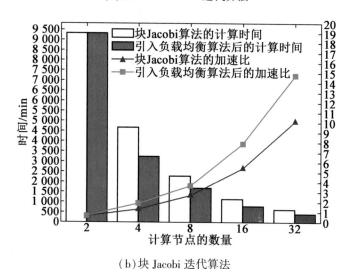

（b）块 Jacobi 迭代算法

图 8.14　MET-1000 金属反应堆算例的耦合迭代时间和加速比

如图 8.14(a)所示,由于 MC 和 CFD 计算的可扩展性不同,块 Gauss-Seidel 算法在 16 个节点之后继续增加节点所获得的加速比不再令人满意。实验中使用了 8.2.3 节中提出的自适应负载均衡算法对 MC-FLUID 进行了优化。对于该算例,制约整体并行效率的主要是 CFD 计算的可扩展性。自适应调度算法的设置中 CFD 计算的起始节点数量设置为 1,在每次迭代后根据算法自动调节节点数量。实验结果显示,在节点数较少的情况下,自适应负载均衡算法由于保守提升节点所增加的时间成本非常少。而在节点数超过 16 时,由于原始算法中该算例 CFD 计算的可扩展性较差限制了整体加速比的增长。当计算节点达到 32 个时,自适应负载均衡算法将加速比提高了 1.51 倍,有效提高了耦合计算整体的并行性能。

图 8.14(b) 中展示了该算例在使用块 Jacobi 型迭代算法的总计算时间和加速比。由于该算例的负载不均衡,块 Jacobi 型迭代算法的计算性能不能令人满意。通过使用 8.2.5 节中针对该算法所提出的自适应负载均衡算法,耦合计算的整体性能在几乎所有节点数量下都得到了提升。通过合理的分配资源,大大减少了两个物理计算之间的等待时间。当计算节点达到 32 个时,自适应负载均衡算法将加速比提升到 1.46 倍,显著了提高了整体的计算性能。

实验结果显示,当 CFD 和 MC 中子输运计算所需要的资源极度不均衡时,对于 32 个计算节点的大规模并行计算,面向块 Gauss-Seidel 算法所提出的自适应负载均衡算法将耦合计算的整体性能提高了 1.51 倍,面向块 Jacobi 算法所提出的自适应负载均衡算法将耦合计算的整体性能提高到 1.46 倍。

8.4　本章小结

本章面向核反应堆“核–热–流体”的多物理耦合背景,针对核反应堆“核–热–流体”耦合计算中负载不均衡的问题,提出了一种流体和蒙特卡洛中子输运的自适应耦合并行计算方法。通过研制反应堆“核–热–流体”的三维耦合接口程序,实现了三维高精度的核反应堆多物理耦合仿真模拟。通过分析不同物理计算过程的特点,提出了适用于该耦合模式下的三维网格映射和数据交换策略,降低了耦合计算的网格生成成本。针对块 Gauss-Seidel 型和块 Jacobi 型两种 Picard 迭代算法的特点,分别提出了相应的自适应负载均衡策略,提高了流体大规模耦合并行计算时的性能。

基于天河群星超算系统,本章测试了耦合接口 MC-FLUID 的功能实现和并行性能。利用压水堆单棒模型,验证了 MC-FLUID 耦合计算结果的正确性。利用压水堆 3×3 燃料组件模型和 MET-1000 金属反应堆基准题模型,对比了不同计算节点下各个迭代算法的计算时间,测试了自适应负载均衡算法在大规模计算时的计算性能。

实验结果显示,耦合接口 MC-FLUID 可以成功实现流体和 MC 中子输运的耦合计算,针对压水堆单棒模型的耦合计算结果与文献中的参考值吻合较好。与块 Jacobi 型算法相比,块 Gauss-Seidel 型算法在进行外耦合迭代时通常具有更高的性能。使用块 Gauss-Seidel 型算法时,耦合中两个物理计算过程的扩展性不同会使耦合整体的可扩展性受到限制。本章面向块 Gauss-Seidel 型算法所提出的自适应负载均衡算法最高可以将耦合计算的整体性能提升到 1.51 倍。使用块 Jacobi 型算法时,由于耦合中物理计算之间的负载不均衡,耦合计算性能受到了较大的影响。本章面向块 Jacobi 型算法所提出的自适应负载均衡算法最高可以将耦合计算的整体性能提升到 1.80 倍。

第9章 城市风场的并行计算方法

随着城市化的快速发展,城市的气候问题受到了学术界和公众越来越多的关注。城市的气候和全球变暖、人类发病率以及城市的舒适性高度相关。数值模拟软件是建筑师、城市规划师和决策者在分析城市气候时的重要工具。通过对城市中的风场进行数值模拟,可以有效了解城市和天气之间的相互影响情况,研究城市中空气污染物的扩散情况,预测城市微气候的变化。与全球模式的天气预测不同,城市中风环境的研究参数量大、建模复杂,需要更高分辨率的网格,需要考虑城市地形和不同尺度建筑物的影响,还需要考虑多物理耦合的影响。根据尺度不同,数值气候模型可以分为气象的中尺度、微尺度和建筑尺度[229]。中尺度气象模拟的研究对象主要是水平距离在几千米到几百千米的大气事件,网格分辨率为几百米到几千米,通常不关注地形和建筑物的影响[230]。微尺度气象模拟的研究对象主要是水平距离在 2 km 左右的风环境,网格分辨力通常为米量级,为城市区域中的建筑详细建模提供了可能[231]。与中尺度不同,微尺度的模拟需要考虑城市建筑的影响。不同形状和尺度的建筑物为给格子 Boltzmann 方法(Lattice Boltzmann Method, LBM)的边界处理带来了极大挑战。超大的城市范围和计算中微尺度的结合带来了巨大的计算量为模拟工作带来了巨大的挑战。

LBM 已经被证明是计算流体力学中解决不可压缩流动问题的一种强有力的方法,在热力学、生物力学、空气动力学和环境科学等学科领域中均取得了突出的应用成果[232-235]。LBM 是一种介于微观与宏观之间的介观方法[236,237],其通过在介观层次上对流体进行建模从而对离散速度的 Boltzmann 方程进行求解。在 LBM 中,流体通常被离散成均匀的笛卡尔网格,通过分布函数演化来描述粒子的运动。此外,LBM 采用了统计计算的方式,通过累积粒子的分布函数来求解宏观物理量。现有的研究表明,这种方法可以在时空精度上达到 Navier-Stokes 的二阶精度[238]。尽管应用 LBM 对三维复杂边界的流体问题进行模拟时通常需要大量的内存和计算时间开销。幸运的是,高性能计算技术的快速发展为 LBM 提供了一个可靠的平台。

从编程的角度来讲,LBM 接近于模板计算的模式,编程简单,易于实现多物理方程的耦合计算[239,240]。LBM 粒子分布函数的演化过程主要包括碰撞和迁移两个部分,其中碰撞部分主要是粒子分布函数的更新计算,迁移部分则主要是分布函数分量的平移操作。在 LBM 中,不同的物理过程可以通过将各类控制方程转化成形式接近的格子 Boltzmann 方程,可以通过类似的分布函数演化进行求解。不仅如此,在 LBM 中不同的控制方程在数据结构和离散格式上具有高度的统一性。这种多物理耦合计算中的一致性和 LBM 本身的局部动力学特征使得 LBM 在并行化方面具有显著的优势,与最新的多核或众核平台具有较高的硬件契合度。

不少研究学者围绕 LBM 展开了多个领域下的耦合计算研究,包括流动换热、传热传质、燃烧以及反应堆数值模拟等多个领域[240-243]。此类研究多是探究不同的工程背景下的应用和计算精度的提升。然而复杂的应用场景和更高的精度极大地提升了计算所需要的资源,为大规模的三维模拟带来了诸多不便。为了提高 LBM 的计算性能,许多研究学者致力于使用 GPU 来加速 LBM 的模拟。LBM 非局部项的线性特征和非线性项的局部特征[244]借助 GPU 设备的多线程特性发挥出了极大的优势,相比于 CPU 的多核计算取得令人惊喜的加速比。然而,GPU 本地存储的低容量也为数据的预取和内核间的数据共享的优化带来了一些麻烦[245]。因此,不少研究学者开始致力于挖掘 LBM 在其他多核或众核处理的潜力,他们的研究证明了众核体系结构的集群也为 LBM 的大规模模拟提供了合适且高效的计算平台[245,246]。我国自主研发的新一代天河超算系统的超高性能来源于异构多区域微处理器 MT-3000,先进的硬件系统为超大规模的仿真计算提供了坚实的基础。

本章针对 MT-3000 异构芯片研究了三维 LBM 的异构并行算法,并基于新一代天河超算系统开发了一款面向城市风场模拟的 LBM 软件系统,成功将并行计算的规模扩展到了 10 万个计算节点共计 1.55 亿个异构计算核心,完成了超大城市规模的风场模拟。

9.1 MT-3000 的异构编程环境

高性能微处理器是超算系统的关键组成部分。国产自主的异构多区域处理器 MT-3000 专为计算密集型的任务而设计,具有超高的双精度性能,并具备构建大规模超级计算机的潜力。借助 MT-3000 芯片可以充分发挥 LBM 方法的计算优势,提高其计算性能。

在 2.1 节中,我们详细介绍了 MT-3000 芯片的硬件架构。为了提升用户使用芯片的便利性,MT-3000 芯片配置了多级异构编程环境[247]。如图 9.1 所示,MT-3000 芯片采用了 4 层分层编程环境,旨在全面支持 MT-3000 芯片的应用与性能优化。具体而言,第 1 层编程环境包括 Linux 操作系统(OS)和负责 CPU 与加速器簇之间协同操作的驱动程序。第 2 层编程环境包含了用于管理加速器阵列的底层接口(即 LibMT)、C 代码转换为二进制码的编译器(即 M3CC)以及高性能数学库(即 HPML)。第 3 层是面向编程的异构线程模型(即 Hthreads)。第 4 层则依照 MT-3000 1.2 版 OpenCL 标准来进行编程。

MT-3000 具有超高的计算性能,但是其异构多区域的结构特征也为数据的访问和通信带来了一定的困难。为了充分发挥 MT-3000 芯片各组件的优势,本章针对其架构特点规划了 LBM 算法的数据结构,制定了分布函数的存储方案。根据 ACC 的组织模式对数据进行了详细划分,为不同硬件区域的数据访问提供了便利。为了充分挖掘 MT-3000 所有核心的计算性能,利用多层编程环境针对 MT-3000 定制了多级并行策略以重叠各部分计算和通信的开销,降低时间成本。

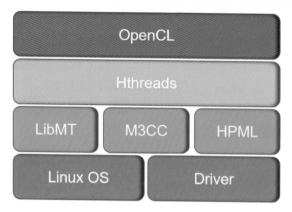

图 9.1　MT-3000 的编程环境示意图

9.2　流动扩散耦合计算的格子 Boltzmann 方法

9.2.1　LBM 流动扩散耦合的双分布函数方法

正如前文所述,LBM 起源于动力学理论,其从介观层次上通过分布函数的演化来描述流体的行为。一般来说 LBM 主要由 3 个部分组成,包括分布函数的演化方程、平衡态分布函数和格子速度模型。利用统计学描述一个系统时可以通过分布函数 $f(r,c,t)$ 来表示,分布函数可以表示在时间 t 时,位于 r 和 $r+dr$ 位置之间的分子数。这些分子的速度在 c 和 $c+dc$ 之间,当有外力 $\boldsymbol{F}$ 作用到单位质量的气体分子上时,分子的速度会从 c 变为 $c+\boldsymbol{F}dt$,位置会从 r 变为 $r+cdt$。如果假设没有碰撞,那么外力施加后的分子数应该保持不变。但如果发生碰撞,则处于间隔 $drdc$ 中的分子数会发生变化。可以通过引入碰撞算子 Ω 来表示分布函数终态和初态之间的变化率。在这种情况下分子数量的演化方程便可以表示为

$$f(r+cdt,c+\boldsymbol{F}dt,t+dt)\,drdc-f(r,c,t)\,drdc=\Omega(f)\,drdcdt \tag{9.1}$$

式中,Ω 表示一个关于 f 的复变函数,由于该碰撞项非常复杂,所以为了求解 Boltzmann 方程则首先要对该项进行简化。1954 年,Bhatnagar、Gross、Krook(BGK)等人在研究中建立了 BGK 模型,指出可以通过简单的算子来近似表示碰撞算子而不会引入显著的误差。Welander 也在独立的研究中引入了一个类似的算子。当考虑在笛卡尔坐标系下的一个欧拉基 $\boldsymbol{x}=[x,y,z]$,引入相应碰撞算子后,LBM 的演化方程可以写为

$$f_{\alpha}(\boldsymbol{x}+e_{\alpha}\Delta t,t+\Delta t)-f_{\alpha}(\boldsymbol{x},t)=\Omega_{\alpha}(\boldsymbol{x},t) \tag{9.2}$$

式中,下标 α 表示速度离散后的分量;$f_{\alpha}(\boldsymbol{x},t)$ 表示位置坐标为 $\boldsymbol{x}$,时间为 t 时的粒子的分布函数;Δt 表示时间步长;Ω_{α} 表示碰撞算子;e_{α} 表示格子的速度模型;ω 表示弛豫频率;F_{i} 表示外力项。一般来说,当采用数值方法进行编程求解式(9.2)时,通常可以将其分为碰撞过程和迁移过程两部分。首先计算碰撞部分:

$$f_\alpha^*(\boldsymbol{x},t)=f_\alpha(\boldsymbol{x},t)+\Omega_\alpha(\boldsymbol{x},t) \tag{9.3}$$

然后处理迁移部分：

$$f_\alpha(\boldsymbol{x}+e_\alpha\Delta t,t+\Delta t)=f_\alpha^*(\boldsymbol{x},t) \tag{9.4}$$

式中，上标 $*$ 表示碰撞后的量。这种处理方式，可以使得更新计算集中于碰撞部分。

本章采用了单一松弛时间的碰撞模型来表示碰撞算子 Ω_α：

$$\Omega_\alpha=\frac{1}{\tau}(f^{\text{eq}}-f) \tag{9.5}$$

式中，τ 被称为松弛因子，它和流体的运动黏度有关，可以通过下式进行计算：

$$v=c_s^2(\tau-0.5) \tag{9.6}$$

式中，c_s 是离散化的格子声速[248]。f^{eq} 是一个局部平衡态的分布函数，它是一个 Maxwell-Boltzmann 分布函数，一般来说可以表示为

$$f_\alpha^{\text{eq}}=\rho\omega_\alpha\left[1+\frac{e\alpha\cdot u}{c_s^2}+\frac{(e\alpha\cdot u)^2}{2c_s^4}-\frac{u^2}{2c_s^2}\right] \tag{9.7}$$

式中，ρ 和 u 分别表示宏观密度和宏观速度，可以通过下式计算：

$$\rho=\sum_\alpha f_\alpha,\rho u=\sum_\alpha f_\alpha e_\alpha \tag{9.8}$$

为了模拟雷诺数较大工况下流体的湍流现象，需要在方程中引入湍流模型。大涡模拟（Large Eddy Simulation，LES）是 CFD 计算中常用的湍流模型之一，已经在多种工程应用中广泛使用。利用 Smagorinsky 模型可以将 LES 模型加入到 LBM 中[249]。利用文献[250]中所描述的方法，可以在流体的运动黏度中引入一个额外的湍流涡黏项 v_t 用于模拟湍流现象。此时，总的黏度 v_{total} 可以用如下公式进行表示：

$$v_{\text{total}}=v+v_t \tag{9.9}$$

湍流涡粘项的计算方法如下：

$$v_t=(C_s\Delta x)2\,|S_{\alpha\beta}| \tag{9.10}$$

式中，C_s 表示 Smagorinsky 常数，根据文献[251]的建议，该常数在本章中设置为 0.16；Δx 表示格子的间距；$S_{\alpha\beta}$ 表示笛卡尔坐标系下的应变率张量，$|S_{\alpha\beta}|=\sqrt{2S_{\alpha\beta}S_{\alpha\beta}}$。

对流扩散问题通常是指对流和扩散同时发生的过程，这种过程在实际应用中十分常见。例如温度伴随流体流动的扩散；或者在流场中的某处添加了一种污染物，该污染物将会随着水流逐渐远离源头在流场中扩散。利用 LBM 求解流动扩散问题最常用的方法主要有多速方法、混合方法和双分布函数方法。其中多速方法通过在流动的分布函数中增加更多的离散速度来求解温度场，这种方法通常只适用于温度变化较小的情况，并且受到数值不稳定的限制[252]。混合方法是通过 LBM 来求解速度场，但是通过耦合有限体积、蒙特卡洛等其他数值方法来求解扩散方程[253]。这通常使得求解过程更为复杂。本章采用了双分布函数方法来求解流动扩散的耦合问题[254-256]，利用该方法计算此类问题时需要针对污染物的分布函数 $g(\boldsymbol{x},t)$ 单独建立扩散方程并和流动方程同步求解。一般来说，扩散方程的形式和式（9.2）是基本一致的：

$$g_\alpha(\boldsymbol{x}+e_\alpha\Delta t, t+\Delta t)-g_\alpha(\boldsymbol{x},t)=\Omega_\alpha(\boldsymbol{x},t) \tag{9.11}$$

唯一的区别是平衡态的分布函数的计算方式：

$$g_\alpha^{\mathrm{eq}}=\varphi\omega_\alpha\left[1+\frac{\boldsymbol{e}_\alpha\cdot\boldsymbol{u}}{c_s^2}\right] \tag{9.12}$$

式中，$\varphi=\sum\limits_\alpha g_\alpha$ 表示宏观参数（浓度或温度等）。

对于自然对流等问题，动量方程和扩散方程应该耦合求解同时更新。此时的流动受到温度或质量梯度的影响。则在求解格子 Boltzmann 方程时需要在式(9.2)的右端增加一个外力项 $\boldsymbol{F}$。例如，对于自然对流问题，在 LBM 中可以根据 Boussinesq 假设可以得到：

$$\boldsymbol{F}_\alpha=3\omega_\alpha g\beta\rho(\theta-\theta_{\mathrm{ref}})e_z \tag{9.13}$$

式中，g 表示重力加速度；下标 ref 表示宏观参数的参考量。LBM 流动扩散耦合的双分布函数方法的完整计算过程如算法 9.1 所示。

算法 9.1　求解流动扩散问题的双分布函数方法

已知：格子点的总数 N，总的迭代步数 T

1：　初始化 $t=0$ 时刻的流场和浓度场

2：　for$(t=1;t<=T;i++)$

3：　　for$(i=0;i<N;i++)$

4：　　　流场的碰撞迁移计算 $(f_{\alpha,t-1,i}, \rho_{t-1,i}, u_{t-1,i}, \theta_{t-1,i})$；

5：　　　流场的宏观参数计算 $\rho_{t,i}(f_{\alpha,t,i}), u_{t,i}(f_{\alpha,t,i})$；

6：　　　流场的进程间通信；

7：　　End for

8：　　for$(i=0;i<N;i++)$

9：　　　浓度场的碰撞迁移计算 $g_{\alpha,t,i}(g_{\alpha,t-1,i}, u_{t,i}, \theta_{t-1,i})$；

10：　　　浓度场的宏观参数计算 $\theta_{t,i}(g_{\alpha,t,i})$；

11：　　　浓度场的进程间通信；

12：　　End for

13：　End for

9.2.2　三维流动扩散问题的格子速度模型

在 LBM 中通常使用 DnQm 来指代求解问题的维度和流动方向的离散数量。其中，n 表示问题的维度，m 表示速度的模型（即格子间链接的数量）。例如 D3Q19 指的是在三维问题中，将流动方向离散为 19 个方向。因而在该格式下分布函数将有 19 个分量，每个格子在迁移过程中也将和周围的 19 个格子进行数据交换。D3Q19 模型是三维问题中最常使用的格式，如图 9.2 所示，该模型拥有 19 个速度矢量。其中，中心的速度矢量为 0，速度的 1~6 号矢量位于格子 6 个面的中心,剩下的 12 个矢量则分别位于格子 12 条棱的中心。

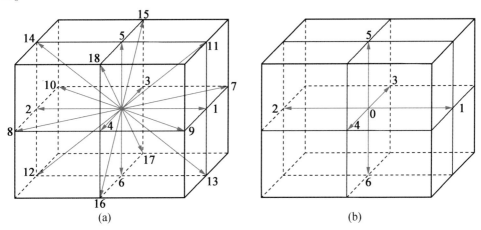

图 9.2　格子速度模型示意图

本章在流动计算中选取了 D3Q19 格子速度模型,使用该模型时,式(9.2)中的粒子分布函数被分为 19 个分量 $|f_\alpha\rangle = [f_0, \cdots, f_\alpha, \cdots f_{18}]^\mathrm{T}$。每次迭代需要对 19 个分布函数分量进行更新,并沿图 9.2(a)所示的方向进行迁移。式(9.2)中的格子速度模型 e_α 的定义如下:

$$
\begin{rcases}
|e_{\alpha x}\rangle = c \cdot [\,0,-1,0,0,-1,-1,-1,-1,0,0,1,0,0,1,1,1,1,0,0\,]^\mathrm{T} \\
|e_{\alpha y}\rangle = c \cdot [\,0,0,-1,0,-1,1,0,0,-1,-1,0,1,0,1,-1,0,0,1,1\,]^\mathrm{T} \\
|e_{\alpha z}\rangle = c \cdot [\,0,0,0,-1,0,0,-1,1,-1,1,0,0,1,0,0,1,-1,1,-1\,]^\mathrm{T}
\end{rcases}
\tag{9.14}
$$

式中,$c = \dfrac{\Delta x}{\Delta t}$ 表示格子速度。式(9.7)中计算平衡态分布函数时所用到的权重 ω_α 如下所示:

$$
\omega = \left[\frac{1}{3}, \frac{1}{18}, \frac{1}{18}, \frac{1}{18}, \frac{1}{18}, \frac{1}{18}, \frac{1}{18}, \frac{1}{36}, \frac{1}{36}, \frac{1}{36}, \frac{1}{36}, \frac{1}{36}, \frac{1}{36}, \frac{1}{36}, \frac{1}{36}, \frac{1}{36}, \frac{1}{36}, \frac{1}{36}, \frac{1}{36}\right]^\mathrm{T} \tag{9.15}
$$

D3Q19 模型下,式(9.6)中离散化的格子声速 $c_\mathrm{s} = 1/\sqrt{3}$。

在求解扩散方程时,D3Q7 模型通常已经能够精确地模拟粒子的运动的规律[245,246]。如图 9.2(b)所示,该模型拥有 7 个速度矢量,其速度方向与 D3Q19 模型中的前 7 个方向一致。D3Q7 模型只关注格子 6 个面中心方向的速度矢量,式(9.11)中的粒子分布函数被分为 7 个分量 $|g_\alpha\rangle = [g_0, \cdots, g_\alpha, \cdots g_6]^\mathrm{T}$。速度模型 e_α 与 D3Q19 模型中的前 7 个分量一致。式(9.12)中计算平衡态分布函数时所用到的权重如下:

$$
\omega = \left[\frac{1}{4}, \frac{1}{8}, \frac{1}{8}, \frac{1}{8}, \frac{1}{8}, \frac{1}{8}, \frac{1}{8}\right]^\mathrm{T} \tag{9.16}
$$

D3Q7 模型中离散化的格子声速 $c_\mathrm{s} = 1/\sqrt{3}$。

9.3　适合体系结构特点的异构加速算法

9.3.1　数据结构和存储方案

LBM 的计算通常需要消耗大量的内存,现有的研究表明,内存的存储策略不仅仅影响内存的消耗量,还会对 LBM 算法的性能产生很大的影响[257]。对于 LBM 算法首先需要考虑的是如何将高维的格子点存储到一维的内存存储空间,以及保留格子点在几何空间上的相邻关系以方便快速检索。一种最经典的排序方式是字典式排序,即通过比较连续的坐标值来决定格子点的顺序。本章中便选取了这种排序方式。考虑到后续所使用到的流水线算法需要将计算域沿 z 轴方向进行切块,为了保证数据的连续性,在对格子进行检索时,首先对比格子点的 x 坐标,其次是 y 坐标,最后是 z 坐标。因此,对于一个尺寸为 (M,N,O) 的长方体计算域,那么相对位置 (i,j,k) 的格子点,在内存上的存储位置 $L(i,j,k)=(k\cdot N+j)\cdot M+i$。

在存储 LBM 的数据时不仅需要考虑如何将三维的格子点排序到一维的存储空间,还需要考虑如何存储和检索每个格子点粒子的分布函数分量。现有的研究根据应用场景不同,提出了多种内存存储技术来追踪格子点的数据信息。但一般来讲在处理粒子的分布函数分量时主要采用了两种思路。如图 9.3 所示,第 1 种采用的是结构体数组(Array of Structure,AOS)的形式。以二维的格子点为例,当采用 AOS 格式进行存储时,每个格子点内部的分布函数分量在内存上是相邻存储的,在此基础上依次存储所有格子点的分布函数分量。第 2 种存储方式采用的是数组的结构体(Structure of Array,SOA)形式。这种存储格式会将所有格子中同一个方向的分布函数分量按照格子的顺序相邻存储,在此基础上依次存储所有方向的分布函数分量。假设格子速度模型将粒子的分布函数离散成了 Q 个分量,式(9.17)和式(9.18)分别给出了这两种存储格式对于一个尺寸为 (M,N,O) 的长方体计算域,相对位置为 (i,j,k) 的格子点的第 q 个分量在内存上的存储位置。

$$L(i,j,k,q)=((k\cdot N+j)\cdot M+i)\cdot Q+q \text{ 对于 AOS 形式} \tag{9.17}$$

$$L(i,j,k,q)=q\cdot MNO+(k\cdot N+j)\cdot M+i \text{ 对于 SOA 形式} \tag{9.18}$$

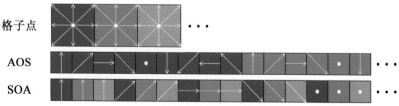

图 9.3　存储粒子分布函数分量的两种方案

如式(9.3)和式(9.4)所示,每个时间步的迭代中 LBM 算法主要包括碰撞更新和迁移两个部分。在对每个格子点进行碰撞计算时,需要从内存中加载 Q 个粒子分布函数分量进行更新,并在更新后重新存储到内存中。在进行迁移操作时,对于每个格子点同样需要从内存加载并存储 Q 个粒子分布函数分量。为了减少访存量,可以将碰撞计算的核函数和迁移的核函数进行融合[258]。算法 9.2 显示了核函数融合前后的算法区别,通过融合碰撞和迁移的循环,访存量可以减少一半。以 D3Q19 格子速度模型为例,未进行碰撞和迁移合并时,更新一个格子点需要访问 $4×19×\text{sizeof(double)}$ 字节的内存,而合并后只需要访问 $2×19×\text{sizeof(double)}$ 字节的内存。

算法 9.2　碰撞迁移的核函数融合算法

已知:格子点的总数为 N,总的迭代步数为 T

1：　/ * 未进行碰撞和迁移合并时 * /

2：　for$(t=0;t<=T;t++)$

3：　　for$(i=0;i<N;i++)$

4：　　　Collision(i);

5：　　End for

6：　　for$(i=0;i<N;i++)$

7：　　　Streaming(i);

8：　　End for

9：　End for

10：　/ * 碰撞和迁移合并后 * /

11：　for$(i=0;i<T;i++)$

12：　　for$(i=0;i<N;i++)$

13：　　　Collision(i);

14：　　　Streaming(i);

15：　　End for

16：　End for

同时为了避免内存上的访存冲突,采取了乒乓缓冲模式(也称为 $A-B$ 内存访问模式)[258]。如图 9.4 所示,初始化时在内存中准备 A 和 B 两个数组。在偶数次迭代中,从数组 A 中加载粒子的分布函数并进行碰撞更新计算,随后将更新后的分布函数直接存储到数组 B 中。在奇数次迭代中,则反过来从数组 B 加载粒子的分布函数并在更新后存入数组 A 中。每次迭代后交换两个数组的指针。

9.3.2　双分布函数方法的核函数融合算法

如算法 9.1 所示,在双分布函数方法中,LBM 需要耦合求解速度场和浓度场的分布函数。碰撞和迁移是 LBM 计算的主要过程。正如算法 9.2 所描述,为了减少访存量,计算中通常希望将碰撞和迁移的过程进行融合。速度场和浓度场分布函数的求解均采用了类似的方式。本节希望在此基础上,进一步融合求解流动方程的核函数和扩散方程的核函数。由于式(9.13)所示的外力项计算和式(9.12)所示的浓度分布函数的平衡函数计算引入了耦合参数浓度 θ 和速度 u。

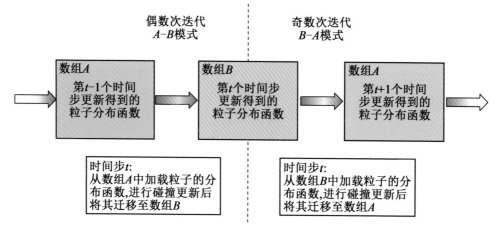

图 9.4　乒乓缓冲模式

　　为了保证耦合项的线性更新特性,同时融合流动和扩散的核函数以改善数据的局部性提高求解速度,本节提出了一种面向 LBM 求解流动扩散耦合计算问题时双分布函数方法的核函数融合方法。如算法 9.3 所示,通过将浓度场的计算在时间步上延迟一步,可以解除流场和浓度场在时间步上的顺序依赖,从而实现流场和浓度场求解的核函数融合。为了分析算法的优势,需要首先分析了 LBM 算法的时间开销。一般来讲 LBM 算法的时间开销主要包括访存的时间开销、计算的时间开销和通信的时间开销,可以通过构造如式(9.19)的方程来衡量 LBM 算法的计算开销。

$$T_{\text{lbm}} = t_{\text{mem}} + t_{\text{cmpt}} + t_{\text{mpi}} \tag{9.19}$$

式中, T_{lbm} 表示 LBM 算法的计算总开销; t_{mem} 、 t_{cmpt} 、 t_{mpi} 分别表示访存、计算和 MPI 通信的时间开销。

算法 9.3　流动扩散耦合计算的核函数融合算法

已知:格子点的总数为 N,总的迭代步数为 T

1：初始化 $t=0$ 时刻的流场和浓度场

2：流场的碰撞迁移计算 $f_{\alpha,1,i}(f_{\alpha,0,i},\rho_{0,i},u_{0,i},\theta_{0,i})$;

3：流场的进程间通信

4：for$(t=2;t<=T;t++)$

5：　　for$(j=0;j<N;j++)$

6：　　　　流场的宏观参数计算 $\rho_{t-1,i}(f_{\alpha,t-1,i})$, $u_{t-1,i}(f_{\alpha,t-1,i})$;

7：　　　　浓度场的碰撞迁移计算 $g_{\alpha,t-1,i}(g_{\alpha,t-2,i},u_{t-1,i},\theta_{t-2,i})$;

8：　　　浓度场的宏观参数计算 $\theta_{t-1,i}(g_{\alpha,t-1,i})$；

9：　　　流场的碰撞迁移计算 $f_{\alpha,t,i}(f_{\alpha,t-1,i}, \rho_{t-1,i}, u_{t-1,i}, \theta_{t-1,i})$；

10：　　　流场和浓度场的进程间通信；

11：　　End for

12：End for

13：流场的宏观参数计算 $\rho_{T,i}(f_{\alpha,T,i})$，$u_{T,i}(f_{\alpha,T,i})$；

14：浓度场的碰撞迁移计算 $g_{\alpha,T,i}(g_{\alpha,T-1,i}, u_{T,i}, \theta_{T-1,i})$；

15：浓度场的宏观参数计算 $\theta_{T,i}(g_{\alpha,T,i})$；

16：浓度场的进程间通信

在利用 CPU 进行同构计算时,本节所提出的双分布函数法的核函数融合算法的优势主要有两点。首先,如式(9.7)和式(9.12)所示,速度场和浓度场的更新中存在相同的计算项,通过核函数融合,计算时可以引入一个中间变量 $\xi = 1 + \dfrac{e_\alpha \cdot u}{c_s^2}$,这样当在浓度场的更新中计算该项后,流场便不需要对该项进行重复计算,这有效减少了计算量,同时也省去了相关参数的访存开销。本章计算浓度场所采用的 D3Q7 模型,对于每个网格点的更新,该项可以减少 $7 \times 3 = 21$ 次浮点运算。当网格量非常大时,这种开销的节省是很可观的,显然本节所提出的双分布函数法的核函数融合算法的 t_{cmpt} 较小。其次,在算法 9.3 中,流场和浓度场的进程间通信进行了合并。这种合并虽然没有改变通信量降低传输开销,却在每次进程间的通信时节省了一次 MPI 通信的建立和销毁,降低了通信的延迟开销。在 D3Q7 的浓度场模型中,每个进程需要和 7 个相邻进程进行通信。每次迭代中该算法至少减少了 7 次 MPI 通信的建立和销毁的延迟开销,所以 t_{mpi} 更小。因此,本节所介绍的算法在利用 CPU 进行同构计算时拥有更小的总体时间开销 T_{lbm}。

在利用 MT-3000 的异构加速器核进行计算时,本节所提出的双分布函数法的核函数融合算法依然具有同构计算时所提到的计算和 MPI 通信的时间开销优势,并且还减少了访存的时间开销。由于在异构计算中,核函数所需要的输入参数需要从 DDR 传输到 AM 空间,为了提升性能需要尽可能减少异构计算中的数据传输以减少访存开销。在算法 9.1 中,流场的碰撞迁移计算时,除了需要上一次迭代的分布函数分量之外,还需要宏观参数密度 ρ、速度 u 和浓度 θ 作为输入从 DDR 进行加载,且在计算后需要将更新后的宏观参数从 AM 写入 DDR。同理,浓度场的更新计算也需要宏观速度 u 和浓度 θ 的加载和写回。而在算法 9.3 中,经过核函数融合,流场和浓度场的宏观参数计算均可以放在碰撞和迁移更新之前,这样只需要加载流场和浓度场的分布函数分量,计算中所需要的宏观参数均可以在异构部件中计算得到。并且在 LBM 算法中,除了最后的宏观参数输出之外,所有操作均可以通过分布函数进行计算和处理,除最后一次迭代外,DDR 中的宏观参数不必进行更新。本节所提出的双分布函数法的核函数融合算法对于每个格子点减少了 10 次宏观参数的读写,共计节省了(3+2)×2×sizeof(double)字节的数据访问开销。访存的时间开销 t_{mem} 具有绝对的优势。因此,该算法在利用加速器核进行异构计算时总体时间开销 T_{lbm} 的优势更加显著。

9.3.3 Pencil-H:异构计算的多级流水线算法

流水线式的模板计算算法是在分布式存储机器上提高 CFD 实际求解速度的一种十分有效的方法[259]。在流水线算法中,内存中的数据沿着一个维度被切割成块,并且不同层级数据块的计算时间和通信时间可以相互重叠。考虑到 MT-3000 的异构多区域结构,本节在常规流水线算法的基础上针对异构计算提出了一种多级的流水线算法。

如图 9.5 所示,进程 m 和进程 n 中所分配的数据被沿纵向切割成了多个矩形块。ACC、CPU 和 MPI 分别负责处理在流水线算法中处于不同级的数据。ACC 主要负责计算密集的核函数完成流水线中的计算部分,CPU 主要负责分支判断及赋值操作比较多的边界处理部分,MPI 则负责完成进程间的通信。这 3 个部件同时工作,按照流水线的顺序依次操作对应的数据,其工作时间可以相互重叠。当块 C_{n+1} 中的数据交给 ACC 进行操作更新时,块 C_n 中的数据已经完成了主要的计算更新操作,因此 CPU 可以开始对其进行边界处理。同时,C_{n-1} 已经完成了全部计算和边界处理的工作,可以通过 MPI 与其他进程进行通信。3 个部件的工作互不干涉且负责不同区域的数据,因此可以同时工作以达到效率最大化。为了简化算法的描述,本章将改进的流水线算法命名为 Pencil-H(即面向异构计算的流水线式模板计算算法)。

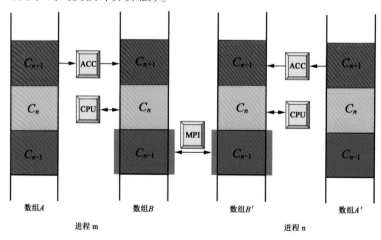

图 9.5　面向异构计算的 Pencil-H 算法示意图

在传统算法中,数据计算和通信的重叠掩盖通常是通过将数据划分为不需要通信的内部数据块和需要通信部分的外部数据层,从而分离两部分计算和通信的依赖[246]。但是这种方法通常打破了数据的连续性,因此外部数据层的并行计算会受到很大影响[259]。而在本节所提出的 Pencil-H 算法中通过分级将不同数据的计算和通信进行重叠,同时利用 9.3.1 节中所述的存储排序方式,保留了每个数据块的连续性。

正如 9.3.1 中所述,LBM 方法在计算时合并了碰撞计算和迁移计算的核函数,采用了乒乓存储模式来避免访存冲突。对于每个进程,存在 A 和 B 两个相同大小的数组。在 Pencil-H 算法的每一级的执行中,ACC 从数组 A 中加载粒子的分布函数分量,并在更新计算后将其写入数组 B 中。由于合并了碰撞计算和迁移计算的核函数,ACC 在写数据的同时还需要完成分布函数的迁移工作。当格子速度模型确定时,粒子分布函数分量的迁移方向也是确定的,因此根据式(9.18)所示的检索方式,可以很容易获得不同方向分布函数的偏移量。在 ACC 通过 DMA 将数据从 AM 中写入内存时,本章所使用的两种格子速度模型所对应的偏移量 φ,如式(9.20)和(9.21)所示。对于边界部分等不需要迁移的网格点,可以在 CPU 处理边界时对其进行修正。因为所有的分布函数都写回了 ACC 簇所对应的物理内存,且 CPU 可以访问不同加速器簇的内存数据,这种修正非常容易实现。

$$\varphi = [0, 1, -1, M, -M, MN, -MN, M+1, -M-1,$$
$$-M+1, M-1, MN+1, -MN-1, -MN+1, MN-1,$$
$$M(N+1), -M(N+1), -M(N-1), M(N-1)]^{\mathrm{T}} \text{ 对于 D3Q19 格式} \quad (9.20)$$
$$\varphi = [0, 1, -1, M, -M, MN, -MN]^{\mathrm{T}} \text{ 对于 D3Q7 格式} \quad (9.21)$$

值得注意的是,CPU 和 MPI 的操作目标只有数组 B。数组 B 中,上下两个数据块交界层上的数据,由于存在需要跨数据块迁移的分量,所以通常需要等待所涉及的两块数据全部更新完毕写入内存后,才可以开始进一步的处理。如图 9.6 所示,数组 B 在和数组 A 具有相同分块结构的同时,略微调整了划分方法以处理交界处的数据。CPU 和 MPI 所处理的数组 B 中的数据块相比于数组 A 要延迟一层。以 z 方向高度为 $n+1$ 的数据为例,该层格子点所对应的数据在数组 A 中位于第 0 块中,而在数组 B 中位于第 1 块。当 ACC 将数组 A 中的第 0 块数据更新处理完毕后,CPU 将开始数组 B 中第 0 块的边界处理。而第 $n+1$ 层的格子的完全更新还需要 $n+2$ 层中的一些分布函数分量,所以必须等待数组 A 中的第 1 块数据更新完毕后才可以做进一步处理。

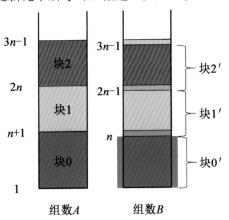

图 9.6　数组 A 和数组 B 的分块示意图

9.3.4　面向 MT-3000 的多级并行策略

为了充分挖掘 MT-3000 的性能,本节在深入研究 MT-3000 体系结构特点的基础上,利用多层次的编程环境提出了 LBM 算法的多级并行策略。如图 9.7 所示,本章面向流动扩散耦合所开发的三维 LBM 算法使用 C++语言进行编写。首先利用 MPI 通信协议实现了进程级并行。考虑到一块 MT-3000 芯片上拥有 4 个加速器簇,计算域被划分为了 4 个子域,将子域分别存储在 4 个加速器簇所对应的 DDR4 存储器中。每个 MPI 进程负责一个数据子区域的计算控制和通信控制,这是第一级的并行。同时,为了在每个子区域均实现 9.3.3 节中所提出的 Pencil-H 算法,子区域的数据沿 z 轴方向进行切块。每个块的大小应适合循环展开和直接存储器访问(Direct Memory Access, DMA)的数据传输。

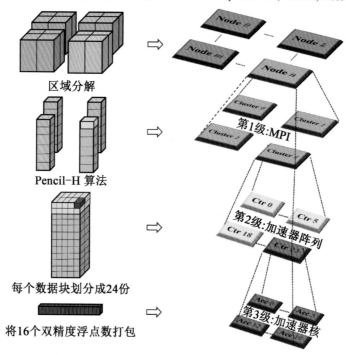

图 9.7　基于 MT-3000 芯片的多级并行策略示意图

考虑到 MT-3000 的每个加速器簇拥有 24 个加速器控制核心用于处理计算中的单一指令流,每层流水线的数据块被进一步划分为了 24 份。通过利用 MT-3000 的异构线程模型(即 Hthreads),24 份数据被分别指定给了加速器簇中的 24 个加速器阵列。控制核心可以通过 DMA 将对应的数据从 DDR4 中加载到对应加速器阵列的数组空间(Array Memory, AM)中。为了发挥 MT-3000 通用区域的性能,16 个通用 CPU 核被平均分给了4 个进程,每个进程最多可以允许调用 4 个 CPU 核心。在 Pencil-H 算法中,这 4 个 CPU核心主要用于并行地执行边界处理。每个进程内的 24 个异构线程和 4 个 CPU 线程共同组成了第 2 级并行。

　　每个加速器阵列中的加速器核心被组织在了同一个超长指令字中,控制核心可以通过一个指令流来同时驱动 16 个加速器核心同时计算。为了充分发挥 MT-3000 异构区域的计算性能,每 16 个双精度浮点数被打包成了一个向量传递给加速器阵列。这种数据级的并行是本节所提出的并行策略中的第 3 级并行。这种并行方式可以极大地提高计算效率。以一个乘加指令流为例,16 个加速器核可以同时执行乘加操作,进行 16×2 次浮点计算。不仅如此,为了充分挖掘异构区域的性能,所有异构核函数采用了汇编语言进行编写。通过手动展开循环并仔细地进行指令调度,所有异构核函数的计算时间已经达到了最优。

如 9.1 节中所述,每个数组存储器中仅有 768 KB 可用于数据存储。考虑到在每次迭代中,每个格子点的粒子分布函数均只需要被访问一次,因此数据不适合在数组存储器中停留过久。值得庆幸的是,MT-3000 支持直接内存存储器的并行访问,基于这一特点,可以通过 DMA 的双缓冲技术来进一步重叠异构计算和异构数据传输的时间。如图 9.8 所示,数组存储器被分成了两个缓冲区,同时每个加速器阵列在 DDR 中所分到的数据被进一步分为了两份以对应两个缓冲区。当缓冲区 A 中的数据加载完毕后,开始对缓冲区 B 进行数据加载,同时开始缓冲区 A 中数据的更新计算。

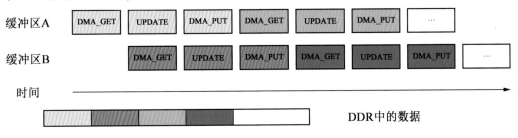

图 9.8　DMA 双缓冲数据划分示意图

异构核函数的总执行时间可以分成数据的传输时间和计算时间两部分。其中数据的传输时间主要取决于 DMA 传输的带宽,计算时间主要取决于 ACC 的性能。算法 9.4 详细描述了异构计算中 DMA 双缓冲算法的流程。通过划分缓冲区,异构区域的计算被分成了两个流水线。算法中缓冲区的预加载指令 Buffer(j)_preload(i) 和预存储指令 Buffer(j)_prestore(i) 均为非阻塞的,因此这两个指令的时间通常是可以忽略的。而数据传输的等待时间则可以和另外一个缓冲区的计算时间相互重叠。这种双缓冲模式极大地提高了 DMA 传输的带宽利用率。

算法 9.4　异构计算的 DMA 双缓冲算法

已知:AM 中加载的格子点总数为 N

1：Buffer(0)_preload(0)

2：Buffer(1)_preload(0)

3：for($i=0;i<N;i++$)

4：　for($j=0;j<2;j++$)

5：　　　　Buffer(j)_load_wait(i)

6：　　　　Buffer(j)_compute(i)

7：　　　　Buffer(j)_prestore(i)

8：　　　if $i<N-1$ then

9：　　　　　Buffer(j)_preload($i+1$)

10：　　　End if

11：　　End for

12：　　Buffer(0)_store_wait(i)

13：　　Buffer(1)_store_wait(i)

14：End for

9.4　面向城市风场模拟的 LBM 方法

9.4.1　LBM 软件系统架构

为了进一步提高 LBM 算法的能力以解决实际工程应用中的问题,本章以第 4 章所提出的三维流动扩散耦合求解的 LBM 算法为核心,开发了面向大规模城市风场模拟的 LBM 并行软件系统。如图 9.9 所示,该系统主要由物理建模模块、边界处理模块、计算处理模块、并行通信模块和并行 I/O 模块 5 部分组成。

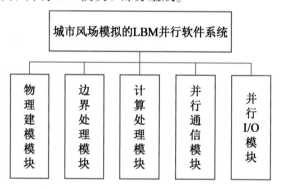

图 9.9　大规模城市风场模拟的 LBM 并行软件系统组成示意图

其中物理建模模块主要包含文本信息的预处理、几何模型的预处理、网格的生成以及曲面边界的识别等功能。文本信息的预处理功能可以根据输入文件完成流场基本信息的设定。几何模型的预处理功能可以加载指定的几何文件并完成建筑物和不规则地面等几何信息的统计工作。根据以上信息,物理建模模块可以完成计算域笛卡尔网格的初步生成工作。为了进一步处理不规则的曲面信息,软件系统实现了曲面边界的识别功能用于标记计算域中网格点的类型。如图 9.10 所示,该功能可以对几何建筑进行识别从而对靠近建筑物的边界点进行标记。同时还可以计算边界点和建筑物的距离,以便在边界处理模块中处理建筑物的曲面边界。

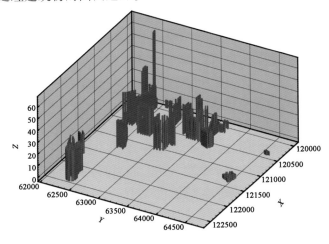

(a) STL 面几何

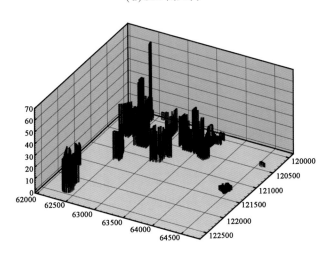

(b) 靠近建筑物的边界点

图 9.10　部分建筑的网格判断示意图

　　边界处理模块中主要包括了流场入口、出口、壁面和周期等边界的设定功能。在此基础上还实现了不规则曲面边界的处理功能。通过利用统一插值方法,该模块可以完成曲面边界处的粒子分布函数的更新计算。计算处理模块是该软件系统的核心,继承了第 4 章所提出的三维流动扩散耦合求解的 LBM 算法,负责完成速度场和浓度场的更新计算。并行通信模块负责处理大规模并行时的区域分解和进程通信,开发了针对新一代天河超级计算的亿核级混合并行算法,实现了大规模并行计算功能。并行 I/O 模块主要负责超大并行规模下软件系统的并行输入和输出功能。

9.4.2 曲面边界条件的处理方法

在常规的流体力学计算中,通常是在边界上指定速度或压力等宏观变量,或者宏观变量的变化梯度来约束边界条件。在 LBM 算法中,主要是通过对粒子的分布函数进行计算和更新。为合理地施加边界条件,必须选择适当的方法将给定的宏观变量转化为边界上的粒子分布函数。

一种常用的速度和压力边界条件的约束方法是通过非平衡外推的方式得到边界处的粒子分布函数[252]。采用该方法进行边界条件约束时需要将边界上的粒子分布函数分解为平衡态和非平衡态两个部分。平衡态部分通过式(9.7)计算,计算中遇到的未知宏观变量可以使用相邻格子点的宏观变量代替。非平衡态部分则可以直接采用相邻格子点的非平衡态部分进行代替。例如,对于速度边界,宏观速度为已知量,而宏观密度和非平衡态参数可以用相邻的格子点进行近似。此时,分布函数的更新如下:

$$f_\alpha(x,t) = f_\alpha^{eq}(\rho',u) + (f_\alpha(x',t) - f_\alpha^{eq}(\rho',u')) \tag{9.22}$$

式中,x' 表示边界点 x 在 α 方向的邻居格子点;ρ' 和 u' 分别表示相邻格子点的宏观密度和速度。类似的,对于压力已知的边界条件,平衡态部分应该为 $f_\alpha^{eq}(\rho,u')$。这种方法已经被证明具有二阶精度,可以在流场四周的边界上取得很好的效果。

对于本章所希望求解的城市风场问题,不仅需要设置流场四周的边界还需要对建筑物的表面进行边界约束。虽然建筑物的表面也是指定速度为 0 的无滑移壁面,但由于建筑的形状复杂,非平衡外推方法对于曲面边界的约束效果不尽如人意。因此本章采用了统一边界的处理方式[260,261]来对曲面的无滑移壁面进行建模。

如图 9.11 所示,图中红色弯曲实线指代曲面边界,空心圆点表示流体域中的格子点,黑色圆点表示固体域中的格子点,红色菱形点表示边界两侧的格子点连线与曲面边界的交点。对于边界附近的流体格子点 x_f,其 α 方向的邻居为固体点 x_s,α 反方向的邻居为流体点 x_{ff}。对于曲面的无滑移壁面边界处 x_f 的粒子分布函数可以采用如下方式进行更新:

$$f_\alpha(\boldsymbol{x}_f,t+\Delta t) = \frac{1}{1+q}\left[(1-q)f_\alpha^*(\boldsymbol{x}_{ff},t) + qf_\alpha^*(\boldsymbol{x}_f,t) + qf_{\bar\alpha}^*(\boldsymbol{x}_f,t)\right] \tag{9.23}$$

式中,f^* 表示式(9.3)中经过碰撞更新后得到的粒子分布函数;$\bar\alpha$ 表示 α 的相反方向;q 表示流体点到曲面边界的距离与流体点和固体点之间距离的比值,即

$$q = \frac{|x_f - x_w|}{|x_f - x_s|}, 0 \leq q \leq 1 \tag{9.24}$$

式中,x_w 表示边界两侧的格子点连线与曲面边界的交点。

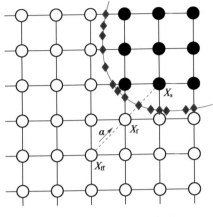

图 9.11　曲面边界示意图

9.5　亿核级混合并行算法

9.5.1　区域分解方法与通信量分析

为了设计高可扩展性的算法,需要对整个计算域进行区域分解。区域分解的基本原则是在尽可能保证进程间的负载均衡的基础上降低进程间的通信量。因此每个子域中的格子点数应该尽可能一致,且区域边缘的格子点应该尽可能少。对于笛卡尔坐标系中的网格,本章设计了对计算域进行一维、二维和三维划分的区域分解方式[262]。图 9.12 展示了 3 种区域分解的示意图。

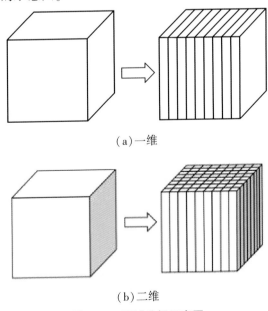

（a）一维

（b）二维

图 9.12　区域分解示意图

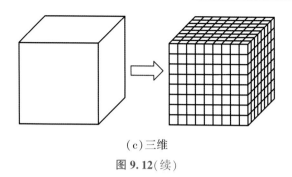

（c）三维

图 9.12（续）

在进行并行计算时，每个进程分别处理一个子域。以三维划分方式为例，假设对每个子区域进行三维编号，记为 (i, j, k)。对于第 r 个进程，其所分配到的子区域对应的编号为

$$\begin{cases} i = \mod(\mod(r, npx \times npy), npx) \\ j = \mod(r, npx \times npy) / npx \\ k = r / (npx \times npy) \end{cases} \quad (9.25)$$

式中，npx、npy、npz 分别表示计算域在 x、y、z 三个方向上所划分的进程数量。当采用一维划分方式时 npz = npy = 1，同理采用二维划分方式时 npz = 1。根据该划分方式，每个子区域在 x 方向上的格子点范围 $[X_{beg}, X_{end}]$ 应该为

$$\left. \begin{array}{l} X_{beg} = i \times \dfrac{LatX}{npx} + \min(i, \mod(LatX, npx)) \\[4mm] X_{end} = \begin{cases} X_{beg} + \dfrac{LatX}{npx} - 1, \mod(LatX, npx) \le i \\[4mm] X_{beg} + \dfrac{LatX}{npx}, \mod(LatX, npx) > i \end{cases} \end{array} \right\} \quad (9.26)$$

式中 LatX 表示计算域在 x 方向上的总格子点数。同理，也可以得到 y 和 z 方向上的格子点范围。

在 LBM 的计算中，需要与相邻的进程传递和接受所需要的粒子分布函数分量。对于同一个格子速度模型，由于迁移方向是固定的，所以不需要传递所有的分布函数分量，只需要传递对方进程所需要的方向。所以对于不同的区域分解方式，不仅所需要通信的进程数量不同，所需要发送的消息大小也不尽相同。以图 9.2（a）所示的 D3Q19 格子速度模型为例，每个格子点在更新时需要向 18 个方向进行迁移，因此对应通信方向所需要传递的分布函数分量见表 9.1。

表 9.1　不同方向所需要传递的粒子分布函数分量

方向	需要传输的数据	方向	需要传输的数据
1	f_1^* f_7^* f_9^* f_{12}^* f_{13}^*	10	f_{10}^*
2	f_2^* f_8^* f_{10}^* f_{12}^* f_{14}^*	11	f_{11}^*

续表 9.1

方向	需要传输的数据	方向	需要传输的数据
3	f_3^* f_7^* f_{10}^* f_{15}^* f_{17}^*	12	f_{12}^*
4	f_4^* f_8^* f_9^* f_{16}^* f_{18}^*	13	f_{13}^*
5	f_5^* f_{11}^* f_{14}^* f_{15}^* f_{18}^*	14	f_{14}^*
6	f_6^* f_{12}^* f_{13}^* f_{16}^* f_{17}^*	15	f_{15}^*
7	f_7^*	16	f_{16}^*
8	f_8^*	17	f_{17}^*
9	f_9^*	18	f_{18}^*

对于区域分解的一维划分方式,每个进程共需要向 1 和 2 两个方向的进程发送和接收数据,需要通信的分布函数总量为

$$4\text{surfaces} = 20 \times \text{LatY} \times \text{LatZ} \tag{9.27}$$

对于二维划分方式,每个进程需要和 1～4 共 4 个方向的进程进行面上的数据交换,和 7～10 共 4 个方向进行棱上的数据互换,需要通信的分布函数总量为

$$8\text{surfaces} + 8\text{edges} = 20 \times \left(\frac{\text{LatX}}{\text{npx}} \times \text{LatZ} + \frac{\text{LatY}}{\text{npy}} \times \text{LatZ} \right) + 8 \times \text{LatZ} \tag{9.28}$$

对于三维划分方式,每个进程需要和 1～6 共 6 个方向的进程进行面上的数据交换,和 7～18 共 12 个方向进行棱上的数据互换,需要通信的分布函数总量为

$$12\text{surfaces} + 24\text{edges} = 20 \times \left(\frac{\text{LatX}}{\text{npx}} \times \frac{\text{LatY}}{\text{npy}} + \frac{\text{LatY}}{\text{npy}} \times \frac{\text{LatZ}}{\text{npz}} + \frac{\text{LatX}}{\text{npx}} \times \frac{\text{LatZ}}{\text{npz}} \right) + 8 \times \left(\frac{\text{LatX}}{\text{npx}} + \frac{\text{LatY}}{\text{npy}} + \frac{\text{LatZ}}{\text{npz}} \right) \tag{9.29}$$

区域分解是进程级并行设计的基础。本章旨在利用所开发的软件系统对较大范围城市风场进行高精度的计算。在此类问题中,通常 x 和 y 方向上的格子点数目要比 z 方向上的格子点数高出一个数量级。如本章所模拟的深圳市算例,其物理尺度为 50 km× 40 km×1 km。根据公式(9.27)～公式(9.29)进行推算后,在绝大部分的进程规模下二维区域分解方式的通信量明显较小。对于进程规模非常庞大的情况,三维的进程划分虽然通信量稍显优势,但由于需要通信的进程较多,进程间通信变得更加复杂。因此本章以二维的区域分解为基础,通过 MPI 编程为每个进程划分一个子区域,每个 MPI 进程负责相应子区域的全部计算和处理过程。

9.5.2　复杂几何模型的自动标记算法

在 LBM 的计算中需要对流体、固体和边界的区域进行标识,其中一种常用的方法是通过坐标范围来对网格进行标记。这种方法在二维或规则的边界中很容易实现。但对于三维实际复杂应用中的不规则几何,当几何的数量十分庞大,需要大规模的并行计算时,这种人工标记方法的开销十分巨大。在该软件系统的前处理中,几何模型通过 STL

格式的文件进行输入。该格式以三角形面为基本单元,这和高性能渲染器中的光线追踪十分类似。因此本章借鉴了光线追踪器中的光线–对象相交判断,提出了一种 LBM 风场计算中不规则边界的自动标记算法。

在进行任意场景的外流场风场计算时,需要用一个足够大的流域将障碍物进行包围以设定外流场的边界。为了保证流动细节的计算正确,边界距离障碍物通常需要留有足够距离以保证流体的充分发展。如图 9.13 所示,对于任意形状障碍物的风场计算,在邻近计算域网格的上边界处一定可以随机选取到一个处于流体域的标记点(图中的太阳标记)。对于计算域的网格点,只需要以该流体域标记点为基础,计算标记点与网格点之间的连线与几何体表面的交点数量便可以判断网格点的类型。如图 9.13 的 A 点所示,对于流体域的网格点其与标记点的连线和几何体表面的交点数量必定为偶数。而对于以 B 点为代表的固体点,则交点数量必定为奇数。对于固体点,如果其任意方向的相邻点为流体点则标记为边界点。

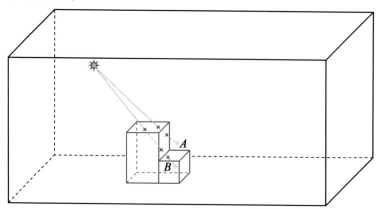

图 9.13　利用光线–对象相交判断网格点的类型示意图

由于该软件系统中所处理的几何文件格式以三角形为基本单元,于是流体域的标记便转化为了线段与三角形的交点问题。常用的射线三角形相交判断方法主要有两种[263]。第 1 种方法是将射线与包含三角形的平面相交,然后在平面中判断交点是否处于二维的三角形内[264]。第 2 种方法则是基于一些代数或几何观察进行直接的三维判断[265]。本章中首先通过判断标记点与网格点连线所在的长方体区域与三角形所在的长方体区域是否存在区域相交,快速排除不在相交范围内的三角形面,随后采用 Möller–Trumbore 相交算法[262]判断连线与三角形面的相交情况。

这种方法极大地减少了几何建模和网格划分过程中的人工干预,允许在进程级并行中的每个子区域上采用相同的算法,并能够在进程内通过使用 OpenMP 进行线程级并行设计。完整的边界标记流程如算法 9.5 所示。

算法 9.5　复杂几何模型的自动标记算法

已知：计算域最大坐标 X_{max}，Y_{max}，Z_{max}，格子点数 N_l，三角形个数 Num_{tri}

1：　设定标记点的坐标为 $(X_{max}/2,Y_{max}/2,Z_{max}-0.5*\Delta z)$；

2：　long tmp = 0；

3：　#pragma omp parallel for private(j, tmp)

4：　for($i=0;i<N_l;i++$)

5：　　for($j=0;j<Num_{tri};j++$)

6：　　　判断连线所处于的长方体区域范围。

7：　　　判断三角形 j 所处的长方体区域范围。

8：　　　If（区域不相交）

9：　　　　Continue；

10：　　　Else

11：　　　　判断连线与三角形 j 是否相交；

12：　　　　If（相交）

13：　　　　　tmp ++；

14：　　　　Else

15：　　　　　Continue；

16：　　　　End If

17：　　　End If

18：　　End for

19：　　If(temp%2==0)

20：　　　Style(i)=Fluid；

21：　　Else

22：　　　Style(i)=Solid；

23：　　End If

24：　End for

9.5.3　大规模计算的多级并行算法

大范围的城市风场模拟使得几何模型极其复杂，这为输入文件的处理带来了很大的麻烦。以深圳市模型为例，如图 9.14 所示，该模型包含超过 15 万栋建筑物的模型，每个建筑物都以多个三角形面进行了精度可达分米量级的精细建模。这使得 9.5.2 节中所提到的建筑物识别算法需要花费过长的时间，同时也在进程数量庞大时为文件系统带来了过大的压力。为了缓解文件系统的压力，减少每个进程中不必要的工作量。软件系统在前处理时参考 9.5.1 节中区域分解的二维划分方法对几何模型进行了初步的划分。通过在 x 和 y 方向将建筑物按照地理位置进行划分，整个几何被划分为 2 000 多个几何文件。

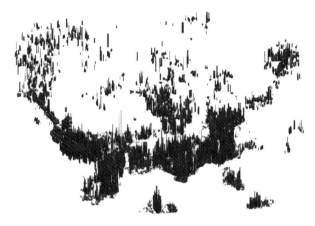

图 9.14　深圳市超过 15 万栋的建筑示意图

图 9.15 展示了本章所开发软件系统的并行工作流程,在对数据进行区域分解并对几何文件进行合理划分后,输入文件被加载到对应节点的内存中以减少文件系统的访问频率。大规模并行计算中,面向新一代天河超算系统,利用 MPI/OpenMP/Hthreads 混合编程,设计了 LBM 风场计算的亿核级混合并行算法,充分发挥了硬件体系结构的优势,极大地提升了大规模并行计算的性能。

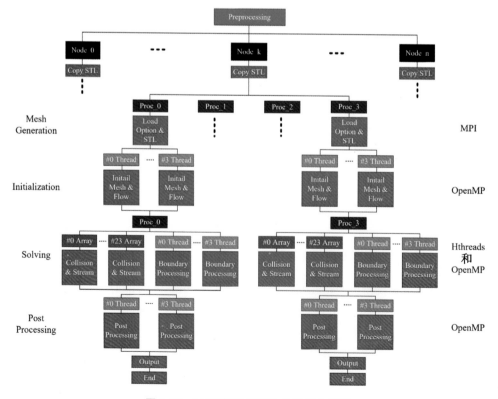

图 9.15　LBM 软件系统的并行工作流程

（1）进程级并行算法。

在大规模并行计算时，每个节点分配了 4 个 MPI 进程以方便迭代求解部分的异构计算。每个 MPI 进程将首先根据子区域的范围筛选出有交集的几何文件进行加载以减少初始化的工作量。计算中采用了二维的区域分解模式，每个 MPI 进程需要负责一个子域的处理和通信工作。为了方便数据的访问，子域中格子点的数据在内存上采用 SOA 的方式进行连续存储。每次迭代中，每个进程需要和 8 个相邻进程进行数据交换。新一代天河超算系统的远程直接存储器存取（Remote Direct Memory Access，RDMA）技术可以通过网卡将数据从线路直接传输到存储器而不需要 CPU 的参与。为了利用 RDMA 技术的优势，分离计算和通信任务，本章将每个子域中的数据沿 z 方向进行了分块。通过在每个进程内部执行 9.3.3 节所设计的异构多级流水线算法，不同块之间的计算和通信的时间进行了有效重叠。算法 9.6 介绍了大规模风场计算的进程级并行算法。其中每个数据块中的格子点更新完毕后由 RDMA 负责进程间的数据交换，通过流水线式的进程级并行算法设计，此过程可以和 CPU 的更新计算同时进行。

算法 9.6　大规模风场计算的进程级并行算法

已知：子域的格子点数为 N，分块数量为 numChunk。

1：　Identify( )；　　　　　　　　　// 复杂几何模型的自动标记算法

2：　Initialize( )；　　　　　　　　// 流场的初始化

3：　for(chunk = 0；chunk<numChunk；chunk++)

4：　　get_chunk_range(chunk，begin，end)；

5：　　for(i=begin；i<end；i++)

6：　　　compute(i)；

7：　　End for

8：　　boundary(chunk)；　　　　　// 处理数据块的边界

9：　End for

10：　　　　　　　　　　　　　　// RDMA 数据通信

11：for(chunk = 0；chunk<numChunk；chunk++)

12：　exchange_halo(chunk)；　　　// 进程间通信

13：End for

14：postprocess( )；　　　　　　　　// 流场的后处理

（2）线程级并行算法。

MT-3000 的通用 CPU 区域共具有 16 个核心和 4 个加速器簇。每个 MPI 进程可以分配到 4 个 CPU 核心和 1 个加速器簇。为了进一步发挥 MT-3000 的计算性能，本章设计了大规模风场计算的线程级并行算法。如算法 9.7 所示，线程级并行主要包括通过

OpenMP 编程实现的同构代码部分的 CPU 多线程和通过 Hthreads 编程实现的异构代码部分的多线程并行。对于进程内网格区域标识、流场的初始化、数据块的边界处理和流场后处理等分支判断和赋值操作较多而计算量较少的代码部分,每个 MPI 进程通过调用 4 个 CPU 核心以 CPU 多线程的并行方式执行。对于核函数的异构计算部分,每个数据块被划分为 24 个数组。每个 MPI 进程可以通过调用 24 个加速器控制核心使用 24 个加速器阵列以多线程的方式完成数据块的计算。通过流水线式的线程级并行算法设计,核函数的计算和数据块的边界处理由加速器和 CPU 分别负责,实现了核函数计算和边界处理的同时执行。

算法 9.7　　大规模风场计算的线程级并行算法

已知:子域的格子点数为 N,分块数量为 numChunk

1： #pragma omp parallel

2： Identify( )；//复杂几何模型的自动标记算法

3： #pragma omp parallel

4： Initialize( )；//流场的初始化

5： for (chunk = 0; chunk < numChunk; chunk++)

6： get_chunk_range(chunk)；

7： //使用 24 个加速器阵列执行核函数的异构计算

8： #pragma hthreads parallel

9： for (array = 0; array < 24; array++)

10： get_array_range(array)；

11： compute(array)；

12： End for

13： End for

14： //CPU 多线程处理边界

15： for (chunk = 0; chunk < numChunk; chunk ++)

16： #pragma omp parallel

17： boundary(chunk)；

18： End for

19： //RDMA 数据通信

20： for(chunk = 0;chunk<numChunk;chunk++)

21： exchange_halo(chunk)；//进程间通信

22： End for

23： #pragma omp parallel

24： postprocess( )；//流场的后处理

（3）数据级并行算法。

在 MT-3000 的每个加速器阵列中，1 个控制核以单指令多数据流（Single Instruction Multiple Data，SIMD）的形式控制 16 个加速器核。如算法 9.8 所示，在利用加速器阵列进行异构计算时，可以通过将每 16 个双精度浮点数进行打包，以 SIMD 的形式使用 16 个加速器核完成数据级并行的浮点数的计算。数据级并行算法可以同时操作 16 个双精度浮点数，充分发挥了硬件体系结构的优势，极大地提升了并行算法的计算性能。

算法 9.8　异构计算的数据级并行算法

已知：数据数组的格子点数为 N

1：//compute（array）函数的异构计算

2：numPack = (N%16 = = 0? N/16: N/16+1);

3：for(pack = 0; pack<numPack; pack++)

4：　//SIMD

5：　mt_compute(pack);

6：End for

9.6　实验结果

本章以新一代天河超算系统为平台，测试了所提出的异构加速算法和亿核级混合并行算法的大规模异构并行性能，并针对深圳市全域约 2 000 km^2 的范围进行了高精度的风场计算。大规模 LBM 算法的性能一般以每秒可以更新的百万格子数（Mega Lattice Update Per Second，MLUPS）或者每秒可以更新的十亿格子数（Giga Lattice Update Per Second，GLUPS）进行表示，采用公式（9.30）进行计算。可扩展性测试的时间统计中不包含软件系统前后处理的时间。每次迭代步的平均时间通过对 100 次 LBM 方程的迭代求解时间求平均得到。

9.6.1　单个建筑物的风场测试

为了验证所开发的三维 LBM 耦合求解算法，本节选取了单一建筑物绕流的基准题[267] 来验证流动计算的准确性。如图 9.16 所示，建筑物是一个长、宽、高分别为 80 m、80 m 和 160 m 的长方体。流体域为一个长方体的外流场，入口位置距离建筑物 640 m，出口位置距离建筑物 960 m。

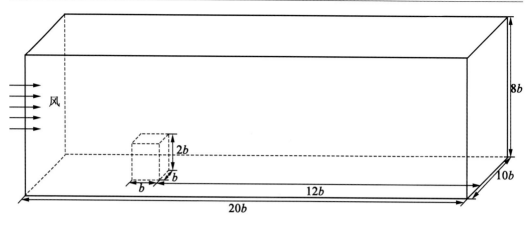

图 9.16 单个建筑物的风场几何示意图

为了和实验数据进行对比,流场按照文献[267]中的实验测得的水平风速进行初始化。如图 9.17 所示,水平风速的变化根据基准题中的实验数据进行拟合,近似为沿高度变化的幂函数,幂数为 0.27。如图 9.18 所示,实验中在 $y=0$ 的对称平面和 $z=\dfrac{b}{16}$ 的平面分别设置了多个重要监测点以对比 LBM 计算结果和实验结果的偏差。

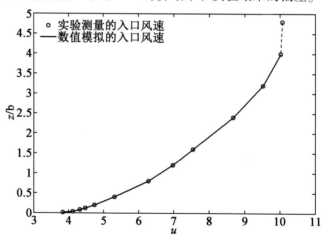

图 9.17 单个建筑物风场的初始化速度

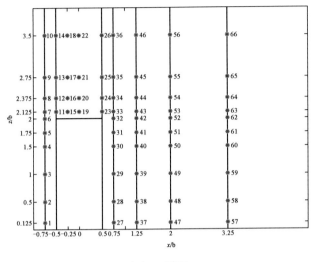

(a) xoz 平面

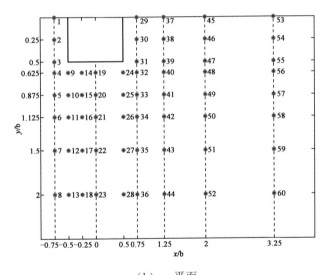

(b) xoy 平面

图 9.18 单个建筑物风场的监测点位置示意图

本算例中,以 1 m 的网格精度对空间进行离散,对基准题进行了模拟。模拟结果如图 9.19 所示,速度和坐标位置以建筑物的宽度 $b = 80$ m 进行了无量纲化。标记点距离测量点处的距离表示速度绝对值的大小,标记点在测量点左侧时速度为负值,在测量点右侧时为正值。图 9.19(a) 和图 9.19(b) 分别展示了 LBM 算法计算的 xoz 平面内 x 与 z 方向的速度 U 和 W 与实验测量值的对比结果,图 9.19(c) 和图 9.19(d) 展示了 xoy 平面内 x 和 y 方向的速度 U 和 V 与实验测量值的对比结果。数值模拟结果与实验测量值吻合较好,平均误差小于 10%。

MLUPS 或 GLUPS 是衡量 LBM 算法计算性能的最常见指标,它们分别表示计算中每秒钟可以更新多少百万或十亿的格子点[268]。LBM 算法的性能可以由如下公式计算[246]：

$$P = \frac{M}{t_s} \tag{9.30}$$

式中，P 表示以 MLUPS 或 GLUPS 为单位的测量性能；M 表示计算中所处理的格子点总数；t_s 表示平均每次时间步迭代所消耗的时间。

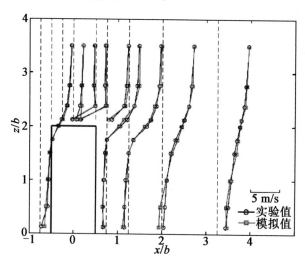

(a) xoz 平面 x 方向速度

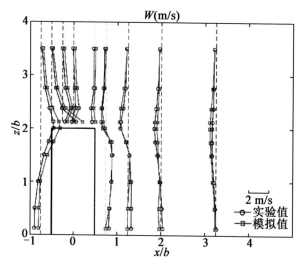

(b) xoz 平面 z 方向速度

图 9.19 单个建筑物风场的模拟结果

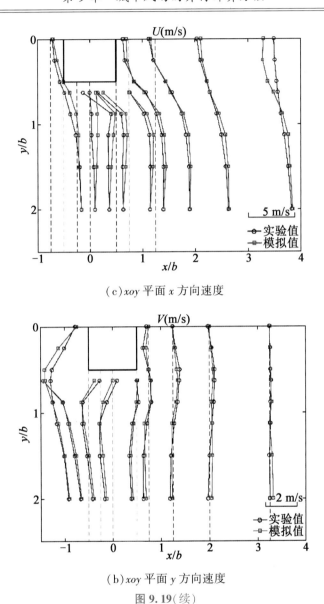

（c）*xoy* 平面 *x* 方向速度

（b）*xoy* 平面 *y* 方向速度

图 **9.19**（续）

　　本章首先在单个 MT-3000 芯片上测试了 LBM 算法的性能,测试时使用的网格规模为 1 440×960×100。由于多区域异构处理器 MT-3000 保留了通用的 CPU 计算区域,所以未进行异构优化的代码也可以在该芯片上正常运行。图 9.20 展示了未进行优化的代码在只使用 CPU 核心时的测试结果。当使用所有 CPU 核以 16 个 MPI 进程进行计算时,未优化的代码可以达到 8.93 MLUPS。尽管 LBM 算法在同构计算的并行效率方面非常出众,但是这个性能距离预期效果还有很大的差距。

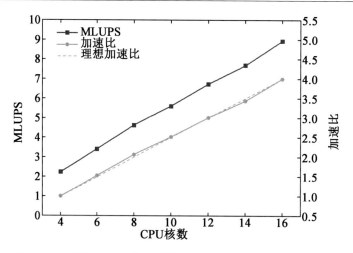

图 9.20　只使用 CPU 核心时单个建筑物风场的性能测试结果

　　图 9.21 中展示了 9.3 节中所描述的异构并行算法所带来的性能提升。图中"CPU"表示只使用 MT-3000 的 16 个 CPU 核心时代码的平均计算时间，"CPU+ACC"表示同时使用 CPU 核和加速器核时的平均计算时间。同理，"Stream Combine""Double Buffering"和"Pencil-H"分别表示了引入碰撞和迁移函数融合、异构计算的 DMA 双缓冲算法以及 Pencil-H 算法时代码的计算时间。不同的柱状图指示了代码中主要函数的计算时间，柱状图上的折线指示了代码的总计算时间。图中折线上的数字指示了优化算法相对于只使用 16 个 CPU 核进行计算时所带来的加速比，其计算方法如下式所示：

$$S_{\mathrm{p}} = \frac{t_{\mathrm{s}}}{t_{\mathrm{CPU}}} \tag{9.31}$$

式中，S_{p} 表示加速比；t_{s} 表示对应优化算法单个时间步的计算时间；t_{CPU} 表示只使用 16 个 CPU 核时单个时间步的计算时间。

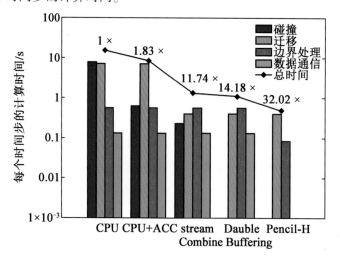

图 9.21　单个建筑物风场算例中不同优化算法所带来的性能提升

　　分析图 9.21 中所展示的计算结果可知,当只使用 ACC 对计算密集的碰撞函数进行加速时,尽管碰撞函数的计算速度得到了明显的提升,但由于其他函数的时间占比仍然较大,所以总体的计算效果的提升并不能令人满意。这种结果直观地反映出了 LBM 算法的访存受限特点。在迁移的核函数和碰撞的核函数融合后,分布函数的迁移可以通过在 DMA 传输中添加偏移量来实现。该优化大大减少了 CPU 的工作量为代码的整体性能带来了显著的提升。在此基础上通过引入异构数据传输的 DMA 双缓冲算法,碰撞核函数的计算时间几乎被完全重叠,整体的计算性能得到了进一步的提升。最后,通过应用 Pencil-H 算法,MT-3000 芯片中不同区域的组件可以同时工作,使得其整体性能相比于只使用 16 个 CPU 核提升到了 32.02 倍。这意味着,在使用了所有优化算法后,本章所开发的三维 LBM 算法在只进行流体计算时可以达到 286.03 MLUPS 的性能。

　　本章中所介绍的 LBM 算法,在只进行流体计算时采用的是 D3Q19 格子速度模型。这表示每个格子点的更新至少需要访问内存中 19 个粒子分布函数的分量,并在更新后需要将其重新写入内存。这意味着对于每个格子点的计算至少需要在 DDR 和 AM 之间传递 $19 \times 2 \times sizeof(double)$ 共 304 个字节的数据。鉴于 LBM 的访存受限特性[238],本节首先利用去掉了所有计算部分的代码,测量了 LBM 算法在异构数据传输时的最大可用 DMA 带宽。对于本章的算例,每个数据块的网格数量位于 3.0×10^6 和 3.0×10^7 之间。测试中该网格规模下对于单个加速器簇能达到的 DMA 带宽峰值为 28 Gb/s。根据此计算结果,利用 Roofline 模型[269]可以计算得到 LBM 算法的理论上限。本节所开发的 LBM 算法在 MT-3000 芯片的理论上限应为

$$\frac{28 \text{ Gb/s} \times 4}{304 \text{ bytes}} = 395.59 \text{ MLUPS} \tag{9.32}$$

式中,数字 4 指代 MT-3000 共有 4 个加速器簇。因此,当应用了所有优化算法后,对于单个建筑物风场的基准题,本章所开发的 LBM 算法的计算性能达到了理论上限的 72.30%:

$$\frac{286.03 \text{ MLUPS}}{395.59 \text{ MLUPS}} = 72.30\% \tag{9.33}$$

　　在弱可扩展性测试中,每个进程所分配到的数据块中所包含的格子点数为 $720 \times 480 \times 100$。每个节点中分配了 4 个进程,每个进程控制 MT-3000 异构区域中的 1 个加速器簇,同时为每个进程分配了 4 个 CPU 核以进行边界处理。图 9.22 显示了从 1 500 个计算节点扩展到 100 000 个节点时,单个建筑物风场算例的弱可扩展性测试结果。图 9.22 横坐标指示了测试结果所对应的计算节点数量;左侧的纵坐标显示的是平均每个进程的计算性能,使用软件系统的总性能除以进程数计算得到,右侧的纵坐标显示了不同节点数规模下的并行效率。

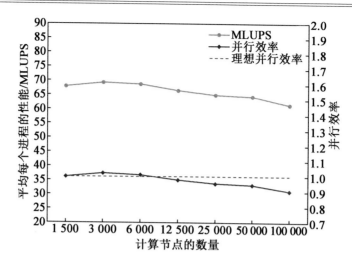

图 9.22　基准题算例的弱可扩展性测试结果

　　当计算规模达到 100 000 节点时,并行规模达到了 4×100 000 = 400 000 个进程。每个节点使用了 16 个 CPU 核心,以及 4 个加速器簇(共包含了 4×24×16 = 1 536 个加速器核心)。整个模拟计算总共使用了 1.552×108 个异构计算核心,总网格规模达到了 1.382 4×10^{13}。弱可扩展性的并行效率可以根据如下公式计算:

$$Ef_{\text{weak}} = \frac{t_{\text{ref}}}{t_n} \tag{9.34}$$

式中,Ef_{weak} 表示弱可扩展性测试中的并行效率;t_{ref} 在本算例中表示 1 500 个节点规模下的计算时间,t_n 表示使用 n 个计算节点时的计算时间。

　　正如前文所述,风场计算中 z 方向的网格数通常较小,二维的区域分解方式的通信量在大部分规模下较小。Pencil-H 的异构多级流水线算法将软件系统的并行通信开销进行了掩盖。在如此庞大的并行规模下,软件系统的弱可扩展性能依然达到了 90.48%。这意味着,在 400 000 个进程的最大规模下,软件系统的计算性能达到了 24 553.43 GLUPS。据作者所知,该结果是迄今为止在 LBM 方法中所取得的最高性能[246]。根据 Roofline 模型,该测试中最大规模的计算性能达到了理论上限的 62.07%:

$$\frac{24553.43 \text{ GLUPS} \times 304 \text{ bytes}}{28 \text{ Gb/s} \times 400\,000} = 62.07\% \tag{9.35}$$

式中,单个进程的理论上限参考了 9.6.1 节中的测试结果。

　　本节中还针对该基准题测试了软件系统的强可扩展性能。在强可扩展性的测试中,网格的总规模为 48 000×43 200×100。计算节点从 1 500 个逐渐增加到 100 000 个节点。每个节点中同样分配了 4 个进程,使用了 9.5.3 节所描述的多级并行算法。图 9.23 显示了从 1 500 个计算节点扩展到 100 000 个节点时,单个建筑物风场算例的强可扩展性测试结果。图 9.23 的横坐标指示了测试结果所对应的计算节点数量,左侧的纵坐标显示了对应规模下以 GLUPS 为单位的计算性能,右侧的纵坐标指示了不同节点数规模下的加速比。图 9.23 中的数字表明了最大规模下的强可扩展性的并行效率。

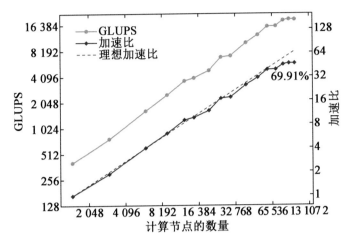

图 9.23　基准题算例的强可扩展性测试结果

在强可扩展性测试中,加速比和并行效率可以通过如下公式计算:

$$S_{\mathrm{p}} = \frac{t_{\mathrm{ref}}}{t_{\mathrm{p}}} \tag{9.36}$$

$$Ef_{\mathrm{strong}} = \frac{S_{\mathrm{p}} \cdot p_{\mathrm{ref}}}{p} \tag{9.37}$$

式中,S_{p} 表示实际测试得到的加速比;t_{ref} 在本算例中表示 6 000 个进程规模下的计算时间;t_{p} 表示使用 p 个 MPI 进程时的计算时间;Ef_{strong} 为强可扩展性测试中的并行效率,p_{ref} 在本算例中表示 1 500 个节点时的进程规模。

当计算规模达到 100 000 个节点时,并行规模和弱可扩展性测试相同,总网格数为 48 000×43 200×100 = 2.073 6×10^{11}。相比弱可扩展性测试,总网格规模减小了两个数量级。因此在进程数的不断增大的过程中,每个进程所分配到的网格量逐渐减小。较小的网格量导致异构计算中的 DMA 带宽利用率下降,且通信开销的占比变大,因此强可扩展性测试中的并行效率只有 69.91%。

9.6.2　封闭空间的自然循环流动测试

封闭空间中的自然循环流动在很多的工程背景中均有应用,这种算例不仅可以测试温度扩散的正确性,还可以验证流动和扩散相互作用的结果。本节的主要目的是验证本章所开发的三维 LBM 算法在求解流动扩散耦合问题时的能力。如图 9.24 所示,对于一个边长为 L 的立方体的方腔,其内部充满了气体流体。方腔的左壁面和右壁面分别设置了温度为 T_{c} 和 T_{h} 的恒温,其他的 4 个壁面均为绝热边界条件。由于研究环境位于沿 z 轴负反向的重力场中,所以流体会受到由温差所产生的浮力而开始运动。

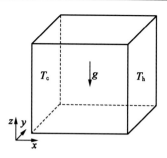

图 9.24　封闭空间自然循环流动的计算结果

本算例中,所有壁面均采用无滑移边界条件。最低温度 $T_c = 0.0$,最高温度 $T_h = 1.0$。所有的速度和温度的边界条件如下:

$$u_x = u_y = u_z = 0.0 \quad 对于所有壁面 \tag{9.38}$$

$$T(x=0,y,z) = T_c = 0.0; T(x=L,y,z) = T_c = 1.0 \tag{9.39}$$

$$\frac{\partial T}{\partial \boldsymbol{n}} = 0.0 \quad 对于所有壁面 \tag{9.40}$$

式中 $\boldsymbol{n}$ 表示垂直于壁面的法向量。同时在计算自然循环问题时还应该考虑无量纲的瑞利数(Ra)和普朗特数(Pr),其计算公式如下:

$$Ra = \frac{g\beta\Delta TL3}{\alpha\nu}, Pr = \nu/\alpha \tag{9.41}$$

式中 $\Delta T = T_h - T_c$ 表示热壁面和冷壁面的温差;α 和 ν 分别表示流体的热扩散系数和动力学黏度。

本节选取了 $Ra = 10^5$ 的计算条件,并将流域划分为 $91\times91\times91$ 的网格利用本章所开发的 LBM 算法对该算例进行了计算,计算结果如图 9.25 所示。其中,图 9.25(a)展示了流域中 3 个对称面的温度分布,图 9.25(b)、9.25(c)和 9.25(d)分别展示了对称面上 3 个方向的速度分布。经对比,LBM 算法计算得到三维的流动现象与文献[270]中的研究结果保持高度一致。

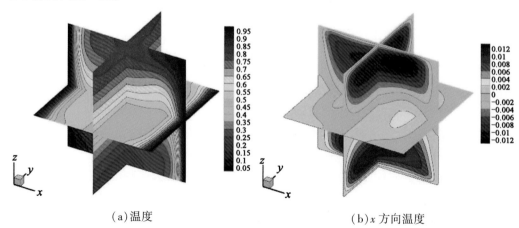

(a)温度　　　　　　　　　　　　　　　(b)x 方向温度

图 9.25　封闭空间的自然循环流动示意图

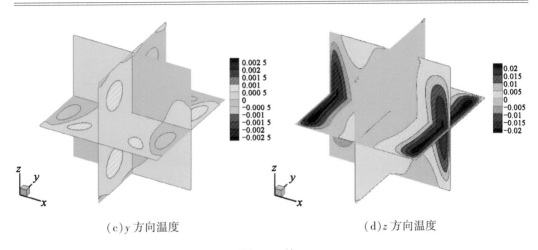

(c) y 方向温度　　　　　　　　　　　　　　(d) z 方向温度

图 9.25(续)

　　由于不同计算和实验中所采取的方腔大小和温度范围可能不同,为了进一步验证数值结果的正确性,本节按照文献[272]和文献[270]的方法对所有的结果进行了无量纲化并和文献[271]中的参考解进行了对比。位置坐标以方腔的长度 L 进行无量纲化,速度以特征速度 $u_o = \sqrt{g\beta\Delta TH}$ 进行初始化。此外,为了在精度不丢失的基础上和基准值进行对比,将温度归一化到[0.95,1.05]的区间,归一化后的无量纲温度以 T' 表示。图 9.26 中展示了 $y = L/2$ 截面上无量纲化后的计算结果与参考解的对比情况。易知,本节的计算结果与参考解吻合良好。

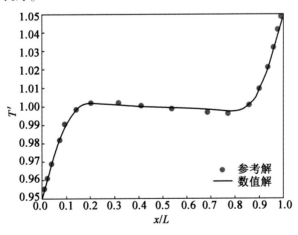

(a) $z = 0.5$ 位置的温度

图 9.26　封闭空间的自然循环流动计算结果与参考解对比

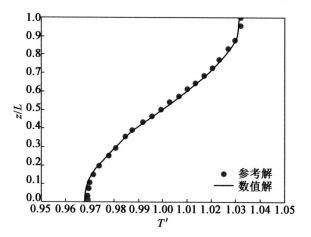

(b) $x = 0.5$ 位置的温度

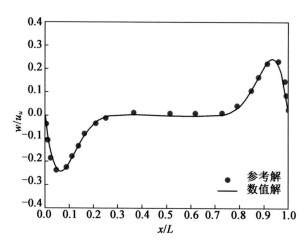

(c) $z = 0.5$ 位置的温度

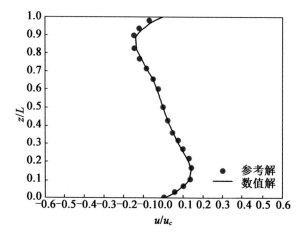

(d) $y = 0.5$ 位置的温度

图 9.26(续)

图 9.27 中对比了在自然循环算例中,不同优化方法所带来的性能提升。图中,"CPU"表示未经优化的代码只使用 MT-3000 的 16 个 CPU 核心时平均每个迭代步的计算时间。"Kernel Fusion"表示对于 CPU 代码使用了 9.3.2 节中所提出的 LBM 双分布函数方法的核函数融合算法后的计算时间。"Double Buffering"指示使用了 DSP 进行异构加速并采用了异构计算的双缓冲技术后的计算性能。"Pencil-H"表示使用了 Pencil-H 算法后代码的计算时间。柱状图上的数字注明了由式(9.31)所计算得到的加速比。

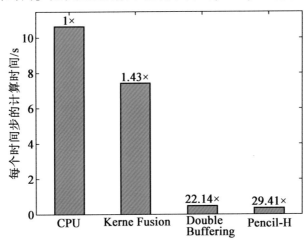

图 9.27　封闭空间的自然循环流动示意图

性能测试结果与 9.3.2 节中的分析一致,对于只使用 CPU 的同构计算,本章所提出的 LBM 双分布函数方法的核函数融合算法由于减少了计算开销和通信开销依然可以带来 1.43 倍的性能提升。在异构计算中,本章所提出的所有优化算法总共带来了 29.41 倍的加速比,达到了 178.12 MLUPS 的性能。在本算例中由于引入了 D3Q7 的扩散速度模型,相比于流动计算每个格子点在计算要多传输 7 个粒子分布函数。这意味着对于每个格子点的更新,至少要在 DDR 和 AM 之间传递(19+7)×2×sizeof(double)共 416 字节的数据。根据 Roofline 模型可以计算得到 LBM 算法在进行流动扩散耦合计算时的理论上限:

$$\frac{28 \text{ Gb/s} \times 4}{416 \text{ bytes}} = 289.08 \text{ MLUPS} \tag{9.42}$$

因此,当应用了本章所提出的所有优化算法后,对于三维封闭空间的自然循环基准题,LBM 异构加速算法的计算性能可以达到理论上限的 61.61%。

$$\frac{178.12 \text{ MLUPS}}{289.08 \text{ MLUPS}} = 61.61\% \tag{9.43}$$

值得注意的是,使用双分布函数法求解流动扩散问题时,相比于单纯的流动计算,访存量和通信量都有明显的增加。而求解扩散方程的计算量又远少于流动方程的求解。因此,该算例中优化算法所带来的加速比略低于只有流动计算的单个建筑的风场算例。

9.6.3 超大城市的风场计算

本节使用本章所开发的 LBM 并行软件系统,借助新一代天河超算系统,以我国经济特区——深圳市为研究对象进行了全市范围的风场模拟。

该研究通过地理信息系统(Geographic Information System, GIS)得到深圳市全市范围内的建筑物几何和高度数据,以此为基础对深圳市共计 151 698 个建筑物进行了超高精度的建模。(需要声明的是,深圳市的发展日新月异,因此本次研究中所使用的 GIS 数据相对较旧,仿真建模相较于深圳市现有的建筑物数量和分布可能有少许区别。)研究中的几何建模采用了立体光刻(STereoLithography, STL)格式,以笛卡尔坐标系下的三角形面网格为基础描绘了三维立体建筑物的几何信息。图 9.28 展示了本节研究中整个深圳市范围内建筑物模型的三维视图。图 9.28 (a)展示了模拟区域全范围的整体视图,图中蓝色的几何为建筑物的三维模型。图 9.28 (b)为深圳市一个中心区域的局部放大图。图 9.28 (c)为该区域中标志性建筑物京基 100 大厦和地王大厦的局部放大图。三维建筑物表面的三角形排布以白色线的形式进行了勾勒。

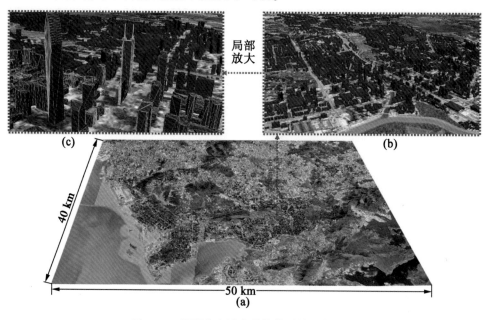

图 9.28 深圳市全域建筑物模型的三维视图

经过统计,在该版本的几何文件中高度超过 300 m 的建筑物共有 5 座,其中最高建筑为平安金融中心,高度约为 593 m。高度处于(200 m, 300 m)区间的建筑物共有 9 座,(100 m, 200 m)区间的建筑物共有 352 座,(50 m, 100 m)区间的建筑物共有 7 123 座,其余建筑物的高度处于 50 m 以下。综合考虑几何尺寸后,研究中模拟的范围为 50 km×40 km×1 km,网格精度为 1 m。为了方便 LBM 软件系统并行地对输入文件进行处理,减少自动区域标识算法的计算量。通过在 x 和 y 方向将建筑物按照地理位置进行划分,整个几何被划分为 2 181 个子文件。LBM 软件系统在新一代天河超算系统上使用了 100 000

个计算节点,共计 $1.552×10^8$ 个异构核心,对深圳市的风场展开了高精度的模拟。表 9.2 中汇总了计算中所使用的条件和物性参数。在前处理之后,软件系统自动生成 LBM 计算所需的笛卡尔网格,并根据算法 9.5 自动对网格进行了区域标识。

表 9.2　深圳市风场模拟的条件和物性参数表

参数名称	单位	值	参数名称	单位	值
环境温度(T_p)	K	300.0	空气密度(ρ_p)	kg/m³	1.1768
环境压力(P_p)	Pa	$1.013×10^5$	运动黏度(ν_p)	m²/s	$1.831×10^{-5}$
入口风速(u_{inlet})	m/s	12.0	声速(SOS)	m/s	347.188
气体常数(R)	J/(kg·K)	287.0	比热比(γ)		1.4

由于问题复杂,网格量巨大,计算域内全部的三维数据过于庞大。因此实验中通过软件系统的后处理对数据进行了筛选,提取了重点关注截面和区域的数据进行输出和展示。图 9.29 展示了深圳市全域风场计算的最终物理结果。图 9.29(a)展示了垂直高度 8 m 处,深圳市全市范围的速度大小的分布云图。本章所开发的软件系统成功捕捉到全市范围内的风速变化情况。图 9.29(b)展示了深圳市中心某区域垂直高度 8 m 处的二维流线图。软件系统可以成功捕捉到建筑间的流动细节。图 9.29(c)展示了 Q 准则分布。Q 准则是湍流中常用的涡识别方法,LBM 求解中引入的大涡模拟模型成功地帮助软件捕捉到了湍流现象。图 9.29(d)展示了后处理过程中关注区域的三维输出结果,展示了市中心区域的三维流线和速度分布。图 9.29(e)展示了深圳市京基 100 大厦和地王大厦表面的三维流线。本节所进行的实验不仅范围庞大,而且有着 1 m 量级的超高精度,可以计算得到十分精细的流场。

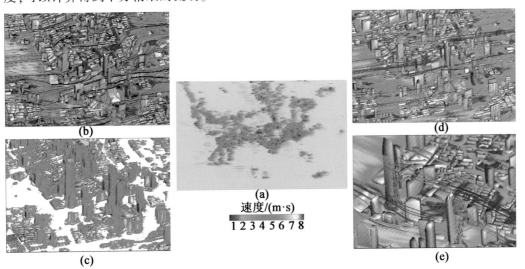

(a) 速度/(m·s) 1 2 3 4 5 6 7 8

(b)　(c)　(d)　(e)

图 9.29　深圳市三维风场的模拟结果

为了验证软件系统在实际问题计算中的性能表现,本节针对深圳市的风场计算进行了扩展性测试。通过将本算例的计算的精度从 8 m 逐渐变为 1 m,并同步调整计算使用的节点数量,测量得到了不同网格数量下该算例的弱可扩展性。表 9.3 中给出了不同计算精度下,该算例的网格量,以及对应精度下计算所使用的计算节点数量。

表 9.3　深圳市风场模拟的可扩展性测试参数

计算精度/m	网格总数(百万)	节点数
8	3.94	195
4	31.38	1 560
2	250.52	12 500
1	2 002.09	100 000

图 9.30 中展示了该算例下的弱可扩展性测试结果。在该算例的计算中,大量建筑物及其错综复杂的排布方式使得计算中的湍流现象非常明显,因此计算中引入了大涡模拟模型以计算高雷诺数区域内的湍流现象。对于复杂的建筑物边界实验中采用了 9.4.2 节所描述的边界处理方法。建筑物的巨大数量和复杂的结构,使得边界处理时的计算量和访存量都相比于基准题算例增加了许多。这些问题都为大规模并行计算带来了巨大的挑战。但即使如此,本章所开发的软件系统依然取得了 12 127.59 GLUPS 的超高性能。在 400 000 个进程的超大并行规模下,相比于 780 个进程依然可以取得 95.37% 的并行效率。

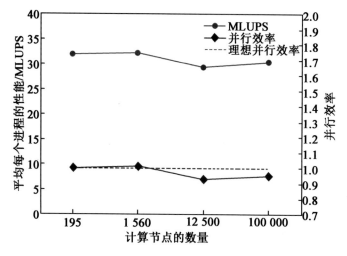

图 9.30　深圳市风场计算的弱可扩展性测试结果

9.7　本章小结

本章面向城市级微尺度风场的超大规模精细模拟问题,首先针对多区域微处理器 MT-3000 提出了一种适合体系结构特点的异构加速算法,仔细设计了算法的数据结构和粒子分布函数的存储方案,设计了一种双分布函数法的核函数融合算法,设计了一种多级流水线算法 Pencil-H,设计了一种与体系结构高度契合的多级并行策略。通过细致的数据划分和利用 MT-3000 的多级编程环境,算法与硬件高度契合,取得了非常优异的计算性能。同时,本章针对新一代天河超算系统,提出了一种亿核级混合并行算法。该算法设计了复杂几何模型的自动标记算法,通过利用光线追踪的相交算法,提高了网格标记的自动化程度;设计了流水线式的进程级并行算法,重叠了计算和进程间通信的时间;设计了流水线式的线程级并行算法,重叠了 CPU 和异构计算的时间;设计了单指令多数据流的数据级并行算,能够同时操作 16 个双精度浮点数。开发了面向城市风场模拟的 LBM 并行软件系统,该软件系统能够根据输入的几何文件生成 LBM 计算所需要的网格,以多级并行地方式在少量人工干预的情况下,完成前处理、求解计算和后处理的全过程。

本章首先针对单个建筑物风场计算的基准题验证算法计算流动问题时的能力,测试了核心求解部分的并行性能。实验结果显示,优化后 LBM 算法的计算结果与实验结果高度一致,数值的平均误差小于 10%。应用了异构并行算法后,在单个 MT-3000 芯片上取得了 286.03 MLUPS 的计算性能,与优化前只使用 16 个 CPU 核相比提高到了 32.02 倍。根据 Roofline 模型,算法的计算性能达到了理论上限的 72.3%。在弱可扩展性测试中,网格规模从 $2.073\ 6\times10^{11}$ 逐渐增大到了 $1.382\ 4\times10^{13}$,计算节点规模从 1 500 个逐渐增大到了 10 万个。相比于 1 500 个节点的计算性能,使用 10 万个节点共计 1.55 亿个异构计算核心时软件系统的弱可扩展效率可以达到 90.48%。LBM 的最高计算性能可以达到 24 553.43GLUPS,达到了软件系统理论上限的 62.07%。在强可扩展性测试中,10 万个计算节点的性能相比于 1 500 个节点可以达到 69.91% 的并行效率,体现了软件系统卓越的并行性能。同时,通过模拟三维封闭空间自然循环的基准题,测试了算法在计算流动扩散耦合问题时的表现。在应用了本章所有的优化算法后,对于流动扩散的耦合算例,在单个 MT-3000 芯片上可以取得 178.12MLUPS 的计算性能,相比于只使用 16 个 CPU 核提高到了 29.41 倍,达到了理论上限的 61.61%。

利用 LBM 并行软件系统,本章成功对深圳市全市 50 km×40 km 的区域范围进行了全三维 1 m×1 m×1 m 精度的模拟。数值仿真的过程中,利用了地理信息系统数据对深圳市 151 698 栋建筑物进行了精细的三维建模,使用了新一代天河超算系统的 10 万个计算节点共计 1.552×10^{8} 个异构计算核心,计算得到了整个深圳市范围内详细的三维风场流动细节。在真正具有现实背景的实际应用中达到了 12 127.59 GLUPS 的计算性能和 95.37% 的弱可扩展性并行效率。

　　本章所提出的 LBM 风场计算的亿核级混合并行算法从网格生成到结果输出的计算全流程中几乎不需要人工干预,大大降低了城市风场模拟的工作难度,具备超高的并行性能,大大减少了风场计算的时间成本,完成了前所未有的超大城市范围内的高精度三维风场模拟。据作者所知,这是现有城市微尺度风场研究中计算范围和并行规模最大的风场模拟工作。

参 考 文 献

[1] CHEN X H, LIU J, GONG C Y, et al. An airfoil mesh quality criterion using deep neural networks [C]// 2020 12th International Conference on Advanced Computational Intelligence (ICACI). August 14−16, 2020. Dali, China. IEEE, 2020: 536−541.

[2] BALAY S, GROPP W D, MCINNES L C, et al. Efficient management of parallelism in object−oriented numerical software libraries [M]// Modern Software Tools for Scientific Computing. Boston, MA: Birkhäuser, 1997: 163−202.

[3] CHEN D B, YUAN L, ZHANG Y Q, et al. HPC software capability landscape in China [J]. International Journal of High Performance Computing Applications, 2020, 34 (1): 115−153.

[4] MANGANI L, BUCHMAYR M, DARWISH M. Development of a novel fully coupled solver in OpenFOAM: steady−state incompressible turbulent flows [J]. Numerical Heat Transfer Part B Fundamentals, 2014, 66 (1/6): 1−20.

[5] MANGANI L, BUCHMAYR M, DARWISH M, et al. A fully coupled OpenFOAM © solver for transient incompressible turbulent flows in ALE formulation [J]. Numerical Heat Transfer Part B Fundam, 2017, 71 (4): 313−326.

[6] FERNANDES C, VUKČEVIĆ V, UROIĆ T, et al. A coupled finite volume flow solver for the solution of incompressible viscoelastic flows [J]. Journal of Non−Newtonian Fluid Mechanics, 2019, 265: 99−115.

[7] CHEN X H, LIU J, PANG Y F, et al. Developing a new mesh quality evaluation method based on convolutional neural network [J]. Engineering Applications of Computational Fluid Mechanics, 2020, 14 (1): 391−400.

[8] PIMENTA F, ALVES M A. A coupled finite−volume solver for numerical simulation of electrically−driven flows [J]. Comput Fluids, 2019, 193: 1−18.

[9] AL−HAJ A, ABANDAH G, HUSSEIN N. Crypto−based algorithms for secured medical image transmission [J]. IET Information Security, 2015, 9 (6): 365−373.

[10] DELFS H, KNEBL H. Introduction to Cryptography: Principles and Applications [M]. Berlin, Heidelberg: Springer Berlin Heidelberg, 2015.

[11] BINTI SUHAILI S, WATANABE T. Design of high−throughput SHA−256 hash function based on FPGA [C]// 2017 6th International Conference on Electrical Engineering and Informatics (ICEEI). November 25−27, 2017. Langkawi. IEEE, 2017: 1−6.

[12] GORSHKOV A V, KIRILLIN M Y. Acceleration of Monte Carlo simulation of photon migration in complex heterogeneous media using Intel many-integrated core architecture[J]. J Biomed Opt, 2015, 20(8):85002.

[13] HAMILTON S P, EVANS T M. Continuous-energy Monte Carlo neutron transport on GPUs in the Shift code[J]. Annals of Nuclear Energy, 2019, 128:236-247.

[14] YU Y, AN H, CHEN J S, et al. Pipelining computation and optimization strategies for scaling GROMACS on the sunway many-core processor[M]//Algorithms and Architectures for Parallel Processing. Cham:Springer International Publishing, 2017:18-32.

[15] SUZUKI M, OKUDA H, YAGAWA G. MPI/OpenMP hybrid parallel molecular dynamics simulation of a protein structure on SMP cluster architecture[M]//Computational Fluid and Solid Mechanics 2003. Amsterdam:Elsevier, 2003:1826-1828.

[16] 姚文军. 神威·太湖之光上分子动力学软件的实现与优化[D]. 合肥:中国科学技术大学, 2017.

[17] 刘欣. 天河 2 号上一种分子动力学模拟软件 AMBER 的并行化加速技术研究[D]. 长沙:国防科学技术大学, 2015.

[18] SCHÜTT K T, -J KINDERMANS P, SAUCEDA H E, et al. SchNet:A continuous-filter convolutional neural network for modeling quantum interactions[C]//Proceedings of the 31st International Conference on Neural Information Processing Systems. December 4 - 9, 2017, Long Beach, California, USA. ACM, 2017:992 - 1002.

[19] ZHANG T J, LI Y X, GAO P, et al. SW_GROMACS:Accelerate GROMACS on Sunway TaihuLight[C]//Proceedings of the International Conference for High Performance Computing, Networking, Storage and Analysis. November 17 - 19, 2019, Denver, Colorado. ACM, 2019:1 - 14.

[20] ZHANG L F, HAN J Q, WANG H, et al. Deep potential molecular dynamics:a scalable model with the accuracy of quantum mechanics[J]. Physical review letters, 2018, 120(14):143001.

[21] WANG H, ZHANG L F, HAN J Q, et al. DeePMD-kit:A deep learning package for many-body potential energy representation and molecular dynamics[J]. Computer Physics Communications, 2018, 228:178-184.

[22] ALLEN R, KENNEDY K. Automatic translation of FORTRAN programs to vector form[J]. ACM Transactions on Programming Languages and Systems, 1987, 9(4):491-542.

[23] JIANG W H, MEI C, HUANG B, et al. Boosting the performance of multimedia applications using SIMD instructions[M]//Lecture Notes in Computer Science. Berlin, Heidelberg:Springer Berlin Heidelberg, 2005:59-75.

[24] KRALL A, LELAIT S. Compilation techniques for multimedia processors[J]. International Journal of Parallel Programming, 2000, 28(4):347-361.

[25]   WU P , EICHENBERGER A E , WANG A . Efficient SIMD Code Generation for Runtime Alignment and Length Conversion[C]//3nd IEEE / ACM International Symposium on Code Generation and Optimization (CGO 2005), 20-23 March 2005, San Jose, CA, USA. ACM, 2005.

[26]   FRASER C W, HANSON D R, PROEBSTING T A. Engineering a simple, efficient code-generator generator[J]. ACM Letters on Programming Languages & Systems, 1992,1(3):213-226.

[27]   KUDRIAVTSEV A, KOGGE P. Generation of permutations for SIMD processors[J]. Acm Sigplan Notices, 2005,40(7):147-156.

[28]   REN G,WU P,PADUA D. A preliminary study on the vectorization of multimedia applications for multimedia extensions[M]//Languages and Compilers for Parallel Computing. Berlin,Heidelberg:Springer Berlin Heidelberg,2004:420-435.

[29]   ALLEN R, KENNEDY K. Optimizing compilers for modern architectures: A dependence-based approach[J]. Computer,2001,35(4):89.

[30]   WOLFE M J. High-Performance compilers for parallel computing[M]. Redwood City, Calif: Addison Wesley, 1996.

[31]   EICHENBERGER A E,WU P, O'BRIEN K. Vectorization for SIMD architectures with alignment constraints[J]. ACM Sigplan Notices, 2004, 39(6): 82-93.

[32]   NUZMAN D, ROSEN I, ZAKS A. Auto-vectorization of interleaved data for SIMD [J]. Acm Sigplan Notices, 2006, 41(6): 132-143.

[33]   PIERNAS J,FLORES A,GARCÍA J M. Analyzing the performance of MPI in a cluster of workstations based on fast Ethernet[C]//Proceedings of the 4th European PVM/ MPI Users' Group Meeting on Recent Advances in Parallel Virtual Machine and Message Passing Interface. ACM,1997:17-24.

[34]   NUZMAN D,ZAKS A. Outer-loop vectorization:revisited for short SIMD architectures [C]//Proceedings of the 17th international conference on Parallel architectures and compilation techniques. Toronto Ontario Canada. ACM,2008:2-11.

[35]   PLIMPTON S. Fast parallel algorithms for short-range molecular dynamics[J]. Journal of Computational Physics, 1995, 117(1):1-19.

[36]   HOHENAUER M, ENGEL F, LEUPERS R, et al. A SIMD optimization framework for retargetable compilers[J]. ACM Transactions on Architecture and Code Optimization, 2009, 6(1):1-27.

[37]   STOCK K,HENRETTY T,MURUGANDI I,et al. Model-driven SIMD code generation for a multi-resolution tensor kernel[C]//Proceedings of the 2011 IEEE International Parallel & Distributed Processing Symposium. ACM,2011:1058 - 1067.

[38]   STOCK K, POUCHET L N, SADAYAPPAN P. Using machine learning to improve

automatic vectorization[J]. ACM Transactions on Architecture and Code Optimization, 2012, 8(4):1-23.

[39] LU P J, LI B, CHE Y G, et al. PIT: A framework for effectively composing high-level loop transformations[J]. Computing and Informatics, 2011, 30(5):943 - 963.

[40] YI Q, QASEM A. Exploring the optimization space of dense linear algebra kernels [M]//Languages and Compilers for Parallel Computing. Berlin, Heidelberg:Springer Berlin Heidelberg,2008:343-355.

[41] TIWARI A,CHEN C,CHAME J,et al. A scalable auto-tuning framework for compiler optimization [C]//Proceedings of the 2009 IEEE International Symposium on Parallel&Distributed Processing. ACM,2009:1-12.

[42] TRIFUNOVIC K,NUZMAN D,COHEN A,et al. Polyhedral-model guided loop-nest auto-vectorization[C]//Proceedings of the 2009 18th International Conference on Parallel Architectures and Compilation Techniques. ACM,2009:327 - 337.

[43] CAVAZOS J,FURSIN G,AGAKOV F,et al. Rapidly selecting good compiler optimizations using performance counters[C]//Proceedings of the International Symposium on Code Generation and Optimization. ACM,2007:185 - 197. [LinkOut]

[44] MEUER H, STROHMAIER E, DONGARRA J, et al. Top500[R/OL]. 国际 TOP500 组织. [2013 - 11 - 30]. https://www. top500. org/lists/top500/list/ 2013/11.

[45] STROHMAIER E, DONGARRA J, SIMON H, et al. Top500[R/OL]. 国际 TOP500 组织. [2016 - 06 - 30]. https://www. top500. org/lists/top500/list/ 2016/06.

[46] LIU Y Q, YANG C, LIU F F, et al. 623 Tflop/s HPCG run on Tianhe-2: Leveraging millions of hybrid cores[J]. International Journal of High Performance Computing Applications, 2015, 30(1):39-54.

[47] DONGARRA J, HEROUX M A, LUSZCZEK P. High-performance conjugate-gradient benchmark: A new metric for ranking high-performance computing systems[J]. International Journal of High Performance Computing Applications, 2016, 30(1):3-10.

[48] WANG Q L, LIU J, GONG C Y, et al. Scalability of 3D deterministic particle transport on the Intel MIC architecture[J]. Nuclear science and techniques, 2015, 26 (5): 90-99.

[49] YOON Y, BROWNE J C, CROCKER M, et al. Productivity and performance through components: the ASCI Sweep3D application[J]. Concurrency and Computation: Practice and Experience, 2007, 19:721-742.

[50] STROHMAIER E, DONGARRA J, SIMON H, et al. Top500[R/OL]. 国际 TOP500 组织. [2016 - 11 - 30] https://www. top500. org/lists/top500/list/

2016/11.

[51] STROHMAIER E, DONGARRA J, SIMON H, et al. Top500[R/OL]. 国 际 TOP500 组 织. [2018-06-30]. https://www.top500.org/lists/top500/list/ 2018/06.

[52] FU H H, HE C H, CHEN B W, et al. 18. 9-Pflops nonlinear earthquake simulation on Sunway TaihuLight: Enabling depiction of 18-Hz and 8-meter scenarios[C]//Proceedings of the International Conference for High Performance Computing, Networking, Storage and Analysis. Denver Colorado. ACM, 2017: 1-12.

[53] 李连登. 基于"神威·太湖之光"的数据密集型计算并行优化[D]. 北京: 清华大学, 2019.

[54] STROHMAIER E, DONGARRA J, SIMON H, et al. Top500[R/OL]. 国 际 TOP500 组 织. [2018-11-30]. https://www.top500.org/lists/top500/list/ 2018/11.

[55] STROHMAIER E, DONGARRA J, SIMON H, et al. Top500[R/OL]. 国 际 TOP500 组 织. [2019-11-30]. https://www.top500.org/lists/top500/list/ 2019/11.

[56] DAS S, MOTAMARRI P, GAVINI V, et al. Fast, scalable and accurate finite-element based ab initio calculations using mixed precision computing: 46 PFLOPS simulation of a metallic dislocation system[C]//Proceedings of the International Conference for High Performance Computing, Networking, Storage and Analysis. November 17 – 19, 2019, Denver, Colorado. ACM, 2019: 1 – 11.

[57] ZIOGAS A N, BEN-NUN T, FERNÁNDEZ G I, et al. Optimizing the data movement in quantum transport simulations via data-centric parallel programming[C]//Proceedings of the International Conference for High Performance Computing, Networking, Storage and Analysis. November 17 – 19, 2019, Denver, Colorado. ACM, 2019: 1 – 17.

[58] FRIEDLEY A, BRONEVETSKY G, HOEFLER T, et al. Hybrid MPI: efficient message passing for multi-core systems[C]//Proceedings of the International Conference on High Performance Computing, Networking, Storage and Analysis. Denver Colorado. ACM, 2013: 1-11.

[59] JAIN S, KALEEM R, BALMANA M G, et al. Framework for scalable intra-node collective operations using shared memory[C]//Proceedings of the International Conference for High Performance Computing, Networking, Storage, and Analysis. November 11 – 16, 2018, Dallas, Texas. ACM, 2018: 1 – 12. [LinkOut]

[60] 廖湘科, 庞征斌, 王克非, 等. High performance interconnect network for tianhe system[J]. 计算机科学技术学报(英文版), 2015, 30(2): 259-272.

[61] OpenFOAM User Guide[EB/OL]. (2023-07-11)[2023-12-22]. https://doc.cfd.

direct/openfoam/user-guide-v11/index.

[62] PERMANN C J, GASTON D R, ANDRŠ D, et al. MOOSE: enabling massively parallel multiphysics simulation[J]. SoftwareX, 2020, 11: 100430.

[63] ARNDT D, BANGERTH W, BERGBAUER M, et al. The deal. II library, version 9. 5 [J]. Journal of Numerical Mathematics, 2023, 31(3): 231-246.

[64] YOTOV K, LI X, REN G, et al. A comparison of empirical and model-driven optimization [J]. ACM Sigplan Notices, 2003, 38(5): 63-76.

[65] ANDERSON M J, SHEFFIELD D, KEUTZER K. A predictive model for solving small linear algebra problems in GPU registers[C]//Proceedings of the 2012 IEEE 26th International Parallel and Distributed Processing Symposium. ACM, 2012: 2 - 13.

[66] WANG L, ZHANG Y Q, ZHANG X Y, et al. Accelerating linpack performance with mixed precision algorithm on CPU+GPGPU heterogeneous cluster[C]//Proceedings of the 2010 10th IEEE International Conference on Computer and Information Technology. ACM, 2010: 1169 - 1174.

[67] CHOI J W, SINGH A, VUDUC R W. Model-driven autotuning of sparse matrix-vector multiply on GPUs[C]//Proceedings of the 15th ACM SIGPLAN Symposium on Principles and Practice of Parallel Programming. Bangalore India. ACM, 2010: 115-126.

[68] BAGHSORKHI S S, DELAHAYE M, PATEL S J, et al. An adaptive performance modeling tool for GPU architectures[C]//Proceedings of the 15th ACM SIGPLAN Symposium on Principles and Practice of Parallel Programming. January 9 - 14, 2010, Bangalore, India. ACM, 2010: 105 - 114.

[69] HONG S, KIM H. An analytical model for a GPU architecture with memory-level and thread-level parallelism awareness[C]//Proceedings of the 36th annual international symposium on Computer architecture. Austin TX USA. ACM, 2009: 105-114.

[70] DE GROOT S R, MAZUR E. Non-equilibrium thermodynamics [M]. New York, USA: Dover Publications, 1984.

[71] ANTAL M J, LEE C E. Charged particle mass and energy transport in a thermonuclear plasma[J]. Journal of Computational Physics, 1976, 20(3): 298-312.

[72] PHILIP B, WANG Z, BERRILL M A, et al. Dynamic implicit 3D adaptive mesh refinement for non-equilibrium radiation diffusion[J]. Journal of Computational Physics, 2014, 262: 17-37.

[73] KINDELAN M, BERNAL F, GONZÁLEZ-RODRÍGUEZ P, et al. Application of the RBF meshless method to the solution of the radiative transport equation[J]. Journal of Computational Physics, 2010, 229 (5): 1897-1908.

[74] NARAYANASWAMY A, ZHENG Y. A Green's function formalism of energy and momentum transfer in fluctuational electrodynamics[J]. Journal of Quantitative Spectros-

copy and Radiative Transfer, 2014, 132: 12-21.

[75] BAKER C, DAVIDSON G, EVANS T M, et al. High performance radiation transport simulations: preparing for Titan[C]//Proceedings of the International Conference on High Performance Computing, Networking, Storage and Analysis. November 10 - 16, 2012, Salt Lake City, Utah. ACM, 2012:1 - 10.

[76] ANANTHARAJ V, FOERTTER F, JOUBERT W, et al. Approaching exascale: Application requirements for OLCF leadership computing [R]. Springfield: National Technical Information Service, 2013.

[77] MARCHUK G, LEBEDEV V. Numerical methods in the theory of neutron transport [M]. London: Routledge, 1986.

[78] DOWNAR T, UNAL C. Science Based Nuclear Energy Systems Enabled by Advanced Modeling and Simulation at the Extreme Scale[EB/OL]. (2009)[2016-03-21]. https://api. semanticscholar. org/CorpusID:42396068.

[79] BAKER C, DAVIDSON G, EVANS T M, et al. High performance radiation transport simulations: preparing for Titan[C]//Proceedings of the International Conference on High Performance Computing, Networking, Storage and Analysis. November 10 - 16, 2012, Salt Lake City, Utah. ACM, 2012:1 - 10.

[80] CARLSON B G, LATHROP K D, et al. Transport theory: the method of discrete ordinates [M]. California: Los Alamos Scientific Laboratory of the University of California, 1965.

[81] HOISIE A, LUBECK O, WASSERMAN H. Performance and scalability analysis of teraflop-scale parallel architectures using multidimensional wavefront applications[J]. International Journal of High Performance Computing Applications, 2000, 14(4): 330-346.

[82] FISCHER J W, AZMY Y Y. Comparison via parallel performance models of angular and spatial domain decompositions for solving neutral particle transport problems[J] Progress in Nuclear Energy, 2007, 49 (1):37-60.

[83] HOISIE A, LUBECK O, WASSERMAN H. Scalability analysis of multidimensional wavefront algorithms on large-scale SMP clusters[C]//Proceedings. Frontiers '99. Seventh Symposium on the Frontiers of Massively Parallel Computation. February 26, 1999. Annapolis, MD, USA. IEEE, 1999:4-15.

[84] YOON Y, BROWNE J C, CROCKER M, et al. Productivity and performance through components: the ASCI Sweep3D application: research Articles[J]. Computation Practice & Experience, 2007, 19(5):721-742.

[85] ADAMS M L, LARSEN E W. Fast iterative methods for discrete-ordinates particle transport calculations[J]. Progress in nuclear energy, 2002, 40(1):3-159.

［86］ MATHIS M M, KERBYSON D J. A general performance model of structured and unstructured mesh particle transport computations［J］. The Journal of Supercomputing. 2005, 34(2):181-199.

［87］ YOON Y, BROWNE J C, CROCKER M, et al. Productivity and performance through components: the ASCI Sweep3D application［J］. Concurrency and Computation: Practice and Experience. 2007, 19 (5):721-742.

［88］ WYLIE B J N, GEIMER M, MOHR B, et al. Large-scale performance analysis of sweep3d with the scalasca toolset［J］. Parallel Processing Letters,2010,20(4):397-414.

［89］ PETRINI F, FOSSUM G, FERNANDEZ J, et al. Multicore surprises: lessons learned from optimizing Sweep3D on the cell broadband engine［C］//2007 IEEE International Parallel and Distributed Processing Symposium. March 26-30,2007. Long Beach,CA, USA. IEEE,2007:1530-2075.

［90］ LUBECK O,LANG M,SRINIVASAN R,et al. Implementation and performance modeling of deterministic particle transport (Sweep3D) on the IBM cell/B. E［J］. Scientific Programming,,2009,17(1/2):199-208.

［91］ BARKER K J,DAVIS K,HOISIE A,et al. Entering the petaflop era:the architecture and performance of Roadrunner［C］//2008 SC - International Conference for High Performance Computing, Networking, Storage and Analysis. November 15-21,2008. Austin,TX,USA. IEEE,2008:1-11.

［92］ GONG C Y,LIU J,GONG Z H,et al. Optimizing sweep3d for graphic processor unit ［C］//Proceedings of the 10th international conference on Algorithms and Architectures for Parallel Processing - Volume Part I. ACM,2010:416 - 426.

［93］ GONG C Y,LIU J,CHI L H,et al. GPU accelerated simulations of 3D deterministic particle transport using discrete ordinates method［J］. Journal of Computational Physics,,2011,230(15):6010-6022.

［94］ WILLIAMS S, WATERMAN A, PATTERSON D. Roofline: An insightful visual performance model for multicore architectures ［J］. Communications of the ACM, 2009, 52 (4):65-76.

［95］ MCCALPIN J D. STREAM: Sustainable memory bandwidth in high performance computers［EB/OL］(1995)［2016-03-22］. https://www. cs. virginia. edu/stream/

［96］ ANTHONY S. Intel unveils 72-core x86 Knights Landing CPU for exascale supercomputing. ［EB/OL］(2013-11-26)［2016-03-22］. https://www. extremetech. com/extreme/171678-intel-unveils-72-core-x86-knights-landing-cpu-for-exascale-supercomputing.

［97］ World Cancer Report 2014. World Health Organization, International Agency for Research on Cancer［R］. Geneva: WHO, 2015.

[98] SU L. Development and Application of a GPU-Based Fast Electron-Photon Coupled Monte Carlo Code for Radiation Therapy [D]. New York: Rensselaer Polytechnic Institute, 2014.

[99] 翁学军. 放射治疗剂量计算的蒙特卡罗方法研究[D]. 南京:东南大学,2003.

[100] AHNESJÖ A, ASPRADAKIS M M. Dose calculations for external photon beams in radiotherapy[J]. Physics in medicine and biology,1999,44(11):R99-R155.

[101] JELEЙ U, ALBER M. A finite size pencil beam algorithm for IMRT dose optimization: density corrections[J]. Physics in Medicine and Biology,2007,52(3):617-633.

[102] JACQUES R, TAYLOR R, WONG J, et al. Towards real-time radiation therapy:GPU accelerated superposition/convolution[J]. Comput Methods Programs Biomed,2010, 98(3):285-292.

[103] JABBARI K. Review of fast Monte Carlo codes for dose calculation in radiation therapy treatment planning[J]. Journal of Medical Signals and Sensors,2011,1(1):73-86. [PubMed]

[104] GOORLEY T, JAMES M, BOOTH T, et al. Initial MCNP6 release overview [J]. Nuclear Technology, 2012, 180(3): 298-315.

[105] ALLISON J, AMAKO K, APOSTOLAKIS J, et al. Geant4 developments and applications[J]. Nuclear Science, IEEE Transactions on Nuclear Science, 2006, 53 (1): 270-278.

[106] KAWRAKOW I, FIPPEL M. VMC/sup ++/, a MC algorithm optimized for electron and photon beam dose calculations for RTP[C]//Proceedings of the 22nd Annual International Conference of the IEEE Engineering in Medicine and Biology Society (Cat. No. 00CH37143). Chicago, IL, USA. IEEE,2000: 1490-1493.

[107] KEALL P J, HOBAN P W. Superposition dose calculation incorporating Monte Carlo generated electron track kernels[J]. Physics in Medicine and Biology,1996,23(4): 479-485.

[108] SEMPAU J, WILDERMAN S J, BIELAJEW A F. DPM, a fast, accurate Monte Carlo code optimized for photon and electron radiotherapy treatment planning dose calculations[J]. Physics in Medicine and Biology,2000,45(8):2263-2291.

[109] JIA X, GU X, SEMPAU J, et al. Development of a GPU-based Monte Carlo dose calculation code for coupled electron-photon transport[J]. Physics in medicine and biology,2010,55(11):3077-3086.

[110] 刘艳梅. 医用射线剂量分布计算与图像引导治疗方法研究[D]. 沈阳:东北大学,2006.

[111] LI Y, JIANG J, ZHANG M X, et al. An efficient Monte-Carlo dose calculation system for radiotherapy treatment planning[C]//Proceedings of the 2013 International Con-

ference on Computational and Information Sciences. ACM,2013:314 - 317.

[112] TYAGI N, BOSE A, CHETTY I J. Implementation of the DPM Monte Carlo code on a parallel architecture for treatment planning applications[J]. Medical physics, 2004, 31(9): 2721-2725.

[113] 章骏. DPM 程序并行化及在调强放射治疗计划系统应用研究[D]. 合肥:中国科学技术大学,2014.

[114] WENG X J, YAN Y L, SHU H Z, et al. A vectorized Monte Carlo code for radiotherapy treatment planning dose calculation[J]. Physics in medicine and biology, 2003, 48(7): N111-N120.

[115] L' ECUYER P. Efficient and portable combined random number generators [J]. Communications of the ACM, 1988, 31(6): 742-751.

[116] JIA X, GU X J, GRAVES Y J, et al. GPU−based fast Monte Carlo simulation for radiotherapy dose calculation[J]. Physics in medicine and biology, 2011, 56 (22): 7017-7031.

[117] NVIDIA Corporation. CURAND library [EB/OL]. (2010-08-01)[2023-12-26]. https://www. cs. cmu. edu/afs/cs/academic/class/15668 - s11/www/cuda - doc/ CURAND_Library. pdf

[118] TIAN Z, SHI F, FOLKERTS M, et al. An OpenCL−based Monte Carlo dose calculation engine (oclMC) for coupled photon−electron transport[J]. arXiv preprint arXiv, 2015,1503. 01722.

[119] ZIEGENHEIN P, PIRNER S, KAMERLING C P, et al. Fast CPU−based Monte Carlo simulation for radiotherapy dose calculation[J]. Physics in medicine and biology, 2015, 60(15): 6097-6111.

[120] MATSUMOTO M, NISHIMURA T. Mersenne twister: A 623−dimensionally equidistributed uniform pseudo−random number generator[J]. ACM Transactions on Modeling and Computer Simulation, 1998, 8(1):3-30.

[121] CUI X T,LIU J,CHI L H,et al. Accelerating Monte Carlo simulation of neutron transport on the intel MIC architecture[C]//2015 2nd International Conference on Information Science and Control Engineering. April 24-26,2015. Shanghai,China. IEEE, 2015:596-600.

[122] AHN S,APOSTOLAKIS J,ASAI M,et al. GEANT4−MT:bringing multi−threading into GEANT4 production[C]//SNA + MC 2013 - Joint International Conference on Supercomputing in Nuclear Applications + Monte Carlo. Paris,France. Les Ulis, France:EDP Sciences,2014:1-8.

[123] XU X G, LIU T Y, SU L, et al. ARCHER, a new Monte Carlo software tool for e-merging heterogeneous computing environments [J]. Annals of Nuclear Energy,

2015,82:2-9.

[124] SOURIS K,LEE J,STERPIN E. TH-A-19A-08:intel xeon phi implementation of a fast multi-purpose Monte Carlo simulation for proton therapy[J]. Medical Physics, 2014,41(6Part31):535.

[125] SOURIS K,LEE J,STERPIN E. OC-0273:fast Monte Carlo simulation of proton therapy treatment using an Intel Xeon Phi coprocessor[J]. Radiotherapy and Oncology, 2014,111:S105-S106.

[126] GORSHKOV A V,KIRILLIN M Y. Acceleration of Monte Carlo simulation of photon migration in complex heterogeneous media using Intel many-integrated core architecture[J]. J Biomed Opt,2015,20(8):85002.

[127] MARSAGLIA G. Xorshift RNGs[J]. Journal of Statistical Software, 2003, 8(14): 1-6.

[128] HISSOINY S, OZELL B, BOUCHARD H, et al. GPUMCD:A new GPU-oriented Monte Carlo dose calculation platform[J]. Medical physics, 2011, 38(2): 754-764.

[129] BADAL A, SEMPAU J. A package of Linux scripts for the parallelization of Monte Carlo simulations[J]. Computer Physics Communications, 2006, 175(6): 440-450.

[130] WANG Q L,LIU J,XIE P Z,et al. OpenMP-based Monte Carlo dose calculation for radiotherapy treatment planning on the intel MIC architecture[C]//Proceedings of the 2015 7th International Conference on Information Technology in Medicine and Education (ITME). ACM,2015:138 - 142.

[131] 陈长敬,刘圣博,黄理善.音频大地电磁测深(AMT)约束下的重力三维反演应用研究:以越城岭岩体北缘隐伏岩体为例[J].地球物理学进展,2019,34(4):1391-1397.

[132] 柳建新,赵然,郭振威.电磁法在金属矿勘查中的研究进展[J].地球物理学进展,2019,34(1):151-160.

[133] ZENG Q D, DI Q Y, LIU T B, et al. Explorations of gold and lead-zinc deposits using a magnetotelluric method:Case studies in the Tianshan-Xingmeng Orogenic Belt of Northern China[J]. Ore Geology Reviews, 2020, 117: 103283.

[134] 陈小斌,叶涛,蔡军涛,等.大地电磁资料精细处理和二维反演解释技术研究(七):云南盈江:龙陵地震区深部电性结构及孕震环境[J].地球物理学报,2019,62(4):1377-1393.

[135] DI Q Y, XUE G Q, ZENG Q D, et al. Magnetotelluric exploration of deep-seated gold deposits in the Qingchengzi orefield, Eastern Liaoning (China), using a SEP system[J]. Ore Geology Reviews, 2020, 122: 103501.

[136] ZHAO Z, ZHOU X P, GUO N X, et al. Superimposed W and Ag-Pb-Zn (-Cu-Au) mineralization and deep prospecting:Insight from a geophysical investigation of the Yinkeng orefield, South China[J]. Ore Geology Reviews, 2018, 93:404-412.

[137] XIAO T J, LIU Y, WANG Y, et al. Three-dimensional magnetotelluric modeling in anisotropic media using edge-based finite element method[J]. Journal of Applied Geophysics, 2018, 149:1-9.

[138] ANSARI S, FARQUHARSON C G. 3D finite-element forward modeling of electromagnetic data using vector and scalar potentials and unstructured grids[J]. Geophysics, 2014, 79(4): E149-E165.

[139] CAI H Z, HU X Y, LI J H, et al. Parallelized 3D CSEM modeling using edge-based finite element with total field formulation and unstructured mesh[J]. Computers & Geo-sciences, 2017, 99(C): 125-134.

[140] GALLARDO-ROMERO E U, RUIZ-AGUILAR D. High order edge-based finite elements for 3D magnetotelluric modeling with unstructured meshes[J]. Computers & Geosciences, 2022, 158: 104971.

[141] NEDELEC J C. Mixed finite elements in $\mathbb{R}^3$[J]. Numerische Mathematik, 1980, 35(3):315-341.

[142] JAHANDARI H, FARQUHARSON C G. Finite-volume modelling of geophysical electromagnetic data on unstructured grids using potentials[J]. Geophysical Journal International, 2015, 202(3):1859-1876.

[143] HABER E. Computational Methods in Geophysical Electromagnetics[M]. Philadelphia, PA: Society for Industrial and Applied Mathematics, 2014.

[144] STRATTON J A. Electromagnetic theory[M]. New Jersey: John Wiley & Sons, 2007.

[145] REN Z Y, KALSCHEUER T, GREENHALGH S, et al. A goal-oriented adaptive finite-element approach for plane wave 3-D electromagnetic modelling[J]. Geophysical Journal International, 2013, 194(2):700-718.

[146] 肖调杰. 大地电磁三维有限单元法数值模拟及其并行计算[D]. 北京:中国科学院大学, 2016.

[147] GEUZAINE C, REMACLE J F. Gmsh: A 3-D finite element mesh generator with built-in pre-and post-processing facilities, 2007[J]. International Journal for Numerical Methods in Engineering, 2009, 79(11):1309-1331.

[148] GROPP W, LUSK E. User's Guide for mpich, a Portable Implementation of MPI[Z]. Mathematics and Computer Science Division, 1996.

[149] ZHANG X Y, WANG Q, ZHANG Y Q, et al. OpenBLAS: A high performance Blas library on Loongson 3A CPU[J]. Ruanjian Xuebao, 2011, 22(2):208-216.

[150] LI X S, DEMMEL J W. SuperLU_DIST: A scalable distributed-memory sparse direct solver for unsymmetric linear systems[J]. ACM Transactions on Mathematical Software (TOMS), 2003, 29(2): 110-140.

[151] DEMMEL J W, GILBERT J R, LI X S. An asynchronous parallel supernodal algorithm for sparse Gaussian elimination[J]. SIAM Journal on Matrix Analysis and Applications, 1999, 20(4): 915−952.

[152] ANGERSON E, SORENSEN D, BAI Z, et al. LAPACK: a portable linear algebra library for high−performance computers[C]//Proceedings SUPERCOMPUTING ′90. November 12−16, 1990. New York, NY, USA. IEEE, 1990: 2−11.

[153] KARYPIS G, SCHLOEGEL K, KUMAR V. Parmetis: Parallel graph partitioning and sparse matrix ordering library[R]. Department of Computer Science and Engineering, University of Minnesota, 1997.

[154] NAM M J, KIM H J, SONG Y, et al. 3D magnetotelluric modelling including surface topography[J]. Geophysical Prospecting, 2007, 55(2): 277−287.

[155] ZHDANOV M S, VARENTSOV I M, WEAVER J T, et al. Methods for modelling electromagnetic fields Results from COMMEMI—the international project on the comparison of modelling methods for electromagnetic induction[J]. Journal of applied geophysics, 1997, 37(3/4): 133−271.

[156] MIENSOPUST M P, QUERALT P, JONES A G, et al. Magnetotelluric 3−D inversion—a review of two successful workshops on forward and inversion code testing and comparison[J]. Geophysical Journal International, 2013, 193(3): 1216−1238.

[157] MITSUHATA Y, UCHIDA T. 3D magnetotelluric modeling using the T−Ω finite−element method[J]. Geophysics, 2004, 69(1): 108−119.

[158] FARQUHARSON C G, MIENSOPUST M P. Three−dimensional finite−element modelling of magnetotelluric data with a divergence correction[J]. Journal of Applied Geophysics, 2011, 75(4): 699−710.

[159] MACKIE R L, SMITH J T, MADDEN T R. Three−dimensional electromagnetic modeling using finite difference equations: The magnetotelluric example[J]. Radio Science, 1994, 29(4): 923−935.

[160] FALGOUT R D, YANG U M. Hypre: A library of high performance preconditioners [M]//Lecture Notes in Computer Science. Berlin, Heidelberg: Springer Berlin Heidelberg, 2002: 632−641.

[161] PEK J, SANTOS F A M. Magnetotelluric impedances and parametric sensitivities for 1−D anisotropic layered media[J]. Computers & Geosciences, 2002, 28(8): 939−950. [LinkOut]

[162] 肖调杰. 大地电磁及可控源音频大地电磁三维各向异性有限元正演[D]. 北京: 中国科学院大学, 2019.

[163] SI H. TetGen, a delaunay−based quality tetrahedral mesh generator[J]. ACM Transactions on Mathematical Software, 2015, 41(2): 1−36.

［164］ BANGERTH W, BURSTEDDE C, HEISTER T, et al. Algorithms and data structures for massively parallel generic adaptive finite element codes［J］. ACM Transactions on Mathematical Software（TOMS）, 2012, 38（2）: 1-28.

［165］ KARYPIS G, KUMAR V. METIS: A software package for partitioning unstructured graphs, partitioning meshes, and computing fill-reducing orderings of sparse matrices ［R］. Minneapolis: Computer Science & Engineering（CS&E）Technical Reports, 1997.

［166］ JIN J M. The finite element method in electromagnetics［M］. New Jersey: John Wiley & Sons, 2015.

［167］ AMESTOY P R, DUFF I S, L' EXCELLENT J Y, et al. A fully asynchronous multifrontal solver using distributed dynamic scheduling［J］. SIAM Journal on Matrix Analysis and Applications, 2001, 23（1）:15-41.

［168］ HÉNON P, RAMET P, ROMAN J. PASTIX: A high-performance parallel direct solver for sparse symmetric positive definite systems［J］. Parallel Computing, 2002, 28（2）: 301-321.

［169］ GUPTA A. A shared-and distributed-memory parallel general sparse direct solver ［J］. Applicable Algebra in Engineering, Communication and Computing, 2007, 18 （3）: 263-277.

［170］ GUPTA A. Improved symbolic and numerical factorization algorithms for un- symmetric sparse matrices［J］. SIAM Journal on Matrix Analysis and Applications, 2002, 24 （2）:529-552.

［171］ GUPTA A, KARYPIS G, KUMAR V. Highly scalable parallel algorithms for sparse matrix factorization［J］. IEEE Transactions on Parallel and Distributed Systems, 1997, 8（5）:502-520.

［172］ SCHENK O, GÄRTNER K. Solving unsymmetric sparse systems of linear equations with PARDISO［C］//Proceedings of the International Conference on Computational Science-Part II. ACM, 2002:355 - 363.

［173］ POULSON J, ENGQUIST B, LI S W, et al. A parallel sweeping preconditioner for heterogeneous 3D Helmholtz equations［J］. SIAM Journal on Scientific Computing, 2013, 35（3）: C194-C212.

［174］ LIU Y, XU Z H, LI Y G. Adaptive finite element modelling of three-dimensional magnetotelluric fields in general anisotropic media［J］. Journal of Applied Geophysics, 2018, 151:113-124.

［175］ ZHONG S J, YUEN D A, MORESI L N, et al. Numerical methods for mantle convection［M］//Treatise on Geophysics. Amsterdam:Elsevier, 2015:197-222.

［176］ TRAN K, PALIZHATI A, BACK S, et al. Dynamic workflows for routine materials discovery in surface science[J]. Journal of Chemical Information and Modeling, 2018, 58(12):2392-2400.

[177] WIGNER E,SEITZ F. On the constitution of metallic sodium[J]. Physical Review, 1933,43(10):804-810.

[178] KULESHOV V, FENNER N, ERMON S J A. Accurate Uncertainties for Deep Learning Using Calibrated Regression [C]// 35th International Conference on Machine Learning, Stockholm, Sweden: ICML 2018, 10-15 July 2018, volume 6 of 13, 2018: 4369-4377.

[179] LE T T, FU W X, MOORE J H. Scaling tree-based automated machine learning to biomedical big data with a feature set selector[J]. Bioinformatics, 2020, 36(1): 250-256.

[180] CSRC. 天河集群 Tianhe2-JK 系统管理员手册[EB/OL]. (2015-10-14)[2024-01-25]. https://www.csrc.ac.cn/upload/file/20151014/1444804067282511.pdf.

[181] KOHN W,SHAM L J. Self-consistent equations including exchange and correlation effects[J]. Physical Review,1965,140(4A):A1133-A1138.

[182] PILAT M,NERUDA R. An evolutionary strategy for surrogate-based multiobjective optimization[C]//2012 IEEE Congress on Evolutionary Computation. June 10-15, 2012. Brisbane,Australia. IEEE,2012:10-15.

[183] GUTMANN H M. A radial basis function method for global optimization [J]. Journal of Global Optimization, 2001, 19(3): 201-227.

[184] YAO J, WU Y D, KOO J, et al. Active Learning Algorithm for Computational Physics [J]. Physical Review Research, 2020, 2(1): 1-6.

[185] IVANOV S,HIRATA S,BARTLETT R J. Exact exchange treatment for molecules in finite-basis-set kohn-sham theory[J]. Physical Review Letters,1999,83(26):5455-5458.

[186] XIE T, GROSSMAN J C. Crystal graph convolutional neural networks for an accurate and interpretable prediction of material properties [J]. Physical Review Letters, 2018, 120(14): 145301.

[187] PEI J F,CAI C Z,ZHU Y M,et al. Modeling and predicting the glass transition temperature of polymethacrylates based on quantum chemical descriptors by using hybrid PSO-SVR[J]. Macromolecular Theory and Simulations,2013,22(1):52-60.

[188] FANG S F, WANG M P, QI W H, et al. Hybrid genetic algorithms and support vector regression in forecasting atmospheric corrosion of metallic materials [J]. Computational Materials Science, 2008, 44(2): 647-655.

[189] WANG Y,LU Y Q,QIU C,et al. Performance evaluation of A infiniband-based lustre parallel file system[J]. Procedia Environmental Sciences,2011,11:316-321.

[190] HAMMER B, HANSEN L B, NØRSKOV J K. Improved adsorption energetics within density-functional theory using revised Perdew-Burke-Ernzerhof functionals[J]. Physical Review B,1999,59(11):7413-7421.

[191] TRAN K, ULISSI Z W. Active learning across intermetallics to guide discovery of electrocatalysts for CO_2 reduction and H_2 evolution[J]. Nature Catalysis, ,2018,1:696-703.

[192] NIKOLAUS M, WILLIAM D, REKO R, et al. The role of nuclear energy in a low-carbon energy future[M]. Belgium: Nuclear Energy Agency, 2012.

[193] KARAKOSTA C, PAPPAS C, MARINAKIS V, et al. Renewable energy and nuclear power towards sustainable development:characteristics and prospects[J]. Renewable and Sustainable Energy Reviews,2013,22:187-197.

[194] WU J S, GUO S, HUANG H W, et al. Information and communications technologies for sustainable development goals: state-of-the-art, needs and perspectives[J]. IEEE Communications Surveys & Tutorials, 2018, 20(3): 2389-2406.

[195] ATAT R, LIU L J, WU J S, et al. Big data meet cyber-physical systems: A panoramic survey[J]. IEEE Access, 2018, 6:73603-73636.

[196] HIDALGA P, ABARCA A, MIRÓ R, et al. A multi-scale and multi-physics simulation methodology with the state-of-the-art tools for safety analysis in light water reactors applied to a turbine trip scenario (PART I)[J]. Nuclear Engineering and Design,2019,350:195-204.

[197] AVRAMOVA M, ABARCA A, HOU J, et al. Innovations in multi-physics methods development, validation, and uncertainty quantification[J]. Journal of Nuclear Engineering, 2021, 2(1): 44-56.

[198] SHAMS A, DE SANTIS D, PADEE A, et al. High-performance computing for nuclear reactor design and safety applications[J]. Nuclear Technology,2020,206(2):283-295.

[199] KELLY J, CORRADINI M, BUDNITZ R, et al. Perspectives on advanced simulation for nuclear reactor safety applications[J]. Nuclear Science and Engineering,2017, 168(2):128-137.

[200] IVANOV K, AVRAMOVA M. Challenges in coupled thermal hydraulics and neutronics simulations for LWR safety analysis[J]. Annals of Nuclear Energy, 2007, 34 (6): 501-513.

[201] MARZANO M J. Approach to Coupling 3-D Deterministic Neutron Transport and Full Field Computational Fluid Dynamics[D]. Florida: University of Florida, 2011.

[202] WU H, RIZWAN-UDDIN. A tightly coupled scheme for neutronics and thermal - hydraulics using open-source software[J]. Annals of Nuclear Energy,2016,87:16-22.

[203] CERVERA M, CODINA R, GALINDO M. On the computational efficiency and implementation of block-iterative algorithms for nonlinear coupled problems[J]. Engi-

neering Computations, 1996, 13(6): 4-30.

[204] MATTHIES H G, NIEKAMP R, STEINDORF J. Algorithms for strong coupling procedures[J]. Computer Methods in Applied Mechanics Engineering, 2006, 195(17/18): 2028-2049.

[205] 谢仲生, 邓力. 中子输运理论数值计算方法[M]. 西安: 西北工业大学出版社, 2005.

[206] 凯斯, 克拉福德, 威甘德, 等. 对流传热与传质(中文版)[M]. 赵镇南, 译. 北京: 高等教育出版社, 2007.

[207] 张来平, 常兴华, 赵钟, 等. 计算流体力学网格生成技术[M]. 北京: 科学出版社, 2017.

[208] Herman B R. Monte Carlo and Thermal Hydraulic Coupling using Low-Order Nonlinear Diffusion Acceleration [D]. Cambridge: Massachusetts Institute of Technology, 2014.

[209] ROMANO P K, HORELIK N E, HERMAN B R, et al. OpenMC: a state-of-the-art Monte Carlo code for research and development[J]. Annals of Nuclear Energy, 2015, 82:90-97.

[210] 郭超. 液态金属冷却快堆系统核热耦合分析技术的研究[D]. 北京: 华北电力大学, 2017.

[211] MAHADEVAN V S, RAGUSA J C, MOUSSEAU V A. A verification exercise in multiphysics simulations for coupled reactor physics calculations[J]. Progress in Nuclear Energy, 2012, 55:12-32.

[212] VAZQUEZ M, TSIGE-TAMIRAT H, AMMIRABILE L, et al. Coupled neutronics thermal-hydraulics analysis using Monte Carlo and sub-channel codes[J]. Nuclear Engineering and Design, 2012, 250: 403-411.

[213] KOTLYAR D, SHWAGERAUS E. Numerically stable Monte Carlo-burnup-thermal hydraulic coupling schemes[J]. Annals of Nuclear Energy, 2014, 63: 371-381.

[214] GURECKY W, SCHNEIDER E. Development of an MCNP6-ANSYS FLUENT multiphysics coupling capability[C]//Proceedings of 2016 24th International Conference on Nuclear Engineering, June 26 – 30, 2016, Charlotte, North Carolina, USA. 2016

[215] BELCOURT N, PAWLOWSKI RP, SCHMIDT RC, HOOPER RW. An introduction to LIME 1.0 and its use in coupling codes for multiphysics simulations. [R]// Sandia National Laboratories (SNL), Albuquerque, NM, and Livermore, CA (United States), 2011.

[216] KELLEY C T. Iterative methods for linear and nonlinear equations[M]. Chennai, India: Society for Industrial and Applied Mathematics, 1995.

[217] CARDONI J N, RIZWAN U. Nuclear reactor multi-physics simulations with coupled

MCNP5 and STAR-CCM+[C]//Proceeding of the M&C. Rio de Janeiro, Brazil, 2011:1-15.

[218] CARDONI J N. Nuclear Reactor Multi-Physics Simulations with Coupled MCNP5 and STAR-CCM+[D]. Chicago, USA: University of Illinois, 2011.

[219] 陈军,曹良志,吴宏春等. 基于蒙特卡罗和子通道方法的物理-热工耦合计算 [C]//CORPHY-2016 第十六届反应堆数值计算和粒子输运学术会议暨 2016 年反应堆物理会. 中国核学会, 2016, 50(2): 301-305.

[220] GILL D F, GRIESHEIMER D P, AUMILLER D L. Numerical methods in coupled Monte Carlo and thermal-hydraulic calculations[J]. Nuclear Science and Engineering, 2017, 185(1): 194-205.

[221] CHIMAKURTHI S K, REUSS S, TOOLEY M, et al. ANSYS Workbench System Coupling: A state-of-the-art computational framework for analyzing multiphysics problems[J]. Engineering with Computers, 2018, 34(2): 385-411.

[222] YE L R, WANG M J, WANG X A, et al. Thermal hydraulic and neutronics coupling analysis for plate type fuel in nuclear reactor core[J]. Science and Technology of Nuclear Installations, 2020, 2020: 2562747.

[223] EL-WAKIL M M. Nuclear heat transport[M]. Illinois: The American Nuclear Society, 1993.

[224] STAUFF N, KIM T, TAIWO T. Benchmark for neutronic analysis of sodiumcooled fast reactor cores with various fuel types and core sizes[M]. UK: Organisation for Economic Cooperation, 2016.

[225] 杨若楠,彭天骥,秦长平, 等. 铅基反应堆自然循环与应急余热排出研究[J]. 原子核物理评论, 2020, 37(1): 109-118.

[226] CHEN S K, PETROSKI R, TODREAS N E. Numerical implementation of the Cheng and Todreas correlation for wire wrapped bundle friction factors-desirable improvements in the transition flow region[J]. Nuclear Engineering and Design, 2013, 263: 406-410.

[227] BORISHANSKII V M, GOTOVSKII M A, FIRSOVA É V. Heat transfer to liquid metals in longitudinally wetted bundles of rods[J]. Soviet Atomic Energy, 1969, 27(6): 1347-1350.

[228] MIKITYUK K. Heat transfer to liquid metal: Review of data and correlations for tube bundles[J]. Nuclear Engineering and Design, 2009, 239(4): 680-687.

[229] BLOCKEN B. 50 years of computational wind engineering: Past, present and future [J]. Journal of Wind Engineering & Industrial Aerodynamics, 2014, 129: 69-102.

[230] MOCHIDA A, IIZUKA S, TOMINAGA Y, et al. Up-scaling CWE models to include mesoscale meteorological influences[J]. Journal of Wind Engineering and Industrial

Aerodynamics, 2011, 99(4): 187-198.

[231] BLOCKEN B. Computational fluid dynamics for urban physics: Importance, scales, possibilities, limitations and ten tips and tricks towards accurate and reliable simulations[J]. Building and Environment, 2015, 91: 219-245.

[232] REYHANIAN E, DORSCHNER B, KARLIN I V. Thermokinetic lattice Boltzmann model of nonideal fluids[J]. Physical Review E, 2020, 102:02103.

[233] FEIGER B, VARDHAN M, GOUNLEY J, et al. Suitability of lattice Boltzmann inlet and outlet boundary conditions for simulating flow in image-derived vasculature[J]. International journal for numerical methods in biomedical engineering, 2019, 35(6): e3198.

[234] HAN M T, OOKA R, KIKUMOTO H. Lattice Boltzmann method-based large-eddy simulation of indoor isothermal airflow[J]. International Journal of Heat and Mass Transfer, 2019, 130: 700-709.

[235] XU L, CHEN R L, CAI X C. Parallel finite-volume discrete Boltzmann method for inviscid compressible flows on unstructured grids[J]. Physical Review E, 2021, 103 (2-1): 023306.

[236] 何雅玲,王勇,李庆. 格子 Boltzmann 方法的理论及应用[M]. 北京:科学出版社,2009.

[237] GUO Z L, SHU C. Lattice boltzmann method and its applications in engineering [M]. Singapore: World Scientific, 2013.

[238] LUE S L, LIAO W, CHEN X W, et al. Numerics of the lattice Boltzmann method: Effects of collision models on the lattice Boltzmann simulations[J]. Physical Review E, 2011, 83(5 Pt 2):056710.

[239] PARESCHI G, FRAPOLLI N, CHIKATAMARLA S S, et al. Conjugate heat transfer with the entropic lattice Boltzmann method [J]. Phys Rev E, 2016, 94 (1-1):013305.

[240] 王亚辉. 中子输运与传热流动耦合的格子 Boltzmann 数值建模[D]. 哈尔滨:哈尔滨工业大学, 2021.

[241] CARRASCO B A. Application of the lattice boltzmann method to issues of coolant flows in nuclear power reactors[D]. Barcelona: Universitat Politècnica de Catalunya, 2013.

[242] AGARWAL G, SINGH S, BINDRA H. Multi-group lattice boltzmann method for criticality problems[J]. Annals of Nuclear Energy, 2020, 140(1): 107260.

[243] KHENMEDEKH, OBIKANE Y, KHATANBOLD E. Benchmark study of combustion model of premixed gas by using LBM[J]. Physics,2022,24(468):7-12.

[244] LI Q, HE Y L, TANG G H, et al. Improved axisymmetric lattice Boltzmann scheme

[J]. Phys Rev E Stat Nonlin Soft Matter Phys,2010,81(5 pt 2):056707.

[245]　HO M Q,OBRECHT C,TOURANCHEAU B,et al. Improving 3D lattice boltzmann method stencil with asynchronous transfers on many-core processors[C]//2017 IEEE 36th International Performance Computing and Communications Conference (IPC-CC). December 10-12,2017. San Diego,CA. IEEE,2017:1-9.

[246]　LIU Z,CHU X S,LV X J,et al. SunwayLB:enabling extreme-scale lattice boltzmann method based computing fluid dynamics simulations on advanced heterogeneous super-computers[J]. IEEE Transactions on Parallel and Distributed Systems,2024,35(2): 324-337.

[247]　FANG J B, ZHANG P, HUANG C, et al. Programming bare-metal accelerators with heterogeneous threading models: A case study of Matrix-3000[J]. Frontiers of Information Technology & Electronic Engineering, 2023, 24(4): 509-520.

[248]　SUCCI S. The lattice Boltzmann equation: for complex states of flowing matter[M]. Oxford: Oxford University Press, 2018.

[249]　SMAGORINSKY J. General circulation experiments with the primitive equations[J]. Monthly Weather Review, 1963, 91(3): 99-164.

[250]　YU H D, LUO L S, GIRIMAJI S S. LES of turbulent square jet flow using an MRT lattice Boltzmann model[J]. Computers and Fluids, 2006, 35(8/9): 957-965.

[251]　KRAFCZYK M,TÖLKE J,LUO L S. Large-eddy simulations with a multiple-relaxation-time lbe model[J]. International Journal of Modern Physics B,2003,17(1n02): 33-39.

[252]　GUO Z L,SHI B C,ZHENG C G. A coupled lattice BGK model for the Boussinesq e-quations[J]. Numerical Methods Fluids,2002,39(4):325-342.

[253]　LI Z,YANG M,ZHANG Y W. Hybrid lattice boltzmann and finite volume method for natural convection[J]. Journal of Thermophysics and Heat Transfer,2014,28(1):68 -77.

[254]　HUBER C, CHOPARD B, MANGA M. A lattice Boltzmann model for coupled diffusion[J]. Journal of Computational Physics, 2010, 229(20):7956-7976.

[255]　KRAVETS B, KRUGGEL-EMDEN H. Thermal lattice boltzmann simulation of diffusion/forced convection using a double mrt model[C/OL]//PARTICLES V: proceedings of the V International Conference on Particle-Based Methods: fundamentals and applications. Hannover, CIMNE, 2017: 624 - 635. http://hdl. handle. net/2117/187403.

[256]　LI Z, YANG M, ZHANG Y W. Lattice Boltzmann method simulation of 3-D natural convection with double MRT model[J]. International Journal of Heat and Mass Transfer, 2016, 94: 222-238.

[257] HERSCHLAG G, LEE S Y, VETTER J S, et al. GPU data access on complex geometries for D3Q19 lattice boltzmann method[C]//2018 IEEE International Parallel and Distributed Processing Symposium (IPDPS). May 21 - 25, 2018. Vancouver, BC. IEEE, 2018:825-834.

[258] POHL T, KOWARSCHIK M, WILKE J, et al. Optimization and profiling of the cache performance of parallel lattice Boltzmann codes[J]. Parallel Processing Letters, 2003, 13(4): 549-560.

[259] WANG H J, CHANDRAMOWLISHWARAN A. Pencil: a pipelined algorithm for distributed stencils[C]//SC20: International Conference for High Performance Computing, Networking, Storage and Analysis. November 9 - 19, 2020. Atlanta, GA, USA. IEEE, 2020:1-14.

[260] YU D Z, MEI R W, SHYY W. A unified boundary treatment in lattice boltzmann method[C]//41st Aerospace Sciences Meeting and Exhibit. 06 January 2003 - 09 January 2003, Reno, Nevada. Reston, Virginia: AIAA, 2003:953.

[261] XU L, SONG A P, ZHANG W. Scalable parallel algorithm of multiple-relaxation-time lattice Boltzmann method with large eddy simulation on multi-GPUs[J]. Scientific Programming, 2018, 2018: 1298313.

[262] SCHEPKE C, MAILLARD N, NAVAUX P O A. Parallel lattice Boltzmann method with blocked partitioning[J]. International Journal of Parallel Programming, 2009, 37(6): 593-611.

[263] LÖFSTEDT M, AKENINE-MÖLLER T. An evaluation framework for ray-triangle intersection algorithms[J]. Journal of Graphics, 2005, 10(2):13-26.

[264] Wald I. Realtime Ray Tracing and Interactive Global Illumination[D]. Germany: Saarland University, 2004.

[265] KENSLER A, SHIRLEY P. Optimizing ray-triangle intersection via automated search [C]//2006 IEEE Symposium on Interactive Ray Tracing. September 18-20, 2006. Salt Lake City, UT, USA. IEEE, 2006:31-36.

[266] MÖLLER T, TRUMBORE B. Fast, minimum storage ray/triangle intersection[C]// SIGGRAPH '05: ACM SIGGRAPH 2005 Courses. 31 July 2005, Los Angeles, California. ACM, 2005:7 - es.

[267] YOSHIE R, MOCHIDA A, TOMINAGA Y, et al. Cooperative project for CFD prediction of pedestrian wind environment in the Architectural Institute of Japan[J]. Journal of Wind Engineering and Industrial Aerodynamics, 2007, 95(9/10/11):1551-1578. [LinkOut]

[268] WELLEIN G, ZEISER T, HAGER G, et al. On the single processor performance of simple lattice Boltzmann kernels[J]. Computers & Fluids, 2006, 35(8/9): 910-919.

[269]　GODENSCHWAGER C,SCHORNBAUM F,BAUER M,et al. A framework for hybrid parallel flow simulations with a trillion cells in complex geometries[C]//Proceedings of the International Conference on High Performance Computing,Networking,Storage and Analysis. November 17 – 21, 2013, Denver, Colorado. ACM, 2013: 1 – 12. [LinkOut]

[270]　WANG P, ZHANG Y H, GUO Z L. Numerical study of three-dimensional natural convection in a cubical cavity at high Rayleigh numbers[J]. International Journal of Heat and Mass Transfer, 2017, 113: 217-228.

[271]　HAJABDOLLAHI F, PREMNATH K N. Central moments-based cascaded lattice Boltzmann method for thermal convective flows in three-dimensions[J]. International Journal of Heat and Mass Transfer, 2018, 120: 838-850.

[272]　FUSEGI T, HYUN J M, KUWAHARA K, et al. A numerical study of three-dimensional natural convection in a differentially heated cubical enclosure[J]. International Journal of Heat and Mass Transfer, 1991, 34(6): 1543-1557.

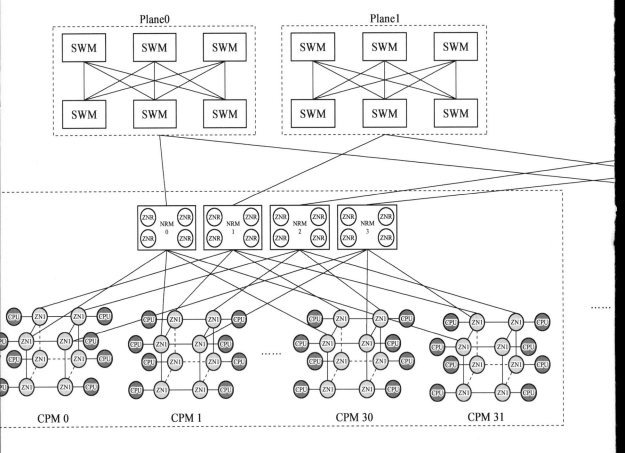

图2.6 多平面胖

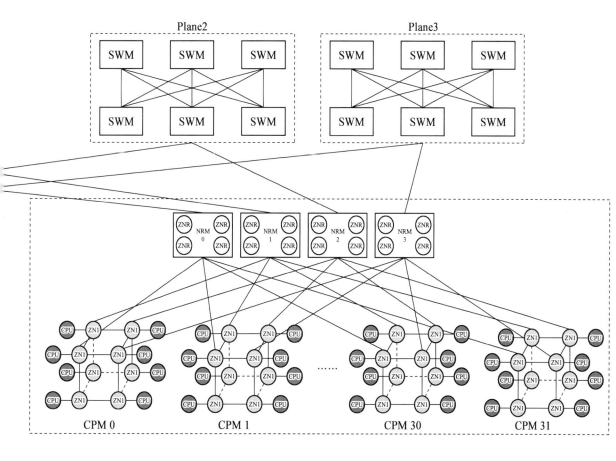

对拓扑结构